万卷方法学术委员会

万卷方法 | 社会科学研究方法经典译丛　　■ 主编　沈崇麟　夏传玲

Regression Analysis:
Statistical
Modeling
of a Response
Variable

附光盘

回归分析

因变量统计模型

鲁道夫 J.弗洛伊德　　威廉姆 J.威尔逊　　平沙　著
Rudolf J.Freund　　William J. Wilson　　Ping Sa

沈崇麟　译

重庆大学出版社

Regression Analysis: Statistical Modeling of a Response Variable
by Rudolf J. Freund, William J. Wilson and Ping Sa

ISBN: 0120885972

Copright © 2006 Academic Press

图书在版编目(CIP)数据

回归分析:因变量统计模型/(美)弗洛伊德
(Freund,R. J.),(美)威尔逊(Wilson,W. J.),(美)
平沙(Sa,P.)著;沈崇麟译. 一重庆:重庆大学出版
社,2012.9
(万卷方法)
书名原文:Regression Analysis:Statistical
Modeling of a Response Variable
ISBN 978-7-5624-6976-6

Ⅰ.①回… Ⅱ.①鲁… ②威… ③平… ④沈… Ⅲ.
①回归分析 Ⅳ.①O212.1

中国版本图书馆 CIP 数据核字(2012)第 197691 号

回归分析:因变量统计模型

[美]鲁道夫 J. 弗洛伊德(Rudolf J. Freund)
[美]威廉姆 J. 威尔逊(William J. Wilson)　著
[美]平沙(Ping Sa)
沈崇麟　译
策划编辑:雷少波

责任编辑:李定群　高鸿宽　　版式设计:雷少波
责任校对:刘　真　　　　责任印制:赵　晟

*

重庆大学出版社出版发行
出版人:邓晓益
社址:重庆市沙坪坝区大学城西路 21 号
邮编:401331
电话:(023) 88617183　88617185(中小学)
传真:(023) 88617186　88617166
网址:http://www.cqup.com.cn
邮箱:fxk@ cqup.com.cn (营销中心)
全国新华书店经销
自贡兴华印务有限公司印刷

*

开本:787×1092　1/16　印张:25　字数:562 千
2012 年 9 月第 1 版　　2012 年 9 月第 1 次印刷
印数:1—4 000
ISBN 978-7-5624-6976-6　定价:68.00 元(含 1 光盘)

总序
社会研究方法的现状及其发展趋势

　　近年来,社会调查技术和社会研究方法都有很大的发展。在调查技术方面,自20世纪70年代以来,社会变迁多次横断面的跟踪调查研究,几乎成为所有国家和地区了解社会结构转变和社会发展状况的基础性调查。这种调查不仅对社会学的研究有很大促进作用,而且对整个社会科学的研究都产生了重大影响,并且这些调查结果有的已作为政府有关部门决策的重要依据。国际上比较著名的此类调查有:美国芝加哥大学全国民意调查中心(National Opinion Research Center,简称NORC)的"社会综合调查(General Social Survey,简称GSS)",英国埃塞克斯大学调查中心进行的"全国家庭生活和社会变迁调查",法国经济和社会调查所进行的"全国经济社会调查",日本社会学会组织进行的"全国社会分层与社会流动调查(简称SSM)"。中国台湾"中央"研究院社会学研究所,也每两年进行一次"台湾社会变迁基本调查"。美国的"社会基础调查",现在已成为年度性的调查项目,它是美国国家基金会目前资助的最大的社会科学研究项目。以上这些调查,除美国的调查外,一般均因经费原因采用纵向的间隔性重复调查法,即每隔一段时间,进行一次全国规模的抽样调查。每次调查除保留社会研究所需的基本项目外,都有不同的主题。在间隔若干时间后,再重复同一主题的调查,这样的研究设计,使社会变迁研究在可以涉及更为广泛的研究领域的同时,具有更好的积累性和可比性。多年来,这些基础性调查获得的资料,滋养着大批的社会科学研究者,有时一项调查就有很多名博士生用来写博士论文,以此取得的研究成就,其可靠性受到社会科学界的广泛认同。例如1997年出版,以台湾地区社会变迁基本调查数据为基础的研究报告集《90年代的台湾社会,社会变迁基本调查研究系列二》收集论文16篇,内容涉及社会生活的各个方面,在台湾地区引起了极大的反响。

　　国内社会科学界在这方面也有了长足的发展。笔者所在的中国社会科学院社会学研究所的社会调查和方法研究室,组织或参与了多项与社会变迁有关的大规模抽样调查,取得了一定的研究成果,并积累了大量有关社会变迁的宝贵数据资料,其中主要有:

　　1. 城乡家庭变迁系列调查:该课题是由中国社会科学院社会学研究所牵头,联合北京大学和地方社科院的研究人员展开的一项类似多次横断面的城乡家庭变迁调查。这一调查始于1981年的"中国五城市婚姻家庭调查",而后有1988年的"中国农村家庭调查"、1991 年的"中国七城市家庭调查"、1998 年的"中国城乡家庭变迁调查"。

2. 有关中国城乡社会变迁的系列调查：这一调查始于 1991 年的第二批国情调查，然后有 1992 年的"中国城乡居民生活调查"、1993 年的"第三批国情调查"、1995 年的"第四批国情调查"和 1997 年的"中国沿海发达地区社会变迁调查"。上述调查虽然还不是严格意义上的多次横断面的纵贯研究，但研究者已在研究设计中尽量考虑到纵贯研究的基本原则，如调查队伍的稳定、指标的可比性和样本空间的延续性等。

3. 中国城乡社会变迁调查：这一调查始于 2000 年，为中国社会科学院重大课题。目前已经完成第一期第一次调查和第二次调查，今后将把这一调查发展为连续的、定期进行的社会变迁调查。

在纵向调查技术取得长足进步的同时，20 世纪末至今，电话调查也有很大发展。电话调查涉及的范围几乎与个别（面对面）访谈同样全面。电话调查中使用的一系列方法，是在 20 世纪 70 年代后期和面对面调查一起发展起来的。在 20 世纪 80 年代中期，电话调查开始变得很普遍，并且成为许多场合中各种调查方法的首选。正如某些学者所言，一种在公共和私营部门被人们用来帮助提高决策效率的收集信息的有效方法为人们所普遍认同时，这一现象本身就具有方法论上的意义。不仅如此，电话调查还有很大的实践意义，因为它为研究者提供了更多的控制调查质量的机会。这一机会包括抽样、被调查人的选择、问卷题项的提问、计算机辅助电话访谈（CATI）和数据录入。正因为如此，今天在各种社会调查中，如果没有发现其他重要的足以放弃使用电话调查的原因，电话调查由于其独特的对调查质量进行全面监控的优点，常常成为各种调查方式的首选。由笔者翻译，重庆大学出版社出版的《电话调查方法：抽样、选择和督导》一书，也于 2005 年面世。

无论是纵向调查抑或电话调查，实际上都是收集研究资料的方法，而应用社会科学的发展，不仅在于调查技术，即收集资料技术的发展，还在于研究方法和分析技术的发展。近年来，无论是定性研究方法，还是定量研究方法都有了长足的发展。

首先，计算机技术的发展可谓突飞猛进，它对当今社会生活的各个方面产生了巨大的影响，在悄悄地改变着社会科学的研究风格和研究方式的同时，也大大提升了社会科学学者的研究能力。这种影响表现在研究过程的各个阶段，从理论建构（概念映射）、问卷设计（专业的问卷设计软件）、调查实施（计算机辅助访谈、计算机辅助电话访问系统、网络在线调查系统）、数据录入（光学标记识别软件）到数据分析（包括文本、声音、图像资料的处理），甚至延伸到写作发表阶段。这样的过程发生在如社会学、经济学、政治学、心理学、教育学中，促进了学科之间的相互借鉴和交叉融合，至少在研究方法上呈现出这种趋势。随着计算机计算能力的大幅度提高，20 世纪 80 年代后期，统计学领域内发生了一场"革命"，主要表现在对定类和定序变量的建模能力的大幅度提高上，以及与分布无关的统计分析模型的发展之上，特别是基于"Resampling"（包括 Bootstrap、Jackknife、Monte Carlo 模拟等）的建模技术。同时，计算能力的提高还带动了基于神经网络、动态模拟、人工智能、生态进化等新兴的分析和预测模型的发展。这些进展都为定量社会科学研究提供了更多的可供选择的工具。

亚德瑞安·E. 拉夫特里（Adrian E. Raftery）依据社会学家所处理的数据类型，将定量社会学在美国的发展划分为三个时代：第一代起始于 20 世纪 40 年代，交互表是其主要处理对象，研究重点是关联度和对数线性模型；第二代起始于 20 世纪 60 年代，主要处理单层次的调查数据，Lisrel 类型的因果模型和事件史分析是其研究重点；第三代起始于 20

世纪80年代后期,开始处理诸如文本、空间、社会网络等非传统的数据类型,目前尚没有形成成熟的形态。拉夫特里的综述,虽然更强调定量社会学研究对统计学的贡献,但也大致勾勒出定量社会学在国外的发展脉络。

从分析模型的角度来看,定量分析在以下几个方向有了突破性发展:

1. 缺失值处理:由于社会生活的复杂性,社会调查数据常常出现缺失值,传统的处理方式是忽略这些缺失值,或者用均值替代。但现在则倾向于用多重插值法(multiple implation)或者其他基于模型的方法进行处理。这些技术的发展,不仅会增强我们对数据的处理能力,而且将改变我们设计问卷的方式。基于这些技术,我们在不增加被访者负担的前提下,大大增加了调查问卷的内容:每个被访者只回答问卷的一部分,然后通过对缺失值的处理,获得他们对未回答部分的估值。

2. 非线性关系:线性假定是经典定量分析的一个常见假定,但在实际研究当中,线性假定只能被看作是对社会现实的一个逼近和简化。面对具体的研究数据,如果没有理论上的明确指引(不幸的是,我们常常没有中程理论的指引),我们是无法在线性模型和非线性模型之间作出取舍的。但MARS模型的出现,让我们可以从经验数据当中获得最为拟合的变量之间的函数关系,而不必预先作出线性假定。这样,理论思考和数据分析就可以实现一个互动的循环过程,定量分析就不单单是对理论和假设的简单证伪过程,而是理论思维一个重要组成部分。

3. 测量层次:20世纪六七十年代的统计模型,大多要求数据的测量层次在定距以上,如因素分析,但社会学的调查数据却大多为定类或定序数据。对应分析、Loglinear、Logit、Logistic Regression、潜类分析、Ordinal Regression、Normal Ogive Regression等统计模型的出现,大大提高了定量社会学处理定类和定序数据的能力。

4. 测量模型:基于文化、社会、心理和认知等方面的考虑,在社会学界仍有人对问卷调查在中国的效度提出质疑。抛弃"本土化"的文化执着,我们更应当关注的是问卷调查的项目反应理论(item response theory),即被访者回答问卷题器时的过程模型。这方面的进展主要表现在两个方面:一是分解测量量表的成分,如Rasch model、IRT分析、Mokken分析等;二是将测量模型与因果模型或其他分析模型结合在一起,明确把测量误差引入到分析当中,充分评估它们对分析结果的影响,如结构方程模型。

5. 潜变量模型:与测量模型相关联的另外一个发展方向是潜变量模型,例如,潜变量分层分析(latent class analysis)、潜变量结构分析(latent structure analysis)、潜变量赋值分析(latent budget analysis)等。"潜变量"这一概念表明,我们可以通过测量"显变量"来测量无法直接观察的理论概念,如权力、声望、地位等。这样,理论和现实之间,通过"潜变量"到"显变量"的映射(测量过程),就有了连接的桥梁。

6. 分析单元的层序性:在定量分析当中,我们常常强调要避免出现"生态谬误",即分析单元的层次和结论或推论的层次不一致。与其相关的方法论争论是"宏观和微观"的问题。随着多层次模型的出现,我们可以同时考察多个层次上的问题,我们可以把个人放在其家庭背景中,再把家庭放在社区的背景下,考察个人层次的变量对社区变量的效应,或者社区层次的变量对个体行为的具体影响。在定量分析模型当中,"宏观和微观"的连接获得了建模技术上的支持。在这个领域当中,还有一个方向也值得关注:分析宏观层次的数据,对微观层次进行推论。

7. 社会网络模型:区分"关系数据"和"属性数据",是把分析重点从个体/群体等社会单元转移到这些社会单元之间关系的第一步,社会网络模型是目前发展较快的一个定量分析领域,其理论根基是结构主义。社会网络分析目前仍然具有较浓厚的"形态学"特征(基于图论的缘故),但却为我们理解社会关系在社会空间上的形态奠定了基础,通过计算机模拟和研究社会网络的历期数据,研究社会结构的"发生学"性质模型也处在萌芽状态当中。

8. 系统动力学:如果说社会网络模型是在社会空间上拓展定量社会学的研究手段,那么社会过程在时间上和物理空间上的属性,则是事件史模型、事件数模型、历期分析、Cox 回归、时间序列分析、Cohort 分析、状态空间模型等模型的研究对象。在这个领域,计量经济学为定量社会学研究提供了许多有益的范例。

9. 预测模型:上述模型仍然是在分析主义的范式下。有些社会学的应用研究,更强调模型的预测精度,而不是模型的认知价值,例如,社会趋势的预测。由于计算能力的提高,神经网络、基因算法、人工智能、模式识别等数据挖掘技术有了长足发展,已经出现了许多拟合经验数据的预测模型,比较成功的应用出现在计量经济学领域(如对股市的预测)。

10. 计算机模拟:对于社会学应用研究而言,研究的对象具有历史性、规模大、变迁的过程不仅漫长且表现某种渐进性的特点,且因社会隔离/社会伦理原因无法接近或有实验禁忌等,无法直接进行观察和研究,这时计算机模拟就成为一个可供选择的替代方案。计算机模拟主要有两个类型:一是基于计算机网络的模拟:每台微机作为一个代理,整个网络作为"社会"实时演化,如法国的 Swarm 计划;二是基于概念模型的系统,在计算机时间上,按照既定规则运行,较有名的研究是罗马俱乐部的《增长的极限》,常见的软件有Simul, Arena 等。自然科学家对此方向似乎比社会学家更有兴趣。

定性研究方法一直是社会学研究领域中比较传统的研究方法,在社会学研究的古典时期,它甚至是社会学家手中唯一的研究方法。但随着定量研究方法在社会学研究中的广泛应用,定性研究方法就似乎越来越不受人们的重视。但需要澄清的事实是,在定量分析模型取得飞速发展的同时,在过去的二十多年里,定性研究方法也有了长足的进步。主要表现在以下六个方面:

1. 研究素材日益扩大:除了传统的参与观察、深度访谈、专题小组访谈之外,会话、交谈、电视、广播、文档、日记、叙事、自传(autobiography)等社会过程中自然产生的素材,甚至社会学理论本身(理论的形式化),也开始进入定性分析的视野当中。所有这些资料,不仅可以以文本的格式存储,而且,新型的多媒体介质,如图像、声音和视频,作为原始的分析素材,也日益成为定性分析的新宠。

2. 分析方法更加多样:定性方法的种类在最近的二十多年中,更是有了一个质的飞跃。在比较传统的、源自语言学的方法,如内容分析、话语分析、修辞分析、语意分析、符号学、论据分析等方法之外,社会学家也创造出自己独特的定性分析方法,如施特劳斯(Strauss)等人的扎根理论、海斯(Heise)的事件结构分析、拉津(Ragin)的定性对比分析、Abbott 和 Hrycak 采用最优匹配技术的序列分析、亚贝儿(Abell)的形式叙事分析(formal narrative analysis)、鲍尔(Bauer)等人的语库建设、Attride-Stirling 等人的主题网络分析和神经网络技术应用的定性分析领域。所有这些方法的一个共同特征是,把定性研究向更加系统、更加精确、更加严格、更加形式化的方向推进。

3. 认识论基础更加多元化:现象学、释义学和本土方法论(ethnomethodology)的认识论,一直是定性分析的大本营,但近年来,实证主义也开始逐渐为定性分析所接纳,解释和阐释之间,由激烈的对立关系,逐渐演变为相互融洽的关系。

4. 研究过程更加客观规范:定性分析的一个主要问题在于阐释过程中不可避免的主观性。为了尽可能消除"解释者偏见"和主观选择性,定性分析开始遵循严格的程序模板或程序规则,并尝试引入定量分析中的"信度""效度""代表性"等概念,通过编码和对比,再加上传统的定性分析标准,如可解释性、透明性和一致性,使得定性研究的过程更加规范、阐释的结果更加客观,研究的结论更加可信。

5. 研究过程更加有效率:这主要应归功于大量计算机辅助定性数据分析(CAQDA)软件的涌现。从 20 世纪 80 年代以来,定性分析过程的数字化和计算机化,已经是一个不可逆转的大趋势。这种发展趋势与定性研究者的理论取向无关,不管他们的理论立场是实证主义、符号互动论,还是本土方法论,大多数定性研究者都在自己的研究当中,开始采用计算机来辅助定性资料的分析过程。据不完全统计,目前已经有二十多种定性分析的软件,分别隶属于德国、英国、法国、美国等国家。其中,有一些软件是国外研究机构的科研成果,可以免费使用,但比较成熟的定性辅助系统大多是商业软件。这些定性分析的辅助系统,不仅使得研究者从处理大量文字材料的繁复劳动中解放出来,而且能够让研究者共享他们各自分析的细节,从而改变定性研究的流程和研究集体之间的合作方式。同时,由于采用数据库结构,定性资料的管理也更加方便,这就为组织大型定性研究项目(包括多个研究地点、多个研究对象、历时的定性研究)提供了新的可能性。越来越多的定性研究人员开始走出他们的摇椅,坐到计算机屏幕前、湮没在访谈资料和故纸堆中的定性社会学家的形象已经一去不复返了。

6. 定性研究和定量研究的结合更加紧密:在定量分析方法的教材中,定性研究常常被看做是定量研究的前期准备工作,但定性研究者却持完全相反的观点,他们一般认为定性方法是自成一体的,可以完成从形成概念到检验假设的全部研究过程。在实际的应用研究中,定性方法和定量方法常常是交织在一起的,例如,克劳(Currall)等人在研究组织环境重要的群体过程时,通过内容分析把 5 年的参与观察资料量化,然后用统计分析来检验理论假定。格雷(Gray)和邓斯坦(Densten)在研究企业的控制能力时,利用潜变量模型把定性方法和定量方法有机结合在一起。雅各布斯(Jacobs)等人在研究比利时的家庭形态对配偶的家庭劳动分工影响时,首先用定量方法对纵向调查数据进行分析,从定量分析的结果中,又延伸出对核心概念的定性研究。这三个研究分别代表了定量和定性方法相互融合的三个方向:①克劳等人的研究代表着定性方法的实践者试图将定性数据尽可能量化的取向,近年来涌现出的处理调查数据中开放题器的编码问题的工具软件(如 Words at,Smarttext 等,注意:它们都是由著名的统计软件公司出品的处理定性资料的软件),处理定性资料的传统内容分析软件(如 Nvivo、MaxQDA、Kwalitan 等)也开始提供将定性资料转换到常用统计软件的数据接口,这些工具上的革新将加快这种趋势的发展。②格雷和邓斯坦的工作代表了"方法论多元论"的取向,即在应用研究过程中,通过核心概念的测量模型,把定性研究和定量研究结合在一起。③雅各布斯等人的工作则代表了一部分定量研究者对过度形式化的定量方法的不满,并试图通过定性方法加以弥补。在定量研究领域中,对"模型设定"问题的关注,是定量方法重新试图返回定性研究这种取向的另外一种表现。

与社会调查技术和社会研究方法突飞猛进的现实相比,我国学术界在这些方面的论著的出版似乎显得有些迟缓。虽然已经翻译了美国的一小部分经典定量分析教材,如布莱洛克(Blalock)和巴比(Babie)的教材,也有自己编写的一些教材,如袁方等人的《社会研究原理和方法》、卢淑华的《社会统计学》等,此外,偏重软件操作的还有郭志刚的《社会统计分析方法——spss软件应用》、郭志刚的《logistic回归模型——方法与应用》、阮桂海的《spss for windows高级应用教程》等。在《社会学研究》等专业杂志上,也常常有一些定量分析的应用研究,可是专门的方法和应用模型研究却没有,也没有专门的方法研究期刊。仅就定量研究方法的介绍而言,也存在一些缺陷,主要表现在:

1. 原理和操作脱节。
2. 过分依赖某些商业软件,不全面。
3. 与中国的实证研究相脱节。
4. 不能反映当前方法研究的最新进展。

与定量研究方法相比,由于各种原因,定性研究方法的引进和介绍都比较少。在福特基金会资助的方法高级研讨班上,曾讨论过一些定性研究方法。在定性方法研究方面也有少数专著,如袁方和王汉生1997年出版的教程,陈向明2000年出版的专著。但总体说来,我们对定性研究方法还停留在初步介绍的阶段,主要的介绍也局限在定性研究的研究设计和资料收集的阶段上,对定性分析方法的介绍,则没有能够反映出当代定性方法的最新进展。特别是在定性分析工具(定性分析软件)的引进和研究上,基本上还是一个空白。虽然不乏一些出色的定性研究报告,但从方法研究上讲,我们才刚刚起步。当然,我们同时还应该注意到,在历史学领域,我国对定性资料的鉴别、考据和分析,积累了大量的经验和知识,这也应当是定性方法研究的知识来源之一,应努力发扬光大。

令人欣慰的是,社会研究方法的引进和出版方面相对滞后的状况终于有所改观。重庆大学出版社的编辑,以独到的学术眼光,逆当前出版界唯利是图的不良选题风气,投入了大量的人力、物力,组织出版"万卷方法"。自2004年至今,已引进社会科学研究方法方面的专著十余种,在我国社会科学界已经引起了一定的反响。然而,更为可贵的是,重庆大学出版社并未以已经取得的成绩而自满,而是再接再厉,在原有"万卷方法"的基础上,进一步组织出版"万卷方法—社会科学研究方法经典译丛"。按我们的设想,"译丛"应该是一个开放的体系,旨在跟踪社会科学研究方法发展的前沿,引进和介绍这一方面的经典著作和最新成果。

"译丛"第一批有《抽样调查设计导论》《社会科学研究设计原理》《社会科学研究测量原理》《社会科学研究分析技术》《问卷设计手册》《回归分析》《数据再分析法》《抽样调查设计导论》《社会网络分析法》《广义潜变量模型》《分类数据分析》和《复杂调查设计和分析方法》(书名也许有变化)等十余种,几乎囊括了研究设计、测量和分析方法的所有领域,涵盖从基础的回归分析到最前沿的潜变量分析和多水平模型等各种分析方法。无论是社会科学各专业的本科生、研究生,还是社会科学研究的学者都将从中有所收获。

"译丛"由中国社会科学院社会学所社会调查与方法研究室的多位研究人员担纲,主译者都是在社会研究方法各个领域中具有相当造诣的教师和研究人员。"译丛"的译者不仅仅把翻译看作是一个"翻译",而且也把它看作是一次再学习和再创新。

我们期待"译丛"的出版能对社会研究方法的研究、应用和教学有所推动。

沈崇麟　夏传玲
2010年12月于中国社科院社会学所社会调查与方法研究室

前　言

《回归分析:因变量统计模型》第 2 版旨在为用模型法对因变量做智能分析提供必需的工具。虽然本书的重点是介绍回归分析,但对其他线性模型,如方差分析、协方差分析和二分因变量的分析,以及非线性回归也有所涉猎。

我们普遍会遇到的问题是:手头上已经有了一组有关某一应变量的观察样本或实验数据,并希望通过统计分析对它的性状(behavior)做出解释。这种分析通常都基于变量的性状是可以为某一模型所解释的这样一个前提。而这样的模型(一般)的形式是涉及其他一些变量的代数表达式。那些其他的变量描述了实验条件、描述这些条件如何影响因变量的参数和误差。而误差表达式则几乎是无所不包的这一点,则说明任何模型都不可能对因变量的性状完全做出解释。统计分析包括参数估计、推论(假设检验和置信区间)和确定误差的性质(数量)。此外,我们还必须对那些有可能使统计分析出错的问题,如数据中的误差、模型选择不当和其他违反构成统计推论法的假设等进行调查。

用于这样的分析的数据既可以是实验、样本调查和过程的观察(操作数据)的数据,也可以是收集到的和第二手的数据。在使用所有这些不同来源的数据时,但尤其是在使用来自操作和第二手的数据做统计分析时,我们需要做的事不仅仅是将数目代入公式,或用一个计算机程序跑一跑数据。我们经常看到一些分析是由一些计划很差的一系列无序的步骤组成的。诸如这样的分析从定义、模型的构建、数据的筛选、计算机程序的选择,到输出结果的解释、数据异常之处和模型存在的不足的诊断,以及在分析目的的框架内提出的建言都可能存在着这样那样的问题。

注意,上面这些步骤中并不包括将数字代入公式。这是因为在分析过程中,这一工作是由计算机代劳的。因此,本书介绍的所有内容都假定计算工作是由计算机进行的,因而本书关注的只是做一个恰当的分析所涉及的其他方面问题。这就是说,本书将不会过多地讨论公式的问题,即使涉及公式问题,其目的也只是让大家了解计算机是如何进行分析的,当然偶尔也会对某些分析方法的原理做一些介绍。

为了使行文更有条理,本书将以如下的顺序来介绍本书涉及的各个专题:

1. 重温本书所需的基础课程。在简要介绍本书的内容和有关术语之后,再在线性模型背景下重温基本统计方法。

2. 全面复习简单线性模型。这一节的内容大多都是以公式为依据的,因为这些公式不仅都比较简单和有实际的解释,而且它所提供的原理对多元回归也很有意义。

3. 全面介绍多元回归问题,假设模型是正确的且数据是没有异常的。这一节也提到了几个公式,并使用了矩阵。对涉及的公式和矩阵,我们在本书的附录 B 中做了简要的介绍。不过这一节的重点是模型的构想、结果的解释、使用饱和及简约,或约束模型(full and reduced or restricted models)的参数推论,以及各种描述模型拟合情况的统计量之间的关系。在结果解释时,特别关注偏回归系数(partial coefficients)的推导和结果的解释。

4. 介绍各种可以确定数据或模型出错的方法。深入浅出地介绍各种诊断潜在的问题的方法,以及各种可能对发现的问题的解决有所帮助的补救法。先从行诊断法(异常值和一些有关误差假设的问题)开始介绍,然后介绍列诊断法(多重共线性)。在对描述和推论两种统计工具进行介绍的同时,也对标准推论法在探索性分析中使用时应该注意的问题做了介绍。本章对变量的选择的方法步骤做了全面的介绍,但并非对它的一个方面等量齐观。我们更为关注的问题是,如何借助备择的变量选择法来对多重共线性问题进行补救。此外,本部分也讨论了行列问题之间的相互作用。

5. 介绍非线性模型。这一部分的内容包括那些可以用改造过的线性模型分析的模型,如多项式模型(polynomial models)、对数线性模型、二分自变量和因变量模型,以及严格的非线性模型和曲线拟合方法。曲线拟合法的讨论只限于拟合一条平滑曲线本身,与特定的模型无涉。

6. "广义线性模型"。这一模型既可用于连接方差分析(ANOVA)和回归分析,也可用于失衡的数据(unbalanced data)和协方差分析。

7. 用定类自变量分析定类因变量方法。

8. 用线性模型法分析非正态数据的自成体系的路数统称为广义线性模型(Generalized Linear Models)。这一部分涉及内容较本书其余部分的内容要更高深。因为所有的例子都是用 SAS 做的,所以《如何用 SAS 做线性模型》(SAS© *for Linear Models*, Littell et al, 2002)一书无疑是本书的最佳姐妹篇。

例子

对于一本讨论回归的著作而言,例子无疑是非常非常重要的。能称得上好例子的例子应该具备如下 3 个条件:

- 能为来自各个不同学科的学生所理解
- 含有数量适当的变量和观察
- 有某些令人感兴趣之处

本书列举的例子大部分都是"真的",因而通常都有某些令人感兴趣之处。为了易于理解和能令人感兴趣,我们对数据做了一些修改、删节或重新定义。有时我们也可能会编造一些例子的数据。我们也假设,在那些为某些特定的学生设计的课程中,教员或学生将会以课程专题的方式提供一些其他的例子。

为了保持行文的一致性,绝大多数例子都依据 SAS 系统的输出结果来讲述。书中有为数不多的例子的讲解,以其他系统的输出结果为依据。这样做的目的固然在于比较,但更重要的在于使读者明了,绝大多数计算机输出的结果提供的信息几乎是完全一致的。有时为了节省篇幅和避免混淆,我们也会对计算机输出的结果有所删节。不过,本书希望自己介绍的方法能在任何计算机软件上使用,所以本书所有有关计算机使用的讨论都是一般性的。那些专门的软件的使用方法的讲授则留给了本书的授课老师。

习题

做习题是学习统计方法的一个非常重要的部分。然而,由于计算机的使用,做习题的目的有了很大的变化。学生不必再亲手将数字代入公式,并保证计算得到的数字的精确性,也不必再在做到了这两步之后,才去做下一个习题。而现在,计算的精确性基本上都是由计算机保证的,所以学习的重点也变成了如何挑选合适的计算机程序,以及如何用这些程序来得到希望的结果。不仅如此,这一变化也使得如何恰当地解释这些分析的结果,以确定是否还需要进行其他的分析这一问题变得很重要。总之,现在学生已经能有机会对结果进行研究,并对它们的用处进行讨论。因为学生的习题与如何适当地使用和解释分析结果有关,所以这就有可能会使学生花费相当多的时间去做习题,特别是第4章和第4章以后的那些开放性的习题,会令学生花费更多的时间。

因为恰当地使用计算机程序也是习题一个重要的组成部分,因此我们认为授课老师应该要求学生都动手做本书给出的例子。为此,我们把本书的例子所用的数据刻成了光盘,随本书一起发行。动手做这些习题给学生的不仅仅是更多的信心,而且能使他们得出与我们提出的结论有所不同的结论。

我们给出了一套精当的习题。许多习题,尤其是那些在较后的章节中给出的例子,一般都不存在所谓普遍正确的答案。正因为如此,方法和与之相关的计算机程序的选择变得十分重要。正因为如此,在每当谈到什么是恰当的分析时,我们只是有选择地给出有限的参考性的提示,有时甚至连这样的提示都不给。最后,我们希望授课老师和学生都会提供一些富有挑战性且令大家都感兴趣的例子。在各种统计课,如像本书介绍的回归分析的教学中,这样的做法是值得提倡的。

我们假设读者已经修过包括假设检验、使用正态、t、F 和 χ^2 分布的置信区间等内容的基础统计学课程。尽管本书的附录 B 已经对矩阵代数做了简要的介绍,但是如果读者有时间能专门修一下矩阵代数的基础课程,无疑将会对本书的学习有很大帮助。尽管我们并不要求学生专门去修微积分的课程,但是本书还是在附录 C 中,对用微积分进行最小平方估计的方法步骤做了简要的介绍。本书并未对最低需要掌握的计算机知识设限,但本书列举的绝大部分例子都是用 SAS 做的。因此,《SAS 系统在回归分析中的应用》(**SAS**© *System for Regression*,Freund and Littell,2000)一书或可被视为本书的姐妹篇。

本书封面上的照片是 1986 年发射的挑战者号航天飞船发射前所摄。那一次发射的失败是灾难性的,失败的原因是它的几个固体燃料火箭助推器中,有一个的连接处的 O 形环被烧穿了。在灾难发生之后,科学家和工程师对发射时的温度和 O 形环失灵之间的关系做了缜密的分析研究。他们所做的分析包括用概率比对数模型(logistic model),将失灵的概率作为发动时温度的函数来建模。分析的数据采自航天飞船以前的 23 次发射。本书第 10 和 11 两章对概率比对数模型做了详尽的介绍。飞船 23 次发射的数据,以及在 SAS 系统中用概率比对数回归所做的整个分析,可参见列特尔(Litell)等人的著作(Litell, et al. ,2002)。

数据集

实际上,例子和习题的所有数据集都已经刻在本书附带的光盘上了(中文版将放在封底提供的资源网站上)。文件的名称可参见光盘中的文件《README》(说明)。

致谢

首先我要感谢我们的工作单位,德州农工大学(Texas A&M University)和北佛罗里达大学(University of North Florida)统计系,没有他们的合作和支持本书是不可能完成的。我也必须对本书的各位评阅者表达我的感激之情。他们的评阅使本书增色不少。

他们是:

- **帕特丽夏·布坎南**(Patricia Buchanan)教授,宾夕法尼亚州立大学统计系

- **罗伯特·高德**(Robert Gould)教授,加利福尼亚大学洛杉矶分校统计系

- **杰克·里弗斯**(Jack Reeves)教授,乔治亚大学统计系

- **詹姆斯·肖特**(James Schott)教授,中佛罗里达大学统计系教授

- **斯蒂文·格雷**(Steven Garren),詹姆斯麦迪逊大学数学和统计部

- **E.D.麦昆**(E. D. McCune)教授,史蒂夫奥斯汀大学数学和统计系

- **K. 沙**(Arvind K. Shah)博士,南阿拉巴马大学数学和统计系

我们也要感谢 SAS 研究所,因为几乎所有例子的计算机输出结果都是用他们出品的软件(SAS 系统,the SAS System)来演示的。我们也用 SAS 系统制作了正态、t 和 χ_2 分布表。

最后,我们都要对我们的妻子表示深切的感谢之情。正是她们的鼓励,使我们在遇到挫折的时候没有半途而废,能坚持到了最后。

目　录

上篇
基本原理

用数学模型解决物理和生物科学中的问题,可上溯到科学原理发现的发展之初。今天,用理论模型来解释自然现象实际上已被应用到包括经营管理、经济、工程、物理学、社会科学、医学及生物学在内的所有学科。用好这些模型需要理解各种现象的理论基础、模型的数学和统计学的特性,并将这些模型运用于现实生活时可能会遇到的实际问题。

一般讲,用数学模型解释自然现象的路数有两种。第一种路数试图用各种复杂的模型对一种现象做充分的解释。采用这种路数,模型有可能导致无果而终。即使对许多非常简单的问题求解,通常也必须借助非常高深的数学知识才能得到。一个对某种自然现象的反应动作出充分解释的模型称为决定性模型(deterministic model)。一个决定性模型在它是可以解的时候,将会产生一个精确解(exact solution)。用模型来解决问题的第二种路数,则试图采用某种比较简单的模型来得到一种近似精确解的解。这种统计模型通常有一个可以用概率分布对其做出评估的解。这就是说,在一个统计模型的各种解被表述为一个置信区间(confidence interval),或得到一个假设检验(hypothesis test)的结果支持时,它们都是非常有用的。而给统计这一学科以学科的定义的,正是这第二种路数,因此本书使用的也是这第二种路数。有关统计学是如何给20世纪的科学带来革命性的变化这一问题的更为详尽的讨论,可以参见 D. 绍斯伯格(D. Salsburg) 的著作《品茶女》(*The lady tasting tea*, 2001)。

一个统计模型包含两个部分:①变量之间的确定性的,或函数关系;②机遇的(stochastic),或统计的部分。确定性部分可能很简单,也可能很复杂。简单与否一般取决于应用于描述该现象的潜在的原理的数学的复杂程度。模型被表达为一个函数和一些参数。函数实际上通常都是一些代数式,而函数的性质则由那些参数设定。例如,圆的周长和半径之间的关系便是一个确定性关系的例子。模型 $C = br$(式中,C 为周长,$b = 2\pi$,而 r 为半径),将对一给定的半径的圆的以确定的周长。以这种形式写出的模型,b 便是它的参数,而读者可能在初级几何课上都做过确定参数值的习题——通过测量圆的半径和周长来求 b 的解。

另一方面,如果老师要求班上的学生随手画出一个圆,那么确定性模型就无法精确地描述学生画的图形的周长和半径之间的数量关系,因为确定性关系假设的是一个完美无缺的圆。每个学生画的圆与确定性模型之间展现的偏差便构成了模型的统计部分。

模型的统计部分通常被认为具有随机性,因而被称为模型的随机误差组成部分。我们可以把学生画的图形的周长和半径之间的关系,解释为 $C = 2\pi r + e$,式中,e 表示模型的统计部分。我们不难看出,$e = C - 2r\pi$,即手绘图型和同一半径的完美的圆的圆周之差。我们可以期望这一差值是随学生的变化而变化的,不仅如此,我们还可以对这种差的分布做出某种比较合理的假设。

这就是用统计模型解决问题的基本思想。我们首先就模型的统计部分做出假设。例如,本书上篇就对线性模型做了十分严格的处理。我们首先假设模型的函数部分。在函数的形式确定之后,再来设定这一函数需要估计的参数。例如,在两个变量 x 和 y 之间的简单线性关系(以斜率 - 截距形式书写,则为 $y = ax + b$)中,为了确定一条唯一的线,我们需要两个参数,即 a 和 b,如果这一条线代表一个真正的线性过程,那么确定性模型便再恰当不过。在遇有这样的情况时,我们只需要两个点(一个容量为 2 的样本)来确定斜率和 y- 截距的值。如果这条线只是近似这一过程,或者如果认为一个机遇模型更加合适,那么我们就应该以这种形式来书写:$y = ax + b + e$。在遇有这样的情况时,我们不仅需要有比较大的样本,还需要使用在第 2 章介绍的那些用来估计 a 和 b 的值的估计方法。

通常我们都假设,模型的随机误差组成部分服从某种概率分布,通常是正态分布。实际上,对大多数统计模型而言,标准的假设都假设误差组成部分服从均值为零和方差为一常数的正态分布。由这一假设可知,模型的确定性部分实际上是因变量的期望值。例如,在学生画圆这一例子中,图形的周长的期望值便是 $2\pi r$。

本书上篇介绍的所有模型都称为线性模型。这一定义的真正含义是模型中的参数都是线性的。这说明大多数经常使用的涉及定量的因变量的统计方法都是线性模型的特例。这些方法包括单或双样本的 t 检验、方差分析和简单线性回归。因为这些专题被认为是那些学习本书的读者所必须掌握的基本原理,所以在一般情况下,在介绍这些内容时,我们先按常规对它们做一些简要复习,然后再把它重构成线性模型,对模型建议的路数做一些统计分析。

1 均值分析:基础知识复习和线性模型导言

1.1 导 言

在这一章我们准备复习一下用单、双或多个总体样本推论均值的统计方法。我们先按大多数基础性教科书采用的方式,即用抽样分布的原理来对它加以阐述。然后,再用进行统计推论的线性模型的概念,将这些方法重构成线性模型分析法。这些方法虽然也要使用抽样分布,但使用的方式有所不同。

我们之所以以这样的顺序来阐述这种做统计分析的线性模型分析路数,是因为在对概念已经比较熟悉的时候,它能使大家比较容易理解和掌握要学习的公式。因为本章复习的各个专题的内容都已在以前的必修课中讲授过了,所以我们将不再对它们的应用问题进行讨论,列举的例子也只是为了更清楚地显示这些方法的实际技巧而已。

1.2 抽样分布

一般的统计推论路数都要先确定一个或几个将被用来描绘或描述总体特征的参数,然后从总体抽取一个观察样本,并用得到的数据来计算一个或多个样本统计值,最后再用这些统计值推论一个或几个未知的总体参数值。求适当的统计量,即所谓的点估计量的方法有若干种。那些用一个随机样本的最大似然法(the method of maximum likelihood)(参见附录 C)求参数估计值,即所谓**样本统计值**(samplestatistics)得到的标准的统计方法,和与这些估计值关联的抽样分布,则被我们用来进行参数的推论。

抽样分布(sampling distribution)描述一个样本统计量的所有可能值的长远性状(long-run behavior)。抽样分布这一概念是建立在这样一个前提之上的,那就是用一个随机样本计算得到的统计量是一个随机变量,它的分布与样本抽取的总体的关系是已知的。我们这里复习的各种抽样分布都将要在本书使用的。

样本均值的抽样分布

假设取自一个均值为 μ,标准差为 σ 的正态总体的随机样本,其容量为 n,那么样本均

值 $\bar{y}$ 便是一个均值为 μ,方差为 σ^2/n 的正态分布的随机变量。标准差 $\sigma/\sqrt{n}$ 则是均值的标准误差。

如果样本抽取的总体的分布不是正态的,只要样本量足够大,我们仍然可以使用这种抽样分布。这时,我们之所以仍然可以使用这一分布,是因为**中心极限定理**(the central limit theorem)告诉我们,不论样本抽取的总体的分布是什么样的,只要样本容量足够大,均值的抽样分布便可以是非常接近正态的。

我们将均值的抽样分布的定义用来构建统计量

$$z = \frac{\bar{y} - \mu}{\sqrt{\sigma^2/n}}$$

该统计量服从均值为零和方差为 1 的正态分布。与这一分布关联的概率可从附录的表 A.1,或用计算机程序计算得到。

注意,这一统计量与正态分布一样,有两个参数。如果已知 σ^2,我们便可以用这一统计量来推论 μ。如果总体方差未知,我们就可以用一个形式与 z 相同,但使用的是 σ^2 的估计值的统计量。我们把这一分布称为 t **分布**。

方差的估计值可以用我们熟悉的公式求得[1]

$$s^2 = \frac{\sum (y_i - \bar{y})^2}{n - 1}$$

注意,这一公式的值是通过两个截然不同的步骤求得的。了解这一点,对今后的学习有很重要的参考价值:

1. 计算平方和。这一等式的分子 $\sum (y - \bar{y})^2$ 是观察值与均值的点估计值的偏差 (deviation)的平方和。这一个量称为**平方和**[2],用 SS 或 S_{yy} 表示。

2. 计算均值的平方。**均值的平方**是一种"平均的"平方偏差,可用平方和除以自由度求得,用 MS 来表示。**自由度**等于平方和总的元素数减去用于求那一和数时使用的参数的点估计值数。在这一例子中,使用的估计值只有一个,即 $\bar{y}$(μ 的估计值),所以自由度是($n-1$)。我们常会用到的记号是 MS 而不是 s^2。

现在,我们用均值的平方来替代这一统计量中的 σ^2,这样表达式则变成为

$$t(v) = \frac{\bar{y} - \mu}{\sqrt{\text{MS}/n}}$$

这一统计量服从学生 t 分布,或者也可简单地称为 t 分布。这一抽样"分布"取决于在计算均值的平方时所用的,在等式中由希腊字母 ν 表示的自由度。进行统计推论所必需的值可以从附录的表 A.2 中找到。大多数计算机的输出结果都会自动提供这些值。在方差的计算如上面所示时,自由度便等于($n-1$),但是我们将会看到,情况并非总是如此。因此,在计算概率时,必须首先确定适当的自由度。正如我们将要在 1.4 节中要看到的那样,正态或 t 分布也会被用于描述双样本均值差的抽样分布。

1　还有更为简单的计算公式,但本书将不作介绍。

2　我们将在公式中使用第二种记号,因为在描述那些涉及计算问题的变量时,它使用起来比较方便。例如,我们之所用 $S_{xy} = \sum (x - \bar{x})(y - \bar{y})$ 这样的表达式,便是出于这一原因。

方差的抽样分布

我们来看一下一个 n 次独立抽取的样本的样本 Z 分布(标准正态分布)值。我们把这些值称为 z_i, $i = 1, 2, 3, \cdots$, 。样本统计量

$$X^2 = \sum z_i^2$$

也是一个随机变量,它的分布叫 χ^2(希腊字母"chi""卡方")。

与 t 分布一样,卡方分布(chi-square distribution)也取决于它的自由度,平方和中的 z 值数。因此前面提到的 X^2 变量应该有自由度为 n 的 χ^2 分布。与 t 分布一样,它的自由度也是由希腊字母 ν 表示的,而分布则由 $\chi^2(\nu)$ 表示。χ^2 有以下几个重要性质:

1. χ^2 值不能为负,因为它们都是平方和。

2. 因为每个 ν 值的 χ^2 分布的形状都是不同的,所以每个 ν 值都需要一个单独的表。正因为如此,给出 χ^2 分布的概率值的表格只给出了一组精选的概率的值。附录的表 A.3 给出了 χ^2 分布的概率。不过,在一般情况下我们并不需要这些表格,因为几乎所有的计算机输出的结果中都已经包括了这些概率值。

3. χ^2 分布是不对称的。不过随着自由度逐渐变大,χ^2 分布将会逐渐接近正态。

χ^2 分布被用来描述样本方差的分布。令 $y_1, y_2, y_3, \cdots, y_n$ 为一个从均值为 μ,方差为 σ^2 的正态总体中抽取的随机样本。那么,量

$$\frac{\sum (y_i - \bar{y})^2}{\sigma^2} = \frac{\text{SS}}{\sigma^2}$$

就是一个由一个有 $(n - 1)$ 个自由度的 χ^2 分布描述的随机变量。注意,样本方差 s^2 等于平方和除以 $n - 1$。所以 χ^2 分布立即就可以用来描述 s^2 的抽样分布。

两个方差之比的抽样分布

在统计方法中,我们通常会遇到一种这样的抽样分布,它描述的是 σ^2 的两个估计值之比。假设来自两个方差分别为 σ_1^2 和 σ_2^2 的正态总体的容量为 n_1 和 n_2 的独立样本。统计量

$$F = \frac{s_1^2/\sigma_1^2}{s_2^2/\sigma_2^2}$$

是一个有 F 分布的随机变量。该式中的 s_1^2 和 s_2^2 是两个一般的方差估计值。F 分布有两个参数 v_1 和 v_2,称为自由度,可表示为 $F(v_1, v_2)$。如果方差是以一般方式估计的,那么自由度分别等于 $(n_1 - 1)$ 和 $(n_2 - 1)$,不过情况并非总是如此。此外,如果两个总体具有相等的方差,就是说 $\sigma_1^2 = \sigma_2^2$,那么 F 统计量只不过就是比率 s_1^2/s_2^2 而已。F 分布具有下列几个重要性质:

1. 只有非负值的 F 分布已被定义。

2. F 分布是不对称的。

3. 每一自由度组合都需要一张不同的表。所幸对于大多数实际问题来讲,我们只需要为数不多的几个概率值就可以了。

4. 究竟选用哪一个方差的估计值来做分子,这一问题或多或少总是有一点主观的色彩,

所以 F 分布的概率表总是给出位于右端的那些值。这就是说,我们主观地假设,分子上的方差估计值是比较大的那一个。

附录的表 A.4 给出了右侧部分,精选的自由度组合的 F 分布的概率值。

各种分布之间的关系

在这一节介绍的所有抽样分布,都始于正态分布的随机变量,因此它们之间自然会有一定的关系。下面列出的各种关系不仅都是不难验证的,而且对本书后面介绍的许多方法都很有意义。

(1) $t(\infty) = z$

(2) $z^2 = \chi^2(1)$

(3) $F(1, v_2) = t^2(v_2)$

(4) $F(v_1, \infty) = \chi^2(v_1)/v_1$

1.3 单总体均值推论

如果我们从一个均值为 μ,标准差为 σ 的,服从正态分布的总体抽取了一个容量为 n 的随机样本,那么我们便可以用两种方法,用从样本得到的数据来推论未知的总体均值 μ。第一种方法用的是一种标准的路数,使用 μ 的一个估计量的抽样分布;第二种方法则使用一种线性模型的概念。诚如我们以后将要看到的那样,两种方法给出的结果是完全一样的。

用均值的抽样分布进行推论

总体最佳单值或点估计值是样本均值。若将样本观察值记作 $y_i, i = 1, 2, \cdots, n, (n$ 是样本量),那么样本均值便可被定义为

$$\bar{y} = \frac{\sum y_i}{n}$$

就推论总体均值而言,样本均值是最大似然估计量。我们已经知道 $\bar{y}$ 的抽样分布有均值 μ 和标准差 $\sigma / \sqrt{n}$。

我们用样本均值的抽样分布来推论未知的 μ 值。在一般情况下,均值的推论可以采用两种方式。一种方式是通过构建置信区间来建立估计方法的信度;另一种方法是检验一个有关未知均值 μ 的假设。

未知值, μ 的 $(1 - \alpha)$ 置信区间(confidence interval)是一个端点由公式

$$\bar{y} \pm z_{\alpha/2} \sqrt{\frac{\sigma^2}{n}}$$

确定的区间。式中, $z_{\alpha/2}$ 是 $\alpha/2$ 的标准正态分布的百分数点。这一区间有 $(1 - \alpha)$ 的信度包含真的总体均值。换言之,我们有 $(1 - \alpha)$ 的把握确信真的总体均值位于计算得到的置信区间内。置信水平常以百分数来表示,即我们经常说,我们有 $(1 - \alpha) \times 100\%$ 的把握确信真的总体均值位于计算得到的区间内。

一般来说,用于上述推论方法的总体方差是未知的,因此需要估计它的值,因而需要使用 t 分布。使用方差的估计值的点估计的 $(1 - \alpha)$ 的置信区间,可用下面的公式求得

$$\bar{y} \pm t_{\alpha/2}(n - 1) \sqrt{\frac{\text{MS}}{n}}$$

式中,$t_{\alpha/2}(n - 1)$ 是有 $(n - 1)$ 个自由度的 t 分布的 $(1 - \alpha)$ 的百分数点。当然,它的含义与方差已知时并无二致。

给定一组特定的样本数据,便可进行确定假设的未知的均值的值是否合理的**假设检验**(hypothesis test)。均值的统计假设检验可用以下方式进行。检验的零假设(null hypothesis)为

$$H_0 : \mu = \mu_0$$

与之对立的备择假设为

$$H_1 : \mu \neq \mu_0$$

式中,μ_0 是一个特定的值。[3] 为了检验这一假设,用均值的抽样分布,求在将零假设的值作为样本值时,得到等于(或大于)这一值的样本均值的概率。如果概率小于称为显著水平(significance level)的某些特定的值,说明证据与零假设相反,于是我们就有足够的理由拒绝零假设。如果概率大于显著水平,则说明我们缺乏拒绝零假设的足够理由。我们经常使用的显著水平是 0.05,但其他的显著水平也是可以使用的。

检验是通过检验统计值的计算进行的,用于检验的统计量为

$$z = \frac{\bar{y} - \mu_0}{\sqrt{\frac{\sigma^2}{n}}}$$

如果零假设为真,那么这一检验统计量便有标准正态分布,因而可用于求样本均值等于或大于零假设值的概率。这一概率称为 p 值。如果 p 值小于显著水平,我们就拒绝接受零假设。无独有偶,如果方差未知,我们在使用这一检验统计检验值时,也要使用 t 分布

$$t = \frac{\bar{y} - \mu_0}{\sqrt{\frac{\text{MS}}{n}}}$$

在求出这一统计值之后,我们还要将它与自由度为 $(n - 1)$ 的 t 分布值进行比较。

用线性模型推论

为了解释随机变量 y 的性状,我们可以建立一个以代数式表示的*模型*。它涉及变量(在这里是 μ)分布的一个或几个参数(parameter)。如果模型是一个统计模型,那么模型还有一个表示 y 的单个观察相对于一个(或几个)参数的变差(variation)的部分。我们将要使用的是一个**线性模型**。在这个模型中,模型是一个参数的线性或加性函数(additive function)。

用于单总体均值推论的线性模型为

---

3   备择的单侧检验,如 $H_\alpha : \mu > \mu_0$,也是可行的,不过本书将不作介绍。

$$y_i = \mu + \epsilon_i$$

式中 y_i—— 样本中应或倚变量的第 i 个观察值。[4] $i = 1,2,\cdots,n$;

μ—— 因变量的总体均值;

$\epsilon_i, i = 1,2,\cdots,n,$—— n 个均值为零,标准差为 σ 的独立并正态分布的随机变量的集合。

这一模型有效地描述了一个来自均值为 μ,和标准差为 σ 的标准正态分布总体的随机样本的 n 个观察值。

等号右边的 μ 部分是模型的确定性部分(deterministic portion)。这就是说,如果变差不存在($\sigma = 0$),所有的观察值便都等于 μ,那么任何一个观察值都确切地描述或确定了 μ 的值,因为在 ε 的均值等于零时,我们立即就会看到,y 的均值或期望值就是模型的确定性部分。

ϵ_i 则构成了模型的偶然或**随机**部分。我们知道它们是均值的偏差(deviation),因而也可被表达为 $(y_i - \mu)$。 这就是说,它们描述了单个总体值围绕均值的变异性(variability)。我们可以说,这一项常常被当做"误差"项,它是模型的确定项对总体描述的精确程度。总体参数 σ^2 是 ε 的方差,同时也是误差项离散度的一个量度。一个小的方差意味着大多数误差项接近零,所以总体均值与观察值 y_i"接近"。正因为这样,它也是模型的"拟合(fit)"程度的一个量度。小的方差意味着一个"好的拟合"。

我们可以用这一模型使用样本观察进行统计推论。这样的统计分析的第一步是求参数 μ 的单个点估计值,它是这一模型的确定性部分。其目的是求 μ 的估计值,$\hat{\mu}$。该估计值能使模型最好地与观察数据"拟合"。一个最为方便且确实使用最为普遍的,用做考察拟合优度(goodness of fit)的标准是差的平方和(sum of squared differences)这一数量。它是观察值的均值和估计的均值之间的**偏差**(deviation)。如果使用这一数量作为考察拟合优度的标准,那么就可以用最小平方原理来求数据的最优拟合的估计值——由此而求得的估计值,其偏差的平方和最小。

我们将

$$\hat{\epsilon}_i = y_i - \hat{\mu}$$

定义为第 i 个偏差(常称为第 i 个残差)。这就是说,偏差是第 i 个样本观察值与估计的均值之间的差。最小平方准则要求 $\hat{\mu}$ 的值能使偏差的平方和达到最小,也就是使

$$\text{SS} = \sum \hat{\epsilon}^2 = \sum (y_i - \hat{\mu})^2$$

最小。

为了使 SS 达到最小,我们用积分法来求这一估计值(有关这一方法的讨论,见附录 C)。注意,实际上这一估计值会使误差项的方差达到最小。这一步骤将会导致如下的方程:

$$\sum y - n\hat{\mu} = 0$$

显然,这一方程的解为

$$\hat{\mu} = \frac{\sum y}{n} = \bar{y}$$

---

4 下标 i 通常都被省略,除非由于行文的需要不能省略。

它与我们用抽样分布路数求出的估计值相同。

如果我们将 SS 替代上面的公式中的估计值 $\hat{\mu}$,那么我们便可得到最小的 SS

$$SS = \sum (y - \bar{y})^2$$

它就是我们在前面使用的方差的估计量 s^2 的分子。只不过现在方差就是平方和除以自由度,因此,样本均值 $\bar{y}$ 是那个使模型的变差(variation)最小的均值的估计值。换言之,最小平方估计所提供的估计模型是能最好地拟合样本数据的。

假设检验

与前面介绍的假设检验一样,我们要检验的是零假设:

$$H_0 : \mu = \mu_0$$

与之对立的备择假设为

$$H_1 : \mu \neq \mu_0$$

我们已经知道方差是模型在描述总体时的效率的指标。有鉴于此,如果我们能在若干模型间有所选择的话,则可将不同模型的相对方差量作为我们选择的标准。

上面的假设陈述实际上定义了如下两个竞争模型(competitive model):

1. 零假设设定了一个模型,该模型均值是 μ_0,即

$$y_i = \mu_0 + \epsilon_i$$

这种模型称为**约束**模型(restricted model),因为均值受到为零假设设定的值的限制(约束)。

2. 备择假设设定了一个模型,该模型的均值可以取任何的值。这种模型称为**无约束**模型(unrestricted model),它允许未知的参数 μ 的任何的值。

使用约束模型的平方和为

$$SSE_{约束} = \sum (y - \mu_0)^2$$

称为约束误差平方和(restricted error sum of squares),因为它是在均值受零假设约束时的随机误差的平方和。这一平方和有自由度 n,因为它是用对 μ_0 的偏差计算得到的,但 μ_0 本身并不是用数据计算得到的。[5]

无约束模型的平方和为

$$SSE_{无约束} = \sum (y - \bar{y})^2$$

它表示观察对模型参数最好拟合估计值的偏差,即所谓的无约束模型的误差的平方和。正如我们已经知道的那样,它有 $(n - 1)$ 个自由度,同时它也是估计方差的公式的分子。因为参数是用最小平方估计的,所以它是平方和这一数量的最小值。这一结果确保

$$SSE_{约束} \geqslant SSE_{无约束}$$

我们把这一差量作为假设检验的根据。

如果我们将这一差量用作假设检验的基础,那么便可将假设检验建立在对两个平方和进行比较的基础上。而我们还可以进一步证明,一个建立在平方和拆分基础上的检

---

5 对应的均方很少计算。

验,操作起来将更得心应手。代数练习给我们提供了如下的关系:

$$\sum (y - \mu_0)^2 = \sum (y - \bar{y})^2 + n(\bar{y} - \mu_0)^2$$

这个公式显示 $\sum (y - \mu_0)^2 = \text{SSE}_{约束}$,即约束误差平方和。它可以被拆分成两个部分:

1. $\sum (y - \bar{y})^2$,有 $(n - 1)$ 个自由度的无约束模型的误差平方和($\text{SSE}_{无约束}$)。

2. $n(\bar{y} - \mu_0)^2$,它是由零假设造成的约束而产生的误差平方和的增量。换言之,它是在零假设为真时造成的约束而导致的误差平方和的增加,因而我们用 $\text{SS}_{假设}$ 来表示这个平方和,有一个自由度,因为它显示从一个没有用数据估计的参数的模型(无约束模型),到一个有一个用数据估计的参数 μ 的模型(约束模型)减少的误差平方。它等价于因为对一个参数进行了估计所增加的平方和。

因此,我们可以将关系写为

$$\text{SSE}_{约束} = \text{SSE}_{无约束} + \text{SSE}_{假设}$$

即约束的平方和拆分成了两个部分。平方和的这一拆分是用线性模型进行假设检验的关键之所在。

正如我们前面所介绍的那样,拆分一个平方和等价于拆分一个自由度。

$$\text{df}_{约束} = \text{df}_{无约束} + \text{df}_{假设}$$

即

$$n = (n - 1) + 1$$

不仅如此,现在我们还可以计算均值的平方

$$\text{MS}_{假设} = \text{SS}_{假设} / 1$$

和

$$\text{MSE}_{无约束} = \text{SSE}_{无约束} / (n - 1)$$

这使我们有理由认为,随着 $\text{SS}_{假设}$ 相对于其他平方和的上升,假设被否定的可能也随之增加。然而,为了将这些数量用于正式的推论,我们必须了解,就模型的参数而言,它们究竟代表什么。

记住,样本统计值的抽样分布的均值也称为它的期望值,它告诉我们统计量估计的是什么。实际上,它有可能导出均值平方的抽样分布的均值的计算公式。均值平方的抽样分布的均值称为**期望均值平方**(expected mean squares),记作 E(MS)。$\text{MS}_{假设}$ 和 $\text{MSE}_{无约束}$ 的期望均值平方可表示为

$$E(\text{MS}_{假设}) = \sigma^2 + n(\mu - \mu_0)^2$$

和

$$E(\text{MSE}_{无约束}) = \sigma^2$$

我们可能还记得 F 分布是两个具有等方差的独立的估计值的比率的分布。如果零假设为真,那么 $\mu = \mu_0$,或与之等价的,$(\mu - \mu_0) = 0$,这样期望均值平方[6]便会显示,两个均值平方都等于 σ^2 的估计值。因此,如果零假设为真,那么

$$F = \frac{\text{MS}_{假设}}{\text{MSE}_{无约束}}$$

6　这些估计值是独立的这一事实本书未作证明。

将服从 1 和 $(n-1)$ 个自由度的 F 分布。

然而,如果零假设不是真的,那么 $(\mu - \mu_0)^2$ 将是一个正的量[7],因而样本 F 统计量的分子将趋于变得更大。这就意味着计算得到的比值将落入 F 分布的右端,故而有利于拒绝零假设。检验 $\mu = \mu_0$ 这一假设的方法步骤是,先计算均值的平方和,然后再计算两者的比,若比值大于或等于自由度为 1 和 $(n-1)$ 的 F 分布的 $(1-\alpha)$,我们就拒绝假设,否则就接受假设。

在 1.2 节,在有关各种分布之间的关系的表中,我们看到 $F(1, v) = t^2(v)$,代数习题将显示,$MS_{假设} / MSE_{无约束}$ 公式的平方根恰好是 t 分布的公式。请大家记住,t 分布的正端和负端都到了 F 分布的右端。因此,t 和 F 检验提供的是相同的结果。

既然两个检验给出的结果是相同,我们何必又多此一举使用 F 检验呢?实际上对于单参数模型而言,使用更多的的确是 t 检验,它不仅有比较容易被转换成置信区间的长处,而且还可以用于单侧的备择检验。而之所以要介绍 F 检验法,主要是因为它便于我们阐述线性模型路数的基本原理,特别便于我们阐述线性模型路数的公式的推导。

例 1.1

我们来看一下表 1.1 中列出的 10 组观察值。因变量是 y。在后面的例子中将用到的变量是 DEV。

表 1.1　例的数据

OBS	y	DEV
1	13.9	3.9
2	10.8	0.8
3	13.9	3.9
4	9.3	-0.7
5	11.7	1.7
6	9.1	-0.9
7	12.0	2.0
8	10.4	0.4
9	13.3	3.3
10	11.1	1.1

用抽样分布进行推论。推论所需的数值是很容易计算的:

$$\bar{y} = 11.55$$
$$s^2 = 27.485/9 = 3.0539$$

而均值的标准误差的估计值

$$\sqrt{s^2/n}$$

是 0.55262。

---

[7] 注意,不论 $(\mu - \mu_0)$ 的符号如何,这一结果都会发生,因此,这种方法不可直接用于单侧的备择假设。

现在我们便可以计算 0.95 的置信区间为

$$11.55 \pm (2.262)(0.55262)$$

式中,2.262 是表 A.2 中 9 个自由度的 t 分布的双侧的 0.05 尾端的值。计算得到的区间包含的值为 10.30 ~ 12.80。这就是说,根据这一样本,我们有 95% 的把握确信,区间(10.30 到 12.80)包含均值的真值。

假定我们想要检验的零假设为

$$H_0 : \mu = 10$$

与之对立的备择假设为

$$H_1 : \mu \neq 10$$

那么检验的统计量为

$$t = \frac{11.55 - 10}{0.55262} = 2.805$$

t 分布 0.05 的双侧尾端的值是 2.262。因此,我们在 0.05 的显著水平上拒绝零假设。计算机程序将为我们提供它的概率值 p,它等于 0.0205。

用线性模型进行推论。进行线性模型的 $H_0 : \mu = 10$ 的检验,我们需要以下几个数值:

1. 约束模型的平方和:$\sum (y - 10)^2$。单个差值就是表 1.1 中的变量 DEV,而这一变量的平方和则是 51.51。

2. 无约束模型的误差的平方和,27.485,求这一值可看作是计算前面介绍的 t 检验的均值的标准误差的估计值的一个中间步骤。与之对应的均方是 3.054,有 9 个自由度。

3. 差 51.51 - 27.485 = 24.025,它也可以通过直接计算 $10(\bar{y} - 10)^2$ 得到。这个差便是 SS$_{假设}$。于是 F 比率便是 24.025/3.054 = 7.867。从附录的表 A.4 可知,有 9 个自由度的 F 分布 0.05 尾端的值是 5.12,因此,零假设应该予以拒绝。注意,7.867 的平方根是 2.805,恰好是 t 检验求得的数值。而 5.12 的平方根是 2.262,也恰好是 t 分布求得的那个值,它也同样要求我们拒绝检验的零假设。■

虽然我们可以用线性模型路数来构建一个置信区间,但是这个过程是相当烦琐的。我们来回顾一下与之有关的某一个假设的置信区间和拒绝域(rejection region)问题。这就是说,如果假设的均值 μ_0,没有在 $1 - \alpha$ 的置信区间内,那么我们便将在显著水平 α 上拒绝零假设。我们不仅可以用这一概念做类似刚才那样的假设检验,而且也可用它来给出均值的置信区间,且它所给出的置信区间和用均值的抽样分所给出的相同。

1.4 用独立样本推论双均值

假设一个有两个总体的变量 y,有均值和 μ_1 和 μ_2 和方差 σ_1^2 和 σ_2^2,且其分布接近正态。容量为 n_1 和 n_2 独立随机样本分别抽自两个总体。变量的观察值以 y_{ij} 表示,其中 $i = 1,2$,而 $j = 1,2,3,\cdots,n_i$,样本均值是 $\bar{y}_1$ 和 $\bar{y}_2$。我们的目的是推论均值,尤其是推论两个均值之间的差,如推论 $(\mu_1 - \mu_2) = \delta$。注意,虽然我们有两个均值,但推论真正关注的问题是单个参数,δ。正如 1.3 节所阐述的那样,我们首先用均值的抽样分布进行推论,然后再使用线性模型,并分解平方和。

用抽样分布进行推论

μ_1 和 μ_2 的点估计值是 $\bar{y}_1$ 和 $\bar{y}_2$,δ 的点估计值是 $(\bar{y}_1 - \bar{y}_2)$。对均值的抽样分布的分析归纳显示,$(\bar{y}_1 - \bar{y}_2)$ 的分布逐渐趋向正态,有均值 $(\mu_1 - \mu_2)$ 和方差 $(\sigma_1^2/n_1 + \sigma_2^2/n_2)$。

统计量为

$$z = \frac{(\bar{y}_1 - \bar{y}_2) - \delta}{\sqrt{\dfrac{\sigma_1^2}{n_1} + \dfrac{\sigma_2^2}{n_2}}}$$

有标准正态分布。如果方差已知,这一统计量可用于置信区间和两个未知的总体均值之间的差的假设检验。

δ 的 $(1 - \alpha)$ 的置信区间是定义为

$$(\bar{y}_1 - \bar{y}_2) \pm z_{\alpha/2} \sqrt{\dfrac{\sigma_1^2}{n_1} + \dfrac{\sigma_2^2}{n_2}}$$

的端点之间的区间。它含义是,我们将有 $(1 - \alpha)$ 的把握确信真的均值差将位于这两个端点定义的区间内。

就假设检验而言,零假设为

$$H_0 : (\mu_1 - \mu_2) = \delta_0$$

在大多数应用中,因为检验的假设是 $\mu_1 = \mu_2$,因此 δ_0 等于零。备择假设是

$$H_1 : (\mu_1 - \mu_2) \neq \delta_0$$

该检验先由计算机来计算,检验统计量

$$z = \frac{(\bar{y}_1 - \bar{y}_2) - \delta_0}{\sqrt{\dfrac{\sigma_1^2}{n_1} + \dfrac{\sigma_2^2}{n_2}}}$$

的值,然后将计算得到的结果与具有适当的标准正态分布的百分点的值进行比较。

与单总体一样,这一统计量不可滥用,因为它需要两个在通常情况下都是未知的总体方差的值。而只是简单地用估计的方差值来替代是不行的,因为导出的统计量的分母中含有两个独立的方差估计值,所以该统计量并不具有 t 分布。有一种可对检验统计量进行修正,使它能有 t 分布的方法是,假设两个总体的方差相等,进而找到一个均方,把它作为公共的方差估计值。这一均方称为合并方差(pooled variance)。它的计算方法可表示为

$$s_p^2 = \frac{\sum_1 (y - \bar{y}_1)^2 + \sum_2 (y - \bar{y}_2)^2}{(n_1 - 1) + (n_2 - 1)}$$

式中,$\sum_1$ 和 $\sum_1$ 代表样本 1 和样本 2 的总和。使用约定俗成的表示法,仍用 SS 来平方和,我们可将合并方差写为下面这样的形式

$$s_p^2 = \frac{SS_1 + SS_2}{n_1 + n_2 - 2}$$

式中,SS_1 和 SS_2 是分别计算得到的每一样本的平方和。这一公式清楚地说明,方差的估计值具有下面这样的形式

$$\frac{平方和}{自由度}$$

而自由度之所以等于$(n_1 + n_2 - 2)$,是因为在计算平方和时,使用了参数$\bar{y}_1$和$\bar{y}_2$的两个估计值。[8]

将联合方差替代检验统计量中的两个总体方差,我们便可得到统计量为

$$t(n_1 + n_2 - 2) = \frac{(\bar{y}_1 - \bar{y}_2) - \delta}{\sqrt{s_p^2 \left(\frac{1}{n_1} + \frac{1}{n_2} \right)}}$$

该统计量称为"合并"统计量。

δ的$(1 - \alpha)$的置信区间,系一个由

$$(\bar{y}_1 - \bar{y}_2) \pm t_{\alpha/2}(n_1 + n_2 - 2) \sqrt{s_p^2 \left(\frac{1}{n_1} + \frac{1}{n_2} \right)}$$

定义的端点确定的区间。式中,$t_{\alpha/2}(n_1 + n_2 - 2)$表示具有$(n_1 + n_2 - 2)$个自由度的$t$分布的$\alpha/2$百分点。

假设检验的零假设为

$$H_0 : (\mu_1 - \mu_2) = \delta_0$$

与之对立的备择假设为

$$H_1 : (\mu_1 - \mu_2) \neq \delta_0$$

正如我们已经知道的那样,通常对于检验的零假设$H_0 : \mu_1 = \mu_2$而言,$\delta_0 = 0$。

为了进行检验,我们先要计算检验统计量

$$t(n_1 + n_2 - 2) = \frac{(\bar{y}_1 - \bar{y}_2) - \delta_0}{\sqrt{s_p^2 \left(\frac{1}{n_1} + \frac{1}{n_2} \right)}}$$

的值,如果计算得到的统计值落在了有$(n_1 + n_2 - 2)$个自由度的t分布的适当的显著水平定义的拒绝域内,我们就拒绝零假设。

如果我们不能假设方差相等,那么我们必须考虑改用其他更为恰当的方法。若干本教科书,包括佛雷德和威尔逊德著作(Freund and Wilson,2003)都对这一问题进行了讨论。

用线性模型进行双样本均值的推论

在做双样本均值的推论时,我们使用线性模型

$$y_{ij} = \mu_i + \epsilon_{ij}$$

式中　y_{ij}——来自总体i的第j个观察值,$i = 1, 2$,而$j = 1, 2, \cdots, n_i$;

　　μ_i——总体i的均值;

　　ϵ_{ij}——一个均值为零,方差为σ^2的正态分布的随机变量。

这一模型描述了n_1个来自均值为μ_1和方差为σ^2的总体1的样本观察值,以及n_2个来自均值为μ_2和方差为σ^2的总体2的样本观察值。注意,该模型设定两个总体的方差相

8　许多参考书将分子写作$(n_1 - 1)s_1^2 + (n_2 - 1)s_2^2$,而这一表达式并未真正表达平方和。

等。与抽样分布法一样,假如违反了这一假设,也需要要用特定的方法处理。

检验的零假设为

$$H_0: \mu_1 = \mu_2$$

对立的备择[9]假设为

$$H_1: \mu_1 \neq \mu_2$$

使用最小平方法需要求使下式

$$\sum_{\text{全部}} (y_{ij} - \hat{\mu}_i)^2$$

最小的 $\hat{\mu}_1$ 和 $\hat{\mu}_2$ 的值。式中,$\sum_{\text{全部}}$ 表示全部样本观察值的和。这一步骤将产生一个方程(称为正态方程)为

$$\sum_j y_{ij} - n\hat{\mu}_i = 0, i = 1, 2$$

这些方程的解是 $\hat{\mu}_1 = \bar{y}_1$ 和 $\hat{\mu}_2 = \bar{y}_2$。

无约束模型误差的方差是用每个样本均值偏差的平方和计算的,即

$$\text{SSE}_{\text{无约束}} = \sum_1 (y - \bar{y}_1)^2 + \sum_2 (y - \bar{y}_2)^2 = \text{SS}_1 + \text{SS}_2$$

正如我们已经知道的那样,这一平方和的计算需要用两个参数估计值,$\bar{y}_1$ 和 $\bar{y}_2$,因此平方和的自由度等于 $(n_1 + n_2 - 2)$。求得的均方(mean square)恰好等于用于合并 t 统计量的合并方差。

假如零假设是 $\mu_1 = \mu_2 = \mu$,那么约束模型为

$$y_{ij} = \mu + \epsilon_{ij}$$

μ 的最小平方估计便是整个样本的总均值(overall mean),即

$$\bar{y} = \sum_{\text{全部}} \frac{y_{ij}}{n_1 + n_2}$$

约束模型误差的平方和等于这一估计值的偏差平方和即

$$\text{SSE}_{\text{约束}} = \sum_{\text{全部}} (y - \bar{y})^2$$

因为在计算这一平方和的时候,只用了一个参数估计值,所以它有 $(n_1 + n_2 - 1)$ 个自由度。

诚如前述,假设检验以约束模型和无约束模型的误差的平方和之差为根据,那么分解的平方和则表示为

$$\text{SSE}_{\text{约束}} = \text{SS}_{\text{假设}} + \text{SSE}_{\text{无约束}}$$

只要做一下代数演算,便可得公式为

$$\text{SS}_{\text{假设}} = n_1 (\bar{y}_1 - \bar{y})^2 + n_2 (\bar{y}_2 - \bar{y})^2$$

该假设的平方和的自由度是约束模型和无约束模型的自由度之差。这个差值是1,因为无约束模型用了两个参数,而约束模型只用了一个参数。这一假设检验的关键是,设法确定双参数模型的拟合是否明显优于单参数模型。

为了确定适当的检验统计量,我们不妨再对期望的均方做一番考察

$$\text{E}(\text{MS}_{\text{假设}}) = \sigma^2 + \frac{n_1 n_2}{n_1 + n_2} (\mu_1 - \mu_2)^2$$

9　一般,线性模型路数既不用于更为广义的零假设,$(\mu_1 - \mu_2) = \delta$,也不用于前面提到的那种单侧的备择假设。

$$E(\text{MSE}_{\text{无约束}}) = \sigma^2$$

由此得到的均方之比等于

$$F = \frac{\left(\dfrac{\text{SS}_{\text{假设}}}{1}\right)}{\left(\dfrac{\text{SS}_{\text{无约束}}}{n_1 + n_2 - 2}\right)} = \frac{\text{MS}_{\text{假设}}}{\text{MSE}_{\text{无约束}}}$$

有以下两个性质:

1. 如果零假设为真,那么两个均方之比估计的是相同的方差,因此具有自由度为$(1, n_1 + n_2 - 2)$的F分布。

2. 如果零假设不为真,那么$(\mu_1 - \mu_2) \neq 0$,这就意味着$(\mu_1 - \mu_2)^2 > 0$。在这样的情况下,F统计量的分子将趋向变大,这再一次说明,我们应在这一统计量的值比较大的时候拒绝零假设。

再做一个代数演算,便可得到关系式为

$$\text{SS}_{\text{假设}} = n_1(\bar{y}_1 - \bar{y})^2 + n_2(\bar{y}_2 - \bar{y})^2$$

$$= (\bar{y}_1 - \bar{y}_2)^2 \frac{n_1 n_2}{n_1 + n_2}$$

这一关系式说明F统计量可以表达为

$$F = \frac{(\bar{y}_1 - \bar{y}_2)^2 \dfrac{n_1 n_2}{n_1 + n_2}}{\text{MSE}_{\text{无约束}}}$$

$$= \frac{(\bar{y}_1 - \bar{y}_2)^2}{\text{MSE}_{\text{无约束}}\left(\dfrac{1}{n_1} + \dfrac{1}{n_2}\right)}$$

正如我们已经了解的那样,$\text{MSE}_{\text{无约束}}$是合并方差,因此F统计量是t统计量的平方。换言之,合并的t检验和线性模型的F检验是等价的。

例 1.2

与前面一样,用人为编造的一些数据来构建总体1(population 1)的10个样本观察值和总体2(population 2)的15个样本观察值。这些数据列入表1.2中。

表 1.2　例 1.2 的数据

总体 1	25.0	17.9	21.4	26.6	29.1	27.5	30.6	25.1	21.8	26.7
总体 2	31.5	27.3	26.9	31.2	27.8	24.1	33.5	29.6	28.3	29.3
	34.4	27.3	31.5	35.3	22.9					

采用抽样分布进行推论。在进行合并t检验时,要计算得到下面的数值:

$\bar{y}_1 = 25.1700, \bar{y}_2 = 29.3933$

$\text{SS}_1 = 133.2010, \text{SS}_2 = 177.9093$

$s_p^2 = (133.2010 + 177.9093)/23 = 311.1103/23 = 13.5265$

想要检验的假设为

$$H_0 : \mu_1 = \mu_2$$

对立的假设为

$$H_1 : \mu_1 \neq \mu_2$$

故而合并的 t 统计量等于

$$t = \frac{25.1700 - 29.3933}{\sqrt{13.5265\left(\dfrac{1}{10} + \dfrac{1}{15}\right)}}$$

$$= 2.8128$$

自由度为 $(n_1 + n_2 - 2) = 23$ 的 t 分布的 0.05 的双侧尾端的值是 2.069,因而在 0.05 的水平上零假设被拒绝了。计算机程序给出的 p 值是 0.0099。

采用线性模型进行推论。用线性模型的分解平方和进行检验,需要以下的数值:

$$\mathrm{SSE}_{无约束} = \mathrm{SS}_1 + \mathrm{SS}_2 = 311.1103$$

$$\mathrm{SSE}_{约束} = \sum_{全部} (y - 27.074)^2 = 418.1296$$

式中,27.704 是所有观察值的均值。两者之差为 107.0193,它也可以直接用均值计算得

$$\mathrm{SS}_{假设} = 10(25.1700 - 27.704)^2 + 15(2903933 + 27.704) = 107.0193$$

这样 F 统计量的值即为

$$F = \frac{107.0193}{\left(\dfrac{311.0103}{23}\right)} = 7.9118$$

这一数值大于有 (1,23) 自由度的 F 分布 0.05 上端的值 4.28,因此零假设被拒绝了。计算机程序给出的 p 值等于 0.0099,与 t 检验的 p 值完全相同。我们同样也可以看到,t 检验计算得到的和查表得到的两个平方数,也与平方和分解检验的 F 值相同。

与单样本相同,在进行诸如这样的推论时,t 检验更为合适,这不仅是因为它的置信区间更加易于计算,更主要的还因为它可以用于 $\mu_1 = \mu_2$ 这一形式之外的其他形式的假设检验。∎

1.5 推论多个均值

开始人们往往会认为,从两个总体推广到两个以上的总体似乎是一件很简单的事情。然而事实并非如此,读者可能记得,比较两个总体的均值无非是简单地比较两者之间的差异而已。如果差等于零,那么这两个均值就是相同的。但令人遗憾的是,我们无法用这样的方法进行两个以上均值的比较。在进行两个以上均值的推论时,不存在一种使用抽样分布进行的简单的方法,因而需要采用线性模型路数的方法来进行。线性模型路数法有许多不同的结构形式,它们在两个以上总体均值比较中有着广泛的应用。

分析任意多个均值的线性模型,只不过是那种我们曾经用于分析两个均值的模型的推广。假设数据来自样本量为 n_i 的,抽自 t 个总体的每一个的独立样本,那么模型则为

$$y_{ij} = \mu_i + \varepsilon_{ij}, \quad i = 1, 2 \cdots, t, \quad j = 1, 2, \cdots, n_i$$

式中,y_{ij} 是来自总体 i 的第 j 个样本观察值,μ_i 是第 i 个总体的均值,而 ε_{ij} 则是一个均值为零和方差等于 σ^2 的随机变量。这个模型是许多种被称为**方差分析**(analysis of variance)

或 ANOVA 模型中的一种。这种形式的 ANOVA 模型通常被称为格均值模型(cell means model)。正如我们在以后将要看到的那样,这一模型通常会被写成另外一种形式。注意,诚如前述,线性模型都自动假设所有总体都具有相同的方差。有关 μ_i 的推论通常都以假设检验的形式进行:

$$H_0 : \mu_i = \mu_j, \text{对所有 } i \neq j \text{ 的组}$$
$$H_1 : \mu_i \neq \mu_j, \text{对一或若干组}$$

未知参数 μ_i 的最小平方估计值是能使

$$\sum_j (y_{ij} - \hat{\mu}_i)^2, i = 1, \cdots, t$$

这一式子的值达到最小的那些值。

符合这一标准的那些值则都是 t 个形式如下的正态方程的解:

$$\sum_j y_{ij} = n_i \hat{\mu}_i, i = 1, \cdots, t$$

这些方程的解是 $\hat{\mu}_i = \bar{y}_i$, for $i = 1, \cdots, t$。

这样,无约束模型误差的平方和就等于

$$\text{SSE}_{\text{无约束}} = \sum_1 (y - \bar{y}_1)^2 + \sum_2 (y - \bar{y}_2)^2 + \cdots + \sum_t (y - \bar{y}_t)^2$$

因为在计算时使用了 t 个样本均值,所以它有 $(N - t)$ 个自由度。其中,N 是观察值的总数,$N = \sum n_i$。

约束模型为

$$y_{ij} = \mu + \epsilon_{ij}$$

而 μ 的估计值是所有观察的总或全平均:

$$\bar{y} = \sum_{\text{全部}} y_{ij} / N$$

因此,约束模型误差的平方和为

$$\text{SSE}_{\text{约束}} = \sum_{\text{全部}} (y_{ij} - \bar{y})^2$$

因为只用了一个参数估计值 $\bar{y}$,所以它有 $(N - 1)$ 个自由度。

将平方和分解后,得

$$\text{SSE}_{\text{约束}} = \text{SS}_{\text{假设}} + \text{SSE}_{\text{无约束}}$$

这就意味着算出其中任何两个平方和(通常是 $\text{SSE}_{\text{约束}}$ 和 $\text{SS}_{\text{假设}}$),便可以用减法得到第 3 个平方和。[10]

这种检验的根据是差为

$$\text{SS}_{\text{假设}} = \text{SSE}_{\text{约束}} - \text{SSE}_{\text{无约束}}$$

它不仅可以用某种代数方法直接算出来,即

$$\text{SS}_{\text{假设}} = \sum n_i (\bar{y}_i - \bar{y})^2$$

而且有

$$(N - 1) - (N - t) = (t - 1)$$

个自由度。这是因为无约束模型要估计 t 个参数值,而约束模型只要估计 1 个。

---

10 的确有简明的计算公式,但是本书对之不感兴趣。

我们已知,期望的均方给我们提供了有关使用这些均方的信息。为了使这些公式更容易理解,现在我们假设来自各个总体的那些样本的样本量是相等的,即 $n_i = n$。[11] 这样

$$E(MS_{假设}) = \sigma^2 + \frac{n}{t-1} \sum (\mu_i - \mu)^2$$

$$E(MSE_{无约束}) = \sigma^2$$

这样,如果总体均值相等的零假设是真的,那么 $\sum (\mu_i - \mu)^2 = 0$,且两个均方的方差的估计值都是 σ^2。如果零假设非真,那么该假设的期望均方就比较大,且 F 统计值也会因此趋向变得比较大。所以这两个均方之比给我们提供了一个近似的检验统计量。

现在来计算均方

$$MS_{假设} = SS_{假设} / (t-1)$$

$$MSE_{无约束} = SSE_{无约束} / (N-t)$$

同时,检验统计量为

$$F = MS_{假设} / MSE_{无约束}$$

这一统计量的值将与自由度为 $[(t-1),(N-t)]$ 的 F 分布的值进行比较。

例 1.3

这个例子的数据有关特定的实验室条件下种植的土豆的质量。实验包括 4 个品种,每种 6 个共 24 个土豆。表 1.3 列出了试验数据和某些概括性统计数字。

表 1.3　例 1.3 的数据

	品　种		
BUR	KEN	NOR	RLS
0.19	0.35	0.27	0.08
0.00	0.36	0.33	0.29
0.17	0.33	0.35	0.70
0.10	0.55	0.27	0.25
0.21	0.38	0.40	0.19
0.25	0.38	0.36	0.19
均值 0.1533	0.3197	0.3300	0.2833
SS 0.0405	0.0319	0.0134	0.2335

我们先用表中的数据计算

$$\bar{y} = 0.2896$$

然后再用它计算

$$\sum_{全部} (y_{ij} - \bar{y})^2 = 0.5033$$

它就是 $SSE_{约束}$ 的值,有 23 个自由度。

11　如果样本量不等,$E(MS_{假设})$ 的表达式就更加复杂。那时式中将包含 $(\mu_i - \mu)^2$ 的加权函数。权数是样本量关系颇为复杂的函数。不过在进行了复杂的加权之后,基本结果却几乎是相同的。

$$SSE_{无约束} = 0.0405 + 0.0219 + 0.0314 + 0.2335 = 0.3193$$

有自由度20

$$SS_{假设} = 0.5033 - 0.3193 = 0.1804$$

或

$$SS_{假设} = 6 \times (0.1533 - 0.2896)^2 + \cdots + 6 \times (0.2833 - 0.2896)^2$$

有3个自由度。

F 统计量的值为

$$F = \frac{\left(\dfrac{0.1840}{3}\right)}{\left(\dfrac{0.3193}{20}\right)} = \frac{0.0613}{0.01597} = 3.84$$

$(3,20)$ 自由度的 F 分布的 0.05 上端百分点为 3.10,因而4个品种的平均质量相等的假设也许应该被拒绝。当然,就这4种土豆的平均质量而言,这一结论除了给我们提供了应该拒绝质量相等的假设这一信息之外,并没有给我们提供其他任何有关均值的信息。如果我们想要了解有关均值的其他更多的信息,也许要采用多重比较法(multiple comparison methods)。不过这已经是另外一种方法了,我们不准备在这里介绍它。

表1.4 给出了计算机程序(SAS 系统的 PROC ANOVA 程序)对数据进行方差分析后得到的结果。注意,表中使用的统计量的术语或专用名词可能与本书使用的有一定的差别,但可能与必修课中使用的那些比较接近。计算机输出的结果和使用名词、术语已在表中列出。

表 1.4 ANOVA 的计算机输出结果

Analysis of Variance Procedure Dependent Variable:WEIGHT					
Source	DF	Sum of Squares	Mean Square	F Value	$Pr > F$
Model	3	0.18394583	0.06131528	3.84	0.0254
Error	20	0.31935000	0.01596750		
Corrected Total	23	0.50329583			
			WEIGHT		
Level of VAR	N	Mean	SD		
BUR	6	0.15333333	0.09003703		
KEN	6	0.39166667	0.07985403		
NOR	6	0.33000000	0.05176872		
RLS	6	0.28333333	0.21611725		

本书称为 $SSE_{约束}$ 的统计量,表中称为"修正总计(Corrected Total)"。之所以把它称为修正总计,一则是因为这是均值的"修正"平方和,二则是因为一个只含单个均值的模型通常是不被看作是一个模型的。如果模型不存在,那么这个统计量就应该称为总变差(total variation)。

那个被我们称为 $SSE_{无约束}$ 的统计量,在表中被简单地称为误差(Error),因为这是分析设定的模型的误差的平方和。

而那个我们称为 $SS_{假设}$ 的统计量,在表中称为模型(Model),因为这是为拟合的模型所减少的误差的平方和。

应该讲,在这里,计算机输出结果中使用的名词和术语都是相当自然和易于理解的。但对于我们以后将要介绍的更为复杂的统计推论方法,情况却并非总是如此。

正如我们在计算机输出结果中看到的那样,计算机程序给出了平方和、均方、F 统计量的值及 p 值(0.0254)。无疑,这一 p 值也小于 0.05,因此,它得出的结论与我们前面得出的相同。

在这些统计数字下面的那些数字是 4 种土豆中的每一种的观察值(质量,WEIGHT)的均值(Mean)和标准差(SD)*。∎

重新参数化模型(Reparameterized Model)

这种模型的另外一种版本则反映了通过重新定义参数来分解平方和这一点,所以通常把它称为模型的**重新参数化**(reparameterization)。这种模型的重新参数化是由对每个总体均值重新进行定义构成的。所谓重新定义每个总体均值,就是在概念上把它们看作都是由两个部分组成的:一个是整个或公共的均值,另一个则是来自单个总体的分均值。在一个普遍应用的,将若干处理方法随机地应用于若干实验单位的实验设计中,我们感兴趣的是单个的处理方法的效应。为了实现这一目的,我们可以重新书写这一模型,以表达对单个处理方法的效应的关注。这时,我们可以像下面这样来重新书写模型:

$$y_{ij} = \mu + \alpha_i + \epsilon_{ij}, i = 1, 2, \cdots, t, j = 1, 2, \cdots, n_i$$

式中　n_i——每个样本或处理组的观察数;

t——诸如这样的总体的个数,通常称为实验因子水平或处理水平(levels of experimental factors or treatments);

μ——总均值;

α_i——特定的因子水平或处理效应。

换言之,这个模型被简单地定义为

$$\mu_i = \mu + \alpha_i$$

随机误差的解释与前面的相同。为了使这一模型更有效,我们加入了限制条件,即

$$\sum \alpha_i = 0$$

它的含义是,"平均"的总体效应为零。[12]

以这种形式书写的模型常称为单因 ANOVA 模型,与之等价的假设为

$$H_0: \alpha_i = 0, 对所有的 i$$

$$H_1: \alpha_i \neq 0, 对一个或一个以上的 i$$

换言之,等均值假设被转换成了不存在因子效应假设。

1.6　小　结

在这一章,我们只是对大家已经熟悉的单样本、合并的 t 统计量和推论单个或两个及

---

* 译者对原书内容有所完善。——编者注

[12] 限制条件 $\sum \alpha_i = 0$ 并非绝对必要的。参见本书第 10 章。

两个以上总体的均值的方差分析法做了简要的复习。本章介绍的内容的重要性在于,它使大家懂得所有这些方法,无非都是线性模型的一种应用而已,我们所做所有的推论都是通过比较无约束模型和约束模型进行的。尽管对这些应用而言,这个原理似乎有些烦琐,但实际上对那些下面将要用到的、更为复杂的模型而言,这个原理不仅将会是很有用的,而且是不可或缺的。虽然大多数统计著作都对这一点做了详细介绍,但它们首先介绍的都是线性模型在回归分析中的应用。而在这样的应用中,如果不使用这种路数,推论就无法进行。

例1.4

佛雷德和威尔逊的著作(Freund and Wilson,2003:465)使用的数据来自他们所做的一个实验。该试验的目的在于比较 3 种不同品种的小麦的产量。试验在某一地块中的 5 个分地块上进行。实验以随机完全区集设计(randomized complete block design,RCBD)进行,因为实验所感兴趣的问题不是分地块(区集)之间存在的变异,但是这些差异必须从分析结果中去除。表1.5 给出了实验的结果。

表1.5　小麦产量

		地小块(分块)				
		1	2	3	4	5
品种	A	31.0	39.5	30.5	35.5	37.0
	B	28.0	34.0	24.5	31.5	31.5
	C	25.5	31.0	25.0	33.0	29.5

因为这一实验实际上有两个因子,小麦的品种和地块,所以我们将是用双因 ANOVA 模型,其中一个因子便是块。RCBD(有 t 个处理手段和 b 个块)的广义模型可写为

$$y_{ij} = \mu + \alpha_i + \beta_j + \epsilon_{ij}, i = 1,2,\cdots,t, j = 1,2,\cdots,b$$

式中　y_{ij}——来自第 i 个处理手段和第 j 个块的反应;

　　μ——总均值;

　　α_i——第 i 个处理手段的效应;

　　β_j——第 j 个块的效应;

　　ξ_{ij}——随机误差项。

我们感兴趣的检验假设为

$$H_0:\alpha_i = 0,对所有的 i$$
$$H_1:\alpha_i \neq 0,对一个或若干个 i$$

这意味着约束模型可写作:

$$y_{ij} = \mu + \beta_j + \epsilon_{ij}$$

注意,这无非就是前面介绍的单因 ANOVA 模型。使用 SAS 中的 PROC GLM 程序,我们可以用无约束模型,也可以用约束模型来分析这组数据。分析所得的结果列入表1.6中。注意,分析需要以下这些平方和:

$$SSE_{无约束} = 14.4$$

和

$$\text{SSE}_{约束} = 112.83333$$

由这两个平方和得到的特定的假设检验平方和为

$$\text{SS}_{假设} = 112.833 - 14.400 = 98.433$$

它有 $10 - 8 = 2$ 个自由度。于是 F 检验则变为

$$F = \frac{98.433/2}{1.800} = 27.34$$

这一检验统计值的 p 值是 0.0003（与表 1.7 的相同）。据此，我们认为品种的差别是存在的。

当然，这种分析也可以用双因 ANOVA 表来做。表 1.7 列出了在 SAS 中用 PROC ANOVA 程序所做的该分析的结果。注意，种类（VARIETY）的平方和、F 值和 $Pr > F$ 等结果，都与前面的分析一致。

表 1.6 例 1.4 分析

Source	DF	Sum of Squares	Mean Square	F Value	Pr > F
ANOVA for Unrestricted Model: Dependent Variable: YIELD					
Model	6	247.333333	41.222222	22.90	0.0001
Error	8	14.400000	1.800000		
Corrected Total	14	261.733333			
ANOVA for restricted model: Dependent Variable: YIELD					
Model	4	148.900000	37.225000	3.30	0.0572
Error	10	112.833333	11.283333		
Corrected Total	14	261.733333			

表 1.7 例 1.4 的方差分析

Source	DF	Sum of Squares	Mean Square	F Value	Pr > F
Analysis of Variance Procedure Dependent Variable: YIELD					
Model	6	247.333333	41.222222	22.90	0.0001
Error	8	14.400000	1.800000		
Corrected Total	14	261.733333			
Analysis of Variance Procedure Dependent Variable: YIELD					
Source	DF	ANOVA SS	Mean Square	F Value	Pr > F
BLOCK	4	148.900000	37.225000	20.68	0.0003
VARIETY	2	98.433333	49.216667	27.34	0.0003

1.7 习 题

除了这一章的习题之外,我们建议大家复习一下必修课中的习题,并用线性模型路数把某些习题再做一遍。

1. 在深入研究之后得悉,某一特定的淡水鱼种的平均体长为 $\mu = 171$ mm。我们还知道体长服从正态分布。有一个取自当地某一湖泊的容量为 100 的疑似该鱼种的鱼类样本。这一样本的平均体长为 $\bar{y} = 167$ mm,标准差为 44 mm。试用线性模型路数检验来自当地湖泊的鱼的总体的平均长度,与疑似鱼种的长度相同这一假设。使用 0.05 显著水平。

2. M. 佛吉尔(M. Fogiel) 在《统计学问题释疑》(*The Statistics Problem Solver*,1978) 一书中介绍了一个实验。该实验对某一所小学中一个有 12 个英裔美国学生和 10 个墨西哥裔美国学生组成的班级做了一次阅读测验。表 1.8 中列出了测验的结果。

   a. 写一个恰当的线性模型对数据做出解释。列出有关该模型的假设。估计模型的各组成部分的值。

   b. 用线性模型路数,检验两个群体的差异。使用 0.05 显著水平。

表 1.8　习题 2 的数据

组	均　值	标准差
墨西哥裔美国人	70	10
英裔美国人	74	8

3. 表 1.9 给出了某实验得到的食品对老鼠体重的影响的研究结果。数据记录了食用前和食用后老鼠的体重,计量单位是盎司。

   a. 定义一个恰当的线性模型对数据做出解释。用这组数据估计模型各组成部分的值。

   b. 用线性模型路数,检验两个群体的差异。使用 0.05 显著水平。

表 1.9　习题 8 的数据

老鼠	1	2	3	4	5	6	7	8	9	10
实验前	14	27	19	17	19	12	15	15	21	19
实验后	16	18	17	16	16	11	15	12	21	18

4. 按规定,整包装的鲜肉在超市的冷柜里能储存 20 天左右。为了确定当地市场是否遵守了这一规定,我们选取了 10 包鲜肉作为样本进行检验。检验的数据如下:

8,24,24,6,15,38,63,59,34,39

   a. 定义一个恰当的线性模型对数据做出解释。有关这一模型的假设是什么? 估计模型各组成部分的值。

   b. 用线性模型路数,检验超市遵守规定的假设。使用 0.05 显著水平。

5. 赖特和威尔森(Wright and Wilson,1979) 在一个以若干性质为依据的,设计用于土壤图绘制地点比较的研究报告中说,研究使用了西班牙莫尔西亚省(Murcia),阿尔布迪特(Albudeite)的 8 个连续地点。研究感兴趣的那些性质中,有一个是黏土的含量。数据来自在这些绘图点的每一个随机选取的 5 个地方。表 1. 10 列出了这些数据。

表 1.10　习题 5 的数据

地　点	黏土含量				
1	30. 3	27. 6	40. 9	32. 2	33. 7
2	35. 9	32. 8	36. 5	37. 7	34. 3
3	34. 0	36. 6	40. 0	30. 1	38. 6
4	48. 3	49. 6	40. 4	43. 0	49. 0
5	44. 3	45. 1	44. 4	44. 7	52. 1
6	37. 0	31. 3	34. 1	29. 7	39. 1
7	38. 3	35. 4	42. 6	38. 3	45. 4
8	40. 1	38. 6	38. 1	39. 8	46. 0

a. 定义一个恰当的线性模型对数据做出解释。这一模型的假设是什么? 估计模型各组成部分的值。

b. 完整地对数据进行分析。假设这些地点以数目为序,自东向西排列。对分析结果做出完整的解释。

6. 某家大银行在中西部的小镇有 3 家分行。该银行实行宽松的病休政策。银行的管理者担心雇员也许会钻这一政策的空子。为了确定是否存在这样的问题,他们从每一家银行随机抽取了雇员的样本,记录了他们在 1990 年的病休天数。表 1.11 给出了这些数据。用线性模型路数检验分行之间的差异。使用 0.05 的显著水平。

表 1.11　习题 6 的数据

分行 1	分行 2	分行 3
15	11	18
20	15	19
19	11	23
14		

7. 某机构要测试 3 种不同的洗涤剂的洗净能力。为此他们进行了一项试验。试验选用 3 个品牌的洗衣机,每一品牌的机器中对每一种洗涤剂都进行了测试。使用的测量标准是净度。这一数值越高表示洗得越干净。试验的结果如表 1.12 所示。

表 1.12　习题 7 的数据

洗涤剂	洗衣机		
	1	2	3
1	13	22	18
2	26	24	17
3	4	5	1

a. 为这一试验定义一个恰当的模型。将洗衣机之间的差异看作与试验无关的变差。

b. 求 $SSE_{无约束}$ 和 $SSE_{约束}$。

c. 检验洗涤剂之间没有差异的假设。

8. 某双因子试验的因子配置为,因子A和B各有两个水平。这就是说,两个因子的每一组合都接受了同样数目的实验单位。表1.13列出了该项实验的数据。

表 1.13 某析因实验的数据

		因子 A	
		1	2
因子 B	1	5.3	8.8
		3.6	8.9
		2.5	6.8
	2	4.8	3.6
		3.9	4.1
		3.4	3.8

2×2 的析因设计的 ANOVA 模型为

$$y_{ijk} = \mu + \alpha_i + \beta_j + (\alpha\beta)_{ij} + \epsilon_{ijk}, i = 1,2, j = 1,2, \text{和} k = 1,2,3$$

式中 y_{ijk}—— 来自因子 A 的第 i 个水平的和因子 B 的第 j 个水平的第 k 个反应;

μ—— 总均值;

α_i—— 因子 A 的效应;

β_j—— 因子 B 的效应;

$(\alpha\beta)_{ij}$——A 与 B 之间的交互效应;

ϵ_{ijk}—— 随机误差项。

a. 分析的第一步是检验交互效应。定义一个检验 $H_0:(\alpha\beta)_{ij} = 0$ 的约束模型。用线性模型法检验这一假设。

b. 检验主效应。

① 定义检验 $H_0:\beta_i = 0$ 的约束模型。用线性模型法检验这一假设。

② 定义检验 $H_0:\alpha_i = 0, H_0:\beta_i = 0$ 的约束模型。用线性模型法检验这一假设。

c. 用常规的 ANOVA 分析这一组数据,并比较(a)和(c)得到的结果。

2 简单线性回归分析:单自变量线性回归

2.1 导论

在第 1 章,我们是把回归分析作为一种对某一定量变量的一个或多个任何名称的总体均值进行推论的备择路数介绍给大家的。例如,假如我们有一个 3 种不同种类的狗的体重的样本。样本统计值的散点图如图 2.1 所示。研究不同狗种之间的体重差异的恰当方法是方差分析。注意,Cocker Spaniel(一种矮脚长耳猎犬)的平均体重约为 31 lb*,而 Poodle(身上毛修剪成球状的长卷毛狗)和 Schnauzer(一种德国种的刚毛浓眉的髯狗)分别为 12 lb 和 21 lb。

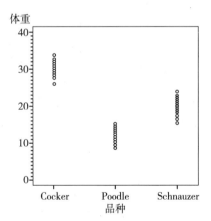

图 2.1 方差分析图解

另一方面,假如我们有 3 种不同体高的(在肩膀处测量)狗的样本的体重的数据,那么便可绘制如图 2.2 所示的散点图。这时我们可以再一次用方差分析来分析狗的体重的差异,但是像这样的分析,充其量只能得到诸如体高不同的狗有不同的体重这样令人乏味的结论。实际上,如果我们能对散点图的连线做一番考察,进而确定体高与体重之间的关系的话,分析结果将会更有用处。而诸如这样的分析也正是回归模型的基础。

---

* 1 lb = 0.4536 kg——编者注

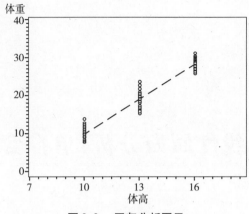

图2.2 回归分析图示

回归模型是线性模型的一种应用,在这样的模型中,应(倚)变量是可以用一个或几个称为因子或自变量的一些数值来加以确定的。图2.2中的例子揭示了平均体重与该研究中的狗的体高之间的关系。这种关系可以用方程 $E(y) = -21 + 3x$ 量化。式中,$E(y)$ 是平均体重,而 x 则是体高。因为狗的体高可以取很多值中的任意一个,它使得那些体高为 $10 \sim 16$ in* 的狗的体重的平均值,很有可能有落在(或十分接近)由这条直线预测的值上。例如,肩膀高 12 in 的狗的平均体重为 15 lb。这种线性关系代表线性模型中的确定性部分(the deterministic portion of the linear model)。

模型的随机或统计部分规定总体单个观察围绕这一均值呈正态分布。注意,虽然图2.2只显示了由 x 的3个值定义的总体,但回归模型明确地告诉我们,对于 x 的任何值,无论它是否在这个数据中被观察到,都存在一个倚变量的总体,其均值为

$$E(y) = -21 + 3x$$

用回归模型进行统计分析的主要目的并非推论这些总体均值之间的差异,而是推论因变量的均值与自变量之间的关系。这些推论是通过模型中的参数进行的。在这一例子中,它们是截距(intercept) -21 和斜率(slope)3。关系推定之后,可用于预测或解释因变量的性状。

以下都是一些用回归模型分析的例子:

- 估计在儿童饮食中加入不同种类的不同量的营养剂产生的体重增量
- 根据学生能力测试或入学考试的成绩预测他们的学业成绩(积分点比率)
- 用各种类型的广告支出水平预测销售量
- 根据每天的气温和其他气候因子预测家庭取暖的燃料消费量
- 用赤字开支量估计利率的变化

2.2 线性回归模型

最简单的回归模型是**简单线性模型**,它可写为

---

* 1 in = 2.54 cm——编者注

$$y = \beta_0 + \beta_1 x + \epsilon$$

这一模型与第1章中介绍的那些含有决定性部分和随机部分的模型颇为相似。模型的决定性部分

$$\beta_0 + \beta_1 x$$

明确规定,对于自变量 x 的任何一个值[1],**倚变量或因变量** y 的总体均值,将由直线函数 $(\beta_0 + \beta_1 x)$ 所描述。在直线方程的表达式中,通常用参数记号 β_0 表示**截距**。它是 x 等于零时,因变量的平均值。而参数 β_1 则是斜率,它是 x 的一个单位变化引起的因变量均值的变化。这些在参数常被称为**回归系数**(regression coefficient)。注意,在 x 不可取零值时,截距可能没有什么实际的解释。

正如前面所讨论的那样,模型的随机部分,ϵ 表示因变量的(观察值)对其均值的变差。我们再一次假设这些项(称为误差项)有零均值和常方差 σ^2。为了进行统计推论,我们也假设误差服从正态分布。

回归线代表一组均值这一事实,经常被人们忽视。而这一事实通常会使回归分析的结果变得模糊不清。这一事实的存在是可以证明的。证明的方法是为分两步定义的回归模型提供一个正式的记号。首先,我们定义一个线性模型

$$y = \mu + \epsilon$$

式中,我们对 ϵ 做了标准的假设。这一模型阐明观察值 y 来自一个均值为 μ 和方差为 σ^2 的总体。

我们进一步设定这一回归模型的均值与自变量 x 的联系。可通过模型的方程

$$\mu = \mu_{y|x} = \beta_0 + \beta_1 x$$

来进行设定。该方程显示,因变量的均值和自变量的值线性相连。记号 $\mu_{y|x}$ 表示变量 y 的值取决于 x 的一个给定的值。

回归分析是一组以有 n 个有序对 (x_i, y_i),$i = 1, 2, \cdots, n$ 的样本为根据,对参数 β_0 和 β_1 进行估计和推论方法步骤。我们首先用回归分析法求得参数的估计值,然后再用参数估计值估计因变量的特定 x 值的均值。

例 2.1

上级有关部门给某林务官分配了一个任务,要他估计某一片森林的木材产量。进行这样估计的一般做法是,首先选取一个树木的样本,然后用某些非破坏性的测量方法对这些树木进行测量,最后用某种预测公式估计木材的产量。用于预测的公式是在对一个砍伐后的树木的样本的实际产量进行了研究之后得到的。变量的定义和在计算机中使用较为普遍的简明助记描述符表示的这些变量(briefmnemonic descriptor)则如下:

HT:树高(ft)[*]
DBH:树干4 ft 处直径(in)
D16:树干16 ft 处直径(in)

1　在许多这一模型的表达式中,x 和 y 常与下标 i 连用,以表明模型究竟应用于哪一个(第 i 个)样本的观察。为了简便起见,本书一般不使用这一下标,除非在行文确实需要使用时才使用。

*　1 ft = 0.3048 m——编者注

这些变量的值均系树木砍伐之后测得:

VOL:产木材量(产量的量度,ft^3)

表 1.2 列出了一个 20 棵树木的样本的数据。

表 2.1　估计树木木材产量的数据

Observation (OBS)	Diameter at Breast Height (DBH)	Height (HT)	Diameter at 16 Feet (D16)	Volume (VOL)
1	10.20	89.00	9.3	25.93
2	13.72	90.07	12.1	45.87
3	15.43	95.08	13.3	56.20
4	14.37	98.03	13.4	58.60
5	15.00	99.00	14.2	63.36
6	15.02	91.05	12.8	46.35
7	15.12	105.60	14.0	68.99
8	15.24	100.80	13.5	62.91
9	15.24	94.00	14.0	58.13
10	15.28	93.09	13.8	59.79
11	13.78	89.00	13.6	56.20
12	15.67	102.00	14.0	66.16
13	15.67	99.00	13.7	62.18
14	15.98	89.02	13.9	57.01
15	16.50	95.09	14.9	65.62
16	16.87	95.02	14.9	65.03
17	17.26	91.02	14.3	66.74
18	17.28	98.06	14.3	73.38
19	17.87	96.01	16.9	82.87
20	19.13	101.00	17.3	95.71

因为 DBH 是最容易测量的非破坏性变量,因此我们先来看一下,它作为测量树木木材产量的量度是否合乎逻辑。有鉴于此,于是我们考虑用一个回归模型来估计木材产量的均值。图 2.3 的散点图显示,这两个变量的确是相关的,因而 DBH 也许的确可以作为木材产量的量度。用于估计 VOL 的简单线性回归模型的确定性部分为

$$\mu_{\text{VOL} \mid \text{DBH}} = \beta_0 + \beta_1 \text{DBH}$$

式中,$\mu_{\text{VOL} \mid \text{DBH}}$ 是特定的 DBH 值的树木总体的均值;β_0 是有零值的 DBH 的树木总体的均值(在本例中,这一参数值无实际意义);β_1 则是 DBH 每增加 1 in 树高增量的均值。包括误差项在内的完整的回归模型为

$$\text{VOL} = \beta_0 + \beta_1 \text{DBH} + \epsilon$$

我们首先用这一数据来估计描述这一模型的回归系数,参数 β_0 和 β_1,然后我们再用统计推论法确定显著性(significance)、(参数)估计值的精确性和从这一模型得到的 VOL 的估计值的精确性。■

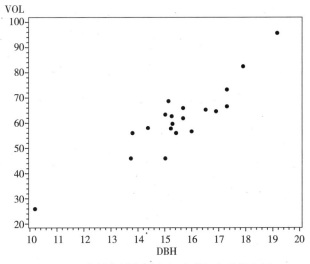

图 2.3 木材产量和树高(4 ft 处)直径散点图

2.3 推论参数 β_0 和 β_1

我们已经定义了简单线性回归模型

$$y = \beta_0 + \beta_1 x + \epsilon$$

式中, y 是因变量, β_0 是截距, β_1 是斜率, x 是自变量,而 ϵ 则是随机误差项。样本容量为 n,即有 n 个有序的测量值对 (x, y)。我们首先用这些样本的数据来估计系数值,然后再将系数估计值代入方程求得 y 均值的估计值,即

$$\hat{\mu}_{y|x} = \hat{\beta}_0 + \hat{\beta}_1 x$$

该方程是一个直线方程,囊括了所有的 $\hat{\mu}_{y|x}$——因变量 y 对应于自变量 x 的任何特定值的均值的估计值。下面我们就来讲解用样本数据估计这些参数的方法。

估计参数 β_0 和 β_1

在1.3节介绍了用最小平方法求均值的基本原理。现在将使用这一原理来求回归方程中的系数的估计值。也就是说,我们将要求得的 β_0 和 β_1 的估计值能使偏差的平方和最小:

$$SS = \sum (y - \hat{\mu}_{y|x})^2 = \sum (y - \hat{\beta}_0 - \hat{\beta}_1 x)^2$$

那些能使任何一组特定的样本数据的偏差的平方和达到最小的系数值,可以由下面这样的正规方程(normal equation)的解给出[2]

$$\hat{\beta}_0 n + \hat{\beta}_1 \sum x = \sum y$$

$$\hat{\beta}_0 \sum x + \hat{\beta}_1 \sum x^2 = \sum xy$$

若我们能像下面这样给出方程中的两个未知的参数的估计值

2　与第1章一样,这些方程是通过用积分求得的;参见附录C。

$$\hat{\beta}_1 = \frac{\sum xy - \frac{(\sum x)(\sum y)}{n}}{\sum x^2 - \frac{(\sum x)^2}{n}}$$

$$\hat{\beta}_0 = \bar{y} - \hat{\beta}_1 \bar{x}$$

那么方程很快就会迎刃而解。

β_1 的估计式也可写为

$$\hat{\beta}_1 = \frac{\sum (x - \bar{x})(y - \bar{y})}{\sum (x - \bar{x})^2}$$

后一个公式清楚地显示了估计值的结构。它是 x 和 y 的观察值对均值的偏差的交叉乘积的和,除以 x 值的偏差的平方和。通常我们把 $\sum (x - \bar{x})^2$ 和 $\sum (x - \bar{x})(y - \bar{y})$ 分别称为修正或均值中心平方和与交叉乘积。因为这些数量在本书中经常会用到,所以有必要在此明确一下本书使用的记号和计算公式

$$S_{xx} = \sum (x - \bar{x})^2 = \sum x^2 - (\sum x)^2/n$$

它是计算修正的自变量平方和的公式,而公式

$$S_{xy} = \sum (x - \bar{x})(y - \bar{y}) = \sum xy - \sum x \sum y/n$$

则是计算修正的 x 和 y 的乘积和的公式。以后我们还会用到公式

$$S_{yy} = \sum (y - \bar{y})^2 = \sum y^2 - (\sum y)^2/n$$

它是计算修正的因变量 y 的平方和公式。使用这些记号,我们可以写为

$$\hat{\beta}_1 = S_{xy}/S_{xx}$$

例 2.1 估计参数

现在我们用例 2.1 来讲解计算公式的使用方法。在使用计算公式计算之前,我们已知

$$n = 20$$

$$\sum x = 310.63$$

和

$$\bar{x} = 15.532$$

$$\sum x^2 = 4889.0619$$

根据这些数字,我们用公式求出

$$S_{xx} = 4889.0619 - (310.63)^2/20 = 64.5121$$

$$\sum y = 1237.03$$

和

$$\bar{y} = 61.852$$

$$\sum y^2 = 80256.52$$

我们计算 $S_{yy} = 80256.52 - (1237.03)^2/20 = 3744.36$(我们稍后将需要的)

$$\sum xy = 19659.10$$

我们计算 $S_{xy} = 19659.10 - (310.63)(1237.03)/20 = 446.17$

最后求出参数的估计值

$$\hat{\beta}_1 = S_{xy}/S_{xx} = 446.17/64.5121 = 6.9161$$

和
$$\hat{\beta}_0 = \bar{y} - \hat{\beta}_1\bar{x} = 61.852 - (6.9161)(15.532) = -45.566$$

把它们代入估计方程,得

$$\hat{\mu}_{\text{VOL|DBH}} = -45.566 + 6.9161(\text{DBH})$$

$\hat{\beta}_1$ 的含义是 DBH 每增长 1 in,树木的体积便会平均增长 6.91 ft³。估计值 $\hat{\beta}_0$ 的含义是有零 DBH 的树木的平均体积是 -45.66 ft。显然这是一个不可能的值,因而再一次明确了这样一个事实——在自变量不可能为零或零不在数据包含的数值范围内时,这一参数并没有什么实际的意义。数据和估计的直线如图 2.4 所示。从这一张图,我们可以看到数据和回归线的拟合情况。

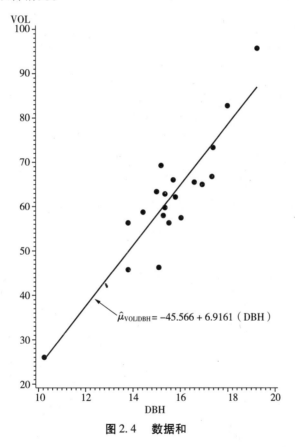

图 2.4　数据和

用抽样分布推论 β_1

虽然回归模型有两个参数,但推论主要集中在 β_1 回归线的斜率上。这是因为如果 $\beta_1 = 0$,那么就无回归可言,因而模型无非就是那个单个总体的模型(1.3 节)。有关 β_0 的推论问题将在以后再介绍。

由中心极限定理可知,参数 β_1 的估计值 $\hat{\beta}_1$ 近似地服从均值为 β_1、方差为 σ^2/S_{xx} 的正态分布。在 σ^2/S_{xx} 中,σ^2 是模型的随机组成部分的方差。于是参数估计值的标准误差便等于 $\sigma/\sqrt{S_{xx}}$。

标准误差是参数估计值的精确度的量度。只要注意到 $S_{xx} = (n-1)s_x^2$,其中,s_x^2 是方差的估计值,它是用自变量 x 的值计算出来的,我们便不难了解数据是如何影响标准误差的。使用这一关系,我们将会了解如下:

1. 随着随机误差的标准差精度的下降,σ 随之上升。
2. 保持 s_x^2 不变,精度随样本量上升而上升。
3. 保持样本量不变,精度随自变量的观察值的离散度上升而上升(如 s_x^2 变大)。

前两个性质与我们均值的抽样分布中观察到的相同。而第三种性质则体现了一个新概念。这个新概念显示,在自变量的值在更为广阔的范围被观察时,估计的回归关系便会更加精确。这一概念使回归关系更加直观,因而也变得更加清晰(参见 4.1 节)。

现在我们可以说

$$z = \frac{\hat{\beta}_1 - \beta_1}{\left(\dfrac{\sigma}{\sqrt{S_{xx}}}\right)}$$

有标准正态分布。如果方差已知,这一统计量可以用于假设检验和置信区间的计算。

因为方差一般都是未知的,所以我们必须首先求出方差的估计值,然后再把它代入统计量。我们已经了解均方是方差的一种估计值,它的定义为

$$均方 = \frac{均值估计值偏差的平方和}{自由度}$$

在使用回归模型时,偏差通常被称为残差(residuals)。它可由量度 x 的每一观察值与对应的 $\hat{\mu}_{y|x}$ 的值之间的间距求得。自由度被定义为平方和中的元素数减去模型中用以估计均值的参数数。对简单直线回归模型而言,其平方和中有 n 项,而 $\hat{\mu}_{y|x}$ 则用一个有两个估计的参数,$\hat{\beta}_0$ 和 $\hat{\beta}_1$ 的模型计算得到,因此它的自由度等于$(n-2)$。求得的均方便是方差的估计值,记作 $s_{y|x}^2$,表示它是涉及自变量 x 的回归模型拟合之后的因变量 y 的方差。故

$$s_{y|x}^2 = MSE = \frac{SSE}{n-2} = \frac{\sum(y - \hat{\mu}_{y|x})^2}{n-2}$$

它的不需要计算单个 $\hat{\mu}_{y|x}$ 的简化公式,将在这一节的稍后部分给出。

现在统计量已变为

$$t = \frac{\hat{\beta}_1 - \beta_1}{\sqrt{\dfrac{s_{y|x}^2}{S_{xx}}}}$$

它服从$(n-2)$ 个自由度的 t 分布。这一公式的分母是参数估计值的标准误差的估计值。在假设检验时,零假设和备择假设分别为

$$H_0 : \beta_1 = \beta_1^*$$
$$H_1 : \beta_1 \neq \beta_1^*$$

式中,β_1^* 是任何希望的零假设值,计算统计量

$$t = \frac{\hat{\beta}_1 - \beta_1^*}{\sqrt{\dfrac{s_{y|x}^2}{S_{xx}}}}$$

的值,如果统计量的值的 p 值小于或等于希望的显著度,就拒绝 H_0。使用最为普遍的假设是 $\beta_1^* = 0$。

$(1 - \alpha)$ 的置信区间由

$$\hat{\beta}_1 \pm t_{\alpha/2}(n - 2)\sqrt{\frac{s_{y|x}^2}{S_{xx}}}$$

求得,式中,$t_{\alpha/2}(n - 2)$ 表示有 $(n - 2)$ 个自由度的 t 分布的 $(\alpha/2)100$ 个百分点。

例 2.1(续) 用抽样分布推论 β_1

第一步是计算方差的估计值。表 2.2 为我们提供了进行这一计算所必需的信息。

表 2.2　计算方差的数据

OBS	Dependent Variable VOL (cub. ft) y	Predicted Value (cub. ft) $\hat{\mu}_{y|x}$	Residual (cub. ft) $(y - \hat{\mu}_{y|x})$
1	25. 9300	24. 9782	0. 9518
2	45. 8700	49. 3229	− 3. 4529
3	56. 2000	49. 7379	6. 4621
4	58. 6000	53. 8184	4. 7816
5	63. 3600	58. 1756	5. 1844
6	46. 3500	58. 3139	− 11. 9639
7	68. 9900	59. 0055	9. 9845
8	62. 9100	59. 8355	3. 0745
9	58. 1300	59. 8355	− 1. 7055
10	59. 7900	60. 1121	− 0. 3221
11	56. 2000	61. 1495	− 4. 9495
12	66. 1600	62. 8094	3. 3506
13	62. 1800	62. 8094	− 0. 6294
14	57. 0100	64. 9534	− 7. 9434
15	65. 6200	68. 5498	− 2. 9298
16	65. 0300	71. 1087	− 6. 0787
17	66. 7400	73. 8060	− 7. 0660
18	73. 3800	73. 9443	− 0. 5643
19	82. 8700	78. 0249	4. 8451
20	95. 7000	86. 7392	8. 9708

表中的最后一列列出了残差(与估计的均值的偏差)的值。我们需要首先取它的平方和

$$\text{SSE} = 0.9518^2 + (-3.4529)^2 + \cdots + 8.9708^2 = 658.570$$

然后除以自由度

$$s_{y|x}^2 = 658.570/18 = 36.587$$

$\hat{\beta}_1$ 的标准误差的估计值为

$$标准误差(\hat{\beta}_1) = \sqrt{\frac{s_{y|x}^2}{S_{xx}}} = \sqrt{\frac{36.587}{64.512}} = 0.7531$$

使用比较普遍的检验无回归假设的假设为

$$H_0 : \beta_1 = 0$$
$$H_1 : \beta_1 \neq 0$$

这一假设的检验统计量为

$$t = \frac{\hat{\beta}_1}{\text{标准误差}} = \frac{6.9161}{0.7531} = 9.184$$

$\alpha = 0.01$ 的双尾 t 检验的拒绝标准(rejection criterion)是 2.5758。9.184 这一值大于这个值,因此假设被拒绝(从计算机程序得到的实际 p 值是 0.0001)。

我们发现 $t_{0.025}(18) = 2.101$,这样,β 的 95% 的置信区间便应当为

$$6.916 \pm 2.101(0.7531)$$

或

$$6.916 \pm 1.582$$

得到的区间为 5.334 ~ 8.498. 换言之,我们有 0.95(或 95%)的把握确信,DBH 每增长 1 in,木材产量的总体均值将增加 5.334 ~ 8.498 ft^3。■

用线性模型推论 β_1

无约束简单线性模型为

$$y = \beta_0 + \beta_1 x + \epsilon$$

也与前面介绍的那样,首先求参数的最小平方估计值,并用它们来计算条件均值 $\hat{\mu}_{y|x}$,然后再用这些值计算无约束模型的误差的平方和

$$\text{SSE}_{无约束} = \sum (y - \hat{\mu}_{y|x})^2$$

而这的确就是我们前面求得的估计值,且自由度是 $(n - 2)$。

零假设为

$$H_0 : \beta_1 = 0$$

于是无约束模型便是

$$y = \beta_0 + \epsilon$$

它等价于模型

$$y = \mu + \epsilon$$

从 1.2 节我们已知参数 μ 的点估计是 $\bar{y}$。这样无约束模型的误差的平方和则变为模型

$$\text{SSE}_{约束} = \sum (y - \bar{y})^2$$

的误差的平方和。它有 $(n - 1)$ 个自由度。

假设检验是以约束模型和无约束模型的误差的平方和的差为依据的,即

$$\text{SS}_{假设} = \text{SSE}_{约束} - \text{SSE}_{无约束}$$

它有 $[n - 1 - (n - 2)] = 1(-)$ 个自由度。也就是说我们已经从有一个参数 μ 的约束模型到了有两个参数 β_0 和 β_1 的无约束模型。

注意,我们再一次有了一个分解的平方和,在这里它同样为我们提供了一条计算 $\text{SSE}_{无约束}$ 的捷径。我们已知

$$\text{SSE}_{无约束} = \sum (y - \hat{\mu}_{y|x})^2$$

和

$$\text{SSE}_{\text{约束}} = \sum (y - \bar{y})^2$$

于是

$$\text{SS}_{\text{假设}} = \sum (\bar{y} - \hat{\mu}_{y|x})^2$$
$$= \sum (\bar{y} - \hat{\beta}_0 - \hat{\beta}_1 x)^2$$

用最小平方估计量替代 $\hat{\beta}_0$ 和 $\hat{\beta}_1$,便可消去某些项,从而得到简化式

$$\text{SS}^*_{\text{假设}} = \hat{\beta}_1 S_{xy}$$

这一数量也可用与之等价的公式:$\hat{\beta}_1^2 S_{xx}$ 或 S_{xy}^2 / S_{xx} 计算得到。最为简单的方法是分别计算 $\text{SSE}_{\text{约束}}$ 和 $\text{SS}_{\text{假设}}$,再用减法得到 $\text{SSE}_{\text{无约束}}$。

与以前一样,为了建立检验统计量,考察一下期望的均方是很有用处的。对回归模型而言

$$\text{E}(\text{MS}_{\text{假设}}) = \sigma^2 + \beta_1^2 S_{xx}$$
$$\text{E}(\text{MSE}_{\text{无约束}}) = \sigma^2$$

如果零假设为真,那么两个均方都是 σ^2 的估计量,于是比率

$$F = \frac{\left(\dfrac{\text{SS}_{\text{假设}}}{1}\right)}{\left(\dfrac{\text{SSE}_{\text{无约束}}}{n-2}\right)} = \frac{\text{MS}_{\text{假设}}}{\text{MSE}_{\text{无约束}}}$$

的确服从自由度为 $[1, (n-2)]$ 的 F 分布。如果零假设不为真,那么分子的值就趋于上升,从而导致在右端拒绝零假设。

记住,$S_{xx} = (n-1)s_x^2$,我们发现令人感兴趣的是分子将随 β_1 的变大,n 的变大,x 的离散度的上升,和 / 或 $s_{y|x}^2$ 的变小而变大。

注意,这些条件与我们提请大家注意的 t 检验的条件相同。实际上,这两个检验是相同的,因为 $t^2(n-2) = F(1, n-2)$。在目前的情形中,t 统计量可能更合适一些,因为它既可用于双尾检验,也可用于单尾检验。此外,它也可用于其他的假设检验和置信区间的构建。不过,正如我们在后面将要看到的那样,t 统计量一般不可直接应用于那些比较复杂的模型。

例2.1(续) 用线性模型推论 β_1

那些已经用于求参数估计值的初步计算,为我们提供了这一检验所需的一些数量。确切地讲,我们已经有

$$\text{SSE}_{\text{约束}} = S_{yy} = 3744.36$$
$$\text{SS}_{\text{假设}} = S_{xy}^2 / S_{xx} = 3085.74$$

然后再用减法

$$\text{SSE}_{\text{无约束}} = \text{SSE}_{\text{约束}} - \text{SS}_{\text{假设}} = 3744.36 - 3085.74$$
$$= 658.62$$

得到的结果与直接从残差得到的结果之间存在的微小差别,这是因为四舍五入的缘故。

---

* 原书似乎误为斜体。—— 编者注

现在我们可以计算

$$MSE_{无约束} = 658.62/18 = 36.59$$

而 F 统计量的值则为

$$F = \frac{MS_{假设}}{MSE_{无约束}} = \frac{3085.74}{36.59} = 84.333$$

我们可以用计算机求 P 值,它小于 0.0001,据此我们拒绝无回归的假设。用抽样分布得到 t 检验的平方为 84.346,它与这一结果略有不同,同样也是因为四舍五入的缘故。■

大多数统计计算,尤其是回归分析的统计计算,都是用预先编好的计算机程序在计算机上进行。实际上,所有这样编写用于回归分析的程序,可用于各种各样的回归分析,而简单线性回归只不过是它的一个特例而已。

例 2.1(续) 计算机输出结果

我们将向读者介绍一个典型的 SAS 系统 PROC REG 模块的输出结果。我们将用这一模块和树胸的直径(DBH) 做回归,来估计树木木材产量(VOL)。计算结果如表 2.3 所示。该表列出的所有数量都可在计算机输出结果找到。不过,计算机输出结果中使用的记号,与已经用过的略有不同,更合乎计算机程序的用法规范。

表 2.3 树木产量回归计算机输出结果

Dependent Variable: VOL Analysis of Variance					
Source	DF	Sum of Squares	Mean Square	F Value	$Pr > F$
Model	1	3085.78875	3085.78875	84.34	< 0.0001
Error	18	658.56971	36.58721		
Corrected Total	19	3744.35846			
	Root MSE	6.04874	R-Square	0.8241	
	Dependent Mean	61.85150	Adj R-Sq	0.8143	
	Coeff Var	9.77945			
Parameter Estimates					
Variable	DF	Parameter Estimate	Standard Error	t Value	$Pr > \mid t \mid$
Intercept	1	− 45.56625	11.77449	− 3.87	0.0011
DBH	1	6.91612	0.75309	9.18	< 0.0001

这个输出结果分 3 个部分。第一部分是分解的平方和与模型效应检验,相当于简单线性回归中 $H_0:\beta_1 = 0$ 这一检验。列表题是自释(self-explanatory)。

第一行,标题是"Model"(模型),列出了"sums of squares"(平方和)、"mean squares"(均方)、"F-value"(F 值)和关系总回归效应检验的 F 检验的"p-value"(p 值)。平方和、均方和 F 统计量除了四舍五入误差之外,其余都与我们前面计算得到的那些值一致。因为这些量也可解释为由拟合一个回归而导致的误差的平方和的消减量,所以我们也通常将它们称为**回归平方和**(SSR)(regression sum of squares)、**回归均方**(MSR)(regression mean square) 和**回归 F 检验**(the F test for regression)。

第二行,标题为"Error"(误差),涉及无约束模型的误差统计量。它通常都被简称为**误差统计量**(SSE 和 MSE)。这一行中的均方被用作 F 统计量的分母。

第三行,标题为"Corrected Total"(修正总计),它就是我们所谓的约束的误差平方和(相应的均方未曾给出,因为很少用到),因而它是均值的偏差的平方和,故而也可看作对均值的"修正"。这一数量常常被简称为**总平方和**(TSS)(total sum of squares),因为它是观察相对于总均值的总变差的量度。

第二部分包括了各种各样的描述性统计量:

"Root MSE"是误差均值平方的平方根。6.05 这个值是残差的标准差记作 $s_{y|x}$。

"Dependent Mean"(因变量均值)则简单地记作 $\bar{y}$。

"Coeff Var"是变化系数(coefficient of variation),它是用百分数表示的标准差除以 $\bar{y}$ 的商。

R-square(R 方)和 Adj R-sq(修正的 R 方)将在后面讨论。

最后一部分输出结果是那些与回归系数有关的统计量。标题"Variable"(变量)下的条目标志了两个参数。参数 Intercept(截距)适用于 $\hat{\beta}_0$,而"DBH"则是计算机使用的自变量 x 的助记名,它确定了 $\hat{\beta}_1$ 自变量的回归参数的估计值。计算机输出结果还给出了标准误差的估计值,以及斜率和截距两者都为零这一假设的检验值。注意,t 统计量的平方的恰好等于最上面那一部分中的 F 统计量的值。∎

2.4 推论因变量

除了推论回归模型的参数之外,我们也对模型估计值究竟怎样刻画因变量的性状这一问题感兴趣。换言之,我们希望得到有关因变量的回归估计值的信度的信息。这样我们需要做两个彼此相关的推论:

1. *推论因变量的均值*。这时,我们关心的问题是模型对 $\mu_{y|x}$,即对任何特定的 x 值的总体条件均值所做的估计的质量如何。
2. *推论预测值*。这时,我们感兴趣的问题是对一个随机选取的含有自变量 x 的某一特定的值的单个观察而言,模型所预测因变量 y 的值的质量如何。

这两种推论的点估计都是特定的 x 值的 $\hat{\mu}_{y|x}$ 值。然而,因为点估计代表了两种不同的推论,用两种不同的符号来表示它们。用 $\hat{\mu}_{y|x}$ 专门来表示因变量均值的估计值,而用 $\hat{y}_{y|x}$ 来表示单个预测值。此外,因为这些估计值各自有着不同的含义,所以每个值都有不同的方差(和标准误差)。

对一个特定的 x 值而言,如 x^* 而言,估计的均值的方差为

$$\text{var}(\hat{\mu}_{y|x^*}) = \sigma^2 \left[\frac{1}{n} + \frac{(x^* - \bar{x})^2}{S_{xx}} \right]$$

而单个预测值的方差则为

$$\text{var}(\hat{y}_{y|x^*}) = \sigma^2 \left[1 + \frac{1}{n} + \frac{(x^* - \bar{x})^2}{S_{xx}} \right]$$

这两个方差都随不同的 x^* 值的变化而变化,而在 $x^* = \bar{x}$ 时,两者都达到了各自的最

小值。换一句话说,在自变量为它自己的均值时,因变量的估计达到了最精确的程度,而随着 x^* 偏离 $\bar{x}$ 的程度的上升,两个估计值的方差也随之上升。同样,我们也可以看到 $(\hat{y}_{y|x^*}) > \text{var}(\hat{\mu}_{y|x^*})$,因为均值的估计精度高于单个估计值的精度。最后,饶有兴味的是,我们注意到,在 x^* 的取值为值 $\bar{x}$ 时,估计的条件均值就是 $\bar{y}$,估计的均值的方差恰好等于 σ^2/n,而对于均值的这一方差,我想大家一定已不陌生。

用均方误差 MSE 替代 σ^2,便可得到方差的估计值。它的平方根相当于假设检验中使用的标准误差,或(更为普遍的相当于)使用有 $(n-2)$ 个自由度的 t 分布的适当的值区间估计。

截距 $\hat{\beta}_0$ 的方差可以通过令 $\hat{\mu}_{y|x}$ 等于零求得。故而 $\hat{\beta}_0$ 的方差为

$$\text{var}(\hat{\beta}_0) = \sigma^2 \left[\frac{1}{n} + \frac{(\bar{x})^2}{S_{xx}} \right] = \sigma^2 \left[\frac{\sum x^2}{n S_{xx}} \right]$$

用 MSE 替代 σ^2,再开平方,便可得到估计的标准误差。而这样求得的标准误差可以用于假设检验和置信区间。正如我们已知的那样,在大多数应用中,β_0 表示的是一种外推,因而对于统计推论来讲,它并不一定是一个合适的统计量。然而,因为计算机本身无法知道截距是否对任何一个特定的问题都是一个有用的统计量,所以大多数计算机程序都会在输出结果中,在提供标准误差的同时,提供 $\beta_0 = 0$ 的零假设检验。

例 2.1(续) 推论因变量

在例 2.1 中,我们已经讲解了如何计算 $x = \text{DBH} = 10.20$ in 时的木材量(VOL)的置信区间。在回归方程中我们取 x 的值为 10.20,得到 $\hat{\mu}_{y|x} = 24.978$ ft^3。从前面的计算我们有

$$\bar{x} = \text{均 DBH} = 15.5315$$

$$S_{xx} = 64.5121$$

$$\text{MSE}_{\text{无约束}} = 36.5872$$

用这些数量则

$$\text{var}(\hat{\mu}_{y|x}) = 36.5872 [0.05 + (10.20 - 15.5315)^2 / 64.5121]$$
$$= 36.5872 (0.05 + 0.4406)$$
$$= 17.950$$

17.950 的平方根等于 4.237 是估计的均值的标准误差。用 $\alpha = 0.05$ 和 18 个自由度的 $t = 2.101$,这一估计均值的 95% 的置信区间为

$$24.978 \pm (2.101)(4.237)$$

或从 $16.077 \sim 33.879$ ft^3。这一区间的含义是,在使用回归模型时,我们有 95% 的把握确信,在 DBH = 10.20 in 时,树木总体的真均量* 为 $16.077 \sim 33.879$ ft^3。这一区间似乎过宽,它说明估计的模型达到的精度可能没有什么实际用处。图 2.5 绘出了本例的实值、估计的回归线和 0.95 置信区间的范围。区间的最窄处在自变量的均值处这一点是明白无遗的。

预测区间的计算与此类似,因而得到的区间肯定更宽。这一点是可以预期的,因为这时我们是在预测单个的观测值,而不是在估计均值。图 2.6 显示的是 0.95 的预测区间

---

* 此处原文为"mean height"应为"mean VOL"。 —— 译者注

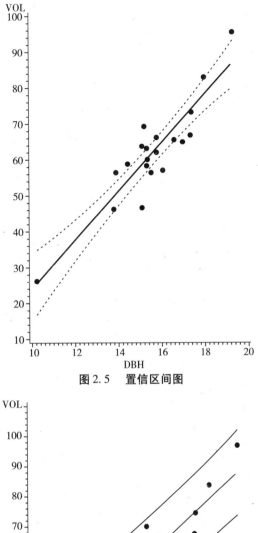

图 2.5 置信区间图

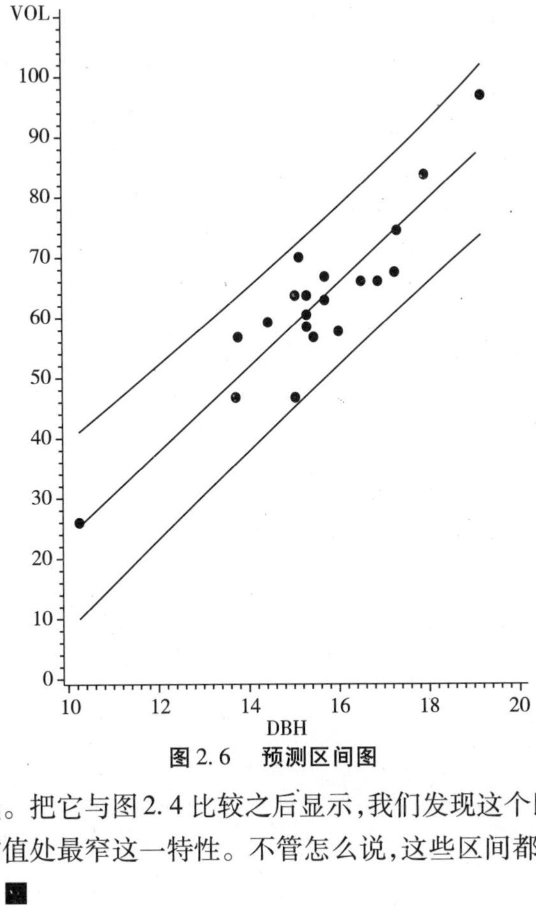

图 2.6 预测区间图

及原观测值和回归线。把它与图 2.4 比较之后显示,我们发现这个区间的确比较宽,但两个区间的确都有在均值处最窄这一特性。不管怎么说,这些区间都说明这一模型所做的预测是不太可靠的。■

就这一问题而言,我们要强调的问题是估计和预测只有在样本数据所及的范围内才是有效的。换一句话说,外推一般都是无效的。外推问题和其他各种可能发生的回归的误用,我们将在2.8节进行讨论。

2.5 相关和决定系数

回归分析的目的是估计或解释一个因子变量(x)的特定值的因变量(y)。这一目的说明,变量x是实验者选择的或"固定的"(因此它被称为*自*或*因子*变量),而回归分析的主要兴趣则在于用自变量的信息来推论因变量。例如,假如我们有一个成年男性样本的体高和体重的测量值。在这一特定的研究中,我们只是想了解这两个量度指标之间的关系*强度*,而非把体重作为体高的函数来估计体重(或者相反,用体重估计体高)。

一个相关模型(correlation model)描述了两个变量之间关系的强度。在一个相关模型中,两个变量都是随机变量,且模型设定的是两个变量的联合分布,而非一个固定的x值的y的条件分布。

使用最多的相关模型是正态相关模型。这一模型设定两个变量(x,y)服从二元正态分布(bivariate normal distribution)。这一分布由5个参数定义:x和y的均值、x和y的方差和**相关系数ρ**。相关系数量度两个变量之间线性(直线)关系的强度。相关系数有以下性质:

1. 它的值在$+1$和-1之间(包括$+1$和-1)。正的相关系数说明有正关系(direct relationship),而负的相关系数则表示有反关系(inverse relationship)。

2. 值$+1$和-1分别表示两个变量之间有*严格的*正和反关系。这就是说,用x和y的值描绘的图是一条严格的直线,有一个正的或负的斜率。

3. 零系数表示两个变量之间不存在线性关系。这一条件并不意味着没有关系,因为相关测量的只是直线关系的强度。

4. 就两个变量而言,相关系数是对称的。正因为如此,它是任何两个变量之间的线性关系强度的量度,即使在其中一个变量是回归设置(regression setting)中的自变量,情况也同样如此。

5. 相关系数的值并不取决于任何一个变量的量度单位。

因为相关和回归彼此相关,因此它们常被人们混淆。在这里再一次重复一下这两个基本概念,可能是有一定用处的。

定义 2.1

回归模型描述一种线性关系,在这种关系中,一个自或因子变量被用来估计或解释倚或因变量的性状。在这种分析中,其中一种变量x的值是"固定的"或选取的。另一个变量y是唯一受制于随机误差的变量。

定义 2.2

相关模型描述两个变量之间的一种线性关系的强度,在这种关系中,两个变量都是随机变量。

正态相关模型的参数 ρ 可以用一个有两个变量,x 和 y 的 n 对观察值的样本,通过下面的估计式来估计[3]

$$\hat{\rho} = r = \frac{\sum (x - \bar{x})(y - \bar{y})}{\sqrt{\sum (x - \bar{x})^2 \sum (y - \bar{y})^2}} = \frac{S_{xy}}{\sqrt{S_{xx}S_{yy}}}$$

值 r 称为皮尔逊积矩相关系数(Pearson product moment correlation coefficient),它是 x 和 y 的样本相关系数,同时它也是一个随机变量。样本相关系数有着与总体相关系数相同的 5 个性质。因为我们的兴趣在于推论总体的相关系数,所以使用这个样本相关系数是顺理成章的。

我们感兴趣的假设通常是

$$H_0 : \rho = 0$$
$$H_1 : \rho \neq 0$$

与

恰当的检验统计量为

$$t(n - 2) = r \frac{\sqrt{n - 2}}{\sqrt{1 - r^2}}$$

式中,$t(n - 2)$ 是有 $(n - 2)$ 个自由度的 t 分布。

构建一个有关 ρ 的置信区间并非一件容易的事,因为 ρ 值中不包括零值,使得 r 的抽样分布非常复杂,因而无法用常规的方法来构建它的置信区间。相反,它需要通过某些近似法来完成。菲舍的 z 变换(Fisher z transformation)陈述了一个随机变量

$$z' = \frac{1}{2}\log_e\left[\frac{1 + r}{1 - r}\right]$$

它基本上是一个服从正态分布的变量,有

$$均值 = \frac{1}{2}\log_e\left[\frac{1 + r}{1 - r}\right]$$

和

$$方差 = \frac{1}{n - 3}$$

将这一变换用于假设检验使问题变得非常简单明了:将计算得到的 z' 的统计值与正态分布的百分点进行比较。我们可先计算 z' 的置信区间

$$z' \pm z_{\alpha/2}\sqrt{\frac{1}{n - 3}}$$

然后再用它来求置信区间。

注意,这个公式提供了一个有关 z' 的置信区间,它并非 ρ 的一个函数,因而必须把它转成一个有关 ρ 的区间。这一转换需要解非线性方程,而如果用一张已经制作好的表格来帮助我们,则会使求解过程变得更为高效。库特纳等人的著作(Kutner et al,2004)提供了一张帮助我们求解这样的方程的表格,它能使求解过程更为快捷。

例 2.2

有人用一项研究来考察传统的智力测验的得分与统计课期终考试成绩之间的关

---

[3] 这些估计式是用最大似然法(maximum likelihood method)得到的(参见附录 C 中的有关讨论)。

系。研究者抽取了一个由 100 个学生组成的随机样本。对他们进行了传统的智力测验,在统计课结束的时候,给他们安排了一次期终考试。数据产生的样本相关系数的值是0.65。首先,我们希望弄清楚相关系数是否有显著性。如果显著,接着我们便想构建一个有关 ρ 的 95% 的置信区间。

我们感兴趣的假设为

$$H_0 : \rho = 0$$

和

$$H_1 : \rho \neq 0$$

检验统计量为

$$t = \frac{(0.65)\ \sqrt{98}}{\sqrt{1 - (0.65)^2}} = 20.04$$

这一统计值的 p 值小于 0.0001,说明相关系数的值显著地不同于零。

在构建置信区间时,我们先用 0.65 替代 z' 公式中的 r,得到的值是 0.775。z' 的方差是 $1/97 = 0.0103$;而标准差则是 0.101。因为我们要建立的是 95% 的置信区间,所以 $z_{\alpha/2} = 1.96$。代入有关 z' 的置信区间公式,得到的区间是 0.576 到 0.973。用库特纳等人的著作(Kutner et al,2004)中的表,我们便可得到相应的有关 ρ 的值,它们是 0.52 和 0.75。因此,我们有 95% 的把握确信期终考试成绩与智力测验的得分之间的相关系数为0.52 ~ 0.75。

虽然有关相关系数的统计推论严格讲,只有在相关模型拟合(也即在两个变量具有二元正态分布)时才是有效的,但是相关的概念仍然被应用于传统的回归问题中。因为相关系数量度了两个变量之间的线性关系的强度,这使得回归方程中的两个变量之间的相关系数与线性回归方程和样本数据点的“拟合优度”(goodness of fit)问题相连。实际上情况也的确如此。样本相关系数经常被用做回归模型的“拟合优度”的一个估计值,而更多的则是将回归系数的平方,即所谓的**决定系数**(coefficient of determination)作为“拟合优度”的估计值。

我们不难明白

$$r^2 = \text{SSR}/\text{TSS}$$

式中,SSR 是因回归产生的平方和,而 TSS 则是简单回归分析中的修正的总平方和。决定系数或“r 方”(r-square)是相应的回归的相对强度的一个描述性量度。实际上,从前述关系中我们可以看到 r^2 是关系 y 对于 x 的回归总误差消减的比例,因而它被广泛用来描述线性回归的效率。这种描述在计算机输出结果中被标以“R-SQARURE”(表 2.3),我们也可以看到

$$F = \frac{\text{MSR}}{\text{MSE}} = \frac{(n - 2)r^2}{1 - r^2}$$

式中,F 为计算得到的来自检验假设 $\beta_1 = 0$ 的 F 统计量的值。这一关系显示,大的相关系数值将产生大的 F 统计量的值。这两种统计量大都意味着线性关系强。这种关系还显示,零关系检验等价于无回归,即 $\beta_1 = 0$ 的假设检验(记住,$[t(v)]^2 = F(1,v)$)。

现在我们用例 2.1 的数据给读者介绍 r^2 的使用方法。相关系数是用回归分析得到的数量来计算的

$$r = \frac{S_{xy}}{\sqrt{S_{xx}S_{yy}}}$$

$$= \frac{446.17}{\sqrt{(64.5121)(3744.36)}}$$

$$= \frac{446.17}{491.484} = 0.908$$

同样,用表 2.3 的数据,我们得到 SSR 与 TSS 的比率为 0.8241,它的平方根是 0.908,与上面的结果完全一样。不仅如此,$r^2 = 0.8241$,与表 2.3 中的 R-SQUARE 列出的数字相同,说明 82% 左右的木材产量的变化可归结于产量与 DBH 之间的线性关系。■

2.6 通过原点的回归

在某些实际应用中,我们有理由认为回归线会通过原点,也就是说,在 $x = 0$ 时,$\hat{\mu}_{y|x} = 0$。例如,在例 2.1 中,我们可以说,在 DBH $= 0$ 时,就不会有任何树木,因此树木的产量也必定等于零。如果情况的确如此,这时模型则变为

$$y = \beta_1 x + \epsilon$$

式中,y 是因变量,β_1 是斜率,而 ϵ 则是一个随机变量。不过我们要特别提醒读者的是,在强迫回归线通过原点时,特别是在样本观察值中并不包括在 $x = 0$ 附近的值的时候,就如例 2.1 那样。一旦这样的情况发生时,在很多时候,y 与 x 的关系,在原点附近和在观察值所及的范围内往往会有很大的不同。如果我们在回顾例 2.1 中的情形的同时,再看一下例 2.3 的情形,便不难明白这一点。

用抽样分布进行过原点的回归

我们可用最小平方原理得到系数的估计量

$$\hat{\beta}_1 = \frac{\sum xy}{\sum x^2}$$

用它求得的估计值 $\hat{\beta}_1$ 服从均值为 β_1 和方差为

$$方差(\hat{\beta}_1) = \frac{\sigma^2}{\sum x^2}$$

的抽样分布。

误差的平方和与相应的均方可以用公式

$$MSE = \frac{\sum(y - \hat{\mu}_{y|x})^2}{n - 1}$$

计算得到。[4]

注意,自由度等于 $(n - 1)$,因为模型只含一个需要估计的参数。这一均方可以用于假设 $H_0: \beta_1 = 0$ 的 t 检验

$$t = \frac{\hat{\beta}_1}{\sqrt{\dfrac{MSE}{\sum x^2}}}$$

---

4 计算式将在下一节介绍。

求得的 t 值,将于与自由度为 $(n-1)$ 的 t 分布的值作比较。

再解例2.1 通过原点的回归

我们将用来自例2.1的数据,并假设回归线通过原点来介绍修正的通过原点问题。初步的计算我们已经在前面做过了,并且得到

$$\hat{\beta}_1 = \frac{\sum xy}{\sum x^2} = \frac{19659.1}{4889.06} = 4.02104$$

换言之,我们的估计回归方程为

$$\text{估计的木材量} = 4.02104(\text{DBH})$$

用这一方程,我们计算单个的 $\hat{\mu}_{y|x}$ 的值和 $(y - \hat{\mu}_{y|x})$ 的残差(计算过程从略)。然后再用这些值计算误差的平方和,即我们的 σ^2 的估计值

$$s_{y|x}^2 = \text{MSE} = \frac{\sum (y - \hat{\mu}_{x|y})^2}{n-1} = \frac{1206.51}{19} = 63.500$$

$\hat{\beta}_1$ 的抽样分布的方差是 $\sigma^2 / \sum x^2$。用估计的方差值,我们计算 $\hat{\beta}_1$ 的方差的估计值

$$\text{方差} \hat{\beta}_1 = \frac{\text{MSE}}{\sum x^2} = \frac{63.500}{4889.06} = 0.01299$$

最后,我们还要计算用于检验假设 $\beta_1 = 0$ 的 t 统计值,它为

$$t = \frac{\hat{\beta}_1}{\sqrt{\dfrac{\text{MSE}}{\sum x^2}}} = \frac{4.02104}{0.11397} = 35.283$$

根据这一值,我们很容易拒绝无回归的假设。∎

用线性模型进行通过原点的回归

这时,我们使用的最小平方估计量与我们刚在用抽样分布中使用的一样。假设 H_0: $\beta_1 = 0$ 的约束模型为

$$y = \epsilon$$

换言之,约束模型设定 $\mu_{y|x} = 0$,因此约束或总平方和为 $\sum y^2$,有 n 个自由度,因为它的公式不需要任何样本估计值。

这一模型的假设的平方和的简明公式为

$$\text{SS}_{\text{假设}} = \frac{\left(\sum xy\right)^2}{\sum x} = \hat{\beta}_1 \sum xy$$

而无约束模型的误差的平方和则由约束模型的误差的平方和减去 $\sum y^2$ 得到。

现在我们来计算各种必需的平方和

$$\text{SSE}_{\text{约束}} = \text{TSS} = \sum y^2 = 80256.52$$

$$\text{SS}_{\text{假设}} = \hat{\beta}_1 \sum xy = 4.02104 \times 19659.1 = 79050.03$$

$$\text{SSE}_{\text{未约束}} = \text{SSE}_{\text{约束}} - \text{SS}_{\text{假设}} = 1206.49$$

无约束的误差平方和有 19 个自由度,所以它的均方等于 63.500,它与我们用公式直接求得的相同。检验假设 $\beta_1 = 0$ 的 F 比率的值等于

$$F = \frac{79050.03}{63.500} = 1244.89$$

据此,我们将拒绝零假设。而在这里我们再一次看到,F 的值等于我们前面求得的 t 统计值的平方。

将表 2.4 中列出的有与无截距的模型的估计的缩略的计算机输出结果做一番比较,是一件颇为有趣的事。通过这一比较,我们马上就可以看到,在没有截距时,DBH 的系数比较小,而误差的均方显然比较大。这说明,无截距模型提供的拟合比较差。

造成这一现象的原因可从如图 2.7 所示的实际观察值和两条回归线统计图中略窥一二。该图清楚地显示,无截距的回归线(虚线)与数据的拟合不如有截距的回归线(实线)的好。

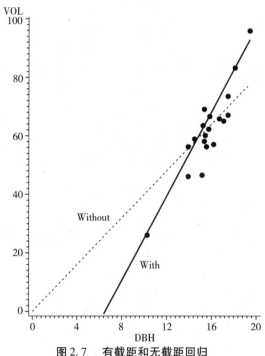

图 2.7 有截距和无截距回归

然而,显著性检验统计量的值却告诉我们,无截距回归是"更强的",因为它的 F(或 t)值及 R-square 的值都比有截距的回归大。只要回顾一下约束模型和无约束模型的假设检验问题,我们很容易就能明白,造成这两个结果之间明显存在矛盾的原因了。

在有截距回归中,检验将模型

$$\hat{\mu}_{y|x} = \hat{\beta}_0 + \hat{\beta}_1 x$$

的误差的平方和 658.6 与直线

$$\hat{\mu} = \bar{y}$$

的误差平方和 3744.4 进行比较。与之不同的是,无截距回归的检验,则将直线

$$\hat{\mu}_{y|x} = \hat{\beta}_1 x$$

的误差平方和 1206.5 与由

$$\hat{\mu} = 0$$

表2.4 有截距和无截距回归

REGRESSION WITH INTERCEPT
Dependent Variable:VOL
Analysis of Variance

Source	DF	Sum of Squares	Mean Square	F Value	Pr > F
Model	1	3085.78875	3085.78875	84.34	< 0.0001
Error	18	658.56971	36.58721		
Corrected Total	19	3744.35846			

Root MSE		6.04874	R-Square	0.8241	
Dependent Mean		61.85150	Adj R-Sq	0.8143	
Coeff Var		9.77945			

Parameter Estimates

Variable	DF	Parameter Estimate	Standard Error	t Value	Pr >| t |
Intercept	1	− 45.56625	11.77449	− 3.87	0.0011
DBH	1	6.91612	0.75309	9.18	< 0.0001

Dependent Variable:VOL
NOTE:No intercept in model. R-Square is redefined.
Analysis of Variance

Source	DF	Sum of Squares	Mean Square	F Value	Pr > F
Model	1	79050	79050	1244.87	< 0.0001
Error	19	1206.50837	63.50044		
Uncorrected Total	20	80257			

Root MSE		7.96872	R-Square	0.9850	
Dependent Mean		61.85150	Adj R-Sq	0.9842	
Coeff Var		12.88363			

Parameter Estimates

Variable	DF	Parameter Estimate	Standard Error	t Value	Pr >| t |
DBH	1	4.02104	0.11397	35.28	< 0.0001

表示的直线的误差平方和80257做比较。这就使得在两种回归中,有截距回归的误差平方和总是比较小,但是无截距模型的约束,或总平方和,总是在二者中是比较大的。正因为如此,它的检验统计量的值和 R-square 的值也总是比较大。

实际上,如果无截距回归模型是不合适的,那么得到的结果有可能完全是不合理的。我们将用一个例子来阐述这一点。

例 2.3

表 2.5 列出了用有截距模型估计得到的一组数据,该模型的方程为

$$\hat{\mu}_{y|x} = 9.3167 - 0.830x$$

它的误差平方和为 0.606,而无回归检验的 t 值是 -21.851。

表 2.5　不宜进行无截距回归的数据

OBS	x	y
1	1	8.5
2	2	7.8
3	3	6.9
4	4	5.5
5	5	5.1
6	6	4.8
7	7	3.3
8	8	2.9
9	9	1.7

估计的无截距回归的回归线为

$$\hat{\mu}_{y|x} = 0.6411x$$

它的误差平方和是 165.07,t 值为 2.382($p = 0.0444$)。不仅系数的符号是错误的,而且它的误差的平方和也大于用有截距模型得到的总平方和,尽管它的回归是十分显著的。

造成这一异乎寻常的结果的原因在图 2.8 中的实际数据与无截距回归模型预测结果的统计图中一览无遗。正向的斜线与实际数据的拟合的确比无截距模型中的 $\beta_1 = 0$ 假设的直线

$$\hat{\mu}_{y|x} = 0$$

要好(正因为如此,t 统计值才拒绝了这一假设)。然而,不管怎样它的确也与直线

$$\hat{\mu}_{y|x} = \bar{y}$$

即一条有截距的,且 $\beta = 0$ 的回归模型直线拟合。

当然这只是一个极端的例子,实际上任何一个熟悉数据处理和分析的人,都不可能做出这样荒唐的事。然而,这个例子却很好地说明,在迫使回归通过原点时[*],可能会发生的问题。正因为这样,我们要给诸位强调的是,必须对任何无截距回归的结果予以细致的检查。此外,不管任何时候,在应用一个无截距模型时,都必须用下面介绍的诊断方法,对模型进行诊断。[5]

在使用无截距模型时,对残差的解释必须慎之又慎,因为它们的和不为零。另外一个必须谨慎处理的问题是,在使用通过原点的回归时,如例 2.3 所示,误差的平方和可能大于总平方和(如一般所定义的那样)。这就意味着,决定系数 R-SQARUE 可能变成

---

[*] 原文为截距,似为原点之误。——译者注

[5] 评估无截距回归的另一种方法是,用佛雷德和列特尔在他们的《SAS 系统中的回归方法》(Freund and Littell, 2000,*The SAS System for Regression*,3rd ed.,Section 2.4)一书中介绍的约束回归模型做一次回归分析。

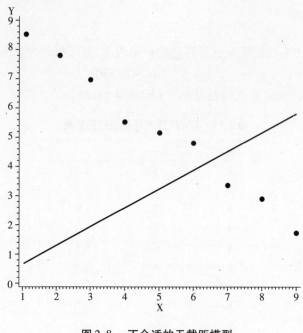

图 2.8   不合适的无截距模型

负的!

最后,我们还必须要说明的是,在实际应用中,通过原点的回归用得并不是很多,只用于某些被认为是适合它的应用的场合。尽管在许多数据处理过程中,在自变量的值等于零时,因变量的值也为零,但这并不一定意味着与数据拟合最好的直线将通过原点。因此,在一般情况下,我们推荐诸位,在做分析时,即使只将截距项作为一个"占位的记号",也应将它包含在内。

2.7 有关简单线性回归模型的假定

在节 2.2 我们简要地列出了回归模型隐含的那些假定。不言而喻,回归分析的结果的效度要求这些假定都能得到满足。我们可以把这些假定概括如下:

1. 模型精确地描述了数据的性状。
2. 随机误差 ϵ 是一个独立的且服从均值为零和方差为 σ^2 的正态分布的随机变量。

因为实际上所有统计方法课介绍的统计学方法都是以线性模型为基础的,故而或多或少也一定已经对这些假定做了一些介绍,因此大家对它们可能已经并不陌生。[6] 既然如此,我们奉劝大家,在一个统计分析中,一定要试着确定有没有发生违反这些假设的情况发生。

在这一节中,我们要讨论以下问题:

在什么样的情况下,违反这些假定的情况有可能发生?

---

[6] 这一节未曾讨论的假定是 x 是固定且无量度误差的。虽然这是一个很重要的假定,但是它并不是经常被违反到对分析结果产生严重影响的程度。此外,有关违反这一假定的诊断和补救方法的讨论,也超出了本书讲述的范围(参见 Seber and Lee,2003)。

一旦发生这些假定被违反,将会对分析结果产生什么样的影响?

有哪些工具可用于探测假定违反的情况?

如果模型未能被正确的设定,那么分析就可能出现设定误差(specification error)。这一误差最可能发生在模型应该包含其他本应包含,但却未曾包括的参数和/或其他的自变量的时候。可以证明,一个设定误差可能会使系数和方差的估计值产生偏倚。而偏倚是未知的参数的函数,因此,它的数量是未知的。常见的设定误差是用描述直线的模型来描述曲线。

刚才列出的假定 2 实际上包含了 3 个条件,这些条件既可能单独发生,也可能同时发生。这 3 个条件是:a. 随机误差的独立性;b. 随机误差的正态性;c. 随机误差的常方差。独立性假定通常在一定意义上与模型的设定相关。这就是说,如果模型中丢失了某一个重要的自变量,那么首先是应(变量),进而是误差,就可能与那一变量有关。这种相关关系通常会引起一些相关的误差项。在应(变量)的量度是跨时间的且它的变化是由时间的变化引起时,就可能会发生这样的情况。对这样一种违反假定的补救措施是,在一个允许存在相关误差的模型中使用时间变量。

在实际应用中,等方差假定通常被违反,而不等方差问题通常因为非正态性所致。在误差的方差以一种系统的方式变化时,我们可以用前面介绍的最小平方加权法来求参数的估计量。在很多情况下,非正态性(nonnorrnality)和不等方差所取的形式,其偏斜度(skewness)和变异度(variability)将随因变量的均值的上升而上升(或下降而下降)。换言之,方差的大小和/或偏斜的程度与因变量均值的大小有关。令人庆幸的是,在很多情形下,只要对因变量做一下变换便可以使这两种违反得以纠正。我们将在第 4 和第 8 两章对变换问题进行详细的讨论。

离群值(Outlier)或异常观察值可以看作是不等方差的一个特例。离群值的存在可以引起偏倚的系数估计值及方差估计值的错估。然而,我们必须指出的是,简单地将那些明显离群的观察值丢弃,并非值得称道的统计处理方法。因为违反这些假定中的任何一个,都可能对估计值和推论产生影响,所以最重要问题是,我们必须设法搞清楚这些假定究竟是否被违反(参见第 4 章)。

一个使用比较普遍的探测假定是否被违反的方法是残差分析。诚如前述,残差是观察到的 y 值和估计的条件均值 $\hat{\mu}_{y|x}$ 之间的差异,即$(y - \hat{\mu}_{y|x})$。残差分析的一个重要部分是残差图。残差图是一种散点图,图中标出了单个残差值$(y - \hat{\mu}_{y|x})$在纵轴上的位置,以及预测值$(\hat{\mu}_{y|x})$或 x 值在横轴上的位置。有时残差图中也会标出残差相对于那些其他可能入选的自变量的位置。

一个没有违反假定的回归的残差图状似一条围绕零值线的水平带。这条带的带宽,在横轴的所有值点上大致相同。如果存在设定误差,那么残差图便不是水平带状的,而是其他独特且可以辨认的形状。通常情况下,违反等方差假定将使残差图状如一把打开的折扇状,这时残差会随 $\hat{\mu}_{y|x}$ 的变化而变化,一般较大的 $\hat{\mu}_{y|x}$ 值,有较大的残差值,反之亦然。* 在残差图中,那些远离其余大多数散点的点便可能是离群值。在这里,"可能"一词十分重要,因为究竟是否违法假定,并不是用残差图就可轻而易举地探测到的。更麻烦

---

* 为便于中国读者的理解,译文对原文有所修改 —— 译者注

的是,有时即使残差图是无懈可击的,假定也仍然有可能已经被违反了。

除了残差分析之外,我们还需要使用做一些其他的描述性方法,尤其是探索性数据分析技术,如茎叶图(stem and leaf plot)或箱线图(box plot)来对假定违反问题做进一步的考察。实际上,所有用于回归分析的计算机程序都已经为我们提供了比较容易使用的能进行这样的分析的子程序。

例 2.1 的残插图

图 2.9 包含两张残插图。左边的那张来自使用截距的回归模型,而右边的那张则来自无截距回归模型。两张图残差都沿自变量(DBH)散布。

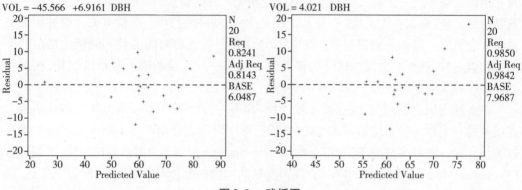

图 2.9 残插图

有截距模型的残差随机地散布在零线的两侧,说明不存在严重违反假定的情况。而无截距模型的散点显示出一种确定的趋势,说明模型存在着某种缺陷,并再一次彰显那些已为我们注意到的模型的不精确之处。■

用残差图来考察残差是一种非常主观的方法。在后面我们将会看到,尽管从残差图上看,模型似乎是非常精确的,然而它只是使用了DBH一个变量,所以并非尽善尽美的。也就是说,如果能增加表2.1中列出的其他变量,肯定可以为我们提供一个更好的模型。我们将在第3章对这一模型进行介绍。换言之,残差图显然无法提供可明确识别的模式,因而无法确定假定究竟是否被违反。

对是否违反假定的探究可能要求具备很高的分析技能。尽管模型越复杂,需要的技能也越高。不过,无论模型简单还是复杂,对这一问题进行探究的基本策略却都是相同的。正因为如此,我们对这一问题的讨论将延续到第4章,即在完成多元回归的讨论之前,我们还会继续对这一问题进行讨论。

2.8 回归的使用与误用

诚如我们所知,统计分析结果的效度有赖于某些有关数据的假定是否得到满足。然而,即使所有假定度得到了满足,回归分析仍然还会有这样或那样的不足。

- 发现回归关系存在这一事实,仅就这一事实本身,并不意味着一定是 x 导致了 y。例如,已经证明抽烟者患肺癌(或其他疾病)的人多于不吸烟者,但这一关系本身并不能证明抽烟引起了肺癌。一般来说,为了证明原因和结果,我们必须证明不存在其他引起这一结果的原因。

- 我们不鼓励大家用估计的回归关系进行外推。这就是说,估计的模型不应在观察到的 x 值范围之外用于推论因变量的值。这样的外推是危险的,因为尽管模型与数据拟合得很好,但是我们无法证明在现有数据之外,模型也是恰当的。

2.9 反测(inverse prediction)

有时我们希望用 y 对 x 进行回归,预测 x 的值。这些预测值来自 y 的一个新的观察。这种方法通常称为反测或校准问题(calibration problem)。这种方法常用于 y 的量度费用低廉快捷或比较粗略,而与之相关的 x 的量度费用高昂或十分耗费时间这样的场合。我们可用一个 n 个观察的样本来确定回归方程

$$\hat{\mu}_{y|x} = \hat{\beta}_0 + \hat{\beta}_1 x$$

而解这一方程求 x,则是

$$x = \frac{\hat{\mu}_{y|x} - \hat{\beta}_0}{\hat{\beta}_1}$$

假如我们有一个新的观察 $\hat{y}_{y|x(新)}$,并且希望估计那个能产生这一新观察的 x 的值 $\hat{x}_{(新)}$。于是我们得到这一值为

$$\hat{x}_{(新)} = \frac{\hat{y}_{y|x(新)} - \hat{\beta}_0}{\hat{\beta}_1}$$

$\hat{x}_{(新)}$ 的 95% 的置信区间则是

$$\hat{x}_{(新)} \pm t_{\alpha/2} s^2(\hat{x}_{新})^{*}$$

式中

$$s^2(\hat{x}_{新}) = \frac{\text{MSE}}{\hat{\beta}_1^2}\left[1 + \frac{1}{n} + \frac{(\hat{x}_{(新)} - \bar{x})^2}{\sum(x_i - \bar{x})^2}\right]$$

而 $t_{\alpha/2}$ 有 $n-2$ 个自由度。

例2.4

住房出售的价格通常依据住房的若干条件,包括居住面积的大小而定。某一房产中介想要了解房主要价和居住面积之间的关系。为了估计这种关系,我们得到了一份列有中介公司所在地的 15 所待售住房的样本的清单。要价以一千美元为单位计,而居住面积的单位则是一千平方英尺。表 2.6 列出了这些数据。因为实际的居住面积的确定是一件非常麻烦的事,因此,中介机构希望能根据要价来估计以后要列出的待售住房的居住面积。

---

* 原文式中的 s 应为 s^2。——译者注

表 2.6　待售住房样本

房屋	面积	价格	房屋	面积	价格
1	0.951	30.00	9	2.260	119.5
2	0.676	46.50	10	2.370	147.60
3	1.456	48.60	11	2.921	149.99
4	1.216	69.00	12	2.553	179.90
5	1.524	82.90	13	3.253	285.00
6	1.624	89.90	14	3.055	349.90
7	1.532	93.50	15	3.472	395.00
8	1.636	106.00			

图 2.10 中的散点图显示,线性回归线与数据拟合得不错。

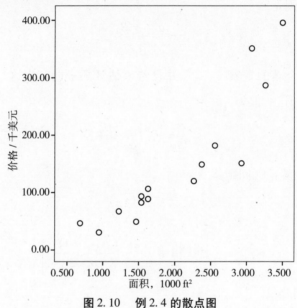

图 2.10　例 2.4 的散点图

根据面积预测价格的最小平方方程为

$$\hat{\mu}_{y|x} = -87.837 + 115.113x$$

中介公司希望用这一方程估计要价为 180000 美元的住房的居住面积,置信区间为 95%。

用表 2.6 中的数据我们计算得到下面的值:

1. MSE = 2581.969

2. $\sum (x_i - \bar{x})^2 = 10.6752$

3. $\bar{x} = 2.0333$

用 $\hat{x}_{(新)} = [180 - (-87.837)]/115.113 = 2.3267$,我们可以估计要价为 180000 美元的住房的居住面积约为 2330 ft^2。我们可求得值为

$$s^2(\hat{x}_{新}) = \frac{2581.969}{(115.113)^2}\left[1 + \frac{1}{15} + \frac{(2.3267 - 2.03330)^2}{10.6752}\right] = 0.2094$$

从表 A. 2 我们得到 $t_{0.025}(13) = 2.160$。因此，我们所希望的 95% 的置信区间为

$$2.3267 \pm 2.160\sqrt{0.2094} = 2.3267 \pm 0.989$$

或 $\qquad\qquad\qquad$ 1.3381 至 3.3153

这一区间对于房地产公司来讲也许太宽了。如果样本只有 15 所住房，且回归分析又得到了这么大的一个 MSE，这一结果并不意外。∎

2.10 小 结

这一章对简单线性回归模型

$$y = \beta_0 + \beta_1 x + \epsilon$$

做了详细的介绍。它是确定自变量或因子变量 x 的值和倚或因变量 y 的值之间关系的性质的基础。本章首先对模型做了介绍和解释，然后以 n 对观察的样本为依据，对参数进行估计。接着我们对这些参数的推论问题和因变量值的估计或预测问题进行了讨论。

之后，我们又对于确定这两种变量之间的关系强度有关的相关系数问题进行了讨论。相关模型是以线性相关系数为依据的。接着我们又对约束模型的使用问题，特别是无截距的约束模型的使用问题做了简短的介绍。最后一节，我们对违反假定、回归的误用和反测问题作了扼要的介绍。

2.11 习 题

1. 那些愿意练习计算技巧的读者，不妨使用下面这组数据进行演习。

x	1	2	3	4	5	6	7	8
y	2	5	5	8	9	7	9	10

　　a. 计算用 x 预测 y 的回归线的系数的最小平方估计值。

　　b. 检验 $\beta_1 = 0$ 的假设，构建 β_1 的 95% 的置信区间。

　　c. 计算 R^2，并予以解释。

　　d. 在 $x = 5$ 时，构建 y 的 95% 的置信区间。

　　e. 计算残差。对照 x 绘制统计图，并对该图予以解释。

　　f. 完整地解释 x 与 y 之间的关系。

2. 一个由渔业科学家捕到的 22 条鲈鱼组成的样本。科学家以毫米为单位测量鱼的体长（TL），以克为单位测量它们的体重（WT）。这套数据如表 2.7 所示，它在软盘上的数据文件的名称为 REG02P02。

　　a. 用回归模型考察一下用鱼的体长预测它的体重的精确性。

　　b. 用残差检查假定是否被违反。

　　c. 计算 300 mm 体长的鱼的平均体重的 95% 的置信区间。

表 2.8　习题 3 的数据

WT	MPG
2620	21.0
2875	21.0
2320	22.8
3215	21.4
3440	18.7
3460	18.1
3570	14.3
3190	24.4
3150	22.8
3440	19.2
3440	17.8
4070	16.4
3730	17.3
3780	15.2
5250	10.4
5424	10.4
5345	14.7
2200	32.4
1615	30.4
1835	33.9
2465	21.5
3520	15.5
3435	15.2
3840	13.3
3845	19.2
1935	27.3
2140	26.0
1513	30.4
3170	15.8
2770	19.7
3570	15.0
2780	21.4

表 2.7　习题 2 的鲈鱼数据

TL	WT
387	720
366	680
421	1060
329	480
293	330
273	270
268	220
294	380
198	108
185	89
169	68
102	28
376	764
375	864
374	718
349	648
412	1110
268	244
243	180
191	84
204	108
183	72

3. 表 2.8 列出了选取的 32 辆不同质量的(WT)轿车的耗油量(MPG)。质量以磅为单位。数据可在随书附上的光盘上找到,文件名为 REG02P03。

a. 计算 MPG(y) 与 WT(x) 相关的线性回归方程。

b. 采用 2.9 节介绍的反测法,预测 25 mpg 的轿车的质量,用 95% 的置信区间。

4. 表 2.9 的数据列出了 15 个学生的统计课的期中考试的成绩和期末的平均分。

a. 根据期中考试的成绩,用回归分析预测期末平均分。

b. 用 90% 的置信区间,估计一个期末平均分为 70 的学生的期中考试分数。

c. 拟合一个通过原点的回归,并把它和 a 中的回归做比较,并确定哪一个更好?

表2.9 习题4数据

学生	期中	期末平均
1	82	76
2	73	83
3	95	89
4	66	76
5	84	79
6	89	73
7	51	62
8	82	89
9	75	77
10	90	85
11	60	48
12	81	69
13	34	51
14	49	25
15	87	74

5. 《1995 年美国统计摘要》(1995 *Statistical Abstract of the United States*)列出了 1960—1994 年的不同种类的消费价格指数。消费价格指数反映了所有城市消费者的购买模式。表2.10 和光盘上的数据文件 REG02P05 列出了能源(energy)和交通(transportation)的消费价格指数。

a. 做一次回归分析,确定运输与能源之间的关系。计算相关系数的置信区间,并对结果予以解释。

b. 用年(year)做自变量,分别用能源和交通作为因变量,分开进行回归分析。对分析结果进行解释。

表2.10 习题5数据

Year	Energy	Transportation
60	22.4	29.8
61	22.5	30.1
62	22.6	30.8
63	22.6	30.9
64	22.5	31.4
65	22.9	31.9
66	23.3	32.3
67	23.8	33.3
68	24.2	34.3
69	24.8	35.7
70	25.5	37.5
71	26.5	39.5
72	27.2	39.9
73	29.4	41.2
74	38.1	45.8
75	42.1	50.1
76	45.1	55.1

续表

Year	Energy	Transportation
77	49.4	59.0
78	52.5	61.7
79	65.7	70.5
80	86.0	83.1
81	97.7	93.2
82	99.2	97.0
83	99.9	99.3
84	100.9	103.7
85	101.6	106.4
86	88.2	102.3
87	88.6	105.4
88	89.3	108.7
89	94.3	114.1
90	102.1	120.5
91	102.5	123.8
92	103.0	126.5
93	104.2	130.4
94	104.6	134.3

6. 政治科学家们怀疑政治候选人的一些承诺和他们一旦当选之后兑现承诺两者之间存在一定的关系。表2.11列出了10位政客在这方面的"追踪记录"。

表2.11 习题6的数据

政客	承诺数	兑现数
1	21	7
2	40	5
3	31	6
4	62	1
5	28	5
6	50	3
7	55	2
8	43	6
9	61	3
10	30	5

a. 计算承诺和兑现之间的相关系数。

b. 检验 $\rho = 0$ 的假设。

c. 解释分析结果。

7. 一种对考卷进行评估的方法是对考试结果进行项目分析。这种项目分析的一个部分是考察一个个试题对考试分数产生的相对影响。考察的方法是把考分与每一试题的"对"与"错"进行相关分析。把得到的相关系数称为点双列相关系数(point biserial correlation coefficient.)。具体的计算方法是,计算考试分数与一个只0"错"和1"对"两个值的变量的相关。相关越高,试题对考试分数的贡献就越高。用2.5节给出的方程计算表2.2中30个学生的数据的考试分与变量 x(1"对"0"错")的点两列相关系

数。检验它的显著性,并解释分析结果。(这个习题只涉及一个试题的分析,但在对整个试卷进行评价时,必须涵盖全部试题)

表 2.12 习题 7 的数据

Score	x	Score	x	Score	x
75	1	60	0	79	1
60	0	51	0	69	1
89	1	77	1	70	0
90	1	70	1	68	1
94	1	76	1	63	0
55	0	65	1	66	0
22	0	32	0	45	1
25	0	43	0	69	1
54	0	64	1	72	1
65	1	63	0	77	1

8. 习题 6 试图把政客的承诺和兑现之间的关系强度数量化。

a. 用表 2.11 的数据构建一个根据承诺数预测兑现数的回归方程。

b. 系数的推论是否有 95% 的置信区间包括 β_1。解释分析结果。它们是否与习题 6 的结果一致?

c. 预测一个兑现数为 45 的政客的承诺数用 95% 的置信区间。

9. 很长时间以来,人们一直在怀疑,在很多时候,婴儿的死亡是未成年妈妈因各种原因而未能了解如何为人母之道而造成的。表 2.13 的数据列出了来自 48 个相连的本土的州 (STATE) 的,每 1000 个未成年生育率(TEEN) 和每 1000 个活婴的死亡率(MORT),该数据摘自《美国统计摘要(1995)》。

表 2.13 习题 9 数据

STATE	TEEN	MORT
AL	17.4	13.3
AR	19.0	10.3
AZ	13.8	9.4
CA	10.9	8.9
CO	10.2	8.6
CT	8.8	9.1
DE	13.2	11.5
FL	13.8	11.0
GA	17.0	12.5
IA	9.2	8.5
ID	10.8	11.3
IL	12.5	12.1
IN	14.0	11.3
KS	11.5	8.9
KY	17.4	9.8
LA	16.8	11.9
MA	8.3	8.5
MD	11.7	11.7

续表

STATE	TEEN	MORT
ME	11.6	8.8
MI	12.3	11.4
MN	7.3	9.2
MO	13.4	10.7
MS	20.5	12.4
MT	10.1	9.6
NB	8.9	10.1
NC	15.9	11.5
ND	8.0	8.4
NH	7.7	9.1
NJ	9.4	9.8
NM	15.3	9.5
NV	11.9	9.1
NY	9.7	10.7
OH	13.3	10.6
OK	15.6	10.4
OR	10.9	9.4
PA	11.3	10.2
RI	10.3	9.4
SC	16.6	13.2
SD	9.7	13.3
TN	17.0	11.0
TX	15.2	9.5
UT	9.3	8.6
VA	12.0	11.1
VT	9.2	10.0
WA	10.4	9.8
WI	9.9	9.2
WV	17.1	10.2
WY	10.7	10.8

a. 用 TEEN 做自变量,通过回归估计 MORT。回归分析的结果是否能对陈述的假设加以确认?

b. 回归模型的显著性是否在 0.05 的水平上?

c. 构建一个 β_1 的置信区间。对这一结果做出解释。

d. 用残差图校验所有有关该模型的假定。

10. 某工程师用一套标准的压力罐校验一个压力表。他用这个压力表测试了 5 个压力罐,每个罐各测试 3 次。已知这 5 个压力罐的压力在 50 ~ 250 psi*。测试结果如表 2.14 所示。

---

* 1 psi = 6.895 kPa——编者注

表 2.14   习题 10 检测校订数据

罐内压力	50	100	150	200	250
	48	100	154	200	247
压力表读数	44	100	154	201	245
	46	106	154	205	146

a. 用 2.9 节介绍的反回归法为这个新压力表确定一个校准方程。

b. 如果表示压力数为 175,求真压力的 95% 的置信区间。

3 多元线性回归

3.1 导 论

多元线性回归是用某些方法对简单线性回归进行的直接扩展,它可以使用一个以上的自变量。多元回归的目的与简单回归并无二致,其目的也是希望用因变量和因子(自)变量之间的关系来预测或解释因变量的性状。然而,多元回归的计算是相当复杂的,因而必须用计算机来进行。不仅如此,它所使用的推论方法也更加难以解释,其原因固然很多,但主要的是各个自变量之间有可能存在这样或那样的关系。在这一章,我们将要给读者阐述简单和多元线性回归之间的相同之处和不同之处,以及使用多元回归模型所必须掌握的方法学方面的知识。

使用多元回归模型进行分析的例子有以下几个:

- 估计不同水平的膳食补充剂、运动和行为矫正的儿童体重的增量。
- 用能力测验的分数、中学的学习成绩和智商水平预测大学一年级学生的学习成绩。
- 用广告费用、销售人员和管理人员的增量,以及各种销售策略来估计销售量的变化。
- 用每天的气温、湿度、风速和前一天的气温预测家用暖气的日耗油量。
- 用赤字量、GNP 值、CPI 值金额和通货膨胀率来预测利率的变化。

3.2 多元线性回归模型

多元线性回归模型可以用2.2节给出的简单线性模型的一种直接扩展式书写。模型可设定为

$$y = \beta_0 + \beta_1 x_1 + \beta_2 x_2 + \cdots + \beta_m x_m + \epsilon$$

式中　y——因变量;

　　　$x_j, j = 1, 2, \cdots, m$——m 个不同的自变量;

　　　β_0——截距(在所有的自变量都等于 0 时的值);

$\beta_j, j = 1, 2, \cdots, m$——$m$ 个对应的回归系数；

ξ—— 随机误差，一般都假定它服从正态分布，有均值零和方差 δ^2。

虽然模型的表达式似乎只是单自变量模型的表达式的推广而已，但是在模型中包含了多个自变量之后，会在回归系数解释时产生一个新的概念。例如，如果在用多元回归解释儿童体重的增量时，每一个自变量 —— 膳食补充剂、运动和行为矫正的影响大小，取决于其他自变量的发生状况。在多元回归中，我们感兴趣的问题是，在其他任何变量的值保持不变时，令每一个变量每次变化一个单位所会发生的情况。这样的回归与依次进行若干个简单线性回归，但每次回归却都忽略了其他变量可能会发生的情况形成一种对比。因此，在多元回归中，与每一自变量关联的系数所量度的应该是在所有其他的自变量仍然保持不变的时候，与该自变量关联的因变量的平均变化。这就是我们对一个多元回归模型中的一个回归系数做出的标准的解释。

定义 3.1

确切地讲，在多元回归模型中，系数 β_j 被定义为一个**偏回归系数**（partial regression coefficient），它表示的是，在所有其他变量保持不变的时候，与 x_j 的一个单位的变化关联的平均响应（$\mu_{y|x}$）的变化。

相反，如果我们分别进行了 m 个简单线性回归，那么涉及的简单线性回归的回归系数，如回归系数 x_j，则称为**总回归系数**（total regression coefficient），而它表示的则是忽视了任何其他变量的影响时的总回归系数。

例如，我们用一个多元回归模型将儿童体重的增量与膳食补充剂、运动和行为矫正联系起来，那么这些回归系数就是偏回归系数。这就是说，膳食补充剂的偏回归系数估计的是，在保持其他两个变量不变时，由增加一个单位的膳食补充剂所引起的体重的增量。但是，如果我们用这些变量分别进行回归，那么膳食补充剂的系数估计的则是忽略了其他变量的可能效应的相应效应。

在大多数回归分析中，偏回归系数和总回归系数的值是不同的，而我们也将看到，因为相关数据的缺乏，有时偏回归系数的计算是有一定困难的。例如，在本章使用的实例中，我们试图预测大学一年级学生的学习成绩，实际上大多数高中生，他们的智商和能力测验分都很高，这样的学生一般在学习上，分数也都很高。这样势必导致低分学生的短缺，进而则会因为分数的问题而给偏回归系数的估计带来困难。[1]

但是，如果我们只用分数做回归，如我们认为其他的变量对学习成绩没有影响，这样在存在其他两个应该包含在一个模型中的变量时，就不宜使用简单线性回归。实际上，我们将会看到，两种不同形式的系数给出的估计值和推论会有很大的差异。

例 3.1

为了阐明总系数和偏系数之间的差别，让我们回到在例 2.1 中使用的有关预测木材

---

[1] 这一问题将在第 5 章进行更为深入的讨论。

产量的问题。如表 2.1 所示,我们将使用 3 种比较容易测量的特征,DBH,D16 和 HT[*] 来估计木材量,VOL。

首先用 3 个简单线性回归估计,列在表 3.1 第一部分的是总回归系数。然后我们用 3 个自变量[2]进行多元回归,求出偏回归系数。

表 3.1　总和偏回归系数

	变量		
	DBH	HT	D16
	总系数		
系数	6.916	1.744	8.288
	偏系数		
系数	1.622	0.694	5.671

不难看出总系数与偏系数是不同的。例如,DBH 的总系数是 6.916,而偏系数则是 1.626。如果再来重新回顾一下这些系数的解释,那么这些差别就会变得更加清楚:

总系数显示,DBH 每增长一个单位,估计的平均木材量便会增长 6.916 个单位。

偏系数显示,在一个有一特定的 HT 和 D16 值的树木的子总体中,DBH 每增长一个单位,估计的平均木材量将会增长 1.626 个单位。

在这个例子中的自变量有共变这样一个特性。这就是说,DBH 大,D16 也大,且 DBH 与 HT 之间也存在这样的关系,只是其关系强度弱一些而已。用统计学的语言来表述,这些变量之间不仅两两相关,且是强和正向的。这就意味着 DBH 的总系数也间接地测量了 D16 和 HT 的效应,而偏系数则只测量了一个含有 HT 和 D16 的定值的树木的总体的 DBH 的效应。换言之,总系数和偏系数本来就是很不相同的,每一种都有着自己特定的使用方式,因而在对它们进行解释时,我们必须特别小心。■

从上面的讨论可知,如果自变量是非共变的,即它们是不相关的,那么偏系数和总系数便是相同的。尽管这样的情况是千真万确的,但实际上却是千载难逢的。然而有一种情况却是确实存在的,那就是在自变量之间的关系比较弱时,偏系数和总系数之间的差别就比较小,因而对它们进行解释也就变得比较容易。自变量之间存在的相关称为**多重共线性**(multicollinearity)。我们将在第 5 章对这一问题进行深入的讨论。

在完成多元回归模型的系数估计方法的讨论之后,我们将在 3.4 节回到回归系数解释问题的讨论。

3.3　系数估计

在 3.2 节中阐述的多元线性模型,其表达式为

$$y = \beta_0 + \beta_1 x_1 + \beta_2 x_2 + \cdots + \beta_m x_m + \epsilon$$

该式模型中的各项已在那一节中做了定义。为了估计回归系数,我们使用了(m +

---

[*]　树干 4 ft 处直径、树干 16 ft 处直径和树高。——译者注

[2]　求这些估计值的方法将在下一节介绍。

1）个元组$(x_1,\cdots,x_m,y)$的n个观察值的集合,并使用最小平方原理得到了如下的求y的均值的方程

$$\hat{\mu}_{y|x} = \hat{\beta}_0 + \hat{\beta}_1 x_1 + \cdots + \hat{\beta}_m x_m$$

最小平方原理设定估计值$\hat{\beta}_i$,能使误差的平方和最小,即

$$SSE = \sum (y - \hat{\beta}_0 - \hat{\beta}_1 x_1 - \hat{\beta}_2 x_2 - \cdots - \hat{\beta}_m x_m)^2$$

为了方便起见,我们将模型重新定义为

$$y = \beta_0 x_0 + \beta_1 x_1 + \beta_2 x_2 + \cdots + \beta_m x_m + \epsilon$$

式中,x_0是一个所有的观察的值都是1的变量。显然模型并未因这一定义而有所变动,但是这一重新定义使得β_0与其他系数颇为相似,它简化了估计程序中的计算。[3] 误差的平方和现可表达为

$$SSE = \sum (y - \hat{\beta}_0 - \hat{\beta}_1 x_1 - \hat{\beta}_2 x_2 - \cdots - \hat{\beta}_m x_m)^2$$

最小平方估计值可以通过解如下所列的$(m+1)$未知参数$\hat{\beta}_0,\hat{\beta}_1,\cdots,\hat{\beta}_m$的含$(m+1)$个方程的线性方程组求出(详细内容请参见附录 C)。这些正规方程(normal equations)的解提供了表示为$\beta_0,\beta_1,\cdots,\beta_m$的系数的最小平方估计值,即

$$
\begin{array}{ccccccccc}
\beta_0 n & + & \beta_1 \sum x_1 & + & \beta_2 \sum x_2 & + & \cdots & + & \beta_m \sum x_m & = & \sum y \\
\beta_0 \sum x_1 & + & \beta_1 \sum x_1^2 & + & \beta_2 \sum x_1 x_2 & + & \cdots & + & \beta_m \sum x_1 x_m & = & \sum x_1 y \\
\beta_0 \sum x_2 & + & \beta_1 \sum x_2 x_1 & + & \beta_2 \sum x_2^2 & + & \cdots & + & \beta_m \sum x_2 x_m & = & \sum x_2 y \\
\vdots & & \vdots & & \vdots & & & & \vdots & & \vdots \\
\beta_0 \sum x_m & + & \beta_1 \sum x_m x_1 & + & \beta_2 \sum x_m x_2 & + & \cdots & + & \beta_m \sum x_m^2 & = & \sum x_m y
\end{array}
$$

因为方程和变量数过多,因此,我们不可能求得像第2章的简单线性回归模型中使用的那种,可以直接计算系数估计值的简单公式。换言之,对于这种方法而言,它的每一次应用都必须专门对这一方程系统求解。虽然我们也可以用手工或计算器来求解这些方程,但在一般情况下,我们都是用计算机来求解这些方程的。不过我们需要用符号来陈述方程组的解,为了能做这样的陈述。我们需将使用矩阵组和矩阵的记号。[4]

在这一节和下面各节,我们将介绍各种在多元回归中进行推论的统计公式。因为计算机程序会自动地计算这些统计量,因此,读者可能永远也不需要使用这些公式。然而若能对这些公式有所了解,则会对分析过程和原理的理解不无帮助。

现在将给大家介绍矩阵记号求解的一般方法,然后求解例 3.1。

将矩阵X,Y,E和B定义如下:[5]

3　一个在这里定义的不包括变量x_0的模型,将与一个通过原点的回归拟合。在使用多元回归模型时,这样的模型一般使用不多,因为很少会出现所有的自变量值都是零这样的情况。在 2.6 节中所做的有关对这样的模型进行解释的评论,也同样适用于多元回归。

4　附录 B 含有对矩阵运算法则的简要介绍。即使那些已经对矩阵有所了解的读者,这一附录也可起到温故而知新的作用。

5　按惯例都用矩阵中的要素的大写字母来表示矩阵。而这里我们只能用大写字母B,E和M分别与β,ϵ和μ对应。

$$X = \begin{bmatrix} 1 & x_{11} & x_{12} & \cdots & x_{1m} \\ 1 & x_{21} & x_{22} & \cdots & x_{2m} \\ \vdots & \vdots & \vdots & & \vdots \\ 1 & x_{n1} & x_{n2} & \cdots & x_{nm} \end{bmatrix}, Y = \begin{bmatrix} y_1 \\ y_2 \\ \vdots \\ y_n \end{bmatrix}, E = \begin{bmatrix} \epsilon_1 \\ \epsilon_2 \\ \vdots \\ \epsilon_n \end{bmatrix}, \text{and } B = \begin{bmatrix} \beta_0 \\ \beta_1 \\ \beta_2 \\ \vdots \\ \beta_m \end{bmatrix}$$

式中,x_{ij} 表示第 j 个自变量的第 i 个观察,$i = 1, \cdots, n$ 和 $j = 1, \cdots, m$。

用这些矩阵,所有观察的模型的方程

$$y = \beta_0 + \beta_1 x_1 + \beta_2 x_2 + \cdots + \beta_m x_m + \epsilon$$

便可表示为

$$Y = XB + E$$

而对于例 3.1 的数据而言,矩阵 X 和 Y 则为

$$X = \begin{bmatrix} 1 & 10.20 & 89.00 & 9.3 \\ 1 & 19.13 & 101.00 & 17.3 \\ 1 & 15.12 & 105.60 & 14.0 \\ 1 & 17.28 & 98.06 & 14.0 \\ 1 & 15.67 & 102.00 & 14.0 \\ 1 & 17.26 & 91.02 & 14.3 \\ 1 & 15.28 & 93.09 & 13.3 \\ 1 & 14.37 & 98.03 & 13.4 \\ 1 & 15.43 & 95.08 & 13.3 \\ 1 & 15.24 & 100.80 & 13.5 \\ 1 & 17.87 & 96.01 & 16.9 \\ 1 & 16.50 & 95.09 & 14.9 \\ 1 & 15.67 & 99.00 & 13.7 \\ 1 & 15.98 & 89.02 & 13.9 \\ 1 & 15.02 & 91.05 & 12.8 \\ 1 & 16.87 & 95.02 & 14.9 \\ 1 & 13.72 & 90.07 & 12.1 \\ 1 & 13.78 & 89.00 & 13.6 \\ 1 & 15.24 & 94.00 & 14.0 \\ 1 & 15.00 & 99.00 & 14.2 \end{bmatrix}, Y = \begin{bmatrix} 25.93 \\ 95.71 \\ 68.99 \\ 73.38 \\ 66.16 \\ 66.74 \\ 59.79 \\ 58.60 \\ 56.20 \\ 62.91 \\ 82.87 \\ 65.62 \\ 62.18 \\ 57.01 \\ 46.35 \\ 65.03 \\ 45.87 \\ 56.20 \\ 58.13 \\ 63.36 \end{bmatrix}$$

注意,矩阵 X 的第一列是一个 1 的列,用作与截距对应的"变量"。用矩阵记号,可将方程表达为

$$(X'X)\hat{B} = X'Y$$

式中,$\hat{B}$ 是 B 的最小平方估计值向量。

矩阵方程的解写为

$$\hat{B} = (X'Y)^{-1} X'Y$$

注意,这些表达式也可用于含任何个数的自变量的多元回归。这就是说,一个有 m 个自变量的回归,X 矩阵将会有 n 行和 $(m+1)$ 列。因此,矩阵 B 和 $X'Y$ 有 $\{(m+1) \times 1\}$

阶,而 $X'X$ 和 $(X'X)^{-1}$ 则有 $\{(m+1)\times(m+1)\}$ 阶。

求多元回归模型参数估计值的方法,是矩阵代数求解线性方程组的一种简单的应用。为了能使这种方法得以应用,我们首先要计算矩阵 $X'X$

$$X'X = \begin{bmatrix} n & \sum x_1 & \sum x_2 & \cdots & \sum x_m \\ \sum x_1 & \sum x_1^2 & \sum x_1 x_2 & \cdots & \sum x_1 x_m \\ \sum x_2 & \sum x_2 x_1 & \sum x_2^2 & \cdots & \sum x_2 x_m \\ \vdots & \vdots & \vdots & & \vdots \\ \sum x_m & \sum x_m x_1 & \sum x_m x_2 & \cdots & \sum x_m^2 \end{bmatrix}$$

也即平方和和所有自变量的交叉乘积的矩阵。接着我们需要计算向量 $X'Y$

$$X'Y = \begin{bmatrix} \sum y \\ \sum x_1 y \\ \sum x_2 y \\ \vdots \\ \sum x_m y \end{bmatrix}$$

而用 SAS 系统 PROC IML 模块求解例 3.1,$X'X$ 和 $X'Y$ 的输出结果是:[6]

$(X'X)$				$(X'Y)$
20	310.63	1910.94	278.2	1237.03
310.63	4889.0619	29743.659	4373.225	19659.105
1910.94	29743.659	183029.34	26645.225	118970.19
278.2	4373.225	26645.225	3919.28	17617.487

注意,对这一例子而言,第一行的第一个元素是 20,它是对应于截距变量的,X 的第一列的 20 个 1 的平方和,无非就是观察的个数 n 而已。读者可以自行对其他一些数量进行校验。

下一步是计算 $X'X$ 的逆。已经告诉过读者,我们不准备在这里介绍求逆的具体方法。我们将用 SAS 的 PROC IML 模块来求解,结果是:

$(X'X)^{-1}$			
20.874129	-0.180628	-0.216209	0.1897516
-0.180628	0.109857	0.0011637	-0.117671
-0.216209	0.0011637	0.0027755	-0.004821
0.1897516	-0.117671	-0.004821	0.1508584

读者也许还是希望用手算来计算这一矩阵与矩阵 $X'X$ 的乘积某些元素,以校验得到的元素组成了一个单位矩阵。最后,回归系数估计值向量则由

6　大多数计算机程序都有打印许多这些矩阵的选项。

$$\hat{B} = (X'X)^{-1}X'Y$$

求得。

因为我们经常会遇到矩阵 $X'X$ 和它的元素,我们定义 $C = (X'X)^{-1}$;于是可令

$$\hat{B} = CX'Y$$

对于例 3.1,结果是:

$\hat{B}$
-108.5758
1.6257654
0.6937702
5.6713954

读者可再一次对这一结果中的某些值进行验证。

这些结果给我们提供了估计的回归响应方程

$$V\hat{O}L = -108.58 + 1.6258(DBH) + 0.6938(HT) + 5.6714(D16)$$

这些值的确就是表 3.1 列出的偏回归系数。因此,DBH 的系数,1.6258 估计,在保持其他变量不变时,DBH 每增长 1 个单位,木材产量将会平均增长 1.6528。这就意味着,对于一个树高为既定且树高 16 ft 处的直径为一常数的树木的子总体而言,DBH 每增长 1 in,木材产量将平均增长 1.6258 ft^3。大家还要注意,截距是负的,这一结果显然是不可能的。实际上,这是一个没有任何意义的数字,因为它估计的是一棵 DBH,HT 和 D16 的值均为零的,不可能存在的"树"的木材量。这一例子说明,超过观察值数据的范围来进行外推所造成的问题。我们观察到的树木,这 3 个值几乎都和零相去甚远。不过这一显然不可能的系数,却并不会在观察到的自变量值的范围内,用模型估计木材量的能力有任何影响。

3.4 解释偏回归系数

我们已经指出,多元回归模型中的偏回归系数,与一组给定的自变量的总回归系数是不同的。在解释回归的最小平方分析结果时,我们经常会遇到这个问题。而在我们希望对某个回归系数做出有用的解释时,这个问题便会变得更加突出。为了探讨这一不同之处,同时理解如何对偏回归系数做出解释,我们将考察以下两个方面:

1. 考察一个人为编造的例子。在这个例子中,偏系数和总系数的差别十分明显。
2. 考察一种用于计算偏系数的备择路数。这种路数的实际用处可能并不大,但可能对我们理解系数的性质却很有帮助。

例 3.2

表 3.2 列出了一组人为的涉及两个自变量 X_1, X_2 和因变量 y 的,有 12 个观察(OBS)的数据(现在我们先忽略最后一列)。

表 3.2　偏系数和总系数的差别的例子的数据

OBS	x_1	x_2	y	RX2
1	0	2	2	− 0.73585
2	2	6	3	0.60377
3	2	7	2	1.60377
4	2	5	7	− 0.39623
5	4	9	6	0.94340
6	4	8	8	− 0.05660
7	4	7	10	− 1.05660
8	6	10	7	− 0.71698
9	6	11	8	0.28302
10	6	9	12	− 1.71698
11	8	15	11	1.62264
12	8	13	14	− 0.37736

　　x_1 和 x_2 的总系数以及涉及两个变量的模型的偏系数的估计值列入表 3.3 中。只涉及 y 和 x_1 的简单回归是 MODEL1,其余则以此类推。

表 3.3　总系数和偏系数估计值

模型	截距	X1	X2
		总系数	
模型 1	1.85849	1.30189	
模型 2	0.86131		0.78102
		偏系数	
模型 3	5.37539	3.01183	− 1.28549

　　偏系数和总系数之间的差别比例 3.1 中的更加明显。最有趣的差别在 x_2 上,它的总系数是 0.7180,而偏系数却为 − 1.2855。换言之,总系数意味着一种正倾斜关系,而偏系数却意味着一种负的倾斜关系。乍一看来,这两种结果似乎彼此矛盾。但我们再仔细地看一下,便可对这种明显的矛盾作出解释。

　　图 3.1 是 y 对 x_2 的散点图。该图给我们最初印象是,进一步证实了 x_2 的总回归系数是一个正值这一点。然而,这时我们却忽略了 x_1 的效应,而这正是我们在估计总回归系数时所做的。而在这个散点图中,我们只要用 x_1 的值作为绘图符,便可在这一散点图中显示 x_1 的效应。这就是说,用符号"2"表示的数据点,该观察的 $x_1 = 2$,用符号"3"表示的,则 $x_1 = 3$,如此这般以此类推。

　　记住偏系数是在 x_1 的值为常数时,y 与 x_2 的关系。这意味着在 x_1 值不变的数据点是偏回归系数的基点。于是负关系现在就变得更加明显。例如,在 3 个 $x_1 = 4$ 的数据点,明确显示 y 与 x_2 的关系是负的倾斜关系,在其他 x_1 值的数据点,情况也同样如此。■

用残差估计偏系数

　　规范的求偏回归系数的估计值的做法是求解 3.3 节介绍的正规方程。求这些值的一种备择方法在计算上十分烦琐,因而在实践中很少使用,但却可使我们对偏回归系数的

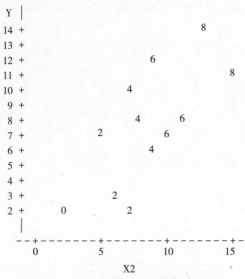

图 3.1　显示总系数和偏系数的散点图

$y * x_2$ 散点图,数字符号为 x_1 的值

性质有更为深入的了解。

假定一个普通的回归模型

$$y = \beta_0 + \beta_1 x_1 + \beta_2 x_2 + \cdots + \beta_m x_m + \epsilon$$

我们可通过下面 3 个步骤,用备择方法估计它的偏回归系数,如 x_1 的偏回归系数。用变量 x_j 做因变量,所有其他的 x 变量做自变量,做一个最小平方"回归"。

1. 用变量 x_j 做因变量,所有其他的 x 变量做自变量,做一个最小平方"回归"。

2. 计算预测值 $\hat{\mu}_{xj}$ 和残差 $d_{xj} = (x_j - \hat{\mu}_{xj})$。这些残差测量了 x_j 的变化中尚未为其他变量间变差解释的部分。注意,我们用字母 d 表示这些残差是为了避免和 2.7 节讨论的残差相混淆。

3. 用 y 的观察值做因变量,和残差 d_{xj} 做自变量做一个简单线性回归。这一回归测量了 x_j 的变化中, 未为线性回归涉及的其他变量解释的响应关系(the relationship of the response)。由此得到的系数估计值确实就是涉及所有 m 个自变量的原模型的偏回归系数 β_j 的估计值。[7]

重解例 3.2

为了阐述这种方法,我们将要计算例 3.2 的 x_2 的回归系数的估计值。因为只有两个自变量,"所有其他的" x 变量只有一个 x_1 组成。于是 x_2 在 x_1 上的"回归"给我们提供了估计方程

$$\hat{x}_2 = 2.7358 + 1.3302 x_1$$

来自这一回归的预测值,$\hat{x}_2$,将用于求表 3.2 中标题为 RX2 列出的残差。总回归和涉

---

[7]　系数的平方和也与偏系数的相同。不过误差的平方和并没有什么用处,因为它并不反映其他变量的贡献。参见 3.5 节。

及 x_2 的偏回归之间的差别可以在 x_2 和 RX2(被标为 residual(残差)) 对 y 的散点图中看到,而两条不同的回归线如图 3.2 所示。

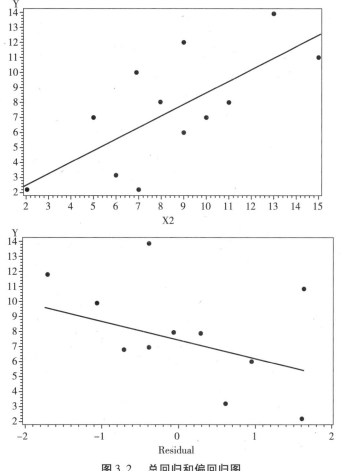

图 3.2　总回归和偏回归图

Y 对 X2 的散点图与图 3.1 的相同。该图显示,在 X1 被忽略时,Y 与 X2 之间存在着正的倾斜关系。而 Y 对 RX2 的散点图则显示,在 X1 固定不变时,Y 与 X2 之间有负关系。使用简单线性回归中的 Y 与 RX2 的值,得到的值为 -1.28549,它确实与 β_2 的估计值相同。■

重解例 3.1

　　我们将通过再一次求例 3.1 中的 DBH 的偏系数,来讲解用残差的回归。重新生成的数据列入表 3.4 中。我们先来回顾一下表 3.1。该表列出的总系数为 6.9161,而偏系数则为 1.6258。

　　我们分别做 VOL 和 DBH 这两个变量对 HT 和 D16 的回归,得到的残差在表 3.4 中分别标以 RVOL 和 RDBH。然后我们再做 RVOL 对 RDBH 的回归。实际的值(·)、VOL 对 DBH 的总回归的估计线和 RVOL 对 RDBH 的回归如图 3.3 所示。我们首先用 DBH 作为因变量和 HT 和 D16 做自变量做回归。估计模型的方程为

$$D\hat{B}H = PDBH = 1.6442 - 0.01059(HT) + 1.0711(D16)$$

表 3.4　求残差值

OBS	DBH	HT	D16	VOL	RDBH	RVOL
1	10.20	89.00	9.3	25.93	− 0.46295	2.68087
2	13.72	90.07	12.1	45.87	0.06923	1.14112
3	13.78	89.00	13.6	56.20	− 1.48880	1.07583
4	14.37	98.03	13.4	58.60	− 0.58892	− 1.15084
5	15.00	99.00	14.2	63.36	− 0.80555	− 2.97733
6	15.02	91.05	12.8	46.35	0.62982	− 4.23085
7	15.12	105.60	14.0	68.99	− 0.40141	− 0.33000
8	15.24	100.80	13.5	62.91	0.20331	0.54384
9	15.24	94.00	14.0	58.13	− 0.40429	− 3.34203
10	15.28	93.09	13.8	59.79	− 0.15970	0.41619
11	15.43	95.08	13.3	56.20	0.54694	− 0.81374
12	15.67	102.00	14.0	66.16	0.11045	− 0.72442
13	15.67	99.00	13.7	62.18	0.40001	− 0.45093
14	15.98	89.02	13.9	57.01	0.39007	− 0.35154
15	16.50	95.09	14.9	65.62	− 0.09676	− 3.26099
16	16.87	95.02	14.9	65.03	0.27250	− 3.80363
17	17.26	91.02	14.3	66.74	1.26281	5.06024
18	17.28	98.06	14.3	73.38	1.35738	6.93734
19	17.87	96.01	16.9	82.87	− 0.85927	− 1.45901
20	19.13	101.00	17.3	95.71	0.02514	5.03989

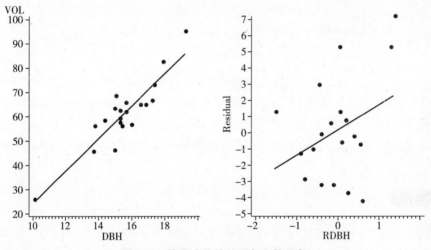

图 3.3　使用残差的总回归和偏回归

　　这一方程被用于求 DBH 残差的预测值。在表 3.4 中,预测值在标为 PDBH 列中列出,而残差值则在标为 RDBH 列中列出。然后,我们用 VOL 和 RDBH 来估计简单线性回归方程,该方程将为我们提供偏回归系数。

　　实际值($\cdot$)和 VOL 对 DBH 的回归(总回归)的估计回归线和 VOL 对残差的回归(偏回归)如图 3.3 所示。总回归的倾斜度显然更为陡峭。读者也许可以自行验证一下:VOL 对 DBH 的回归得到的是总回归系数,而 RVOL 对 RDBH 得到的则是偏回归系数。 ■

3.5 推论参数

显然,在一般情况下,用单个自变量做单个简单线性回归是无法得到正确的多参数模型的偏系数的估计值的。同样,我们也不能将简单线性回归系数的推论法直接用于偏回归系数的推论。

然而,基于无约束模型和约束模型的比较的推论法,确实为我们提供了恰当的偏系数推论的框架。使用最为普遍的推论法,一般由若干假设一个或几个系数为零的零假设检验组成。这就是说,对那种零假设而言,相应的变量并不需要包括在模型之中。

对于一个假设一个或几个系数为零的零假设检验而言,我们要将含所有系数的无约束模型和那个不含要检验的系数的模型作比较。

注意,无约束和约束模型两者都包含了所有其他的系数,这就相当于保持其他变量恒定不变。检验基于约束模型因为施以约束而导致的,以误差平方和量度的效应的消减(或与之等价的回归平方和的增长)。

一个规范的检验,其操作步骤如下:

1. 将用 B 表示的整组系数拆分成如下所示的两个子矩阵,B_1 和 B_2,即

$$B = \begin{bmatrix} B_1 \\ \vdots \\ B_2 \end{bmatrix}$$

因为系数矩阵的次序是任意的,所以任何一个子矩阵都可能包含这个系组的任何想要的子组。我们想要检验的假设为

$$H_0 : B_2 = 0$$

$$H_1 : B_2 \text{ 中至少有一个元素不是零 [8]}$$

用 q 表示 B_1 中的系数,用 p 表示 B_2 中的系数。注意 $p + q = m + 1$。因为我们很少考虑涉及 β_0 的假设,所以这一系数一般都已被包含在 B_1 中。

2. 用所有的系数,即用无约束模型 $Y = XB + E_{无约束}$ 做回归。这一模型的误差项是 $SSE_{无约束}$。这个平方和有 $(n - m - 1)$ 个自由度。

3. 做一个只含 B_1 中的系数的回归。这个模型是 $Y = X_1 B_1 + E_{约束}$,它是如 H_0 所设定的那样,施约束 $B_2 = 0$ 的结果。这一模型的误差的平方和是 $SSE_{约束}$,并有 $(n - q)$ 个自由度。

4. $SSE_{约束} - SSE_{无约束}$ 之差是因为 B_2 的去除而导致的误差平方的增加。与第 2 章一样,我们把这个差称为 $SS_{假设}$。它的自由度是 $(m + 1) - q = p$,它与 B_2 中有 p 个系数这一事实相对应。将 $SS_{假设}$ 除以它的自由度得到的均方,可用作检验统计量的分子。[9]

5. 无约束模型假设均方与误差均方之比便是检验统计量。在零假设下,它服从 F 分布,有 $(p, n - m - 1)$ 个自由度。

8　因为没有"大写"的零,所以我们必须懂得这里的零表示一个 $p \times 1$ 的零矩阵。
9　直接计算 $SS_{假设}$ 的公式将在后面介绍。

显然,为了进行前面的假设检验,我们必须计算各种多元回归模型的误差平方和。无约束模型

$$y = \beta_0 + \beta_1 x_1 + \beta_2 x_2 + \cdots + \beta_m x_m + \epsilon$$

的误差平方和被定义为

$$\mathrm{SSE}_{\text{无约束}} = \sum (y - \hat{\mu}_{y|x})^2$$

我们用回归系数的最小平方估计值来求该式中 $\hat{\mu}_{y|x}$ 的值。与简单线性回归一样,我们也用分解平方和法作为计算公式。用于这一模型的分解平方和为

$$\sum y^2 = \sum \hat{\mu}_{y|x}^2 + \sum (y + \hat{\mu}_{y|x})^2$$

注意,与简单线性回归的分解平方和不同,等号左面的是因变量的未修正的平方和。[10]因此,与这一回归平方和对应的项中,也包括了截距的贡献,因而它不能用于常规的推论。与简单线性回归一样,简化的公式是由回归得到的平方和,它可以用3个等价的公式中的任何一个来计算

$$\sum \hat{\mu}_{y|x}^2 = \hat{B}'X'Y = Y'X(X'X)^{-1}X'Y = \hat{B}'X'X\hat{B}$$

第一个是手算最为便捷的公式,它代表如下的表达式

$$\sum \hat{\mu}_{y|x}^2 = \hat{\beta}_0 \sum y + \hat{\beta}_1 \sum x_1 y + \cdots + \hat{\beta}_m \sum x_m y$$

注意,上式中一个个单独的项似乎与简单线性模型的 SSR 的公式颇为相似;然而这些单独项却没有什么实际的意义。误差的平方项可通过将回归平方和从总平方和 $\sum y^2$ 减除求得。

约束模型的误差平方项是用相同的方式求得的,但使用的是 B_1 而不是 B,并由 X_1 来表示,与 X 对应的是 B_1 中的那些元素。

再次重解例3.1

我们通过检验零假设

$$H_0 : \beta_{\mathrm{HT}} = 0, \text{and } \beta_{\mathrm{D16}} = 0$$

来给读者阐述这种方法。

计算无约束的 SSE　算得的无约束模型的实际值、预测值和残差值分别被标以 VOL,PVOL 和 RVOL,具体数据如表3.5所示。

表3.5　直接计算 SSE

OBS	VOL	PVOL	RVOL
1	25.93	22.4965	3.43351
2	95.71	90.7110	4.99902
3	68.99	68.6674	0.32261
4	73.38	68.6494	4.73056
5	66.16	67.0640	−0.90399
6	66.74	63.7328	3.00722

[10] 定义这些量的方式与大多数流行的计算机的回归程序的定义方式一致。定义使用的参考文献并没有过于注重这些程序的使用问题,因此也可用于定义 TSS,这使 SSR 的定义方式也与1.3节介绍的类似。这些不同的定义方式会引起计算方法出现一些差别,但最终得到的结果都是相同的。

OBS	VOL	PVOL	RVOL
7	59.79	59.1142	0.67583
8	58.60	58.7934	− 0.19339
9	56.20	57.9029	− 1.70294
10	62.91	62.6967	0.21331
11	82.87	82.9320	− 0.06204
12	65.62	68.7237	− 3.10368
13	62.18	63.2813	− 1.10126
14	57.01	57.9957	− 0.98570
15	46.35	51.6048	− 5.25479
16	65.03	69.2767	− 4.24665
17	45.87	44.8414	1.02858
18	56.20	52.7037	3.49627
19	58.13	60.8148	− 2.68475
20	63.36	65.0277	− 1.66770

RVOL 值的平方和是 $SSE_{无约束}$，其值为 153.3007。对应的误差的自由度是 $(20 - 3 - 1) = 16$；因此，误差的均方是 9.581。

通过平方和的分解计算的这一数量需要的那些数量，可通过计算例 3.1 给出的回归系数求得。就我们的目的而言，需要 $X'Y$ 和 $\hat{B}$。用 SAS 系统的 PROC IML 模块的输出结果：

$X'Y$	$\hat{B}$
1237.030	− 108.5758
19659.105	1.6257654
118970.190	0.6937702
17617.487	5.6713954
SSR	
80103.219	

将 $\hat{B}$ 乘以 $X'Y$：

$$(1237.03)(- 108.5758) + \cdots + (17617.487)(5.6713954)$$

得到的结果与输出结果相同，即 $SSR = 80103.219$。由初始矩阵的计算，我们有 $Y'Y = \sum y^2 = 80256.52$，再减去相应的量：

$$SSE = 80256.52 - 80103.219$$
$$= 153.301$$

得到的结果与直接计算得到的误差平方和完全一致，因为它们必须一致。∎

计算假设的 SS

我们通过检验下面的假设

$$H_0 : \beta_{HT} = 0 \text{ 和 } \beta_{D16} = 0$$

来讲解这一方法。对于这一检验而言,无约束模型包含 DBH,BT 和 D16,而约束模型却只包含 DBH。

我们已经计算了无约束模型的误差的平方和,为 153.30,有 16 个自由度。约束模型是那个用来讲解例 2.1 中的简单线性回归的模型,它的误差平方和是 658.62,有 18 个自由度。现在我们来计算假设的平方和为

$$SS_{假设} = SSE_{约束} - SSE_{无约束}$$

$$SS_{假设} = 658.62 - 153.30 = 505.32$$

它有 18 - 16 = 2 个自由度,用它求得的均方为 252.66。

假设检验

用无约束模型的误差的均方得到 F 统计值

$$F = \frac{252.66}{9.581} = 26.371$$

它有 2 和 3 个自由度,把它与 F 表中,0.01 显著水平的拒绝假设的值 6.23 相比。比较结果告诉我们,这两个变量对模型的贡献显然在 DBH 之上。不过,这一检验并未告诉我们,这两个参数,每个的相对贡献是多少。

普遍使用的检验

以上介绍的方法步骤可用于检验任何子系数组为零的假设。然而它却不能做所有我们可能想做的检验。所以我们还需要做一些其他的检验。在这些检验中,有两组在回归分析的初始推论阶段被比较普遍地采用。

1. 检验所有的系数(β_0 除外)是否为零。假设陈述为

$$H_0 : \beta_1 = 0, \beta_2 = 0, \cdots, \beta_m = 0$$

这种检验被看作是一种对模型的检验。

2. m 个分别进行的检验:

$$H_{0j} : \beta_j = 0$$

这是一组分别进行的检验每个单独的偏系数是否为零的检验。

因为这些检验在多元回归的计算机程序中是自动进行的,结果也是自动给出的,所以我们将对它们做稍微详细一点的介绍。

"模型" 的检验

这一检验将无约束模型与约束模型

$$y = \beta_0 + \epsilon$$

进行比较。该模型等价于

$$y = \mu + \epsilon$$

也就是单总体均值模型(参见 2.1 节)。μ 的估计值是 $\bar{y}$,而误差平方和则是我们所熟悉的

$$SSE_{约束} = (n-1)s^2 = \sum (y - \bar{y})^2 = \sum y^2 - \frac{(\sum y)^2}{n}$$

它有 $(n-1)$ 个自由度。

这一检验的假设平方和是所谓的模型平方和,它等于 $\text{SSE}_{\text{约束}}$ 减去 $\text{SSE}_{\text{无约束}}$

$$\text{SS}_{\text{模型}} = \text{SSE}_{\text{约束}} - \text{SSE}_{\text{无约束}}$$

$$= \left[\sum y^2 - \frac{\left(\sum y\right)^2}{n} \right] - \left[\sum y^2 - \hat{B}'X'Y \right]$$

$$= \hat{B}'X'Y - \frac{\left(\sum y\right)^2}{n}$$

有 m 个自由度。得到的均方是 F 统计量的分子,而分母则是无约束模型的均方。

已经计算了例 3.1 的

$$\hat{B}'X'Y = 80103.219$$

$$\sum y = 1237.03$$

因此

$$\left(\sum y\right)^2/n = 76512.161$$

由模型产生的平方和

$$\text{SS}_{\text{模型}} = 80103.219 - 76512.161 = 3591.058$$

和均方

$$\text{MS}_{\text{模型}} = 3591.058/3 = 1197.019$$

我们已经在前面计算了 $\text{MSE}_{\text{无约束}} = 9.851$,因此检验统计量

$$F = 1197.019/9.581 = 124.937$$

有 $(3,16)$ 个自由度。显然,这个统计值将导致我们否定模型与数据的拟合不如均值好这一假设。而这一结果正是我们所预期的,因为只含 DBH 一个变量的模型检验是高度显著的,而对只含一个变量的模型而言,总系数显著,但模型却是不显著的这样的情况是极为罕见的。

单个系数检验

每一系数(或变量)的约束模型检验是将那一变量排除之后的含 $(m-1)$ 个参数模型的误差平方和。为了完成所有需要进行的检验,该方法需要计算 m 个这样的回归。令人庆幸的是,有简化[11]的公式可供我们使用。记住,我们在前面已经定义 $C = (X'X)^{-1}$,于是它使 β_j 的偏平方和为

$$\text{SS}_{\beta_j} = \frac{\hat{\beta}_j^2}{c_{jj}}$$

式中, c_{jj} 是 C 的第 j 个对角元素。这些平方和针对每一 β_j 计算,每个都有一个自由度。无约束模型的误差平方和被用作 F 统计量的分母,则

$$\text{SS}_{\beta_{\text{DBH}}} = \frac{\hat{\beta}_{\text{DBH}}^2}{c_{\text{DBH,DBH}}} = \frac{1.6258^2}{0.1099} = 24.0512, \text{ and } F = \frac{24.0512}{9.5813} = 2.510$$

11　参见 3.6 节"广义线性假设检验(选读)"。

$$SS_{\beta_{HT}} = \frac{\hat{\beta}_{HT}^2}{c_{HT,HT}} = \frac{0.6938^2}{0.002776} = 173.400, \text{and } F = \frac{173.400}{9.5813} = 18.0978$$

$$SS_{\beta_{D16}} = \frac{\hat{\beta}_{D16}^2}{c_{D16,D16}} = \frac{5.6714^2}{0.1508} = 213.2943, \text{and } F = \frac{213.2943}{9.5813} = 22.262$$

F 分布$(1,16)$ 自由度,右侧0.05 的值是4.49。据此我们不能认为在 DBH 和 D16 固定不变时,HT 对回归模型有显著贡献。因此我们不可以说,在 HT 和 D16 固定不变时,DBH 是有显著贡献的。

回想一下有关抽样分布问题的讨论,我们便不难了解,任何分子的自由度为1的 F 统计值的平方根都等于分母自由度相同的 t 统计值。取某一系数,如β_j 的 F 比率的平方根,并重新安排某些元素便可得

$$\sqrt{F} = t = \frac{\hat{\beta}_j}{\sqrt{c_{jj}(\text{MSE}_{\text{无约束}})}}$$

再回想一下,标准的 t 统计量公式的分子中有参数的估计值(减去零假设值),而在分子中则有该估计值的标准差的估计值。因此,我们看到 $\hat{\beta}$ 的标准误差的估计值为

$$标准差(\hat{\beta}_j) = \sqrt{c_{jj}(\text{MSE}_{\text{无约束}})}$$

例 3.1DBH 的系数的标准差为

$$标准差(\hat{\beta}_{DBH}) = \sqrt{(9.5813)(0.10986)}$$
$$= 1.0259$$

我们可以把它用于假设检验和置信区间的计算。

为了进行 DBH 系数为零的假设检验,我们需要计算

$$t = \frac{1.6258}{1.0259} = 1.585$$

这个值小于有 16 个自由度的 0.05 的双尾的 t 值,2.120,因此我们不能否定该假设,这与我们的预期是一致的。注意,$t^2 = 1.585^2 = 2.512$。不考虑四舍五入误差,这一值就是用分解平方和来计算偏平方和得到的 F 值。

可以证明,偏回归系数 $\hat{\beta}_j$ 的抽样分布是一个随机变量,服从正态分布有

$$\text{Mean}(\hat{\beta}_j) = \hat{\beta}_j$$

和

$$方差(\hat{\beta}_j) = \sigma^2 c_{jj}$$

不仅如此,系数估计值一般都是独立的。实际上,两个系数,如$\hat{\beta}_i$ 和 $\hat{\beta}_j$ 的**协方差**为

$$\text{cov}(\hat{\beta}_i, \hat{\beta}_j) = \sigma^2 c_{ij}$$

虽然在这里我们没有直接使用这一章的定义,但是在 9.2 节我们就会用到这个定义。

用 MSE 替代 σ^2,将给我们提供统计量

$$t = \frac{\hat{\beta}_j - \beta_j}{\sqrt{c_{jj}\text{MSE}}}$$

该统计量服从$(n-m-1)$ 个自由度的 t 分布。我们可以用这一统计量来检验系数为某些特定值而非零值的假设,并构建置信区间。

用 2.120 的 t 值$(\alpha/2 = 0.025, \text{df} = 16)$,得到 DBH 的 0.95 的置信区间为

$$\hat{\beta}_{\text{DBH}} \pm t\frac{\alpha}{2}(\text{标准差}(\hat{\beta}_{\text{DBH}}))$$

或 $\quad 1.6258 \pm (2.210)(1.0259)$

它给出了一个从 -0.5491 到 3.8007 的置信区间。这一区间包含了零,所以我们无法用这一检验否定零值。

同时推论(Simultaneous Inference)

在分析多元回归方程时,有时我们需要做一系列估计或检验,这时,我们关注的问题是整组估计值或检验的正确性。我们把这样一组估计值称为估计值族。为了对估计值族做出评价,我们必须进行被称之为联合或同时的推论。例如,一个族置信区间表明了族内所有估计值的置信水平。如果我们用前面介绍的方法,构建了一个参数的95%的置信区间,那么我们便可期望所有用同样方式构建的区间,将可能包含该未知参数。另一方面,如果我们构建了一个4个未知参数集体的95%的置信区间,那么我们便可预期,95%的用这种方式构建的区间将都包含这4个参数。5%的这样的区间,将有一个或几个这些四参数(集体)不在区间内。同时推论的正确置信(或显著)水平问题需要特殊的方法(参见 Kutner et al,2004)。其中一种方法使用了**波弗洛尼法**(Bonferroni procedure)。该方法给出了如下的置信限

$$\hat{\beta}_i \pm t_{\frac{\alpha}{2r}}(\text{标准差}(\hat{\beta}))$$

式中,r 为要计算的区间数。换言之,波弗洛尼法只是修正了同时推论的置信系数。在我们的例子中,我们希望为3个系数做一个90%的区间,因此我们将使用 $t_{0.0167}(16)$。因为有这样的百分点的表格不多,所以我们可能需要用计算机程序或插值法来求这个值。插值法给出的值是 $t_{0.0167}(16) \approx 2.327$。构成置信区间族的3个置信区间为

$1.6258 \pm (2.327)(1.0259)$,或$(-0.761, 4.013)$

$0.6938 \pm (2.327)(0.1631)$,或$(0.314, 1.073)$

$5.6714 \pm (2.327)(1.2020)$,或$(2.874, 8.468)$

据此,我们得出结论,β_1 在 -0.761 与 4.013 之间,而 β_2 和 β_3 则分别在 0.314 与 1.073 和 2.874 与 8.468 之间,族置信系数为90%。波弗洛尼法是一种保守的方法,因而给出的是估计值族的真(通常是未知的)置信水平的下界(lower bound)。

重温例3.1 计算机输出结果

模型和单个系数的检验差不多是所有计算机回归分析程序的缺省的输出结果。表3.6列出了 SAS 系统的 PROC REG 模块的例3.1的输出结果。

这个输出结果的格式实际上与表2.3一样,因为计算机程序实际上都以同样的方式来处理所有的模型,且只是把简单线性回归作为多元回归的一个特例来处理。输出结果的上部列出了模型的检验结果,给出了我们已经求得的结果。紧接着上部的是描述性统计值,它与表2.3列出的和2.3节介绍的相同。至今尚未讨论过那些统计量,称为 *R* 方(*R*-square)和修正 *R* 方(Adj *R*-sq)。这些统计量在评价模型精度时有很重要的作用,因而将在3.8节对它们做较为详尽的讨论。

表3.6   例3.1计算机输出结果

		Dependent Variable:VOL Analysis of Variance			
Source	DF	Sum of Squares	Mean Square	F Value	Pr > F
Model	3	3591.05774	1197.01925	124.93	< 0.0001
Error	16	153.30071	9.58129		
Corrected Total	19	3744.35846			
	Root MSE	3.09537	R-Square	0.9591	
	Dependent Mean	61.85150	Adj R-Sq	0.9514	
	Coeff Var	5.00451			
		Parameter Estimates			
Variable	DF	Parameter Estimate	Standard Error	t Value	Pr >| t |
Intercept	1	− 108.57585	14.14218	− 7.68	< 0.0001
DBH	1	1.62577	1.02595	1.58	0.1326
HT	1	0.69377	0.16307	4.25	0.0006
D16	1	5.67140	1.20226	4.72	0.0002

最后,在标题为参数估计值(Parameter Estimates)的部分给出了有关回归系数的一些信息。每一回归系数的估计值都用与之对应的变量名定义。注意,所有的系数估计值都显示出自变量与VOL之间有着正关系,它与前面提到的相同,而截距的值是负的,因此没有任何意义。

紧随那些估计值之后是它们的标准差,和假设 $H_0:\beta_j = 0$ 的 t 检验结果。这些结果与我们在本节前面的部分求得的相同。我们再一次看到,简单线性回归的DBH的结果与在将HT和D16包括进来之后的DBH检验结果之间存在的明显的矛盾。■

用残差做系数检验

在3.4节我们看到,偏回归系数可以用残差作为一个总回归系数来计算。系数(如 β_j)的检验可按下面的步骤,用同样的原理来计算。

1. 在无约束模型中,做 x_j 对所有其他自变量的回归,并计算残差 r_{xj}。

2. 在无约束模型中,做 y 对所有其他自变量的回归,并计算残差 $r_{y,xj}$。

3. 然后 r_y 和 x_j 对 r_{xj} 的简单线性回归将给出偏回归系数和系数为零的假设检验的结果。

记住,在3.4节我们证明了偏系数可以用 y,因变量的观察值对 r_{xj} 做回归来估计。然而,偏系数的检验虽然同样涉及 r_{xj} 的使用,但需要使用的是 $r_{y,xj}$。这是因为这个检验必须反映去除了 y 与其他自变量的关系之后的某一自变量对 y 的偏效应。

重解例3.1   用残差做系数进行检验

表3.7显示了那些进行DBH偏系数检验要求的各种平方和所需的数量。其中,变量VOL和DBH是原观察数据,而RVOL和RDBH则是用HT和D16进行回归的残差。

表 3.7 对 DBH 的系数进行推论的残差

OBS	VOL	DBH	RVOL	RDBH
1	25.93	10.20	2.68087	− 0.46295
2	95.71	19.13	5.03989	0.02514
3	68.99	15.12	− 0.33000	− 0.40141
4	73.38	17.28	6.93734	1.35738
5	66.16	15.67	− 0.72442	0.11045
6	66.74	17.26	5.06024	1.26281
7	59.79	15.28	0.41619	− 0.15970
8	58.60	14.37	− 1.15084	− 0.58892
9	56.20	15.43	− 0.81374	0.54694
10	62.91	15.24	0.54384	0.20331
11	82.87	17.87	− 1.45901	− 0.85927
12	65.62	16.50	− 3.26099	− 0.09676
13	62.18	15.67	− 0.45093	0.40001
14	57.01	15.98	− 0.35154	0.39007
15	46.35	15.02	− 4.23085	0.62982
16	65.03	16.87	− 3.80363	0.27250
17	45.87	13.72	1.14112	0.06923
18	56.20	13.78	1.07583	− 1.48880
19	58.13	15.24	− 3.34203	− 0.40429
20	63.36	15.00	− 2.97733	− 0.80555

读者也许可以对下面的结果进行验证

$$\hat{\beta}_{DBH} = S_{RVOL,RDBH}/S_{RDBH,RDBH} = 14.7989/9.1027 = 1.6258$$

据此,进而可得到系数检验的各个平方和为

$$SSR_{DBH} = (S_{RVOL,RDBH})^2/S_{RDBH,RDBH} = 24.0595$$

$$TSS = S_{RVOL,RVOL} = 177.3601$$

和 $$SSE = TSS - SSR = 153.3005$$

这些平方和的确就是无约束模型的误差平方和。将它们除以适当的自由度便可得到检验所需的均方。把 $S_{RDBH,RDBH}$ 作为简单线性回归公式中的 S_{xx} 用,便可求得偏系数的标准误差。[12]

图 3.4 显示了原变量和残差图。该图清楚地显示了 VOL 和 DBH 之间的总和偏关系的强度。重要的问题在于,必须注意该图显示的数值范围上在的差异:残差的值域要小得多,它显示两个变量的变化,究竟在多大程度上可由另一个变量来解释。显然,在偏关系较弱时,总关系往往就较强。

上面那个用残差的图称为**偏残差**图(partial residual plot)或**杠杆**图(leverage plot)。我们将在稍后的章节,把它们作为一种诊断数据中存在的问题的工具,再一次对它进行讨论。■

12　在计算机程序中使用变量 RVOL 和 RDBH 做回归,将会得到正确的平方和。不过程序将假定这些变量是实际的变量,而非残差,因此自由度和由此得到的均方将是不正确的。

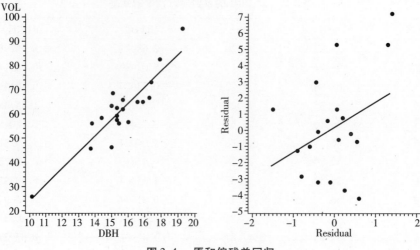

图3.4　原和偏残差回归

3.6　检验广义线性假设(General linear hypothesis)(选读)

在前面那些章节,我们将我们的讨论限制在假设形式为 $H_0:B_2=0$ 的范围内。在这样的假设中,B_2 是 B 中的回归系数的某一子集。然而显然,有时我们需要使用形式更广的假设。例如,我们可能需要检验如

$$H_0:\beta_i=\beta_j$$

或

$$H_0:\sum\beta_i=1$$

这样的假设。这样的假设无非是更为广义的约束模型形式。(回想一下,如果任何一组系数的总和为零,那么我们就可以简单地把相应的那些变量从模型中去掉)我们可用广义线性假设检验来对一类更广义的约束模型进行检验。

广义线性假设是用下面这样的矩阵形式来陈述的,即

$$H_0:HB-K=0$$

式中　H——一个设定的 k 个约束组的系数的 $k\times(m+1)$ 矩阵。这一矩阵的每一行描述一个约束组;

　　　B——$(m+1)$ 个无约束模型的系数向量;

　　　K——常数矩阵。在许多应用中,K 是一个零矩阵(使所有的元素等于零)。

例如,假设一个四变量模型为

$$y=\beta_0+\beta_1x_1+\beta_2x_2+\beta_3x_3+\beta_4x_4+\epsilon$$

而我们想要检验的假设为

$$H_0:\beta_1=0$$

记住,B 的第一个元素是 β_0,而对这一假设为

$$H=[\,0\ 1\ 0\ 0\ 0\,],K=[\,0\,]$$

假设

$$H_0:\beta_1+\beta_2-2\beta_3=1$$

被约束为

$$H_0 : \beta_1 + \beta_2 - 2\beta_3 - 1 = 0$$

于是

$$H = \begin{bmatrix} 0 & 1 & 1 & -2 & 0 \end{bmatrix}, K = \begin{bmatrix} 1 \end{bmatrix}$$

复合假设则为

$$H_0 : (\beta_1, \beta_2, \beta_3, \beta_4) = 0$$

$$H = \begin{bmatrix} 0 & 1 & 0 & 0 & 0 \\ 0 & 0 & 1 & 0 & 0 \\ 0 & 0 & 0 & 1 & 0 \\ 0 & 0 & 0 & 0 & 1 \end{bmatrix} \text{和} K \begin{bmatrix} 0 \\ 0 \\ 0 \\ 0 \\ 0 \end{bmatrix}$$

用矩阵记号,假设的平方和 $SS_{假设}$ 可下面这样求得

$$SS_{假设} = [H\hat{\beta} - K]'[H(X'X)^{-1}H']^{-1}[H\hat{\beta} - K]$$

式中 $\hat{\beta}$ 为回归系数估计值集。

实际上整个矩阵 $(X'X)^{-1}$ 都与这一方程有涉,因为估计的系数之间存在着相关性。

我们也可以直接求任何约束于 $HB = K$ 的模型的系数估计值,尽管我们很少这样做。我们把这样的系数集记作 $\hat{B}_H$,它可以用下面的方法求得

$$\hat{B}_H = \hat{B} - (X'X)^{-1}H'(HX'XH')^{-1}(H\hat{\beta} - K)$$

式中 $\hat{\beta}$ 为无约束模型系数估计值向量。

所有本节前面介绍的那些检验无非都是这一广义假设检验法的特例而已。例如,在有 m 个自变量的多元回归中检验假设 $H_0 : \beta_1 = 0$,则 $H = \begin{bmatrix} 0 & 1 & 0 & \cdots & 0 \end{bmatrix}$ 和 $K = \begin{bmatrix} 0 \end{bmatrix}$。这时:

$$H\hat{\beta} = \hat{\beta}_1$$

和

$$H(X'X)^{-1}H' = c_{11}$$

系矩阵 $(X'X)^{-1}$ 的第二个[13]对角元素。

标量 c_{11} 的逆是它的倒数,故

$$SS_{假设} = \hat{\beta}_1^2 / c_{11}$$

而这正是我们在前面得到的结果。

再解例 3.1

DBH 和 D16 这两个自变量是树干直径的两个相似的量度。然而它们的系数估计值却相去甚远: $\hat{\beta}_{DBH} = 1.626$,而 $\hat{\beta}_{D16} = 5.671$。如果我们把这两个系数加以约束,令它们的值相同,那么会有什么情况发生呢? 这个问题似乎很值得做一番探索。我们可以通过施加约束

$$\hat{\beta}_{DBH} - \hat{\beta}_{D16} = 0$$

来达到这一目的。

我们用 SAS 系统 PROC REG 模块中的 RESTRIC 选项来做这一分析,它用我们上面给出的公式进行计算。表 3.8 为计算机输出的结果,我们可以把它们与表 3.6 的作比较。

---

[13] 记住,与第一行和第一列对应的是截距。

表 3.8   约束模型估计

			Mean		
Source	DF	Sum of Squares	Square	F Value	Pr > F
Model	2	3558.06335	1779.03167	162.34	< 0.0001
Error	17	186.29511	10.95854		
Corrected Total	19	3744.35846			

Dependent Variable:VOL
NOTE:Restrictions have been applied to parameter estimates.
Analysis of Variance

Root MSE	3.31037	R-Square	0.9502	
Dependent Mean	61.85150	Adj R-Sq	0.9444	
Coeff Var	5.35212			

Parameter Estimates

Variable	DF	Parameter Estimate	Standard Error	t Value	Pr >| t |
Intercept	1	− 111.59650	15.02396	− 7.43	< 0.0001
DBH	1	3.48139	0.24542	14.19	< 0.0001
HT	1	0.74257	0.17212	4.31	0.0005
D16	1	3.48139	0.24542	14.19	< 0.0001
RESTRICT	− 1	− 8.15556	4.70013	− 1.74	0.0820 *

注:* 约束模型的 t 统计量并不服从学生 t 分布,但服从 beta 分布。所以它的 p 值是用 beta 分布计算的。

现在方差分析(analysis of variance) 部分显示,模型的自由度只有两个,因为使用了约束,所以实际上只有两个有效的参数。

误差均方 10.958 大大大于表 3.6 中无约束的 9.581。这说明约束模型对模型的拟合效果的影响不大。

该表显示,(对于施以约束的模型)DBH 和 D16 的估计值相同。最后一行是约束模型的统计显著性检验,p 值 0.0820 使我们进一步确信,约束并未对模型的效果造成太大的损害。[14]

最初看来,检验结果颇为令人惊讶。在无约束模型中,DBH 和 D16 的估计值差别相当大,但在检验之后发现,这个差别并非那么显著。导致这一结果的原因在于,DBH 和 D16 这两个变量是高度相关的,因此,这两个变量的线性函数提供的预测几乎是等价的。实际上,那个完全删除了 DBH 的模型,拟合得与约束模型几乎同样好。我们将在第 5 章对与自变量相关的效应问题做全面深入的考察。

3.7 多元回归因变量推论

与简单线性回归一样(2.4 节),我们也可对多元回归的因变量做两类推论:

---

[14] RESTRICT 选项将约束模型的误差均方作为 F 检验中的分母,这使检验区域更加保守。然而,诚如前述,约束和无约束的均方几乎没有什么差别。

1. 推论估计的条件均值
2. 推论某一观察的预测值

对多元回归而言,计算估计的均值的标准误差或预测值并不是一个简单的事,且通常这种计算都由计算机来进行。为了便于这种推论的实施和一般性概念的讲解,在这里我们用矩阵的形式来表示这些计算公式。

我们前面已经用 $\hat{\mu}_{(y|x)}$ 来表示每一观察的因变量的估计的均值的 $(n \times 1)$ 矩阵。这些估计的均值的方差和协方差则由该矩阵的元素给出

$$方差(\hat{\mu}_{y|X}) = \sigma^2 X(X'X)^{-1}X'$$

这是一个 $n \times n$ 的矩阵,它的对角元素包含每一观察的估计的均值的方差,它的对角线之外的元素是所有观察对的协方差。矩阵 $X(X'X)^{-1}X'$ 称为*帽子矩阵*(hat matrix),以后我们将会看到,它还会有其他一些用处。

因为我们把关注点集中在对一组特定的自变量值的响应(response)上,所以我们需要那个值的方差。我们用 X_i 表示对应于那组值(它们可能对应于某一观察)的自变量值的 $1 \times (m+1)$ 的矩阵。这样,估计的均值的方差为

$$方差(\hat{\mu}_{y|X_i}) = \sigma^2 [X_i(X'X)^{-1}X_i']$$

无独有偶,在 X_i 上单个预测值的方差则等于

$$方差(\hat{y}_{y|X_i}) = \sigma^2 [1 + X_i(X'X)^{-1}X_i']$$

将无约束模型的误差的均方替代 σ^2,我们便可用自由度为 $(n-m-1)$ 的 t 分布,按 2.4 节讨论的步骤来计算信度或预测区间。我们仍用例 3.1 来阐述这一步骤。

重解例 3.1　置信度和预测区间

我们用例 3.1 的数据来显示,用 SAS 系统 PROC REG 模块得到的置信度和预测区间。CLI(Confidence Limits on the Individual(单值置信限))和 CLM(Confidence Limits on the Mean(均值置信限))选项的结果如表 3.9 所示。

表 3.9 中的前两列列出了实际和估计的因变量 VOL 的值。随后的一列则是均值的估计值的标准差的估计值。接下来的两列列出了 CLM 选项输出的结果——均值0.95置信区间的上限和下限。这两列后面的两列* 是CLI选项的输出结果——0.95预测区间的下和上限。最后一列列出了每一数据点的残差,即 $(y - \hat{\mu}_{y|x})$。注意,给出的两种区间的上下限都与数据集中每一个自变量的观察值对应,以便我们获取我们想要的那个(些)值。[15]

该置信区间可做这样的解释:我们有95%的把握确信,那些有第一棵树尺寸(DBH = 1020,HT = 89.00 和 D16 = 9.3)的树木,平均木材量为17.84 ~ 27.15 ft³。同样,我们也有95%的把握认为,从总体随机抽取单独一棵树木,其木材量为14.45 ~ 30.54 ft³。当然,这些区间可能过于大了,也许并没有什么实际用处。■

---

* 原文误作"行",译文改为"列"。——译者
[15] PROC REG 模块也与大多数计算机程序一样,有计算任意选择的自变量值的区间的选项。不过这些变量的值,应该在数据的值域之内。

表 3.9　置信度和预测区间

OBS	Dep Var VOL	Predicted Value	Std Error Mean	95% CL Mean		95% CL Predict		Residual
1	25.9300	22.4965	2.1968	17.8396	27.1534	14.4500	30.5429	3.4335
2	95.7100	90.7110	1.6533	87.2060	94.2159	83.2717	98.1503	4.9990
3	68.9900	68.6674	1.8067	64.8373	72.4975	61.0695	76.2653	0.3226
4	73.3800	68.6494	1.5983	65.2611	72.0377	61.2644	76.0345	4.7306
5	66.1600	67.0640	1.2476	64.4192	69.7088	59.9892	74.1388	-0.9040
6	66.7400	63.7328	1.6903	60.1494	67.3161	56.2562	71.2093	3.0072
7	59.7900	59.1142	0.8063	57.4049	60.8234	52.3333	65.8950	0.6758
8	58.6000	58.7934	1.0751	56.5142	61.0726	51.8470	65.7398	-0.1934
9	56.2000	57.9029	0.9320	55.9271	59.8788	51.0500	64.7558	-1.7029
10	62.9100	62.6967	1.2002	60.1523	65.2411	55.6588	69.7346	0.2133
11	82.8700	82.9320	1.8146	79.0852	86.7789	75.3257	90.5384	-0.0620
12	65.6200	68.7237	0.8709	66.8774	70.5699	61.9070	75.5403	-3.1037
13	62.1800	63.2813	1.0116	61.1368	65.4257	56.3779	70.1847	-1.1013
14	57.0100	57.9957	1.3276	55.1812	60.8102	50.8557	65.1357	-0.9857
15	46.3500	51.6048	1.1760	49.1117	54.0979	44.5852	58.6243	-5.2548
16	65.0300	69.2767	0.9129	67.3414	71.2119	62.4353	76.1180	-4.2467
17	45.8700	44.8414	1.1740	42.3526	47.3302	37.8234	51.8594	1.0286
18	56.2000	52.7037	1.9572	48.5546	56.8529	44.9401	60.4673	3.4963
19	58.1300	60.8148	0.8520	59.0086	62.6209	54.0088	67.6207	-2.6848
20	63.3600	65.0277	1.1955	62.4934	67.5620	57.9934	72.0620	-1.6677

	Sum of Residuals			0
	Sum of Squared Residuals			153.30071
	Predicted Residual SS（PRESS）			283.65365

3.8　相关和决定系数

在 2.5 节我们将相关系数定义为刻画两个变量之间的线性关系强度的一个便于使用的指标。此外,我们还进一步证明,相关系数的平方,即所谓的决定系数是线性回归强度的一个很有用处的量度。无独有偶,在多元回归中,也有着同样的统计量。有两种类型的相关描述了两个以上变量之间的线性关系的强度。

1. **多重相关**（Multiple correlation）,也称复相关,它描述了一个变量（通常是因变量）与一组变量（通常是自变量）之间的线性关系强度。

2. **偏相关**（Partial correlation）,也称净相关,它描述了在其他变量保持不变或固定时,两个变量之间的线性关系强度。如果这些变量中的某一个是因变量,那么偏相关所描述的线性关系与偏回归系数一致。

还有两种类型的相关,即多重偏相关（multiple-partial）和部分相关（part correlations）,或称准偏相关（semipartial correlations）（Kleinbaum et al,1998,Chapter 10）,我们未在这里介绍。

多重相关

在多元线性回归设定中,多重相关系数是用 R 表示的,它是因变量 Y 的观察值和用线性回归求得的最小平方估计值 $\hat{\mu}_{y|x}$ 之间的相关。因为 $\hat{\mu}_{y|x}$ 是最小平方估计值,所以我们可以证明,R 也是因变量和该组自变量的一个线性函数之间可以达到的最大的相关。在更为广义的设定中,多重相关系数是一组变量的一个线性函数和某单一变量之间的最大相关。

因为 $\hat{\mu}_{y|x}$ 是响应的最小平方估计值,故而使多重相关系数测量了因变量 y 和它的最小平方估计之间的线性关系的强度。于是,与简单线性回归一样,相关系数的平方 R^2 是模型与总平方和的比率,即 SSR/TSS。

虽然多重相关相关系可以通过先计算 $\hat{\mu}_{y|x}$,再计算 $\hat{\mu}_{y|x}$ 与 y 之间的相关计算出来,但是更加简便的方法是直接从回归分析的结果计算 R^2,即

$$R^2 = \frac{\text{由于回归模型的 SS}}{\text{对 } y,\text{修正均值的总 SS}}$$

而 R 则是它的正平方根。实际上几乎所有的计算机程序都可以提供多元回归的 R^2,用 "R-square" 表示。与简单线性回归一样,R^2 可看作一个多重决定系数,因而可对之做在 2.5 节给出的所有解释。这就是说,R^2 是可直接归结于回归模型的 y 的变差的成比例的消减。与简单回归一样,它的决定系数的取值也为 $0 \sim 1$,包括 0 和 1。值为 0 表示回归不存在,而值为 1 则表明回归完美无缺。换言之,决定系数测量的是由多元回归模型的拟合导致的均值变差的成比例的消减。

不仅如此,它与简单线性回归还有一个共同之处,那就是决定系数和检验存在的模型的统计量 F 之间也存在着一种对应的关系为

$$F = \frac{(n - m - 1)R^2}{m(1 - R^2)}$$

决定系数常被称为"R-square",它的简单明了使得它得到了普遍应用,用它来描述多元回归的效率更是十分方便。但也正因为它是如此简单明了,而因此通常成为一个被滥用的统计量。不存在某种规则或指示,可明确告诉我们,这个统计量的值究竟达到了什么程度表示一个回归是"好的"。对某些数据而言,特别是对社会和行为科学的数据而言,决定系数达到了 0.3,便可被认为是相当"好"了,而在某些领域,如在工程学中,随机波动则比较小,决定系数小于 0.95,就被认为拟合不能令人满意。就表 3.6 列出的输出结果的分析模型而言,R^2 达到了 0.9591。因此我们可以说,木材量(VOL)的变差的 96% 均可由对 DBH,HT 和 D16 的回归来解释。这就是说,只有大约 4% 的变差可被归结于回归模型之外的其他因子。不过残余的标准差(在表 3.6* 中是 Root MSE)达到了 3.10,说明观察的木材量的 5% 将比估计值高 6.20 ft³(2 倍的标准差),这个误差对回归分析结果的实际使用也许太大了一点。不仅如此,我们还注意到,预测区间可能对实际的使用而言,也嫌太大了一点。

决定系数还有另外一个性质,在为数不多的观察被用于估计一个方程时,决定系数

---

* 原文表 3.06 似乎为表 3.6 之误。——编者注

可能因为自变量数较多而被夸大。实际上,如果 n 个观察被用于估计一个有着 $(n-1)$ 变量的方程时,由于决定系数的定义所致,这时决定系数为 1。因此只要增加变量,便可令决定系数可被趋向任何一个期望的数值。为了克服这种效应,或可使用一种备择的称为修正的 R-square 统计量,它可用来表示均方(而非平方和)的成比例消减。这个统计值通常也由计算机程序自动输出。在表 3.6 中,它用"Adj R-sq"表示。在那个例子中,这一数值与原 R-square 略有差异,因为与样本量相比,自变量数是很小的。而这正是我们给大家推荐它的原因,尽管计算机的输出结果中,通常都会有这一统计量的值,但是它主要使用在它的值与原 R-square 的值有很大差异的时候。修正的 R-square 同样也有解释的问题,因为它可假定是负值,在模型的 F 值小于 1(且 p 值 > 0.5)时,修正的 R-square 就会出现负值。

偏相关

偏相关系数描述的是,在其他变量保持不变时,两个变量之间线性关系的强度。从某种意义上讲,偏相关系数之于简单回归,就好比偏回归之于总(或简单线性)回归。

有一种定义偏相关的方法是证明它是怎么用残差计算出来。假定一组变量有 p 个变量,$x_1, x_2, \cdots, x_p$,则偏相关系数,将可按下列步骤计算:

1. 将 $e_{i,\text{对所有其他}}$ 定义为 x_i 对除了 x_j 之外的所有其他变量回归的残差。
2. 将 $e_{j,\text{对所有其他}}$ 定义为 x_j 对除了 x_i 之外的所有其他变量回归的残差。

$e_{i,\text{对所有其他}}$ 和 $e_{j,\text{对所有其他}}$ 之间的简单相关便是 x_i 和 x_j 之间的偏相关。

因为偏相关可以表达为两个变量之间的简单相关,所以它具有简单相关具有的那些性质:它的取值范围为 $-1 \sim +1$。0 值表示不存在线性关系,值 -1 和 $+1$ 表示线性关系完美无缺。

在回归模型中,在所有其他变量保持不变时的因变量和一个自变量之间的偏相关有以下几个特性:

- 零偏相关零假设和相应的偏回归零值的零假设之间存在着确切的关系。这时,与检验回归系数是否为零的 t 统计量等价的统计量为

$$|t| = \frac{|\hat{\beta}_j|}{\sqrt{c_{jj}\mathrm{MSE}}} = \sqrt{\frac{(n-m-1)r^2}{(1-r^2)}}$$

式中,$r = r_{y,xj\,|\,\text{所有其他}x}$。

- y 和特定的自变量 x_j 之间的偏相关的平方称为偏决定系数。偏相关系数测量的是,在模型中保留所有其他自变量时,增加一个 x_j 所产生的边际贡献。它的平方表示在所有其他变量已经包含在模型中之后为那一变量所解释的那部分变差。

例如,假设 X_1 是孩子的年龄,X_2 是孩子花在看电视上的小时数,而 Y 则是孩子的学业考试成绩。Y 和 X_2 之间的简单相关中包含了年龄对考试成绩的效应,因此很容易使相关为正。然而,Y 和 X_2 之间的偏相关,则令 X_1 保持不变,即所谓"经年龄修正"的看电视小时数与学业考试成绩之间相关。

诚如所知,无偏相关零假设检验与相应的偏回归系数为零的零假设检验相同。采用费舍尔(Fisher)的 z 转换(2.5 节)我们还可以做其他的推论。这时 z 的方差是 $[1/(n-$

$q - 3)$],而式中的 q 是保持不变的变量的个数(通常为$(m - 2)$)。

虽然偏相关可以用残差计算,但还有一些更为有效的计算这些量的方法。例如,用矩阵 C 的元素,$\dfrac{c_{ij}}{\sqrt{c_{ii}c_{jj}}}$ 是 x_i 和 x_j 的在该矩阵中其他所有变量保持不变时的偏相关系数。还有一些其他的方法,但我们在本书不作介绍(有兴趣的读者可参见 Kleinbaum,et al,1998,Section 10-5)。偏相关系数的使用并不是十分普遍,但在一些特殊的场合,如路径分析中却需要使用。最后,我们想要指出的是,偏相关表明的是,在若干其他变量保持不变且没有任何变量被设定为自变量或因变量时,两个变量之间的线性关系强度。

3.9　求得结果

诚如我们在 3.3 节阐述和强调的,实际上本书介绍的所有回归都是用统计软件包来做的。可供用户选择的数据录入和统计方法,不同的软件包并不相同。大多数软件包要求用户做某种形式的简单回归陈述,或使用下拉式菜单来引导用户进入分析程序,然后再以"静态"格式给出分析的结果。而有些软件则给用户提供了人机"互动"的界面,使用户能立即变换输出结果的,通常是图形或图表的各种特征。一般这样的变换都通过设在输出结果上的"按钮"或"移动的手状光标"来实现。有很多很容易使用的通用的做回归分析的软件包,囊括了几乎从最简单的到极为复杂的所有的回归分析程序。用户只需从中略加选择就可以了(不过虽然其中某些比较基础性的软件包可能不能满足我们所有的需要)。

使用最为普遍的回归分析统计软件包都基于视窗系统,在标准的台式机上运行,有静态和动态两种选项。例如,SAS 为我们提供的静态的回归分析的方法有 GLM 和 REG 等,互动式分析方法则有 PROC INSIGHT。SPSS 则用下拉式菜单中的 Regression and General Linear Models 项为我们提供了静态回归分析的方法,而用下拉式菜单中的 Interactive Graphs 项为我们提供了互动式的图形。Minitab 则用 REGRESS 命令来做静态回归分析,而微软的 EXCEL 在其数据分析(Data Analysis) 部分提供了几个做回归分析的选项。大多数软件包的静态选项和互动选项之间,就得到输出结果的速度而言,差别不大。不同的分析方式之间的变换,一般都可在非常短的时间内完成,即使数据集的数据量很大时,情况也同样如此。这使得我们能方便地看一下用各种不同选项分析得到的结果。在大多数图形选项中,都允许我们在不同类型的图形中确认单个数据点,即使在静态分析中也同样如此。这使我们能凭借图形来确认异常值和虚假的数据点,或找到数据中的记录误差。本书中的大多数例子都使用 SAS 的静态选项,使用 SPSS 的静态选项只有为数不多的几个,书中的例解偶尔也会使用互动选项。

3.10　小结和前瞻

回归的使用和误用

这一章的内容始终围绕着这样一个问题:用一组自变量或因子变量来预测和／或解释因变量的性状。对参数做适当的推论介绍,则是在 3.2 节提出的正态性假设下进行

的。与简单回归一样,回归分析结果在使用上也存在一定的限制。2.8 节就曾提到过两个限制:

1. 不能外推。
2. 回归关系存在本身,并不意味着因果关系必定存在。

在多元回归中,这些限制还有另外一些性质。

为了避免在多元回归设定中进行外推,还有另一个问题,即**隐性外推**(hidden extrapolation)问题需要注意。在单个自变量的值都在观察值的范围内,但两个或两个以上自变量**组合**的组合却未在观察值的范围内时,就会发生这样的情况。例如,在表2.1 给出的数据集中,我们看到 DBH 的值在 10 到 19,而 D16 则在 9 到 17。然而在图 3.5 中,由(.)标出的数据点显示,一棵假设的 DBH = 14 和 D16 = 18 的树(在图中用符号"X"标出)虽然还在两个变量各自的值域内,但它们却肯定超出了这两个变量的观察值的*组合*的值域。估计一棵这样大小的树木的出材量,便是隐性外推的一个实例。

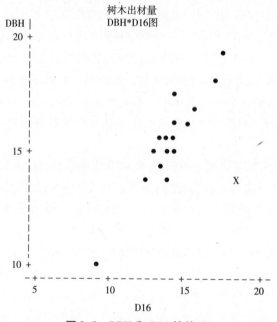

图 3.5　DBH 和 D16 的关系

与简单回归一样,偏回归系数本身并不意味着相应的变量必定会引起响因变量的某种变化。正如我们在前面指出的那样,因为引起这个变化的可能是其他的变量。而在多元回归中,偏回归系数的确不会去解释模型中其他变量的效应,但这不能保证不在模型中的一个或多个变量也是变化的真正原因这样的情况发生。当然,模型中的变量越多,建立起因果关系的可能性就越大。然而诚如我们将要看到的那样,模型中包含了太多的变量,便可能会引起其他的问题。

除了这两个明显的问题之外,在多元回归中需要考虑的问题还有很多。实际上,回归分析通常还要受到墨菲法则(Murphy's Law):"该出错的终将要出错。"的磨难。正因为如此,本书以下的章节,将给读者一一阐述那些在回归分析中可能遇到的问题,以及解决这些问题的策略和方法。为了简便起见,我们把这些可能的问题分成两类:数据问题(data problem)问题和模型问题(model problem)。

数据问题

回归大多数都使用次级数据(secondary data)或比较随机或随便的方式收集的数据,相反,方差分析使用的数据则主要来自有计划的实验。这就意味着诸如这样的分析结果可能会受到数据问题的不利影响。例如,异常值和不寻常的观察可能会使回归模型的估计值产生严重的偏倚。"随机"误差可能并不是严格随机的、独立的,或服从方差为 σ^2 的正态分布,进而导致有偏倚的估计值,不正确的标准误差,或不正确的显著水平。故而我们奉劝读者要尽力检查一下,数据是否存在会导致分析结果不可靠的问题,如果发现它的确存在,便应设法采取一些补救的措施。从第 4 章开始,我们便会给读者介绍一些这样的方法。

模型问题

回归是一种经常在探索性分析中使用的统计方法,在这样的情景中,真模型是未知的。因此,在模型设定是否合适这一问题上,通常会存在一系列问题。

一种问题是模型过度设定 —— 在模型中包含了太多的自变量。这个问题并不会引起有偏的估计值,但是它却是引起自变量间存在多重共线性的主要原因。多重共线性一旦存在,则会在回归模型高度显著(p 值 < 0.05)时,却没有一个回归系数达到统计上显著(p 值 > 0.05)。换言之,回归模型很好地估计了响应的性状,但它却无法告诉我们真正起作用的究竟是哪一个自变量。诊断多重共线性的方法和某些补救的方法将在第 5 章介绍。

另一方面,所谓设定误差,是指模型设定不够精确,它可能是由于遗漏了重要的变量和/或变量间的关系本来是曲线的,但却被设定为了直线的而引起的。可以证明,一旦犯了设定错误,便有可能得到模型参数的有偏的估计值。我们将从第 6 章开始介绍设定误差的诊断问题。

有时,在模型存在过度设定问题时,一种应用较为普遍,但并不完全恰当的补救方法是删除某些变量。这种方法称为变量选择,将在第 6 章作介绍。

3.11 习 题

不言而喻,多元回归系数估计的计算和推论方法的学习,并不是手算的,也就是说,我们假定这里列出的所有习题都将用计算机来进行分析。因此,这些习题主要关注的,并不是求取正确的数字结果的计算方法。要想在这方面有所斩获的读者,最好自己动手重做一下本书的例题。相反,读者在做这些习题时,应把重点放在解决问题的思路和结果的解释上。正因为如此,我们一般并不会给读者提出具体的要求。总的来说,我们希望读者做到以下几点:

a. 估计所有有关的参数,并对拟合的模型的合适性做出评价。

b. 从统计和实际的意义两方面,对系数做出解释。

c. 从有否违反假定的角度对残差进行考察。

d. 考察预测值和它们的标准误差。

e. 对结果进行概括总结,内容包括对进一步分析的好建议。

此外,读者可选一或两个习题,做一下下面的分析:

f. 用残差计算一或两个系数和它们的检验统计值。

1. 第2章习题3把油耗和某些轿车的车重联系了起来。整个数据集还包括一些其他变量的数据,这些变量是:

WT:以磅为单位的质量

ESIZE:以立方英寸为单位的引擎动力

HP:引擎的马力

BARR:汽化器的机筒数

使用一个线性回归模型来估计 MPG。这些数据如表 3.10 所示。此外,读者也可在数据文件 REG03P01 中得到这些数据。

表 3.10 行驶里数数据

WT	ESIZE	HP	BARR	MPG
2620	160.0	110	4	21.0
2875	160.0	110	4	21.0
2320	108.0	93	1	22.8
3215	258.0	110	1	21.4
3440	360.0	175	2	18.7
3460	225.0	105	1	18.1
3570	360.0	245	4	14.3
3190	146.7	62	2	24.4
3150	140.8	95	2	22.8
3440	167.6	123	4	19.2
3440	167.6	123	4	17.8
4070	275.8	180	3	16.4
3730	275.8	180	3	17.3
3780	275.8	180	3	15.2
5250	472.0	205	4	10.4
5424	460.0	215	4	10.4
5345	440.0	230	4	14.7
2200	78.7	66	1	32.4
1615	75.7	52	2	30.4
1835	71.1	65	1	33.9
2465	120.1	97	1	21.5
3520	318.0	150	2	15.5
3435	304.0	150	2	15.2
3840	350.0	245	4	13.3
3845	400.0	175	2	19.2
1935	79.0	66	1	27.3
2140	120..3	91	2	26.0
1513	95.1	113	2	30.4
3170	351.0	264	4	15.8
2770	145.0	175	6	19.7
3570	301.0	335	8	15.0
2780	121.0	109	2	21.4

2. 有许多组织程度很高的体育运动,其中一种称为"击球之旅",通过一组锦标赛排出专业微型高尔夫球手的名次。与所有诸如这种类型的运动一样,他们都会有参与选手的详细记录。我们得到了 32 位选手在一次特定的击球之旅中的记录。我们未曾在这里列出这些数据,但读者可以在数据文件 REG03P02 得到这些数据。这一习题记录的统计量是:

TNMT:球手参加的锦标赛次数

WINS:球手得胜的次数

AVGMON:每次锦标赛平均赢钱数

ASA:球手"修正点"平均数;修正反映赛程的难度

赛季末,专业组织将评出球手的"点"数,它被认为是评判球员好坏的根据。

试用回归来探讨点数与球员单个统计量之间的关系。

3. 本研究旨在探讨特定的信息及以前的知识和态度是如何和影响个人的态度的。这一研究的主题是环境保护。先对回答人在主题方面的知识进行测试(FACT),然后再对他们的态度进行测试(PRE):高分表示态度为赞成保护。回答人的性别(SEX)也被做了记录,"1"是女性,"2"是男性。

然后我们向回答人出示一组反对保护的信息。在看完之后,记录一下他们做出的正(NUMPOS)和反(NUMNEG)两种反应。正反应表示持反对保护的态度,反应则表示持赞成保护的态度。因变量是 POST,即对保护态度的测试,分数高表示赞成保护。我们未在这里列出数据,读者可从数据文件 REG03P03 中得到这些数据。

做一个回归,看一下 POST 在多大程度上与其他变量有关。

4. 一般认为军事退休人员喜欢退休在一个与军事基地相近和气氛愉快的地区。有关部门收集了分州的数据,试图用它们来确定究竟哪些因子对军事退休人对州的选择有影响。研究涉及的变量包括:

RTD:军事退休人员退休金总额,作为退休人数的替代变量(因变量)

ACT:现职军事人员总薪金,作为总军事人口的替代变量

DOD:州总军费

POP:州总人口

CLI:生活指数成本

LAT:纬度(北纬)

PCP:降水天数

数据在数据文件 REG03P04 中,试找出一个能解释军事退休人员的退休地选择的抉择过程的模型。

5. 表 3.11 中的数据(同样也可在数据文件 REG03P05 中得到)是《美国 1995 统计摘要》(1995 Statistical Abstract of the United States) 中有关各种商品组的消费价格指数的数值。两个商品组,能源(ENERGY)和交通(TRANS)曾在第 2 章的习题 5 中使用过。这一习题则在原来的两个商品组之外,又增加了医疗(MED)和总平均(ALL)。

表 3.11　习题 5 数据

Year	ENERGY	TRANS	MED	ALL
60	22.4	29.8	22.3	29.6
61	22.5	30.1	22.9	29.9
62	22.6	30.8	23.5	30.2
63	22.6	30.9	24.1	30.6
64	22.5	31.4	24.6	31.0
65	22.9	31.9	25.2	31.5
66	23.3	32.3	26.3	32.4
67	23.8	33.3	28.2	33.4
68	24.2	34.3	29.9	34.8
69	24.8	35.7	31.9	36.7
70	25.5	37.5	34.0	38.8
71	26.5	39.5	36.1	40.5
72	27.2	39.9	37.3	41.8
73	29.4	41.2	38.8	44.4
74	38.1	45.8	42.4	49.3
75	42.1	50.1	47.5	53.8
76	45.1	55.1	52.0	56.9
77	49.4	59.0	57.0	60.6
78	52.5	61.7	61.8	65.2
79	65.7	70.5	67.5	72.6
80	86.0	83.1	74.9	82.4
81	97.7	93.2	82.9	90.9
82	99.2	97.0	92.5	96.5
83	99.9	99.3	100.6	99.6
84	100.9	103.7	106.8	103.9
85	101.6	106.4	113.5	107.6
86	88.2	102.3	122.0	109.6
87	88.6	105.4	130.1	113.6
88	89.3	108.7	138.6	118.3
89	94.3	114.1	149.3	124.0
90	102.1	120.5	162.8	130.7
91	102.5	123.8	177.0	136.2
92	103.0	126.5	190.1	140.3
93	104.2	130.4	201.4	144.5
94	104.6	134.3	211.0	148.2

a. 用 ALL 做因变量,其他 3 个变量做自变量,做一个多元回归。在这里,对系数的解释是非常重要的。此外也请说明残差的含义是什么?

b. 用 ALL 做因变量,再分别用其他 3 个变量做自变量,做 3 个简单回归。与 a 进行比较,并对比较结果做出解释。

c. 用波弗洛尼法求 a 的所有 3 个系数的同时置信区域(simultaneous confidence region)。

d. 求 b 的单个置信区间,并与 c 作比较。

6. 某市场研究团队做了一个价格控制实验,试图了解 3 种橙子的供求关系,这 3 种橙子是:

① 佛罗里达印度河橙子,一种溢价的佛罗里达橙子

② 佛罗里达室内橙子,标准佛罗里达橙子

③ 加利福尼亚橙子,一种被认为优于超过所有的佛罗里达橙子

根据实验设计,我们选取了共 31 种价格的组合(分别为 P1,P2 和 P3)并把它们放在若干超市,随机地分配给了 31 个连续的营业日(星期天除外)。我们记录了 3 种橙子的日销售情况,并分别被标以 Q1,Q2 和 Q3。这个习题只选择了其中一个商店的数据。数据如表 3.12 和数据文件 REG03P06 所示。

表 3.12 橙子销售数据

Day	P1	P2	P3	Q1	Q2	Q3
1	37	61	47	11.32	0.00	25.47
2	37	37	71	12.92	0.00	11.07
3	45	53	63	18.89	7.54	39.06
4	41	41	51	14.67	7.07	50.54
5	57	41	51	8.65	21.21	47.27
6	49	33	59	9.52	16.67	32.64
1	37	61	71	16.03	0.00	0.00
2	45	45	63	1.37	5.15	4.12
3	41	57	51	22.52	6.04	68.49
4	45	53	55	19.76	8.71	30.35
5	65	49	59	12.55	13.08	37.03
6	61	61	71	10.40	8.88	22.50
1	41	57	67	13.57	0.00	0.00
2	49	49	59	34.88	6.98	10.70
3	49	49	43	15.63	10.45	77.24
4	61	37	71	13.91	15.65	11.01
5	57	41	67	0.71	18.58	25.09
6	41	41	67	15.60	12.57	29.53
1	57	57	67	5.88	2.26	20.36
2	45	45	55	6.65	6.01	30.38
3	53	45	55	4.72	22.05	60.63
4	57	57	51	6.14	7.62	26.78
5	49	49	75	15.95	14.36	14.36
6	53	53	63	8.07	7.02	17.19
1	53	45	63	1.45	10.87	3.26
2	53	53	55	6.50	0.00	19.49
3	61	37	47	7.06	30.88	48.58
4	49	65	59	10.29	1.20	19.86
5	37	37	47	16.34	22.99	49.24
6	33	49	59	27.05	7.79	32.79
1	61	61	47	11.43	4.29	18.57

分别做 3 种价格对销售量的回归。在回归模型中忽略变量"Day"(天),但把它作为在考察残差中考察的一个因子。在做通常要做的解释之外,不妨再对 3 种橙子的系数做一番饶有兴趣的比较。

7. 美国本土 48 个州的影响水消费的因子数据收在文件 REG03P07。水消费的数据来自冯德利登等人的研究(Van der Leeden et al,1990),影响消费的因子的数据则来自《美国统计摘要(1988)》和美国地图册。涉及的变量有:

LAT:州中的大致的纬度,度

INCOME:人均收入,1000 美元

GAL:人均水消费量,每天加仑数

RAIN:年平均降雨量,英寸

COST:每 1000 加仑水的平均费用,以美元计

做一个回归,将水的消费作为这些变量的函数来估计。

8. 这一习题的数据涉及那些对提供空中服务的价格的确定有影响的因子。我们希望能开发出一个模型,用它来估计每旅客英里的成本。这样使我们能将那些确定这一成本的主要因子剥离。该数据来源于 1972 年 8 月发表的 CAB(飞机运行成本和实施报告)(Aircraft Operation Costs and Performance Report),数据摘取者为弗洛因德和列特尔(Freund and Littel,2000),习题涉及的变量有:

CPM:每旅客英里成本(美分)

UTL:飞机每天平均使用小时

ASL:平均无间歇飞行里程(1000 mi*)

SPA:每架飞机平均座位数(100 座)

ALF:平均负荷系数(载客座位%)

收集到的数据涵盖美国 33 条无间断飞行里数大于 800 mi 航线,数据已收录在文件 REG03P08 中。做一个回归估计每旅客英里的成本。

9. 这一习题的数据可能对确定影响汽油消费的因子很有用处。这些数据摘自德莱德尔和卡尔夫的一个专门的研究(Drysdale and Calef,1977)。关系汽油消费的变量的数据,涉及美国 48 个本土州,哥伦比亚特区的数据已并入马里兰。涉及的变量有:

STATE:两个字母表示的州名

GAS:汽油和轿车柴油总消费量,10^{12} 英国热量单位(BUT)

AREA:州面积,1000 mi

POP:人口,1970,百万

MV:在册机动货车数量,百万

INC:个人收入,以亿美元计

VAL:制造商附加的价值,以亿美元计

Region:编码为密西西比河 EAST(东)和 WEST(西)

---

* 1 mi = 1.609344 km——编者注。

数据请见文件 REG03P09。

建立一个模型,以解释影响汽油消费的因子。忽略变量 region(地区)。

10. 这又是一个人为编造的例子,本例与例 3.2 类似,总回归系数和偏回归系数完全不同。用表 3.13 的数据做简单线性和双变量多元回归,并绘制必要的图形,和 / 或做必要的计算,以证明得到的结果的确是正确的。

表 3.13 习题 3.10 的数据

OBS	x_1	x_2	y
1	3.8	3.8	3.1
2	7.9	7.4	6.9
3	4.1	3.9	3.8
4	7.2	5.2	7.5
5	4.6	3.9	3.9
6	8.8	7.8	5.4
7	1.1	2.9	0.0
8	8.4	8.5	3.4
9	8.0	7.5	3.8
10	3.4	2.5	5.4
11	3.6	4.1	3.0
12	10.0	9.0	5.1
13	5.6	6.3	1.4
14	6.4	7.2	0.5
15	1.5	1.2	4.0
16	5.9	6.2	2.0
17	1.2	3.7	-2.0
18	0.6	1.0	2.4
19	9.2	9.4	2.4
20	7.3	5.2	6.5

11. 为了确定电力的成本,德克萨斯某大学站点的居民,从 9 月 19 日到 11 月 4 日录得了下列变量的天读数:

MO:月份

DAY:月号数

TMAX:日最高温度

TMIN:日最低温度

WNDSPD:风速,"0",小于 6 n mile/h;"1" 大于或等于 6 n mile/h

CLDCVR:云彩覆盖度

　　0— 无云晴朗

　　1— 覆盖度小于 60%

　　2— 覆盖度 60% 到 90%

　　3— 多云

　　编码值之间的云彩覆盖度的增量为 5%

KWH:电力消费

数据收录在文件 REG03P11 中。

进行回归分析,以确定这些因子如何影响电力的使用?(要考虑数据采集城市的地理位置和年份中的季节)

12. 确定环境因子对健康卫生标准的影响,研究者抽取了一个人口在 10 万到 250 万的城市样本。测量的变量有:

POP:人口(千人)

VALUE:所有居民住房的价值(百万美元);作为经济条件的替代变量

DOCT:医生人数

NURSE:护士人数

VN:执业护士人数

DEATHS:因卫生条件引起的死亡人数(即非意外死亡);作为健康卫生标准的替代

数据请见文件 REG03P12。

做一个 DEATHS 对除了 POP 之外的其他所有变量的回归。POP 是否应该包括在回归模型内? 如果应该,你认为它应该如何使用?

中篇
问题及其补救的方法

本书上篇集中介绍了用线性回归来分析一个因变量的性状问题,它所强调的主要问题是线性回归模型的使用。如果我们选择了一个正确的模型,且构成模型的其他假定也都得到了满足,那么基于该模型所做的分析便能为我们提供有用的结果。在许多实际应用的场合,这些假定的确得到了满足,或至少在一定程度上得到了满足,从而使我们能在一定的置信度内使用这些结果。

不过,如果我们严重地违反了这些假定,那么分析得到的结果就不可能正确地反映真实的总体关系,从而使我们得出错误的结论,导致我们提出的建议或采取的行动,有百害而无一利。遗憾的是,诸如这样的结果在回归分析中是经常发生的。因为这样的回归分析所使用的数据并非精心设计的实验所得到的结果。正因为如此,我们必须对回归分析的结果进行仔细的审查,以确定是否存在有害于结果的正确性的问题的存在。如果我们确信这样的问题的确存在,那么我们就要设法寻找补救的办法,或尽可能减少它们带来的影响。

本书的中篇由第4章、第5章和第6章这3章构成。其主要内容是有关如何探测数据和模型设定中存在的问题,以及如何对这些问题进行补救。为了达到这一目的,我们将这些问题分成了3类,分别在3章对它们进行介绍。

第4章主介绍的是个别观察是如何影响分析结果的。因为个别观察是矩阵 X 和 Y 中的行,所以所有用以探测观察中可能存在的问题的诊断工具都称为**行诊断**(row diagnostics)。我们将从3个方面来介绍行诊断:

异常值(Outlier)和**影响值**(influential observation)。所谓异常值和影响值,是指那些以某种方式显示出与其他观察值"不合",因而可能会因此而对参数的估计值有所影响值。

不等方差(Unequal variances)。因变量观察方差不等,违反了等方差假定。这不仅可能导致参数估计值有偏,更重要的是,还可能会使因变量估计值的标准差错误。

相关的误差(Correlated errors)。因变量的观察之间的误差相关,违反了误差独立这一假定,因而有可能导致参数的标准误差的估计值和因变量估计值的偏倚。

我们将在第5章讨论自变量的相关问题。通常我们把这一问题称为多重共线性(multicollinearity),它并没有违反任何假定,因而不会使参数和因变量的估计失效。然而多重线性的确会给部分回归系数的估计和解释带来困难。多重线性是不难探测的,但实际上有效和有用的补救方法的实施却不是一件容易的事,有时甚至根本无法找到。

第6章讨论变量的选择问题。基于线性模型的推论都隐含这样一个假定:用于分析的模型都有着"正确"选择的独立的变量。然而一个回归分析在确定一组"正确的"独立的变量时,通常从一个含有为数众多的独立变量的模型开始,然后再通过统计方法来选出一组"正确"的变量。而从回归分析的定义可知,这样的选择程序违反了有关假定,因此一般是不应该使用的(有人认为,任何一本教科书都不应该介绍这种方法)。然而,由于这些方法在直觉上很有吸引力,且在所有的统计软件包中都有现存的立即可以使用的程序,因而它们确实仍然在被广为使用(但通常是被误用)。因而我们认为还是有必要在这一章对这种方法进行讨论。

这几章的内容可能会是读者多少感到有一些沮丧,因为它们并未对讨论的问题给出"清晰"的答案,提供放之四海而皆准的"正确"方法步骤。然而,我们必须记住,我们要处理的问题主要与数据和模型有关,因而我们既不可能将一组很差的数据变好,也不能从子虚乌有中创造出一个"正确"的模型。在更大程度上,我们用这些方法进行的毕竟只是一种探索性的分析(exploratory analysis)而非验证性分析(confirmatory analysis)。由此得到的结果将会对今后的研究有很大的指导意义。

4 观察问题

4.1 导 论

　　我们先来看几个"极端"的观察值对统计分析的结果的影响,回归分析可能遇到的问题的讨论,将从介绍几种可能对确定诸如这样的观察值有用的统计量来开始。然后我们来探讨为探测违反同方差性(homoscedasticity)和误差项独立假定的诊断方法。在这一问题讨论的末尾,我们将会再一次返回来,对某些我们建议使用的补救方法做一些讨论。诚如下面我们将要指出的那样,有一种用于纠正违反假定的方法是对数据形式进行某种变换。鉴于数据变换问题对其他一些场合的问题也同样重要,因此我们将在第 8 章用专门的一节来对它进行讨论。

　　由于观察问题既涉及自变量,也涉及因变量,且可能发生的方式又是如此之多,所以这一章不仅篇幅比较长,而且头绪繁杂。然而,那些我们将要做统计分析的数据,很多都同时存在这些问题。因此我们认为,那种把问题综合起来,在讨论中尽可能多地涵盖这些问题的讨论方式是比较可取的。为了使这一章的内容更有条理,我们将本章的内容分成了两个部分。这一章末尾的练习也以这同样的方式,分成了两个部分。

　　第一部分由 4.2 节组成,主要讨论异乎寻常或极端的观察值问题,通常我们都把它们称为异常值。这一部分的篇幅很长,因为正如我们将要看到的那样,异常值通常会以很多不同的形式出现,不仅如此,它们既可能存在于自变量,也可能存在于因变量。正因为如此,用以探测诸如这样的观察值的统计量有多种,而没有一种可以被认为是最好的。

　　在第二部分中我们考察了一些有可能存在违反有关方差和随机误差独立性假定的问题。在 4.3 节和 4.4 节这两节,我们介绍如何探测不等方差,以及建议使用的某些对不等方差进行补救的方法。在 4.5 节,我们介绍了一种很可能导致相关误差项的情形。在这种情形中,因变量的量度是跨时间的。我们通常把这样一种回归模型看作一个时间系列。在遇有时依误差(time-dependent errors)存在时,我们可用这样的模型来给因变量建模。

　　可能除了少数的例外之外,在时间系列数据中,我们都无从了解任何一组数据是否存在一个或若干个这一章所讨论的问题。在做诊断时,我们既不必执行这一章介绍的全部诊断方法,也不必以本章介绍的次序来执行这些方法。实际上,如果我们对自己研究使用的数据的性质和来源能有比较透彻的了解的话,我们就会有足够的自信,那么可能就不再需要用这些方法中的任何一种对数据进行诊断。

第一部分 异常值

4.2 异常值和影响值

一个与数据集中的其他观察值明显不同,或反常的观察值称为异常值。一个观察值对一个因变量和/或若干个自变量而言,可能是一个异常值。确切地讲,因变量中的极端观察值称为**异常值**,而 x(自变量)中的极端值则称为**影响点**或杠杆点(leverage points),都会有一定的**影响力**(leverage)。

如果在一个观察值存在时得到的回归估计值,与它被去除之后的显然不同,那么这一观察值则称为**影响值**(influential observation)。那些的确异常或有影响力的值,并非一定都是影响值,然而影响值不仅必定都是异常值,而且具有高影响力。

这一节的讨论始于一个只有一个异常值的简单的例子。这一例子不仅能使我们理解什么是异常值,而且也能使我们懂得,在有些时候,异常值的探测并不是一件容易的事。然后我们给大家介绍那些用于探测异常值、影响点和影响值的统计量。我们也会通过实例来对它们进行介绍。最后,我们将对补救的方法进行简要的介绍。令人遗憾的是,用这些方法得到的结果并不总是令人满意的。

例 4.1

这个人为编造的例子由来自一个简单线性模型的 10 个观察组成。自变量的观察值用 x 表示,值为 1 ~ 10。其模型为

$$y = 3 + 1.5x + \epsilon$$

式中,ϵ 是一个有正态分布的随机变量,均值为零,标准差为 3,且没有异常值。具体的数据如表 4.1 所示。

表 4.1　异常值例解

OBS	x	y
1	1	6.2814
2	2	5.1908
3	3	8.6543
4	4	14.3411
5	5	13.8374
6	6	11.1229
7	7	16.5987
8	8	19.1997
9	9	20.0782
10	10	19.7193

用 SAS 系统中的 PROC REG 对上表所列数据进行回归分析,得到的结果如表 4.2 所示。结果是合乎情理的。回归肯定是显著的,参数估计值位于真值的一个标准差之内。尽管误差的均方似乎比较低,但是 0.9 的置信区间的确包含了真值 9。

表 4.2　回归的结果

		Analysis of Variance			
		Sum of	Mean		
Source	DF	Squares	Square	F Value	Pr > F
Model	1	240.87621	240.87621	56.23	< 0.0001
Error	8	34.26836	4.28354		
Corrected Total	9	275.14456			
	Root MSE	2.06967	R-Square	0.8755	
	Dependent Mean	13.50238	Adj R-Sq	0.8599	
	Coeff Var	15.32821			
		Parameter Estimates			
		Parameter	Standard		
Variable	DF	Estimate	Error	t Value	Pr >	t	
Intercept	1	4.10444	1.41386	2.90	0.0198
x	1	1.70872	0.22786	7.50	< 0.0001

为了阐述的方便,我们构建了异常值的两种不同情景:

情景 1:在 $x = 5$ 时,y 增加了 10 个单位

情景 2:在 $x = 10$ 时,y 增加了 10 个单位

注意,在每一种情景中,因变量的观察值都增加了 3 个以上的标准差,而这样的结果肯定并非我们所愿,因此我们把这样的值称为异常值。这两种情景之间的差别在于奇异值所处的位置。第一个异常值出现在 x 的值域的"中部",而第二个则出现在 x 的值域的一(高)端。表 4.3 是对原始数据和上述两种异常值情景回归的概括。

表 4.3　回归的概括

Scenario	$\hat{\beta}_0$ std error	$\hat{\beta}_1$ std error	MSE
Original data	4.104	1.709	4.284
	1.414	0.228	
Scenario 1	5.438	1.648	18.469
	2.936	0.473	
Scenario 2	2.104	2.254	8.784
	2.024	0.326	

无疑,异常值的出现导致了估计值的偏倚。但是两种情景导致的估计值偏倚却不尽相同。在情景 1 中,$\hat{\beta}_1$ 略有改变,$\hat{\beta}_0$ 却有较大的改变,而误差均方则比较大,致使两个系数的标准差也比较大。而在情景 2 中,$\hat{\beta}_1$ 有了显著的改变,但是 $\hat{\beta}_0$ 和 MSE 却改变不大。我们可在显示 3 种情景的观察值和拟合直线的图 4.1 中看到这些结果。该图显示,对估计的响应线(response line)最为明显的影响来自那些位于 x 值上端的异常值。

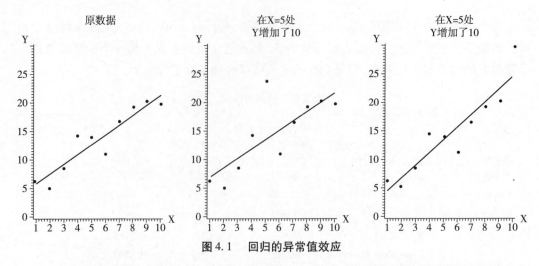

图 4.1　回归的异常值效应

这些结果是直接用最小平方估计法得到的。记住,回归线是到数据点距离的平方和最小的线。做一个物理学上的模拟,便能使我们对这一过程更为理解,物理学定律中的胡克定理称"螺旋弹簧的能量与其被拉伸的距离的平方成正比"。这就是说,如果一个螺旋弹簧[1]从每一点被拉伸到一条由一刚性棒表示的一条回归线,那么刚性棒的平衡位置就是那条最小平方线。

这一物理学模拟使我们得以直观地理解,中间位的异常值对刚性棒做了一个怎样的平衡拉动,使它只是轻微地有所提升($\hat{\beta}_0$ 有所增加),但是斜率($\hat{\beta}_1$)仍保持基本不变。另一方面,上端的奇异值则似乎却只拉动了刚性棒的一端,它提供的**杠杆效应**(leverage)强于中间位置的奇异值,因而使斜率的($\hat{\beta}_1$)估计值受奇异值的影响更大。正因为如此,情景 2 中的误差的均方才不会像情景 1 那样,上升那么多。换言之,奇异值的位置也会对参数估计值偏倚的性质产生影响,而这种奇异值与杠杆效应组合定义了一个**影响**(观察)值(influential observation)。

现在我们已经对一个异常值可能会引起的问题有所了解,因此,我们就需要找到一些能探测到异常值的方法。不过我们很快就会明白,即使在一些最为简单的例子中,要找到一些行之有效的探测方法,也不是一件容易的事。

用于探测因变量中的异常值的标准方法是**残差图**(residual plot)。它是在纵轴上的残差$(y - \hat{\mu}_{y|x})$和横轴上的估计值$\hat{\mu}_{y|x}$的散点图[2]。如果没有异常值,那么诸如这样的图上的点便应围绕纵轴上的零值随机散布。在这样的统计图中,奇异值肯定都应位于这样的散布模式之外。图 4.2 显示了原数据和两个不同的异常值情景的散点图。在后面的讨论中,我们将会用这种标准残差图的各种修订版来探测其他各种潜在问题。

原数据的残差分布似乎满足了随机模式这一要求。在情景 1 中,异常值的残差明显位于随机模式之外。而在情景 2 中,尽管异常值残差的数值最大,但即使与其他残差值中数值最小的那一个相比,也大不了太多,因此我们并不能据此十分肯定地把这个值定为异常值。这是因为,这一观察值所具有的强杠杆效应,是把直线拉向自身所在的位置,因

1　当然,我们假定弹簧是"完美"的和地心引力是不存在的。
2　对于单变量的回归,用横轴上的 x 值也许是很有用的。

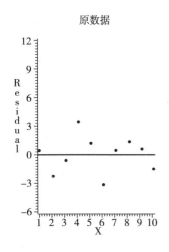
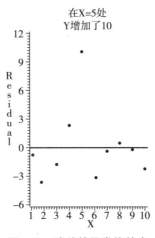
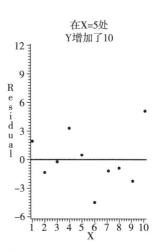

图 4.2　残差的异常值效应

而残差反而不会很大。∎

　　为了确定诸如这样的异常值,我们还需要一些其他的信息。诸如这样的以统计量的形式出现的用以探测异常值的信息确实存在,我们将在本节的其余部分对它们进行介绍。我们将会看到,我们可能需要有若干种不同的统计量,因为如果在数据中存在一个异常值,其造成的后果并非只是一种,而可能是若干种。因为用于探测异常值和测量它的效应的统计量有若干种,所以我们将分 4 种不同的情况来介绍它的诊断工具。

1. 基于残差的统计量。
2. 设计用于探测*杠杆效应*的统计量。
3. 测量一个观测值对因变量的估计值的*影响*的统计量,它是残差和杠杆效应的组合。
4. 测量对参数估计值精度的*影响*的统计量。

基于残差的统计量

　　我们已知,拟合模型的实际残差为

$$r_i = y_i - \hat{\mu}_{y|x}$$

　　在实际的残差相对于预测值散布,特别是在观察没有很大的杠杆效应时。实际的残差可用于探测异常值。显然,这样的探测法有很大的主观性。我们可通过先将残差标准化,即将残差除以它们的标准差来构建一个更为严格的探测法。残差的标准误差 r_i 为

$$\sqrt{\sigma^2(1 - h_i)}$$

式中,h_i 是被称为**帽子矩阵**(hat matrix)$[X(X'X)^{-1}X']$ 的第 i 个诊断元素。[3] 残差有两个很有用的性质:

　　1. 它们有零均值和单位标准差。因而我们可以确定观察值距离均值几个标准差。此外,我们还可以用经验法则确定,完全偶然地得到该观察值的最大可能性有多大。

3　诚如第 3 章所述,这些元素被用于计算条件均值的标准误差。实际的计算方法为

$$\text{vâr}(\hat{\mu}_{y|x}) = \text{MSE}(h_i)$$

　　和　　　　　　　　　　　　　$$\text{vâr}(y - \hat{\mu}_{y|x}) = \text{MSE}(1 - h_i)$$

2. 将残差标准化使我们得以对杠杆效应进行补偿,因而无论观察的杠杆效应如何,它们都应该可以揭示异常值是否存在。

由于 σ^2 的值是不可能知道的,所以我们用在3.3节介绍的均方差MSE来估计。学生化残差(studentized residuals)[4] 的计算方法则表示为

$$\text{Stud. Res} = \frac{y_i - \hat{\mu}_{y|x}}{\sqrt{\text{MSE}(1 - h_i)}}$$

用 SAS 系统的 PROC REG 模块计算的原数据,以及例4.1中两种情景中的残差(Residual)和学生化残差(Stud. Res)值如表4.4所示。

表4.4 残差和学生化残差

x	原数据 残差	原数据 学生化残差	情景1 残差	情景1 学生化残差	情景2 残差	情景2 学生化残差
1	0.47	0.28	− 0.80	− 0.23	1.92	0.80
2	− 2.33	− 1.30	− 3.54	− 0.95	− 1.42	− 0.55
3	− 0.58	− 0.31	− 1.73	− 0.44	− 0.21	− 0.08
4	3.40	1.76	2.31	0.58	3.22	1.16
5	1.19	0.61	10.16	2.50	0.46	0.16
6	− 3.23	− 1.65	− 4.20	− 1.03	− 4.51	− 1.61
7	0.53	0.28	− 0.38	− 0.09	− 1.28	− 0.46
8	1.43	0.76	0.58	0.15	− 0.94	− 0.35
9	0.60	0.33	− 0.19	− 0.05	− 2.31	− 0.90
10	− 1.47	− 0.88	− 2.20	− 0.63	5.07	2.12

在无异常值假定下,学生化残差的分布应当服从 MSE 的自由度的,通常为 $(n - m - 1)$ 的学生 t 分布。除非自由度非常小,否则学生化残差的值超过2.5的情况是极为罕见的,[5] 而那些2.5以上残差的存在,告诉我们异常值确实已经产生。然而在情景2中,异常值却未能像情景1那样被清楚地确认。因此,学生化残差尽管对异常值的确认是有所帮助的,但其灵敏程度却仍非我们所愿。因而为了确定是否有异常值产生,我们还需要做进一步的考察。

测量杠杆效应的统计量

在例4.1中,我们看到*杠杆效应*的大小是研究极端值的效应的重要元素。为了确定杠杆效应,我们需要有一种测量这种效应的方法。使用最为普遍的杠杆效度的量度是,前面已经提到过的帽子矩阵的诊断元素 h_i。它是第 i 个观察的 x 值和所有的观察值的 x 值的均值距离的标准化量度。一个以这种方法量度的具有较强杠杆效应的观察值,被认为是一个异常值。显然会有这样的情况:一个观察值也许会表现出很强的杠杆效应,但对模型产生的影响却不是很大。通常在有强杠杆效应的观察值与模型拟合时,这样的情况便会普遍发生。实际上,一个有着强杠杆效应的观察值也可以看作是一个有可能引起

---

[4] 因为标准误差要使用估计的方差(MSE),所以该统计量的近似分布是学生 t 分布,因而被称为"学生化"残差。

[5] 这一例子中的自由度是8,而0.05的双尾检验的 t 值是2.306。

问题的观察值。但不管怎么说,先确认那些有着强杠杆效应的观察值,然后再确定它们是否对模型有影响的做法总是很有用处的。

现在我们还需要明确的问题是,什么样的 h_i 值才意味着高度的杠杆效应。下面的公式可以为我们解答这个问题:

$$\sum h_i = m + 1$$

因此,h_i 的平均值为

$$\bar{h} = \frac{m + 1}{n}$$

作为一条经验法则,一个超过平均值 2 倍,即 $h_i > 2\bar{h}$ 表明具有高度的杠杆效应。这一法则多少有一点主观,因而只有在相对于模型中的参数而言,数据集比较大时,这一法则才起作用。

如同任何一个单变量回归一样,在例 4.1 中

$$h_i = \frac{(x_i - \bar{x})^2}{\sum (x_j - \bar{x})^2}$$

它确实是第 i 个观察的 x 到 $\bar{x}$ 的距离的平方的相对值(relative magnitude)的一个量度。在例 4.1 中,有 $x = 5$ 和 $x = 10$ 两种不同的情景。$x = 5$ 的杠杆效应是 0.003,$x = 10$ 的杠杆效应是 0.245。虽然 $x = 10$(情景 2)的杠杆效应大大强于 $x = 5$,但是仍然没有超过 2/10 = 0.2 这一值的 2 倍,因而不能被看作强杠杆效应。下面,我们还会用更有趣的例子来对杠杆效应加以阐述。

测量因变量估计值影响的统计量

在例 4.1 中我们看到,学生化残差对情景 1 相当有效,但对情景 2 则不然。因为在情景 2 中,异常值对参数估计值有更大的影响。实际上,在情景 2 中,异常值对参数的影响来自残差和自变量杠杆效应的值的组合。这一组合效应称为**影响**(influence),它正是异常值对参数估计值的效应的一个量度,因而它也是异常值对因变量的估计值 $\hat{\mu}_{y|x}$ 的效应的量度。

现在让我们来回忆一下,前面我们确定一个使回归估计值,与它本来应该有的估计值有实质性差异的观察值的情形。所谓本来应该有的估计值,是指如将这一该观察值作为一个影响值,从数据集中去除之后得到的回归估计值。我们可以像下面那样确认那些有高度影响的值:

1. 分别计算每一个观察的,包含这一观察值的和去除了这一观察值的所有观察的参数估计值和因变量值之间的差。有时我们也把这种做法称为"去一个"(删一)或"剔除残差"(deleted residual)原理。

2. 考察或作这些值的散点图,将那些这一值比较大的观察值,无论是群体的还是单个的,一律判定为影响值。

使用最为普遍的影响统计量是 DEFITS,它是英文"拟合差"(DiFference in FIT 一词的助记符)。这一统计量是一种标准化的统计量。令 $\hat{\mu}_{y|x, -i}$ 为模型用去除观察 i 之后的所有其他观察的值估计的因变量的均值的估计值,而 MSE_{-i} 则是回归的误差的均值的平

方。那么

$$DFFITS_i = \left(\frac{y_i - \hat{\mu}_{y|x}}{\sqrt{MSE_{-i}(1 - h_i)}} \right) \sqrt{\frac{h_i}{1 - h_i}}$$

于是

$$MSE_{-i} = \frac{SSE - \dfrac{(y_i - \hat{\mu}_{y|x})^2}{1 - h_i}}{n - m - 2}$$

这些公式显示,回归分析已经为我们准备好了计算这一统计量的值所需要的数字。该统计量是杠杆效应和标准化残差的组合。我们还可以从这些公式中看到,统计量 DEFITS 将随着残差$(y_i - \hat{\mu}_{y|x})$和杠杆效应(h_i)的增长而增长。

尽管这一统计量被称为"标准化的",但它的分布的标准误差并不是单位1,而是近似地等于:

$$DFFITS \text{ 的标准误差} \approx \sqrt{\frac{m + 1}{n}}$$

式中,m 为模型中自变量数。[6] 这说明那些统计量 DFFITS 的绝对值超过标准误差 2 倍的也许应该被看作是有影响值。不过我们将会看到,这一标准多少有些武断。

在统计量 DFFITS 确定了一个影响值之后,我们需要进一步了解,影响究竟是由哪些系数(或自变量)引起的。这些信息可以通过另一个统计量得到。

使用统计量 DFBETAS

统计量 DFBETAS(本书未介绍它的计算公式)用以测量删掉第 i 个观测之后,回归系数变化的标准差单位。

贝尔斯莱等人(Belsley et al,1980)认为,DFBETAS 的绝对值超过$2/\sqrt{n}$ 就可被认为是"大"的了,我们所要做的所有的事情就是找出那些大的值。然而,由于 DFBETAS 值都是针对每个观察和变量计算的,所以我们将会有$n(m + 1)$ 个这样的值。而要在数目如此浩大的值中找出那些"大"的值,几乎是一个无法完成的任务。幸运的是,我们可以下面介绍的策略来大大地减少我们的任务量:

1. 只考察那些已经被确定有大的 DFFITS 的观察。
2. 然后再找出与那些对应于大的 DFBETAS 的系数。

表4.5列出了例4.1中的原数据和两个情景的 DFFITS 和 DFBETAS。每一列都含有一个 DFFITS 和两个 DFBETAS(分别对应于β_0 和β_1,其标签为 DFB0 和 DFB1)。总共有3列,分别对应于原数据和两个含有我们关注的异常值的统计值的两个异常值情景。采用上面提出的策略,我们首先要找出绝对值大于0.89的 DFFITS 值,然后再考察一下与之对应的 DFBETAS,看一下是否有任何超过 0.63 的绝对值。两个影响值中的异常值的DFFITS 值都显然都超过了我们提出的策略规定的值。不仅如此,DFBETAS 还清楚地显

6　这一统计量的原创者(Belsley et al,1980)把截距简单地看作另外一个回归系数。在他们看来,参数的总数(包括β_0)是p,而在他们的著作和某些其他人的著作中使用的是p而非$(m + 1)$。尽管这种观点简化了某些概念,但是它却可能会误导结果(见2.6节"通过原点的回归")。

示,在情景 1 中受异常值影响的系数是 β_0,而在影响值 2 中,两个系数则都受到了异常值的影响。

表 4.5　例 4.1 的 DFFITS 和 DFBETAS

| OBS | 原数据 | | | 情景 1 | | | 情景 2 | | |
	DFFITS	DFB0	DFB1	DFFITS	DFB0	DFB1	DFFITS	DFB0	DFB1
1	0.19	0.19	- 0.16	- 0.16	- 0.16	0.13	0.57	0.57	- 0.48
2	- 0.79	- 0.77	0.61	- 0.54	- 0.53	0.42	- 0.30	- 0.30	0.23
3	- 0.13	- 0.12	0.09	- 0.19	- 0.18	0.13	- 0.03	- 0.03	0.02
4	0.80	0.66	- 0.37	0.21	0.17	- 0.10	0.46	0.37	- 0.21
5	0.20	0.12	- 0.03	1.68	1.02	- 0.29	0.05	0.03	- 0.01
6	- 0.64	- 0.20	- 0.11	- 0.35	- 0.11	- 0.06	- 0.62	- 0.19	- 0.11
7	0.10	0.00	0.05	- 0.03	0.00	- 0.02	- 0.17	0.00	- 0.08
8	0.34	- 0.08	0.22	0.06	- 0.01	0.04	- 0.15	0.04	- 0.10
9	0.18	- 0.07	0.14	0.01	0.01	- 0.02	- 0.51	0.20	- 0.40
10	- 0.63	0.31	- 0.53	- 0.44	0.22	- 0.37	2.17	- 1.08	1.83

杠杆效应图(leverage plots)

在 3.4 节我们曾告诉大家,可用 y 和 x_i 分别对所有其他自变量做两个回归,用由此得到的残差,将偏回归系数(如 β_i)作为简单线性回归系数来计算。换言之,这些残差是计算偏回归系数的"数据"。这样,诚如我们所知,找出一个简单线性回归的异常值和∕或影响点通常就只是绘制一张相对于 y 的估计值的残差图而已。在多元回归中,我们同样也可以用前面定义的那种残差图,对某一特定的自变量做同样的事。这样的统计图称为净残差图(partial residual plots)或**杠杆效应图**(leverage plots)。杠杆效应图是一种两维图,其检验假设是: $H_0:\beta_i = 0$。该统计图有以下作用:

　　　杠杆效应图直接阐明了 x_i 和 y 的偏回归系数,故而也指明了将 x_i 从模型中去除之后的效应。

　　　杠杆效应图指明了单个观察对那一参数的估计值的效应。因此,使我们能轻而易举地找出那些具有大的 DFBETAS 值的数据点。

杠杆效应图存在一个问题,那就是在大多数杠杆效应图中一般都难以确定单个观察。因此,尽管杠杆效应图可以揭示影响值的存在,但却不能立即确定它们究竟是哪些观察。在例 4.3 中,我们将会看到这些统计图的其他一些用途,那时我们将会对它们做更进一步的阐述。[7]

在确认影响值的效应时,有两个相关的统计量:库克的 D(Cook's D)和普瑞斯(PRESS)。

库克的 D 是库克距离(Cook's distance)一词的简写,它是第 i 个观察对一组回归系数估计值的影响的总量度,因而可与统计量 DFFITS 进行比较。因为大多数这样的分析都

---

[7]　当然,杠杆效应图对单变量回归没有什么用处。

是用计算机做的,因此,我们不需要介绍库克的 D 的计算公式(它的基本公式是 $((\text{DFFITS})^2/(m+1))$)。我们必须提醒大家注意的是,尽管它不如 DFFITS 那样敏感,因为它的值取了平方,但是却能更加清楚地突显那些潜在的影响值。

统计量 PRESS 是单个观察对残差的影响的量度。首先根据去掉一个原理计算出模型中的第一种残差,然后再计算 PRESS(预测误差平方和(Prediction Error Sum of Squares)的助记符):

$$\text{PRESS} = \sum (y_i - \hat{\mu}_{y|x,-i})^2$$

显然,单个残差都与统计量 DFFITS 有关,但是因为它们还没有被标准化,所以它们对探测有影响值不是十分有效,故而并不是一个经常被计算的统计量。

我们发现,如果在回归分析中,影响值是主要的影响因素,那么统计量 PRESS 就十分有用。尤其是在 PRESS 大大大于常规的 SSE 时,我们就更有理由怀疑影响值确实存在。鉴于对大多数统计量而言,所谓"大大于"都属于一种主观标准,但作为一种初始的认定标准,我们或可把它定为两倍以上。例 4.1 中原数据和两种情景的 SSE 和 PRESS 的比较在下表中列出:

情景	SSE	PRESS
原数据	34.26	49.62
情景 1	147.80	192.42
情景 2	70.27	124.41

在这一例子中,情景 2 统计量 PRESS 的值比 SSE 值大很多,比较明确地表明有可能存在影响值[8]。

测量影响系数估计值精度的统计量

有一种统计值精度的量度是由该统计值的方差的估计值提供的,大的方差意味着估计值缺乏精确性。在 3.5 节我们已经了解,回归系数估计值的方差的估计值为

$$\hat{\text{var}}(\hat{\beta}_i) = c_{ii}\text{MSE}$$

式中,c_{ii} 是 $(X'X)^{-1}$ 的对角元素。这就是说,回归系数估计值的精度将随着 c_{ii} 和 / 或 MSE 的下降而提高;反之,则下降。我们可以概括地说,一组有 **广义方差**(generalized variance)的系数估计值的总精度取决于

$$\text{Generalized variance}(\hat{B}) = \text{MSE} \mid (X'X)^{-1} \mid$$

式中,$\mid (X'X)^{-1} \mid$ 是矩阵 $X'X$ 的逆矩阵的行列式。广义方差的形式与单个系数的方差类似,MSE 和 / 或 $(X'X)^{-1}$ 的行列式的削减将导致精度的提高。尽管矩阵的行列式计算公式十分复杂,但是这种行列式具有两个非常重要的特点:

1. 随着 $X'X$ 的元素变大,它的逆矩阵的行列式变小。换言之,系数估计值的广义方差将随样本量的变大和自变量散布变广而下降。
2. 随着自变量之间的相关性的增加,逆矩阵的行列式也随之上升。因此,系数估计值的

---

[8] PRESS 的平方和有时也被用于判别影响值对变量选择过程的影响(参见本书第 6 章)。

方差也随着自变量间的相关程度的上升而上升。[9]

第 i 个观察对回归系数的估计值的精度的总量度称为 COVRATIO。这个统计量是去掉每一观察后的广义方差与使用所有的数据的广义方差的比率。换言之，统计量 COVRATIO 表明，广义方差是如何受到去掉一个观察的影响的。

$$\text{COVRATIO} > 1，观察提高了精度$$

$$\text{COVRATIO} < 1，观察降低了精度$$

和 $1 \pm \left(\dfrac{3(m+1)}{n}\right)$ 这一区间之外，可被看作是"显著的"。

这一统计量被定义为

$$\text{COVRATIO} = \frac{\text{MSE}_{-i}^{m+1}}{\text{MSE}^{m+1}}\left(\frac{1}{1 - h_i}\right)$$

它表示 COVRATIO 因杠杆效应 (h_i) 和剔除残差的均方和的相对量而上升的量。

换言之，如果一个观察有高的杠杆效应，且在把它删除之后，误差的均方有所上升，那么它的存在将会提高参数估计值的精度（反之，则会降低参数估计值的精度）。当然，这两个因子可能会彼此抵消而产生这一统计量的"平均"值。

例如，在例 4.1 中，情景 1 和情景 2 中的异常值的 COVRATIO 分别为 0.0713 和 0.3872。尽管这两个统计值说明异常值的确引起了系数标准误差的上升（和精度的下降），但是在情景 1 中，标准误差的上升则更加显著。

在继续往下讨论之前，我们先来讨论一下，那些被我们用来描述"大"的任意值的含义似乎不无益处。这些标准假设在不存在异常值或影响值时，各种统计量都是随机变量。它们大致服从正态分布，因此，那些距中心两个以上标准差的值便显得"大"了。然而，由于统计值的数目是如此之多，以致即使异常值和影响值并不存在，也仍然的确可能会有一些"大"的值。实际上，一种更为现实的方法是，特别对那些数量适中的数据集而言，是在上述建议的界限指导下，直接用肉眼审视统计图来找出那些"明显"大的值。

下面是那些经常使用的可能为我们提供很有用的参考数据的统计量的概要：

标准化残差 是实际的残差除以标准误差后得到的残差。该统计量的值超过 2.5，表示可能有异常值存在。

帽子矩阵中对角元素 h_i 是自变量空间中的杠杆效应的一个量度。值超过 $2(m+1)/n$ 可以用于确定观察有强杠杆效应。

DFFITS 是标准化的含和未含正在考察的那一观察的估计的预测值之间的差。值超过数量 $2\sqrt{(m+1)/n}$ 可以认为是"大"了。

DFBETAS 用于确定究竟是哪些变量造成了的大的 DFFITS。因此，这些统计值主要使用于大的 DFFITS 值。DFBETAS 的值超过 $2/\sqrt{n}$ 便被认为是"大"的。

统计量 COVRATIO 表明删除一个观察将会对系数估计值的精度产生什么样的影响。值在由算式 $1 \pm 3(m+1)/n$ 计算得到的边界之外可以被看作是"大"，删除观察之后的值大于上限，或小于下限，则说明精度有所下降。

---

9 这一条件称为多重共线性，我们将在第 5 章对它进行深入的讨论。

例 4.2

我们再一次使用一组人为编造的有各种情景的数据。我们想看一看这些统计量在不同的情景中是如何确定各种情形的。这一例子有两个自变量 x_1 和 x_2。我们设定模型有 $\beta_0 = 0, \beta_1 = 1$ 和 $\beta_2 = 1$,因而因变量 y 为

$$y = x_1 + x_2 + \epsilon$$

式中,ϵ 服从正态分布,并有均值 0 和标准差 4。用一组主观选择但是彼此相关的 x_1 和 x_2 的值,我们生成了一个 20 个观察的样本。这些数据如表 4.6 所示。[10]这两个自变量之间的关系产生了一种称为多重共线性的条件。关于这个问题我们将在第 5 章做详细的介绍,但是我们现在已知,它将使回归系数的估计值变得不稳定(有比较大的标准误差)。

表 4.6 例 4.2 的数据

OBS	X1	X2	Y
1	0.6	- 0.6	- 4.4
2	2.0	- 1.7	4.1
3	3.4	2.8	4.0
4	4.0	7.0	17.8
5	5.1	4.0	10.0
6	6.4	7.2	16.2
7	7.3	5.1	12.7
8	7.9	7.3	16.8
9	9.3	8.3	16.4
10	10.2	9.9	18.5
11	10.9	6.4	18.5
12	12.3	14.5	24.2
13	12.7	14.7	21.9
14	13.7	12.0	30.8
15	15.2	13.5	28.1
16	16.1	11.3	25.2
17	17.2	15.3	29.9
18	17.5	19.7	34.3
19	18.9	21.0	39.0
20	19.7	21.7	45.0

回归的结果是用 SAS 的 PROC REG 模块分析后得到的,如表 4.7 所示。尽管结果与模型确实完全一致,然而由于多重共线性,两个回归系数的 p 值却都大大大于整回归(entire regression)(见第 5 章)。

各种异常值和影响统计量都列入表 4.8 中。尽管这些统计量的值,正如我们所料,没有一个值离群索居,尽管的确有为数不多的几个值,以我们提出的界限来衡量似乎是有点"大"。这再一次证明,我们建议的界限确实是过于灵敏了。

---

10 表 4.6 的数据是用 SAS 生成的。表中的数值精确到小数点后 1 位,四舍五入也是 SAS 系统完成的。后面那些表中显示的分析都是用原数据做的,所以可能与表 4.6 的数据做的略有不同。类似的差异也会发生在所有用计算机生成的数据集中。

表 4.7　回归的结果

Analysis of Variance					
Source	DF	Sum of Squares	Mean Square	F Value	Pr > F
Model	2	2629. 12617	1314. 56309	116. 78	< 0. 0001
Error	17	191. 37251	11. 25721		
Corrected Total	19	2820. 49868			
	Root MSE	3. 35518	R-Square	0. 9321	
	Dependent Mean	20. 44379	Adj R-Sq	0. 9242	
	Coeff Var	16. 41171			

Parameter Estimates					
Variable	DF	Parameter Estimate	Standard Error	t Value	Pr > | t |
Intercept	1	1. 03498	1. 63889	0. 63	0. 5361
x_1	1	0. 86346	0. 38717	2. 23	0. 0395
x_2	1	1. 03503	0. 33959	3. 05	0. 0073

表 4.8　异常值统计量的值

OBS	RESID	STUD_R	HAT_DIAG	DFFITS	DFBETA1	DFBETA2
1	− 5. 401	− 1. 803	0. 203	− 0. 9825	0. 3220	− 0. 034
2	3. 032	1. 028	0. 228	0. 5600	0. 1522	− 0. 303
3	− 2. 878	0. 919	0. 129	− 0. 3515	0. 1275	− 0. 037
4	6. 113	2. 142	0. 277	1. 5045	− 1. 3292	1. 149
5	0. 479	0. 150	0. 096	0. 0473	− 0. 0081	− 0. 003
6	2. 262	0. 712	0. 103	0. 2381	− 0. 1553	0. 122
7	0. 106	0. 033	0. 085	0. 0098	0. 0029	− 0. 005
8	1. 434	0. 441	0. 061	0. 1099	− 0. 0227	0. 007
9	− 1. 292	− 0. 396	0. 053	− 0. 0915	− 0. 0047	0. 012
10	− 1. 693	− 0. 518	0. 051	− 0. 1172	0. 0147	− 0. 014
11	1. 406	0. 473	0. 215	0. 2417	0. 2017	− 0. 212
12	− 2. 392	− 0. 762	0. 125	− 0. 2839	0. 1812	− 0. 213
13	− 5. 280	− 1. 673	0. 115	− 0. 6407	0. 3716	− 0. 454
14	5. 433	1. 693	0. 085	0. 5508	0. 3287	− 0. 264
15	− 0. 138	− 0. 043	0. 107	− 0. 0146	− 0. 0092	0. 007
16	− 1. 487	− 0. 537	0. 319	− 0. 3592	− 0. 3285	0. 299
17	− 1. 742	− 0. 563	0. 151	− 0. 2326	− 0. 1556	0. 109
18	− 2. 263	− 0. 743	0. 175	− 0. 3375	0. 0927	− 0. 179
19	− 0. 158	− 0. 053	0. 203	− 0. 0258	0. 0049	− 0. 012
20	4. 461	1. 504	0. 219	0. 8293	− 0. 1151	0. 353

现在,我们通过对观察10做一些修改来创造3个情景。表4.8显示,这个观察是一个十分普通的观察,只是杠杆效应略高一些而已。我们创造了如下3个情景:

情景1:我们将 x_1 增加了8个单位。用这一 x_1 分析得到的值变化并不是很大,但这一变化却增加了观察的杠杆效应,因为这一单一的变化降低了两个自变量间的相关性。然而,我们使用这一模型的目的是求 y 的值;所以这个值在因变量中并不是一个异常值。

情景2:我们通过把 y 增加20来制造一个异常值。因为自变量的值并没有变化,所以效应也没有变化。

情景3:我们通过将在情景1中形成的高杠杆效应的观察的 y 的值增加20来制造一个有影响的异常值。换言之,我们有了一个同样也是异常值的高杠杆效应的观察值,因此,它将变成一个影响值。

现在,我们用这3个场景的数据来做回归。因为计算机分析输出的结果数量浩大,所以无法也不需要将它们全部列出。因此,我们只是将其中与我们讨论的内容关系最为密切的结果列入表4.9中。它们是:

1. 总模型统计值, F 和残差的标准差。
2. 系数估计值, $\hat{\beta}_1$, $\hat{\beta}_2$ 和它们的标准误差。
3. 在所有的观察中,只列出了观察10的标准化残差 h_i, COVRASTIO 和 DFFTS。
4. SSE 和 PRESS。

表4.9 **各种场景的估计值和统计值**

REGRESSION STATISTICS				
	Original Data	Scenario 1	Scenario 2	Scenario 3
MODEL F	116. 77	119. 93	44. 20	53. 71
ROOT MSE	3. 36	3. 33	5. 44	5. 47
β_1	0. 86	0. 82	0. 79	2. 21
STD ERROR	0. 39	0. 29	0. 63	0. 48
β_2	1. 03	1. 06	1. 09	− 0. 08
STD ERROR	0. 34	0. 26	0. 55	0. 45
OUTLIER STATISTICS				
Stud. Resid.	− 0. 518	− 0. 142	3. 262	3. 272
h_i	0. 051	0. 460	0. 051	0. 460
COVRATIO	1. 204	2. 213	0. 066	0. 113
DFFITS	− 0. 117	− 0. 128	1. 197	4. 814
SSE	191. 4	188. 6	503. 3	508. 7
PRESS	286. 5	268. 3	632. 2	1083. 5

情景1:总模型估计值基本上没有变化,但是系数估计值的标准误差变小了,因为多重共线性降低了,所以提供了更为稳定的参数估计值。还需进一步注意的是,观察10的 h_i 和 COVRATIO 可以被认为是"大"的。

情景2:异常值降低了模型的总显著度(F 较小),并使误差的均方有所上升。两个系数都发生了变化,且它们的标准误差都上升了。小的 COVRATIO 说明系数的标准差变大了,而大的 DFFITS 则是因为系数变化了。然而,我们应该注意的是,PRESS 与 SSE 的比率却没有明显上升,因为异常值并不具影响。

情景3:总模型统计值几乎与那些没有影响的异常值的模型相同。然而系数估计值却有很大的差别。情景1和情景3的系数估计值的标准误差都比情景2的有所下降,因为多重共线性下降了,但与原数据相比却没有太大的差别。正因为如此,COVRATIO 不是"大"的。当然,DFFITS 是很大的,因而 PRESS 与 MSE 的比率也很大。■

这个精心构筑的例子应该对我们更深入地了解各种统计量对异常值和影响值（变化）的反应。大家还要注意的是,在每一种情形中,相关统计量的值也大大超过我们建议的"大"的标准。不言而喻,在实际的应用时,情况是不会总是那么简单明了的。

例 4.3

表 4.10 列出美国 50 个州和华盛顿特区的一些人口普查的数据。我们想要了解的问题是,平均预期生命期限或称寿命(LIFE)是否与下列特征有关:

MALE:男性与女性之比的百分比
BIRTH:每 1000 人出生率
DIVO:每 1000 人离婚率
BEDS:每 100000 人医院病床数
EDUC:25 岁或以上人口中完成 16 年在校教育人口百分比
INCO:以美元计算的人均收入
STATE:州

表 4.10　例 4.3 的数据

STATE	MALE	BIRTH	DIVO	BEDS	EDUC	INCO	LIFE
AK	119.1	24.8	5.6	603.3	14.1	4638	69.31
AL	93.3	19.4	4.4	840.9	7.8	2892	69.05
AR	94.1	18.5	4.8	569.6	6.7	2791	70.66
AZ	96.8	21.2	7.2	536.0	12.6	3614	70.55
CA	96.8	18.2	5.7	649.5	13.4	4423	71.71
CO	97.5	18.8	4.7	717.7	14.9	3838	72.06
CT	94.2	16.7	1.9	791.6	13.7	4871	72.48
DC	86.8	20.1	3.0	1859.4	17.8	4644	65.71
DE	95.2	19.2	3.2	926.8	13.1	4468	70.06
FL	93.2	16.9	5.5	668.2	10.3	3698	70.66
GA	94.6	21.1	4.1	705.4	9.2	3300	68.54
HI	108.1	21.3	3.4	794.3	14.0	4599	73.60
IA	94.6	17.1	2.5	773.9	9.1	3643	72.56
ID	99.7	20.3	5.1	541.5	10.0	3243	71.87
IL	94.2	18.5	3.3	871.0	10.3	4446	70.14
IN	95.1	19.1	2.9	736.1	8.3	3709	70.88
KS	96.2	17.0	3.9	854.6	11.4	3725	72.58
KY	96.3	18.7	3.3	661.9	7.2	3076	70.10
LA	94.7	20.4	1.4	724.0	9.0	3023	68.76
MA	91.6	16.6	1.9	1103.8	12.6	4276	71.83
MD	95.5	17.5	2.4	841.3	13.9	4267	70.22
ME	94.8	17.9	3.9	919.5	8.4	3250	70.93
MI	96.1	19.4	3.4	754.7	9.4	4041	70.63
MN	96.0	18.0	2.2	905.4	11.1	3819	72.96
MO	93.2	17.3	3.8	801.6	9.0	3654	70.69
MS	94.0	22.1	3.7	763.1	8.1	2547	68.09

续表

STATE	MALE	BIRTH	DIVO	BEDS	EDUC	INCO	LIFE
MT	99.9	18.2	4.4	668.7	11.0	3395	70.56
NC	95.9	19.3	2.7	658.8	8.5	3200	69.21
ND	101.8	17.6	1.6	959.9	8.4	3077	72.79
NE	95.4	17.3	2.5	866.1	9.6	3657	72.60
NH	95.7	17.9	3.3	878.2	10.9	3720	71.23
NJ	93.7	16.8	1.5	713.1	11.8	4684	70.93
NM	97.2	21.7	4.3	560.9	12.7	3045	70.32
NV	102.8	19.6	18.7	560.7	10.8	4583	69.03
NY	91.5	17.4	1.4	1056.2	11.9	4605	70.55
OH	94.1	18.7	3.7	751.0	9.3	3949	70.82
OK	94.9	17.5	6.6	664.6	10.0	3341	71.42
OR	95.9	16.8	4.6	607.1	11.8	3677	72.13
PA	92.4	16.3	1.9	948.9	8.7	3879	70.43
RI	96.2	16.5	1.8	960.5	9.4	3878	71.90
SC	96.5	20.1	2.2	739.9	9.0	2951	67.96
SD	98.4	17.6	2.0	984.7	8.6	3108	72.08
TN	93.7	18.4	4.2	831.6	7.9	3079	70.11
TX	95.9	20.6	4.6	674.0	10.9	3507	70.90
UT	97.6	25.5	3.7	470.5	14.0	3169	72.90
VA	97.7	18.6	2.6	835.8	12.3	3677	70.08
VT	95.6	18.8	2.3	1026.1	11.5	3447	71.64
WA	98.7	17.8	5.2	556.4	12.7	3997	71.72
WI	96.3	17.6	2.0	814.7	9.8	3712	72.48
WV	93.9	17.8	3.2	950.4	6.8	3038	69.48
WY	100.7	19.6	5.4	925.9	11.8	3672	70.29

表中数据来自巴拉巴的著作(Barabba,1979)。

第一步是用 LIFE 作因变量,其余的变量作自变量做一个普通的线性回归分析。分析的结果如表4.11 所示。

回归关系在统计上还算显著,但并不是很显著。这样的情况对于这种性质和大小的数据集而言并不罕见。最显著的系数显示,预期寿命与出生率有负关系。这一关系正在我们的意料之中,因为生育率这一变量在一定程度上可被看作是低收入和其他社会经济因素的代理变量。然而,应该提醒大家注意的是,收入的系数本身却并不显著。第二强的关系是与医院病床数的负关系。这一结果出乎我们的意料,因为这一变量可看作是医疗条件好坏的代理变量。与男性的正关系和离婚率的负关系比较弱($\alpha = 0.01$),颇为耐人寻味。

表 4.12 列出了学生化残差(studentized residuals)、帽子矩阵的对角元素(hat matrix diagonals)、COVRATIO 和 DFFITS 的统计值以及回归分析得来的预测值。

表 4.11　估计预期寿命的回归分析

Analysis of Variance

Source	DF	Sum of Squares	Mean Square	F Value	Pr > F
Model	6	53.59425	8.93238	6.46	< 0.0001
Error	44	60.80295	1.38189		
Corrected Total	50	114.39720			

Root MSE		1.17554	R-Square	0.4685
Dependent Mean		70.78804	Adj R-Sq	0.3960
Coeff Var		1.66064		

Parameter Estimates

Variable	DF	Parameter Estimate	Standard Error	t Value	Pr > | t |
Intercept	1	70.55778	4.28975	16.45	< 0.0001
MALE	1	0.12610	0.04723	2.67	0.0106
BIRTH	1	− 0.51606	0.11728	− 4.40	< 0.0001
DIVO	1	− 0.19654	0.07395	− 2.66	0.0109
BEDS	1	− 0.00334	0.00097953	− 3.41	0.0014
EDUC	1	0.23682	0.11102	2.13	0.0385
INCO	1	− 0.00036120	0.00045979	− 0.79	0.4363

表 4.12　各种统计值表

OBS	STATE	PREDICT	RESIDUAL	STUDENTR	HAT	COVRATIO	DFFITS
1	AK	71.3271	− 2.0171	− 2.75935	0.61330	0.80331	− 3.77764
2	AL	69.4415	− 0.3915	− 0.34865	0.08744	1.26246	− 0.10683
3	AR	70.6101	0.0499	0.04474	0.10114	1.30634	0.01483
4	AZ	70.2978	0.2522	0.22878	0.12027	1.32411	0.08367
5	CA	71.6590	0.0510	0.04563	0.09499	1.29745	0.01461
6	CO	71.9730	0.0870	0.08109	0.16606	1.40702	0.03577
7	CT	72.2868	0.1932	0.18019	0.16778	1.40413	0.08001
8	DC	66.8702	− 1.1602	− 1.92429	0.73694	2.41318	− 3.32707
9	DE	70.4192	− 0.3592	− 0.31749	0.07353	1.24763	− 0.08852
10	FL	71.3805	− 0.7205	− 0.63860	0.07890	1.19475	− 0.18563
11	GA	69.4238	− 0.8838	− 0.78960	0.09346	1.17251	− 0.25243
12	HI	71.5312	2.0688	1.98759	0.21600	0.77551	1.08103
13	IA	71.4261	1.1339	0.98744	0.04583	1.05230	0.21635
14	ID	71.0405	0.8295	0.72725	0.05862	1.14647	0.18050
15	IL	70.1659	− 0.0259	− 0.02361	0.12984	1.34974	− 0.00902
16	IN	70.2914	0.5886	0.52556	0.09229	1.23821	0.16618
17	KS	71.6500	0.9300	0.81864	0.06598	1.12947	0.21675
18	KY	70.7864	− 0.6864	− 0.60494	0.06827	1.18908	− 0.16256
19	LA	70.3188	− 1.5588	− 1.38664	0.08545	0.93938	− 0.42847
20	MA	70.9224	0.9076	0.80903	0.08992	1.16203	0.25337

续表

OBS	STATE	PREDICT	RESIDUAL	STUDENTR	HAT	COVRATIO	DFFITS
21	MD	72.0392	− 1.8192	− 1.62551	0.09367	0.84010	− 0.53284
22	ME	70.2533	0.6767	0.59436	0.06209	1.18364	0.15178
23	MI	70.2429	0.3871	0.34718	0.10029	1.28070	0.11474
24	MN	71.1682	1.7918	1.55052	0.03357	0.82017	0.29380
25	MO	70.7707	− 0.0807	− 0.07026	0.04456	1.22842	− 0.01500
26	MS	68.7295	− 0.6395	− 0.59755	0.17127	1.33876	− 0.26964
27	MT	72.0442	− 1.4842	− 1.32327	0.08961	0.97097	− 0.41884
28	NC	70.8177	− 1.6077	− 1.40504	0.05253	0.89903	− 0.33466
29	ND	71.6705	1.1195	1.07650	0.21739	1.24510	0.56842
30	NE	71.2293	1.3707	1.18900	0.03826	0.97174	0.23830
31	NH	71.0450	0.1850	0.15973	0.02893	1.20469	0.02726
32	NJ	72.1304	− 1.2004	− 1.12678	0.17866	1.16507	− 0.52718
33	NM	70.8062	− 0.4862	− 0.45122	0.15985	1.35341	− 0.19502
34	NV	68.7611	0.2689	0.49160	0.78351	5.22034	0.92706
35	NY	70.4696	0.0804	0.07336	0.13017	1.34921	0.02806
36	OH	70.3149	0.5051	0.44811	0.08043	1.23708	0.13131
37	OK	71.1389	0.2811	0.25138	0.09538	1.28545	0.08075
38	OR	72.5163	− 0.3863	− 0.35172	0.12715	1.31945	− 0.13289
39	PA	70.9151	− 0.4851	− 0.43064	0.08158	1.24168	− 0.12715
40	RI	71.4382	0.4618	0.40908	0.07772	1.24006	0.11762
41	SC	70.5163	− 2.5563	− 2.24879	0.06489	0.53439	− 0.62248
42	SD	71.1165	0.9635	0.88105	0.13455	1.19823	0.34650
43	TN	70.0345	0.0755	0.06631	0.06244	1.25194	0.01692
44	TX	70.1801	0.7199	0.62837	0.05028	1.16116	0.14358
45	UT	69.5785	3.3215	3.58440	0.37861	0.16856	3.28714
46	VA	71.5622	− 1.4822	− 1.29871	0.05746	0.94790	− 0.32325
47	VT	70.5113	1.1287	0.99678	0.07209	1.07882	0.27782
48	WA	72.5022	− 0.7822	− 0.70606	0.11177	1.22103	− 0.24902
49	WI	71.4854	0.9946	0.86395	0.04086	1.08641	0.17779
50	WV	69.9235	− 0.4435	− 0.39886	0.10523	1.27987	− 0.13546
51	WY	70.4566	− 0.1666	− 0.14854	0.08921	1.28513	− 0.04597

　　尽管表4.12已经给出了找出异常值和影响值所需要的信息,但是这些统计量的散点图还是对最初的筛查更有用。图4.3便是表4.12各种数据统计量的散点图。其中最为极端的那些州都已用两个字母代表的州名的缩写标出。计算机、打印机的硬件和软件的快速发展,促使我们在绘制信息更为丰富的统计图表的方法方面做了大量的研究,并取得了很多成果。许多方法为我们提供了标示数据的各种选项,如在列出州的全称和用彩码标记观察等。我们既可在图表上直接显示它们,也可以采用指向-点击法来显示它们。但无论选用什么方法,其目的都在于绘制出简洁明了,且能提供尽可能多的信息的图例。在本例中,为了得出以下的结论,我们只需要确定哪些州有最极端的异常值(像图4.3所做的那样)即可:

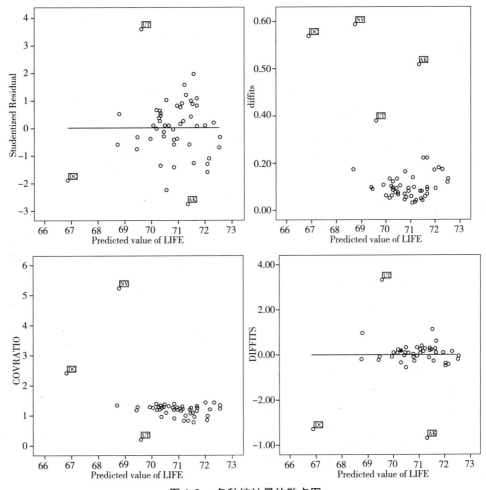

图 4.3   各种统计量的散点图

1. 犹太州(UT)和阿拉斯加(AL)是异常值,但阿拉斯加程度较低。因为这两个州的预期寿命低于这一模型的估计值。

2. 阿拉斯加、哥伦比亚特区(CO)和内华达(NE)有强杠杆效应。

3. 统计量 COVRATIO 显示,内华达和哥伦比亚特区的估计值的精度较高,但内华达稍逊一些。

4. 犹太、哥伦比亚特区和阿拉斯加都有很强影响。

注意,这些结论都是十分明显的。在确定"大"的值时,不需要更为正规的理论建议。不言而喻,接下来我们将把注意力集中到阿拉斯加、哥伦比亚特区、内华达及犹太州,为此,我们在表 4.13 中再一次计算并列出了这些州的 DFBETAS 和 DFFITS。

表 4.13   被挑出的州的 DFBETAS

STATE	DFFITS	MALE	BIRTH	DIVO	BEDS	EDUC	INCO
AK	− 3.778	− 2.496	− 1.028	0.590	− 0.550	0.662	− 0.917
DC	− 3.327	0.741	− 0.792	− 0.821	− 2.294	− 0.735	0.244
NV	0.927	0.003	0.012	0.821	0.151	− 0.239	0.281
UT	3.287	− 1.289	1.967	− 0.683	− 1.218	0.897	− 0.282

现在我们可以对这些州的不寻常之处加以诊断:

阿拉斯加:MALE(男性)的 DFBETAS 不仅显然很大,而且还是负的。那一州有着最高的男性人口(见表 4.10)。这一变量会产生很强的杠杆效应。阿拉斯加的期望寿命相当低,因此 DFFITS 很大。而把阿拉斯加从数据中去掉,那么 MALE 的系数便会下降。不过,高杠杆效应智能使标准化残差只是稍微"大"一点而已。

哥伦比亚特区:这一"州"在很多方面都很不寻常。就我们的模型而言,应该加以注意的是,它的男性比率最低,但医院的床位数却最高。我们有理由认为这一变量有着较高的杠杆效应。高杠杆效应使标准化残差不会太大,尽管它的预期寿命最低。DFFITS 很大,且似乎在很大程度上都是由于医院的床位数所致。CUVRATIO 的值很大,意味着去掉这一观察将会使估计值的精度下降。通过对将哥伦比亚特区删掉后的回归输出的结果进行考察,我们可以对这些结果的含义有所了解。这些数据如表 4.14 所示。

表 4.14　D.C. 被删除之后的回归结果

Analysis of Variance

Source	DF	Sum of Squares	Mean Square	F Value	Pr > F
Model	6	32.40901	5.40150	4.17	0.0022
Error	43	55.68598	1.29502		
Corrected Total	49	88.09499			
	Root MSE	1.13799	R-Square	0.3679	
	Dependent Mean	70.88960	Adj R-Sq	0.2797	
	Coeff Var	1.60530			

Parameter Estimates

Variable	DF	Parameter Estimate	Standard Error	t Value	Pr > | t |
Intercept	1	69.82076	4.16926	16.75	< 0.0001
MALE	1	0.09221	0.04880	1.89	0.0656
BIRTH	1	− 0.42614	0.12221	− 3.49	0.0011
DIVO	1	− 0.13778	0.07745	− 1.78	0.0823
BEDS	1	− 0.00116	0.00145	− 0.80	0.4260
EDUC	1	0.31577	0.11458	2.76	0.0086
INCO	1	− 0.00046983	0.00044845	− 1.05	0.3006

首先,我们注意到,在误差的均方有所下降的同时,总模型误差的 R 方也稍微小了一些。这一显而易见的矛盾是删除了自变量值最低的观察所致,这一观察的删除也导致了总平方和的减少。

我们再来看一下各个变量的系数,我们看到,主要的变化发生在医院病床数这一变量(它的符号是负的是出乎意料的),它的系数在统计上已不再显著。换言之,该变量高度显著的负的系数完全是由于那一观察所致!

无须做过于详细的考察,我们就能了解内华达的异乎寻常的方面是由于高离婚率所致,而犹太州则有若干不同一般的特性,因而将它从数据中删除之后,数据与总模型拟合得更好。■

评 论

该节讨论了一些用于诊断异常值,即那些有着异乎寻常的,可能会对回归分析带来不恰当的影响值的方法。因为异常值可能会以各种方式发生,产生的影响也不尽相同,为了能对它们进行更好的探测,我们开发设计了若干种统计量。概括地讲,异常值和有关的探测统计量的类型如下:

1. 因变量中的异常值,用残差来探测,如能用标准化残差来探测则更好。
2. 自变量中的异常值,也称杠杆效应,用帽子矩阵中的对角元素探测。
3. 对那些由杠杆效应和因变量异常值组合引起的因变量估计值的变化的观察,用统计量 DFFITS 来测量总效应,用统计量 DFBETAS 来确定单个系数。
4. 由杠杆效应和因变量异常值组合引起的估计值精度变化的观察,用统计量 COVRATIO 来测量。

我们也已扼要地讨论了统计量 PRESS,如果这一统计量的值确实大于 SSE,则说明正在分析的数据中的异常值可能的确会带来一些问题。

还有一些可资利用的其他统计量,可能会包含在某些计算机软件包中。此外,由于计算机硬件和软件的迅速发展,大大推动了用计算机深入探测异常值方法的研究。尽管到目前为止,这些研究成果已经编入目前流行的计算机软件中的还不多。但这种可能性毕竟存在,因此,任何一种统计软件的用户在使用软件时都应仔细地阅读使用手册,以确定其中包含的可资利用的异常值探测方法,并力求对它们的性能有所了解。

我们已经对各种建议大家使用的统计量及用于评估它们在用于回归模型时的效果的准则进行了讨论。然而如例 4.2 所示,它们在确认那些可能并非十分异常的异常值时,通常有点"宽松"。因此,这些准则应当用于初步的筛选程序,并与散点图及其他一些手段配合在一起,用于对预测值做最后的判断。

不仅如此,迄今为止所讨论的那些技术方法,在很大程度上都是设计用于探测单个异常值的。例如,数据中如果有重复的或近乎重复的影响值,那么"去掉一个"统计量便无法确定究竟是哪一个观察是有影响的。目前进行的研究正在接近这一问题的解决,并可能在不久的将来找到一些探测重复的影响值的方法。

补救方法

我们已经对用于探测异常值的方法做了介绍,但是还未提及任何用于寻找抵消它们的效应的补救方法的统计路数。实际上,对异常值的效应进行补救,严格地讲并不是一个统计问题。显然,在未做进一步的调查之前,我们是不会轻易地舍去一个异常值的。总的来说,在处理异常值问题时,我们希望采用的方法最好是合乎逻辑和常识。而下面我们所提供的那些准则,只是建议性的,仅供大家参考。

- 异常值可能只不过是记录误差而已 —— 如错误的记录、粗枝大叶的编辑或其他人为的因素。诸如这样的误差源通常都是可以发现并予以纠正的。除非异常值是一种明显的记录误差,否则不要随便把它舍弃。
- 观察可能是一个异常值,但引起它异常的因素却未包含在模型中。这样的实例有:考试前一天生病的学生;实验遇到一天或多天天气异常;病人在医疗试验中染上了别的疾病;或像在例4.3中那样,哥伦比亚特区实际上并非真的是一个州。在遇有这样的情形时,一种合乎逻辑的补救方法是用修正过的模型对数据进行再分析。记住,也许在其他并非异常值的观察中存在。另一种可供选择的方法是,把那一观察连同任何其他易于受那一因素影响的观察一起删除,并将所有的推论限制在那些没有那一因素的观察。

- 异常值可能是因为不等方差所致。这就是说,有些单元因变量的测量精度就是比其他单元低。这一现象将在下一节进行讨论。
- 最后,也许还需要将观察从数据中去除。这样的情况终究都发生在样本中,但随之也必定要发生在我们将要对之进行推论的总体(其目的无非是使数据与模型拟合得更好)。但是,寻求一个更好的拟合,并不能成为修改数据的理由。

第二部分　违反假定

4.3　不等方差

另一种违反线性模型分析的假定是,跨所有数据值的误差的方差不是常方差(constant variance)。这样一种违反称为**异方差性**或**方差不齐**(heteroscedasticity)。我们已经在本章的导论部分,对这种假定违法做过扼要的讨论。尽管异方差性可能会导致回归系数估计值的偏倚,但是它的主要影响却是有可能导致因变量均值估计值方差的估计值发生错误。

在因变量服从非正态分布时,非常数方差(nonconstant variances)是不可避免的,因为这时方差与均值之间存在函数关系。泊松(Poisson)和二项(binomial)分布便是诸如这样的概率分布的实例。

一般公式

请大家回忆一下,在3.3节中,我们把多元回归模型用矩阵表示为

$$Y = XB + E$$

式中,E 是误差项 ϵ_i 的 $n \times 1$ 矩阵。我们将 V 定义为一个 $n \times n$ 的矩阵,它的对角元素代表在对角之外的其他元素代表所有成对的协方差时的,n 个单个误差的方差。矩阵 V 称为方差-协方差矩阵(variance-covariance matrix)如果误差项是独立的,且有公共方差 σ^2,那么这一矩阵就可被表达为

$$V = \sigma^2 I_n$$

式中,I_n 为恒等矩阵(identity matrix)。这就是说,ϵ_i 的方差全都等于 σ^2,而它们所有的协方差都等于零。不言而喻。那就是说"寻常"的假定导致了"寻常"的估计值。

系数的最小平估计值则由下式表示为

$$\hat{B} = (X'X)^{-1}X'Y$$

　　假如误差项既不独立也非常数方差。这时方差-协方差矩阵 V 的形式便不会那么简单。对角元素虽然仍将代表单个的误差项的方差,但是它们的值却都不相等。对角元素之外的元素也不一定为零,因为单个误差不是独立的,因此,它们的协方差也不等于零。唯一的限定是,V 是正定的(positive definite)。

　　于是正规的方程则变为

$$(X'V^{-1}X)\hat{B}_g = X'V^{-1}Y$$

式中,$\hat{B}_g$ 是 B 的估计值。用这一记号,我们可用下式得到**广义最小平方**(generalized least squares)估计值为

$$\hat{B}_g = (X'V^{-1}X)^{-1}X'V^{-1}Y$$

　　注意,如果 $V = \sigma^2 I_n$,那么公式便返回到我们熟悉的 $(X'X)^{-1}X'Y$。这一公式可作为平方和分解及所有其他推论方法的偏倚的计算公式。尽管这一方法具有所有我们希望具有的性质,给我们提供了无偏估计值和恰当的推论方法,但是它要假设 V 的元素是已知的,而它们通常却都是未知的。实际上,我们甚至没有足够的数据来估计这些为实施这一方法所要求的,V 的 $n(m+1)/2$ 个截然不同的元素(我们只有 n 个观察)。

　　如果误差项是独立的,但是却不是常方差的,那么 V 的元素将包含单个误差的方差,但对角元素之外的元素将都是零。V 的逆矩阵含对角元素的倒数,而其他地方元素则都为零。即

$$v_{ii}^{-1} = \frac{1}{\sigma_i^2}, i = 1, 2, \cdots, n$$

和

$$v_{ij}^{-1} = 0, i \neq j$$

这时,矩阵 $X'V^{-1}X$ 的 (i,j) 观察则应计算为

$$\sum_k x_{ik}x_{kj}/\sigma_k^2$$

式中,求和是对下标 k 而言的。矩阵 $X'V^{-1}X$ 的元素则以相同的方法计算。这些公式的效用是,在计算平方和和乘积时,那些单个的求和项都用单个观察的方差的倒数加了权。因此,由此得到的方法称为**加权回归**(weighted regression)。[11] 不难证明,这些权只需要与实际的方差*成比例*即可。

　　当然这些方差的值通常都是未知的,但是给这些元素赋值一般还是都能办得到的。几乎所有的计算机程序都可以做加权回归,但是我们必须提供单个的权值。我们将用一个人为编制的例子对这一方法作进一步的阐述。

例4.4

　　我们有 10 个观察,其 x 值为 1～10,而 y 的值则是用模型生成的,即

$$y = x + \epsilon$$

式中,ϵ 服从正态分布,并有已知的标准差 $0.25x$。换言之,第一个观察的误差的方差是 $[(1)(0.25)]^2 = 0.0625$,而最后一个观察的方差则是 $[(10)(0.25)]^2 = 6.25$。这些数据如表 4.15 所示。

11　加权回归也可以使用方差的倒数之外的其他的权,参见 4.4 节。

表 4.15　不等方差回归的数据

OBS	x	y
1	1	1.1
2	2	2.2
3	3	3.5
4	4	1.6
5	5	3.7
6	6	6.8
7	7	10.0
8	8	7.1
9	9	6.3
10	10	11.7

这"普通"的未加权回归是用 SAS 的 PROC REG 模块做的。表 4.16 中列出的回归结果中,因变量均值的置信区间为 0.95。

表 4.16　未加权回归结果

Analysis of Variance					
Source	DF	Sum of Squares	Mean Square	F Value	$Pr > F$
Model	1	87.98836	87.98836	24.97	0.0011
Error	8	28.19164	3.52395		
Corrected Total	9	116.18000			

Root MSE	1.87722	R-Square	0.7573	
Dependent Mean	5.40000	Adj R-Sq	0.7270	
Coeff Var	34.76333			

Parameter Estimates					
Variable	DF	Parameter Estimate	Standard Error	t Value	$Pr > \|t\|$
Intercept	1	-0.28000	1.28239	-0.22	0.8326
x	1	1.03273	0.20668	5.00	0.0011

Output Statistics						
OBS	Dep Var y	Predicted Value	Std Error Mean Predict	95% CL Mean		Residual
1	1.1000	0.7527	1.1033	-1.7916	3.2970	0.3473
2	2.2000	1.7855	0.9358	-0.3724	3.9433	0.4145
3	3.5000	2.8182	0.7870	1.0034	4.6330	0.6818
4	1.6000	3.8509	0.6697	2.3066	5.3952	-2.2509
5	3.7000	4.8836	0.6026	3.4941	6.2731	-1.1836
6	6.8000	5.9164	0.6026	4.5269	7.3059	0.8836
7	10.0000	6.9491	0.6697	5.4048	8.4934	3.0509
8	7.1000	7.9818	0.7870	6.1670	9.7966	-0.8818
9	6.3000	9.0145	0.9358	6.8567	11.1724	-2.7145
10	11.7000	10.0473	1.1033	7.5030	12.5916	1.6527

乍看之下,结果似乎不错,因为 0.95 的置信区间轻而易举地就将系数的真值包括在里面了。这样一种类型的结果是颇为常见的,因为违反等方差这一假定通常对系数估计值的影响都不大。然而,问题在于误差的均方并没有什么实际的意义,因为没有单个的方差估计。不仅如此,所有观察值的标准误差和条件均值的估计值的95%置信区间的宽度也几乎也是恒定不变的。这是不合逻辑的,因为我们可以预期的是,方差较小的观察值的估计值应该比较精确。综上所述,我们不难明白,未加权分析实际上并没有考虑到不等方差问题。

我们现在用(已知的)$1/x^2$ 的权数做一个加权回归。记住,权数只需要与真方差成比例,它等于$(0.25x)^2$。我们把这一回归的结果列入表4.17。

表4.17　加权分析的结果

Source	DF	Sum of Squares	Mean Square	F Value	Pr > F
Model	1	3.92028	3.92028	39.77	0.0002
Error	8	0.78864	0.09858		
Corrected Total	9	4.70892			

Dependent Variable: y
Weight: w
Analysis of Variance

Root MSE	0.31397	R-Square	0.8325
Dependent Mean	1.92647	AdjR-Sq	0.8116
Coeff Var	16.29798		

Parameter Estimates

Variable	DF	Parameter Estimate	Standard Error	t Value	Pr > | t |
Intercept	1	0.15544	0.37747	0.41	0.6913
x	1	0.93708	0.14860	6.31	0.0002

Output Statistics

OBS	Weight Variable	Dep Var y	Predicted Value	Std Error Mean Predict	95% CL Mean		Residual
1	1.0000	1.1000	1.0925	0.2848	0.4358	1.7492	0.007477
2	0.2500	2.2000	2.0296	0.2527	1.4468	2.6124	0.1704
3	0.1111	3.5000	2.9667	0.3014	2.2717	3.6616	0.5333
4	0.0625	1.6000	3.9038	0.4024	2.9758	4.8317	− 2.3038
5	0.0400	3.7000	4.8408	0.5265	3.6267	6.0549	− 1.1408
6	0.0278	6.8000	5.7779	0.6608	4.2542	7.3017	1.0221
7	0.0204	10.0000	6.7150	0.8001	4.8699	8.5601	3.2850
8	0.0156	7.1000	7.6521	0.9423	5.4791	9.8251	− 0.5521
9	0.0123	6.3000	8.5891	1.0862	6.0843	11.0940	− 2.2891
10	0.0100	11.7000	9.5262	1.2312	6.6870	12.3655	2.1738

加权回归结果表中的表头部分的"Weight：w"的意思是"权：w"。在 SAS 系统中,加权回归是通过定义一个新的作为权来使用的变量来实现的。在这一例子中,我们将变量 w 定义为 $1/x^2$。它的系数估计值与未加权回归的并没有很大的差别,且在这里,误差的均方的意义更少,因为它同样也反映了权的大小。

这两个分析的真正的差别在于条件均值的估计值的精度。这些差别在图4.4中得到了显示。该图由左右两张分别表示未加权回归(Unweighted Regression)和加权回归(Weighted Regression)的散点图组成。*图中的符号(·)表示实际的观测值,上下两条不带符号的线条之间的区域,则是条件均值的 0.95 的置信区间。

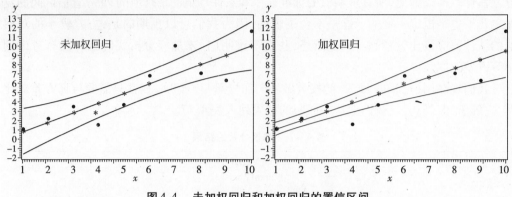

图 4.4　未加权回归和加权回归的置信区间

我们可以看到两条回归线几乎没有什么差别。真正的差别是置信带(confidence band)。在加权回归中,比较大的 x 值的置信区间比较宽,因为它们的方差比较大。■

当然,通常我们并不知道真的方差究竟是多少,因而必须使用某种形式来近似我们需要的权。一般有两种可供我们选择的做加权回归的方法:

1. *估计方差值*。这种法只可以在每个自变量组合都有多个观察时使用。

2. *使用关系*。这种方法要用到有关观察值的方差的相对大小的信息。

下面我们用例 4.5 对这两种方法作进一步的介绍。

例 4.5

某种滑轮设备由一组以这样一种方式装配的滑轮组成。这种装配方式使我们可以用小于物重的拉力来提起物体。图 4.5 便是这样一种装置。

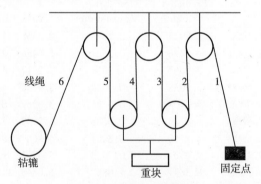

图 4.5　滑轮设备示意图

提升重块的力施加于图中左面的轱辘(drum)。虽然提升重块(weight)需要的力小于重块的实际质量,但是滑轮的摩擦力会使这一优点有所减色。我们将用一个实验来确定由这一摩擦力而损失的效率。

---

* 译者对原文内容有所丰富。——编者注

每一条线绳(lines)上的加载,则用提升和放下重块而反复旋转轱辘的圈数来测量。注意,图的右下方位置与轱辘对应的装置是用来固定线绳的支架或桩子(anchor)。我们对每一条线绳的每一次提升(UP)和放下(DOWN)做了10次独立的测量。那就是说,每转一圈,只对一根线绳进行测量。测量得到的数据如表4.18所示。虽然表中列出了全部提升(UP)和放下(DOWN)的数据,但这一次我们只用有关提升的数据。

表4.18　滑轮设备线绳上的加载

	线绳										
1		2		3		4		5		6	
UP	DOWN	UP	DOWN	UP	DOWN	UP	DOWN	UP	DOWN	UP	DOWN
310	478	358	411	383	410	415	380	474	349	526	303
314	482	351	414	390	418	408	373	481	360	519	292
313	484	352	410	384	423	422	375	461	362	539	291
310	479	358	410	377	414	437	381	445	356	555	300
311	471	355	413	381	404	427	392	456	350	544	313
312	475	361	409	374	412	438	387	444	362	556	305
310	477	359	411	376	423	428	387	455	359	545	295
310	478	358	410	379	404	429	405	456	337	544	313
310	473	352	409	388	395	420	408	468	341	532	321
309	471	351	409	391	401	425	406	466	341	534	318

如果摩擦存在,那么从线1到线6,加载应该是递增的,且作为第一近似值,它应当是均匀地递增的,这意味着加载(LOAD)对线绳(LINE)的线性回归。然而,正像我们将要在例6.3中所要见到的那样,简单的线性模型对这一问题并不合适。相反,我们要使用一个带有一个附加的指标变量的线性回归。该变量通常用C1表示。这个模型为

$$LOAD = \beta_0 + \beta_1(LINE) + \beta_2(C1) + \epsilon$$

如果式中的LINE = 6,那么C1 = 1,否则C1 = 0。这一变量使我们得以了解6号滑轮的因变量的值对回归直线的偏离程度。表4.19给出了这个回归的结果。

表4.19　估计线绳上的加载的回归

Analysis of Variance					
Source	DF	Sum of Squares	Mean Square	F Value	Pr > F
Model	2	329968	164984	2160.03	< 0.0001
Error	57	4353.68000	76.38035		
Corrected Total	59	334322			

	Root MSE	8.73959	R-Square	0.9870
	Dependent Mean	412.26667	Adj R-Sq	0.9865
	Coeff Var	2.11989		

Parameter Estimates					
Variable	DF	Parameter Estimate	Standard Error	t Value	Pr > |t|
Intercept	1	276.20000	2.89859	95.29	< 0.0001
LINE	1	36.88000	0.87396	42.20	< 0.0001
C1	1	41.92000	4.00498	10.47	< 0.0001

回归肯定是显著的。除了从5号线到6号线的加载增加了38.88 + 41.92 = 78.80之外,每条线的加载估计值都递增了36.88个单位。图4.6给出了回归的残差图。注意,随着线绳的数目的增加,残差似乎呈某种"扇形散开"状。

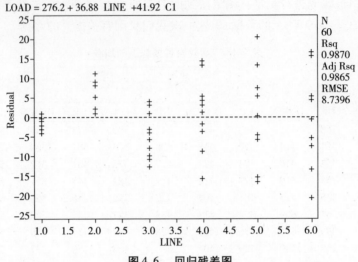

图4.6 回归残差图

用估计方差做的加权回归 在这一例子中,每一号线绳都有多个观察,这样就可通过计算样本方差来估计变量LINE的每一个值的方差。这些估计值都列入表4.20中了。表4.20的值是用SAS系统的PROC ANOVA模块分析得到的。变差随线号的增加而增加是十分明显的。[12]我们只需要取标准差的平方便可以得到方差的估计值,并由此而得到一个近似的权数。也就是说,$w_i = 1/(标准差)^2$。

表4.20 不同线绳的均值和方差

线绳水平	N	LOAD	
		Mean	SD
1	10	310.900000	1.5951315
2	10	355.500000	3.7490740
3	10	382.300000	5.9637796
4	10	424.900000	9.2189419
5	10	460.600000	11.8902388
6	10	539.400000	11.8902388

这些方差的倒数将用于加了一个WEIGHT陈述语句的用SAS的PROC REG模块做的加权回归。回归的结果及估计值和均值的估计值的标准差如表4.21所示。[13]

---

[12] 5号和6号线绳的标准差是相同的,这样的结果肯定是值得怀疑的。然而在这两条线的数字中却没有明显的令人怀疑的地方。

[13] 表的底部陈列的数字并非直接从PROC REG得到的。

表 4.21　加载的加权回归

		Weight：w			
		Analysis of Variance			
Source	DF	Sum of Squares	Mean Square	F Value	Pr > F
Model	2	7988.34494	3994.17247	2551.10	< 0.0001
Error	57	89.24287	1.56566		
Corrected Total	59	8077.58782			
	Root MSE	1.25127	R-Square	0.9890	
	Dependent Mean	328.64905	Adj R-Sq	0.9886	
	Coeff Var	0.38073			

		Parameter Estimates			
Variable	DF	Parameter Estimate	Standard Error	t Value	Pr >| t |
Intercept	1	273.43098	1.09451	249.82	< 0.0001
LINE	1	38.07497	0.68741	55.39	< 0.0001
C1	1	37.51922	5.70578	6.58	< 0.0001

	PREDICTED MEAN		S. D. ERROR OF MEAN	
LINE	UNWEIGHTED	WEIGHTED	UNWEIGHTED	WEIGHTED
1	313.08	311.506	2.14075	0.61012
2	349.96	349.581	1.51374	0.70123
3	386.84	387.656	1.23596	1.24751
4	423.72	425.731	1.51374	1.88837
5	460.60	463.805	2.14075	2.55357
6	539.40	539.400	2.76370	4.70476

　　注意，未加权回归和加权回归的每一 LINE 的值的预测均值都非常相似。这是在意料之中的，因为估计不受不同的方差的影响。加权回归的均值的预测值的标准误差表明精度随线号的上升而降低。当然，在权数离散程度比较大的线号中，情况更加如此。

　　使用估计方差有一个不足之处：即使自变量的每一个值都有多个观察，但一般终究不会太多。因此，方差的估计值可能会不太稳定。例如，线绳 3（3 号以上的线绳）的标准差的估计值有着从 6.723 ~ 15.17 这么大的 0.95 的置信区间，致使线绳 5 和线绳 6 的标准误差彼此重叠。在用估计的方差来做权的时候，我们必须慎之又慎。在这一例子中，方差的增加呈现的一致性，则为我们提供了用估计的方差来做权的合理性的又一个证明。■

基于关系的权

　　在例 4.4 中，产生的方差与 x 成比例，因此这时可用 x 的倒数来得到正确的权。如果在例 4.5 中，我们假定滑轮的摩擦力是基本上相等的，每次摩擦力的读数是独立的，且方差是跨线绳号均匀地增长的，那么我们便可用线号的倒数而不是估计的方差的倒数做权。也许有的读者想验证一下，使用这些权得到的结果是否的确与上面得到的结果相同。

　　有关潜在的误差分布的知识经常可为我们提供均值和方差之间的存在的理论关系。例如，在涉及从生物机体研究到经济学的广泛领域的数据的许多实际应用中，变差（variability）都与均值成比例，它等价于标准差与均值成比例。在目前这一情况下，用权 $1/y^2$ 或 $1/\hat{\mu}^2$ 的加权回归是比较恰当的。还有一种可供选择的方法，如果因变量是频数，那么潜在的分布将服从泊松分布，而该分布的方差等同于均值，因而比较恰当的权是 $1/y$

或 $1/\hat{\mu}$。最后还有一种情况,如果因变量是一种比例的形式,那么潜在的分布将服从二项分布,这时方差等于 $p(1-p)/n$。式中,p 表示成功的比例。[14]尽管这些分布是均值和方差之间的关系最为普遍的分布,但是其他形式的分布无疑也是确实存在的。

显然,如果回归模型的误差项中的均值和方差是相关的,那么它就不会有正态分布。为了进行模型参数的推论,我们必须做一些假定,其中一个假定是误差项的分布近似正态。幸运的是,在不能满足常方差和正态性假定时,通常我们都可以采用同样的方法来进行纠正。这就是说,我们只要纠正了其中一个问题,另一个问题也随之迎刃而解了。在遇有不具备常方差时,做回归分析的标准方法是对自变量进行如下的转换:

- 在标准差与均值成比例时使用对数(无论以 e,还是以 10 为底)。
- 如果服从泊松分布,使用平方根。
- 如果服从二项分布,使用比例的平方根的反正弦。

遗憾的是,诸如这样的变化通常会使结果难以解释。基于自变量的变换也可能会导致模型性质,特别是误差项的变化。例如,对数变换会要求误差项是乘性的,而非加性的,这样一些和其他一些变换将在第 8 章进行比较详尽的讨论。

然而,掌握有关误差项的分布的知识对做加权回归是十分有利的。这就是说,理论分布可能会给我们提供某种误差项方差的形式,而这一形式可用于犬的构建。我们将用一个例子来对之进行阐述,在这一例子中,误差项可能服从泊松分布。

例 4.6

在一群个体中,人们对究竟什么样的行为构成了一种罪行这一问题的认识存在很大差异。为了能了解究竟是什么因素对人们这方面的观点产生影响,我们对一个有 45 个高校学生构成的样本进行了调查。我们给他们提供了一张如下所示的列有各种行为的清单,问被调查者,他们认为其中哪些构成了犯罪:

人身威胁	武装抢劫	纵火
无神论	汽车行窃	盗窃
非暴力反抗	共产主义	药物依赖
挪用公款	强奸	赌博
同性恋	土地欺诈	纳粹主义
行贿	限价	卖淫
儿童性侵犯	性别歧视	商店行窃
罢工	露天采矿	叛国
野蛮行为		

因变量 CRIMES 是每个学生认为这些行为中属于犯罪行为的数目。那些描述可能对个人的观点有所影响的信息的变量是:

AGE:被访者年龄

---

[14] 二分因变量的回归问题将在第 10 章讨论。

SEX:编码 0:女,编码 1:男

INCOME:被访人收入(1000 美元)

表 4.22 列出了这些数据,而用被认为是犯罪的题项数(CRIMES)做因变量的回归结果则列入表 4.23 中。

表 4.22 对犯罪的看法的调查数据

AGE	SEX	INCOME	CRIMES
19	0	56	13
19	1	59	16
20	0	55	13
21	0	60	13
20	0	52	14
24	0	54	14
25	0	55	13
25	0	59	16
27	1	56	16
28	1	52	14
38	0	59	20
29	1	63	25
30	1	55	19
21	1	29	8
21	1	35	11
20	0	33	10
19	0	27	6
21	0	24	7
21	1	53	15
16	1	63	23
18	1	72	25
18	1	75	22
18	0	61	16
19	1	65	19
19	1	70	19
20	1	78	18
19	0	76	16
18	0	53	12
31	0	59	23
32	1	62	25
32	1	55	22
31	0	57	25
30	1	46	17
29	0	35	14
29	0	32	12
28	0	30	10
27	0	29	8
26	0	28	7
25	0	25	5
24	0	33	9
23	0	26	7
23	1	28	9
22	0	38	10
22	0	24	4
22	0	28	6

表 4.23　对犯罪的看法的回归结果

Analysis of Variance					
Source	DF	Sum of Squares	Mean Square	F Value	Pr > F
Model	3	1319.63143	439.87714	71.37	< 0.0001
Error	41	252.67968	6.16292		
Corrected Total	44	1572.31111			
	Root MSE	2.48252	R-Square	0.8393	
	Dependent Mean	14.35556	Adj R-Sq	0.8275	
	Coeff Var	17.29311			
Parameter Estimates					
Variable	DF	Parameter Estimate	Standard Error	t Value	Pr > | t |
Intercept	1	− 10.31963	2.24825	− 4.59	< 0.0001
AGE	1	0.40529	0.07518	5.39	< 0.0001
SEX	1	2.31808	0.82435	2.81	0.0075
INCOME	1	0.29093	0.02516	11.56	< 0.0001

　　回归是相当显著的,且回归结果表明,在这一群学生中,男学生认为是犯罪行为的数目比较高,且随年龄和收入的增长和增长。图 4.7 的残差图显示,较大的预测值,其残差也同样较大。这是因为因变量是一个频数(犯罪行为次数),服从泊松分布,方差等同于均值的缘故。

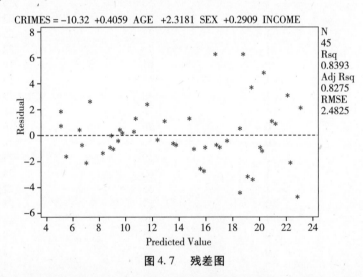

CRIMES = −10.32 +0.4059 AGE +2.3181 SEX +0.2909 INCOME

N 45　Rsq 0.8393　Adj Rsq 0.8275　RMSE 2.4825

图 4.7　残差图

　　均值和方差的关系意味着我们应当用因变量的均值做权。当然,我们并不知道确切的权数,但是我们可以用因变量的估计值的倒数来做权。为了做到这一点,我们首先来做一下未加权的回归,算出预测(估计)值,然后用再用这些值的倒数作为第二次加权回归的权。几乎任何一种计算机软件包都可以做这些,当然不同的计算机软件软件包的难易程度有所不同。用这一方法得到的结果和表中列出的某些我们选出的观察的估计的均值和它们的标准误差,在 SAS 的 PROC REG 的模块中做回归分析后,我们得到了如表 4.24 所示的结果。

表 4.24 加权回归的结果

Analysis of Variance

Source	DF	Sum of Squares	Mean Square	F Value	Pr > F
Model	3	108. 65190	36. 21730	94. 144	0. 0001
Error	41	15. 77279	0. 38470		
C Total	44	124. 42469			

	Root MSE	0. 62024	R-Square	0. 8732	
	Dependent Mean	11. 92761	Adj R-Sq	0. 8640	
	Coeff Var	5. 20007			

Parameter Estimates

Variable	DF	Parameter Estimate	Standard Error	t for H0: Parameter = 0	Pr > | t |
Intercept	1	− 9. 753598	2. 00466905	− 4. 865	0. 0001
AGE	1	0. 379488	0. 07515332	5. 050	0. 0001
SEX	1	2. 178195	0. 77587317	2. 807	0. 0076
INCOME	1	0. 293055	0. 02187276	13. 398	0. 0001

OBS	CRIMES	PREDICTED VALUES UNWEIGHTED	WEIGHTED	STANDARD ERRORS UNWEIGHTED	WEIGHTED
1	4	5. 5792	5. 6285	0. 70616	0. 49228
2	5	7. 0860	7. 0600	0. 66198	0. 48031
3	6	5. 2361	5. 3692	0. 75115	0. 55408
5	7	5. 1739	5. 2490	0. 73051	0. 51454
8	8	8. 9467	8. 8924	0. 93894	0. 80415
10	9	9. 0082	9. 0249	0. 54281	0. 39358
12	10	7. 3870	7. 5070	0. 63073	0. 46508
15	11	10. 6923	10. 6508	0. 83064	0. 72668
16	12	12. 3951	12. 6091	0. 68129	0. 63510
18	13	13. 6732	13. 8677	0. 66600	0. 63118
22	14	12. 9148	13. 0750	0. 59185	0. 54530
26	15	15. 9291	15. 9258	0. 62338	0. 61558
27	16	16. 8641	16. 9251	0. 67561	0. 68251
32	17	17. 5402	17. 2898	0. 78969	0. 79759
33	18	22. 7972	22. 8726	0. 82235	0. 84340
36	19	20. 0644	20. 1487	0. 74112	0. 76615
37	20	22. 2466	21. 9572	1. 26156	1. 27875
38	22	21. 1138	21. 2345	0. 83147	0. 85358
40	23	16. 8120	16. 9589	0. 81744	0. 82514
42	25	22. 0808	21. 8922	0. 74478	0. 78496

　　诚如前述,加权对整个模型的拟合和回归参数的估计值的影响甚微。不仅如此,用两种方法得到的预测值也相差无几,但是如果用了加权,因变量的预测值较大,其标准误差也较大。加权和未加权得到的结果差别不大,但是加权回归的确更好地体现了潜在的因变量的分布的性质。■

4.4 稳健估计(robust estimation)

我们已经看到违反了诸如像异常值和误差的分布的正态性这样的假定,会给基于最小平方法的回归分析的结果带来怎样的不利影响。我们也给读者介绍了一些探测是否违反假定的方法,并提出了一些如何对之进行补救的方法。但是,读者应当注意的是,这些方法并非总是有用的。另一种可以考虑采用的补救路数是,采用一些在假定一旦违反时,其有效性仍然可得到保证的方法。以下有两类这样的分析方法可以使用:

1. 非参数法(Nonparametric methods)。这种方法给出的结果并非以诸如均值和方差这样的参数为依据。
2. 稳健法(Robust methods)。这种方法依据通常的参数进行推论,但是它的结果并不会因为违反假定而受到严重的影响。

因为一般回归分析的目的都是估计回归模型的参数和以这些估计值为依据进行统计推论,所以非参数法的使用一般不会对之有什么影响。[15]作为非参数法的替代,我们给读者介绍一种称为迭代再加权最小平方法(the iteratively reweighted least square procedure),简称 IWLS 的基本原理。这种方法会生成一种称为 M- 估计量(M-estiInator)的统计量。IWLS 法是最小平方的一种应用,因而实际上也是一种加权回归。

正如我们已经看到的那样,用最小平法估计的参数可能会受那些有着较大的残差的观察值很大的影响。这一点可以用**影响函数**(influence function) 加以证明,图 4.8 很形象地阐述了这一点。在这张图中,纵轴表示影响的标准化量度,而横轴则表示残差的标准化量度,$(y - \hat{\mu}_{y|x})$。左边的图表示最小平方的影响函数,而右边的图则演示了在使用这种方法时,影响随残差量的加大呈线性上升。

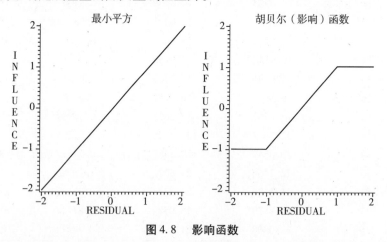

图 4.8　影响函数

因为违反假定通常会导致大的残差,所以,稳健法应当力求降低那些有着大的残差的观察的影响。有一种使用胡贝尔影响函数(Huber's influence function) 可达到这一目

15　这里有一个方法论主体,通常称之为非参数回归,用来拟合数据的曲线。这种曲线并不以含有一般的回归参数的模型为依据。然而,这些方法一般确实都要使用最小平方,且要求满足有关误差的假定。

的方法。图 4.8 中靠右手的那个图便形象地阐述了这种方法。我们可以看到,这一函数给那些任意选出的残差值(通常都以 r 表示,在这张图里,被任意设定为 1)有与最小平方相同的影响,而令在此之外的其他观察都有相同的影响。也就是说,这种方法忽略了那些残差量大于 r 的信息。r 选择的值越大,得到的结果就越接近最小平方的结果,但结果的稳定性就比较小。另一方面,较小的 r 值,减少了极端的观察的影响,从而具有更大的稳定性。然而由于数据的更多的信息的权被降低了,所以会导致更大的估计偏倚和推论功率(power for inferences)的降低。

使用比较普遍的 r 的值是 1 对 1 和 1 对 0.5 乘以某些变差的量度。例如,标准差便是这样一种变差量度。但是,因为它的值同样也受极端的观察的影响,所以我们也许希望改而使用某种备择估计量,残差绝对值的中位数便是常被使用的这样一种估计量。

其他的变差量度和确定 r 的方法也可以使用。此外,其他的影响函数可能也是很有用处的。例如,一种将那些残差大于 r 的观察的影响设为零的影响函数,等同于将这些观察从数据中去除。另一些稳健估计量可见蒙哥马利等人的著作(Montgomery et al, 2001)和本书第 11 章。在考虑采用什么样的影响函数时,我们还可以有另外一种考虑。我们知道具有强杠杆效应的观察的异常值的残差可能不是很大,因此,我们不妨可以考虑使用一种基于 DFFITS 统计量值的影响函数。

可以证明,使用影响函数等价于权由残差确定的加权回归。因为残差取决于估计的回归,所以这种方法是通过进行一系列回归来实施的。而这样一种一系列回归的方法,通常被称之为**迭代再加权最小平方法**。这种方法的实施过程如下:

1. 做一个普通的(未加权)最小平方回归,并得到一组初始的残差,$e = (y - \hat{\mu}_{y|x})$。计算我们选择的残差的变异量度的值,并确定 r 的值。
2. 根据既定的规则生成权:
   如果 $e > r$,那么 r/e。
   如果 $e < -r$,那么 $w = -r/e$。
   否则 $w = 1$。
3. 用从第 2 步得到的权做加权回归,并得到一组新的残差。
4. 计算我们选取的,由加权回归得到的残差的变异量度的值,并把它们与未加权回归得到的作比较。如果估计的差值比较大(如在第二位),那么就用新的变异量度值计算新的 r,然后返回去再一次做第 2 步,否则,不再继续进行新的回归。

下面我们对用这一方法得到的结果逐一进行简短的评论:

• 系数估计值是"真"的最小平方系数估计值的有偏估计值。然而它们具有的稳定性因而可能更有用。

• 分解的平方和的误差的均方是权的函数,它们一般都小于平均数,因此那些值将小于一般最小平方的值。换言之,"真"的残差的均方将会更大。

• 同样的迭代方法也可用于减少那些有某些其他大的统计量,如 DFFITS 值的观察的权。

再解例 4.3

在例 4.3 中,我们考察了美国各个州中那些有望对个体的整个生命一直有影响的那些因素。我们注意到,有些州应被视为不同一般,因而如果能对这些州中的某几个州的数据,做一个降低了权数稳健回归,并对由此得到的结果进行一番考察可能会是一件很有趣的事。表4.10是有关的数据,而有关的残差则在表4.12中。1和0.5乘以残差的绝对值的中位数是1.029(与表4.11中残差的1.175标准差做一下比较)。我们首先用 $r = 1.029$ 和上述第2步中的规则生成了一组权,然后再进行加权回归。

这一回归的残差的估计值的标准差是0.913,显著不同于原来我们用来做另一个回归的1.175。第二个迭代程序得到的标准差的估计值是0.902。再做一次的迭代也许是值得考虑的,但是限于时间和篇幅,在这里我们将不再继续进行。

来自这3个回归(OLS系未加权回归)的系数估计值和计算得到的标准差(RMSE,它受权的影响)已列入表4.25中。令人感兴趣的是,尽管 MALE 和 BIRTH 都发生了变化,但系数估计值却变化不大。

表4.25　M-估计量的回归系数

ITER	INTERCEP	MALE	BIRTH	DIVO	BEDS	EDUC	INCO	RMSE
OLS	70.557	0.12610	−0.51606	−0.19654	−0.00334	0.23682	−0.00036	1.17554
1	68.708	0.16262	−0.60073	−0.19025	−0.00292	0.20064	−0.00037	0.91263
2	68.567	0.16563	−0.60499	−0.19271	−0.00296	0.19820	−0.00037	0.90198

在对残差和权做一番考察之后,我们不难明白 M-估计量是如何运作的。降低了权数的观察的残差,以其在第二次迭代中得到的权数的大小,依次列入表4.26中。在这里我们看到,权数改变最大的是 Utah(犹太州),从1降到了0.29836,同时我们也看到 M-估计量的结果与 DFBETAS(表4.13)多少有一些相似,则告诉我们如果将那个州从数据中去除,将会有什么情况发生。然而我们应该注意的是,内华达(Nevada)这一有着强杠杆效应的州,年龄并未降低,而权数变化次大的南卡罗莱纳州(South Carolina),从1降到了0.38767,并未被确定为是有影响或异常的观察。

表4.26　选自第二次迭代的残差

STATE	未加权残差	第一次的权	第一次迭代的残差	第二次的权	第二次迭代的残差
UT	3.32152	0.30980	4.08335	0.29836	4.10023
SC	−2.55633	0.40253	−2.49943	0.38767	−2.50562
HW	2.06880	0.49739	1.97114	0.47902	1.95080
AK	−2.01712	0.51013	−2.14899	0.49129	−2.19056
MD	−1.81916	0.56565	−1.79916	0.54476	−1.79797
MN	1.79184	0.57427	1.70406	0.55306	1.70201
NC	−1.60770	0.64004	−1.58095	0.61641	−1.59269
LA	−1.55884	0.66010	−1.39831	0.63573	−1.40058
MT	−1.48422	0.69329	−1.61906	0.66769	−1.63704
VA	−1.48217	0.69425	−1.51230	0.66861	−1.51599
NE	1.37071	0.75070	1.20437	0.72298	1.19665
NJ	−1.20043	0.85719	−1.18570	0.82553	−1.19569
IA	1.13386	0.90752	1.00061	0.87400	0.98907
VT	1.12873	0.91165	1.08216	0.87798	1.09185
DC	−1.16019	0.88692	−0.89235	1.00000	−0.79724
ND	1.11950	0.91916	0.66137	1.00000	0.63547

综上所述,我们不难看出,各种已经介绍过的和没有介绍过的诊断统计量和补救方法并没有什么神奇之处。它们都应该被看作是用来探测数据的本质的工具。旨在诊断数据中存在的问题,以及这些问题可能会对统计结果产生什么样的影响。

4.5 相关误差

到目前为止,那些已经讨论过的所有回归模型,我们都假定,随机误差项是不相关的随机变量。在有些时候,由于调查者不能控制的原因而违反了这一假定。这样的情况常会在样本单位的选择并非十分严格的时候发生。特别是在时间系列数据中,由于观察是在前后相继的时期收集的,所以最容易发生违反这一假定的情况。时间系列数据的例子有按月收集的经济变量的观察值,如有关失业和国民生产总值的数据和气象站按天收集的天气数据等。这样一种时间上的相依性,可能会以季节性趋势、周期性及对以前发生的时间的有相依性的形式出现。样本观察在某种物理意义上是"邻里",如在一个种植地块中,那些相邻的植株有时也会发生相依误差,但这样的例子比较少见。

时间相依模型的误差通常都是线性的,因此误差间的独立性的缺失都以相关系数来量度,而非独立的误差一般都被称为相关误差。诸如时间相依这样的误差,则称为**自动相关**(autocorrelated) 或**序列相关**(serially correlated)。

正像我们在 4.3 节中所指出的那样,相关误差的效应最好用广义最小平方的方差矩阵来考察。如果误差的方差相同,但却相关,那么那些方差可写为

$$V = 方差(E) = R\sigma^2$$

式中,R 的对角线上的值都为 1,而对角线外的元素至少有一些不为零。非零元素说明误差项的确存在着相关。因为在 R 中可以有 $(n)(n-1)/2$ 个相关,所以我们无法用样本数据对它们进行估计。因而我们改而建立了一些备择模型,并在这些模型中加入了某些类型的相关误差结构。

自回归模型(Autoregressive Models)

在时间系列中,使用最为普遍的相关误差模型是**自回归模型**。在该模型中,任何时期 t 的误差都与前一时期的误差相依。这就是说,时间 t 的误差可表示为

$$\epsilon_t = \rho_1\epsilon_{t-1} + \rho_2\epsilon_{t-2} + \cdots + \delta_t$$

式中,ϵ_{t-i} 表示第 i 个时期的前一个时期的误差,而 ρ_i 则表示第 i 个时期和它的前一个时期 $(t-i)$ 误差间的相关。我们假定干扰项 δ_t 是独立的正态随机变量,有均值零和方差 σ^2。在这里我们将问题集中在**一阶自回归模型**(first-order autoregressive) 上。该模型描述了时期 t 的误差只直接与时期 $(t-1)$ 相关这样一种情况。前一个时期的误差为

$$\epsilon_t = \rho\epsilon_{t-1} + \delta_t$$

可以证明,这一模型可导致一种矩阵 V 的简化式:

$$V = \frac{\sigma^2}{1-\rho^2}\begin{bmatrix} 1 & \rho & \rho^2 & \cdots & \rho^{n-1} \\ \rho & 1 & \rho & \cdots & \rho^{n-2} \\ \rho^2 & \rho & 1 & \cdots & \rho^{n-3} \\ \vdots & \vdots & \vdots & & \vdots \\ \rho^{n-1} & \rho^{n-2} & \rho^{n-3} & \cdots & 1 \end{bmatrix}$$

式中,ρ 是一阶自回归,即时期 t 的误差和时期 $(t-1)$ 的误差的相关。这时矩阵 V 只有两个参数(σ 和 ρ),尽管广义最小平方方法要求 ρ 是已知的,但是它们还是可以用数据估计得到的。

例 4.7

为了说明一阶自回归模型的效应,我们生成了两个"时间系列"数据。在两个模型中,时间 t 每增加 10 个单位,因变量的均值就上升一个单位,起始点都是 1。这就意味着,用于生成这些数据的回归模型将

$$y = 0.1t + \epsilon$$

在表 4.27 列出,两个分别有因变量 Y 和 YT 的模型的 30 个模拟观察值。Y 的误差项被设定为

$$\epsilon_t$$

它等于 $N(\mu = 0, \sigma = 0.5)$,且是独立的,而 YT 的误差则为

$$\epsilon_t = \rho\epsilon_{t-1} + \delta_t$$

式中,$\rho = 0.9$,且 δ_t 是独立的和正态分布的,有均值零和标准差 0.5。换言之,Y 的模型假定误差独立,而 YT 的则假定是一个有 0.9 相关的一阶自回归模型。自相关效应可从图 4.9 中两个因变量对 T 的两张图中窥测到。图中的小点是因变量的观测值,而直线则是总体的回归线,因而数据点相对于直线的差或偏差就是模拟产生的实际的误差。

表 4.27 人为生成的时间系列数据

T	YT	Y
1	− 0.12499	0.52224
2	0.60074	0.66059
3	0.80179	0.25997
4	1.03658	0.31918
5	1.39957	0.78767
6	1.49094	0.42381
7	0.76655	0.64343
8	0.30919	1.39242
9	0.60969	1.38809
10	0.08809	1.18023
11	0.87986	1.17237
12	1.58868	1.45426
13	1.52735	− 0.38802
14	1.43925	0.68786
15	2.22734	2.78510
16	2.72746	1.93701
17	2.58607	1.88173
18	2.68645	1.95345
19	2.72953	1.91513
20	3.12057	2.53743
21	3.74449	2.10365
22	3.77030	2.55224
23	3.60392	2.04799
24	3.26780	2.74687
25	2.71947	3.12419
26	2.52793	2.30578
27	2.71606	2.63007
28	2.81094	2.00981
29	2.21310	2.82975
30	2.99849	2.66082

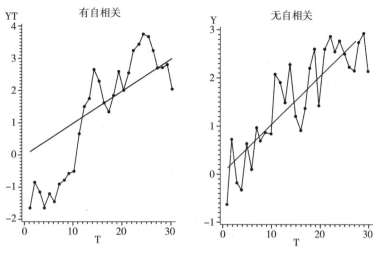

图 4.9　有自相关和无自相关的数据

现在,如果误差是独立的,且是正态分布的,那么正残差的概率应该是 0.5,两个相继的正的残差的概率应该是(0.5)(0.5)= 0.25;3 个则应该是 0.0125,我们可以这样得到更加多个相继的正的残差的概率。而负的相继的残差的概率则与此完全相同。换言之,观察值应该在回归线的上下相当频繁地变换,但观察值这种在回归线上下的变换却不应当长期持续下去。我们可以看到,对误差不相关的因变量而言,情况确实如此,但对误差相关的因变量,情况却肯定不是这样。

现在我们用一般的最小平方法做 Y 和 YT 对 T 回归,这就是说我们忽略了相关误差可能产生的效应。表 4.28 便是回归的结果。回归分析的结果似乎并没有很大的差别。所有的系数估计值都与理论值很接近。相关误差的残差的均方大于理论值。假设的卡方检验,$\sigma^2 = 0.25$ 给出的值为 48.57,自由度为 28,说明它显著太大($\alpha = 0.05$)。

表 4.28　时间系列数据回归

		Correlated Errors			
Root MSE		0.65854		R-Square	0.6796
		Parameter Estimates			
Variable	DF	Parameter Estimate	Standard Error	t Value	$Pr > \mid t \mid$
Intercept	1	0.30298	0.24660	1.23	0.2295
t	1	0.10704	0.01389	7.71	< 0.0001
		Uncorrelated Errors			
Root MSE		0.52830		R-Square	0.6965
		Parameter Estimates			
Variable	DF	Parameter Estimate	Standard Error	t Value	$Pr > \mid t \mid$
Intercept	1	0.23300	0.19783	1.18	0.2488
t	1	0.08932	0.01114	8.02	< 0.0001

通过模拟,我们可以对结果的效度有进一步的了解。我们按照自回归模型模拟了1000 个样本。系数估计值的分布的均值和标准差分别为 0.0939 和 0.051。因此,我们有

理由认为估计值是无偏的。然而,用通常的方式计算的标准误差的均值为 0.014,这说明"通常的"分析极大地低估了系数估计值的真标准差 σ(仅为真值的 1/3 左右)。残差的标准差的均值是 0.677,证实这些值都夸大了真的误差的量。■

这一例子阐明了在误差相关特别是在误差正自相关时,使用最小平法可能会带来的问题。如果数据来自一个有着正自相关误差的时间系列,且使用的是常规的回归分析,那么就必须要解决下列问题,否则会产生严重的后果:

1. 严格地讲,用 t 和 F 分布做置信区间和假设检验是不合适的。

2. 回归系数的估计值虽然仍然是回归参数的有偏估计量,但它们已不再具有最佳线性无偏估计量这一性质。

3. MSE 值可能严重低估误差项的方差。我们的例子表明了这样一个事实,MSE 值之所以较高可能是由于抽样波动引起的异常。实际上,MSE 一般将会对方差造成的低估可表示为

$$\mathrm{Var}(\epsilon_t) = \frac{\sigma^2}{1-\rho^2}$$

非零相关的误差项的实际方差将高于 σ^2。因为用 MSE 估计 σ^2,通常都会与 ρ 值成比例地低估误差项的方差。

4. 进而由 3 所述的原因,而导致用最小平方分析计算得到的系数的标准误差可能也会严重地低估这些系数的真标准误差。

这一例子说明,将普通的最小平方回归估计用于带有自相关误差的数据,可能会对结果产生误导。正因为如此,确定自相关的程度是非常重要的。不仅如此,如果一旦发现自相关误差的确存在,那么就要设法采取一些备择的方法予以补救。

自相关诊断法

上面我们已经注意到正相关误差[16]有一种制造一长系列同号残差的倾向。这种模式一般可从一张残差沿一时间变量散布的残差图得到证实。诸如这样的模拟时间系列数据的统计图如图 4.10 所示。该图同时包括了相关误差和不相关误差两种情况。

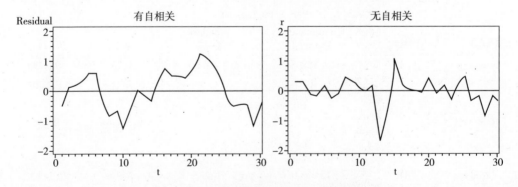

图 4.10 有自相关和无自相关的残差图

---

16 尽管自相关的符号既可为正也可为负,但最为常见的是正自相关。

上图显示,在误差相关时,误差的数量显然较大。不仅如此,我们在前面已经注意到了,自相关误差将会使残差有一种围绕零值波动的较长的系列趋势。这种现象在这一例子中就非常明显。链检验(runs test)则为我们提供了一种检验这样一种形式的趋势的方法(Ostle and Malone,1988)。这种方法适用于任何一种非随机模式。

因为这时我们唯一感兴趣的是由一阶自相关引起的非随机性,所以我们用**杜宾-瓦特森检验**(Durbin-Watson test)。该检验是专门设计用来检验相关误差类型的。这一检验使用来自普通最小平方回归的残差。令 e_t 为来自第 t 个观察的残差,杜宾 - 瓦特森统计量为 D,它的计算公式则为

$$D = \frac{\sum_{t \geq 2} (e_t - e_{t-1})^2}{\sum_{t \geq 1} e_t^2}$$

因为第一个观察的 e_{t-1} 无法计算,所以分子的和数是从第二个观察开始累加的。

这一统计量的分布多少有一些异乎寻常。分布的值域为 0 ~ 4,且在无自相关的零假设下,分布的均值接近零。正自相关使得邻差(adjacent differences)很小,致使分子趋小,所以正相关的否定域(rejection region)在分布的低侧。此外,临界值(critical values)不仅取决于样本容量,同时也取决于自变量的个数和模式。正因为如此,临界值并非一个确定的值,而仅仅是一个比较好的近似值。

样本量和自变量个数既定的杜宾 - 瓦特森统计量的临界值在附录 A 中的表 A. 5 中给出。分别标以 D_L 和 D_U,的两种值,以每种显著水平(significance level)的不同样本量和自变量个数的组合给出。在检验无一阶自相关的零假设时,须将计算得到的 D 值与表中的值相比。如果计算得到的值小于 D_L,则拒绝无一阶自相关的零假设;如果大于 D_U,则不拒绝;否则,则要考虑暂缓下结论。[17]

在杜宾 - 瓦特森检验给出了不确定的结果时,比较恰当的做法是,认为这一尚未确定的结果表示有自相关存在,并采用下一节建议使用的若干补救措施中的某一种进行补救。如果补救得到的结果与原来并无什么实质性的差别,那么我们便可认为无自相关假定是有效的,因而最小平方方法也应当是有效的。如果补救行为确实得到了有实质性差别的结果,那么分析使用的补救方法就用应该予以采用。

就例4.7而言,杜宾-瓦特森统计量的 Y 值是1. 82,YT 值是0. 402。而在临界值表中,$n = 30$ 和一个自变量的 $\alpha = 0.01$ 时的 D_L 和 D_U 的值分别为 1. 13 和 1. 26,我们不能否定 Y 的无一阶自相关的假设,但却可以立即否定 YT 的那一假设。

一阶自相关系数 ρ 的初步估计值可通过计算 e_t 和 e_{t-1} 之间的简单相关求得。例4.7中,Y 和 YT 的自相关系数分别为 0. 077 和 0. 796。

补救方法

自回归模型只不过是数量众多的用于分析时依性误差(time-dependent error)结构的数据的方法中的一种。用时序效应的数据一般都称为**时间系列**(time series)。用于时间系列的分析法也许可以做以下这些事情:

---

[17]　在进行负的自相关检验时,须将标出的临界值减 4。

- 研究时依误差结构的性质。
- 研究潜在的回归模型的性质。
- 为因变量提供预测值。

我们在这里为读者提供两种运行普遍很好的一阶自回归模型:

- 一种采用了一种与自回归系数估计值并用的变换,分析潜在结构和对自回归模型做有限预测的方法。
- 一种通过对模型简单重新定义(也是一种变换)来研究一阶自回归模型的潜在模型的方法。

有关这一问题更为详细的讨论及应用于更加广泛的领域的其他方法,可参见有关的专著和论文(如 Fuller,1996)。

备择估计法

在这里我们列出了用 SAS/ETS 软件的 PROC AUTOREG 模块的尤尔-沃克法(Yule-Walker procedure)做的分析得到的结果。这种方法首先用普通的最小平方法对模型进行估计,然后用最小平方的残差计算自相关。接着再求解尤尔-沃克方程(Yule-Walker equations)(参见 Gallant and Goebel,1976),得到称为自回归参数(autoregressive parameters)的回归参数初始估计值。随后,用尤尔-沃克方程的解对观察进行变换,并用变换后的数据再一次估计回归系数。这种做法相当于使用了适当的权的广义最小平方法。

再解例4.7

在用 PROC AUTOREG 模块可根据我们的指令对分析做某种选择。我们既可以选用程序给出的自动相关的次序,也可以选用用户自定的次序。由于例4.7中 YT 的数据是用一阶过程生成的,所以我们将要设定的是一个一阶模型。表4.29列出了这些结果。

表格的上部是与表4.28相同的最小平方估计(SBC 和 AIC 是我们尚未讨论过的两个回归效率量度)。

紧接着顶部的那一部分列出了自回归估计值和自回归参数的估计值。高阶过程的自回归参数估计值等价于偏回归。"T-比率"等同于回归系数检验,但是因为抽样分布只是近似于 t 分布,所以回归检验系数的 p 值应看作"近似"值。

最后一部分是用估计的自回归参数得到的估计的回归统计值。注意,T 的系数与普通的最小平方回归并没有什么很大的不同,但显示的标准误差却比较大,已经接近模拟结果建议的值。实际上,0.95 的置信区间(使用阐明的标准误差和27个自由度的 t 分布)的确包含了真值。

这一估计过程的一个特点是,它提供了因变量的两个估计值:

1. 只基于回归的因变量的估计值,称为模型的**结构部分**

$$\hat{\mu}_{y|x} = 0.2125 + 0.1073t$$

2. 基于结构和自回归两者的因变量的估计值。这些估计值是那些通过结构部分加自回归效应估计得到的估计值。

表 4.29　用自回归估计得到的结果

Ordinary Least Squares Estimates			
SSE	12.1427617	DFE	28
MSE	0.43367	Root MSE	0.65854
SBC	64.8047827	AIC	62.0023879
Regress R-Square	0.6796	Total R-Square	0.6796
Durbin-Watson	0.4617		

Variable	DF	Estimate	Standard Error	t Value	Approx $Pr > \mid t \mid$
Intercept	1	0.3030	0.2466	1.23	0.2295
t	1	0.1070	0.0139	7.71	< 0.0001

Estimates of Autocorrelations

Lag	Covariance	Correlation
0	0.4048	1.000000
1	0.3021	0.746437

Estimates of Autocorrelations

Lag − 1 9 8 7 6 5 4 3 2 1 0 1 2 3 4 5 6 7 8 9 1

0 | | * |

1 | | * * * * * * * * * * * * * * |

Preliminary MSE	0.1792

Estimates of Autoregressive Parameters

Lag	Coefficient	Standard Error	t Value
1	− 0.746437	0.128067	− 5.83

The SAS System
The AUTOREG Procedure
Yule-Walker Estimates

SSE	5.05238979	DFE	27
MSE	0.18713	Root MSE	0.43258
SBC	42.7143874	AIC	38.5107952
Regress R-Square	0.3590	Total R-Square	0.8667
Durbin-Watson	1.5904		

Variable	DF	Estimate	Standard Error	t Value	Approx $Pr > \mid t \mid$
Intercept	1	0.2125	0.5139	0.41	0.6824
t	1	0.1073	0.0276	3.89	0.0006

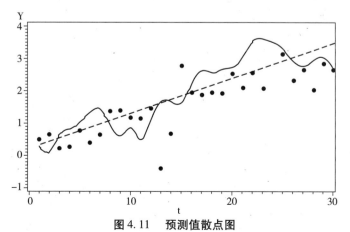

图 4.11　预测值散点图

图 4.11 列出了这两种估计值。图中的黑点是因变量的实际值,虚线表示结构模型的估计值,而实线则表示包括了两个部分的模型的估计值。

计算机输出的结果揭示了两个模型的相对效率。"回归的 R 方"和"总 R 方"分别给出了结构和完整模型的决定系数。在这一例子中,结构模型和完整模型的这一值分别为 0.359 和 0.867,充分显示出自相关的重要性。■

这两种模型究竟哪一个更合适,要取决于分析的目的。如果我们的目的是估计结构关系,那么结构模型提供的估计值可能更为合适,而自相关只不过是一种令人生厌的必须做出解释的现象。另一方面,如果我们的目的是提供因变量的最佳预测值,那么使用了所有可资利用的参数估计值的完整模型,便是我们可以考虑使用的那个模型,而这时,回归系数应被看作是次重要的,而非最重要的。

模型修改

另一种分析方法是重新定义模型,以能对自相关做出解释。一阶自相关模型实质上所要陈述的是,任何一个时期 t 的因变量的观察值都依赖于时期($t-1$)的因变量的观察值。如果现在我们假定,一阶自相关接近一个单一的值,那么为时期到时期的因变量的这一变化建模变为合乎逻辑的,我们把这种变化称为**第一阶差**(first differences)。换言之,自变量就是这个差

$$d_t = y_t - y_{t-1}$$

这一模型的使用,也许也意味着为了提供一个更有解释力的模式,需要使用某些或全部自变量的一阶差。在这些变量存在自相关时,为了提供一个更有解释力的模式,尤其需要使用某些或全部自变量的一阶差。不管怎么样,使用一阶差的模型将为我们提供一个不同于使用那些实际观察的变量的模型,而这两个模型提供的结果通常是不可比的。

例 4.8

近年来,美国一直在展开一场争论:20 世纪七八十年代发生的通货膨胀,究竟是因为能源价格上扬,还是联邦政府的赤字引起的。表 4.30 列出了 1960—1987 年[*] 有关的消费价格指数(CPI)、能源价格指数(ENERGY)、联邦赤字占国民生产总值百分比(PDEF)等方面的数据(《美国统计摘要,1988》)。

表 4.30 通货膨胀数据

OBS	YEAR	CPI	ENERGY	PDEF
1	1960	29.6	22.4	0.0
2	1961	29.9	22.5	0.2
3	1962	30.2	22.6	0.4
4	1963	30.6	22.6	0.3
5	1964	31.0	22.5	0.4
6	1965	31.5	22.9	0.1
7	1966	32.4	23.3	0.2
8	1967	33.4	23.8	0.5

[*] 原文为 1960—1984 年似乎为 1960—1987 年之误。——编者注

续表

OBS	YEAR	CPI	ENERGY	PDEF
9	1968	34.8	24.2	1.4
10	1969	36.7	24.8	−0.2
11	1970	38.8	25.5	0.1
12	1971	40.5	26.5	1.1
13	1972	41.8	27.2	1.1
14	1973	44.4	29.4	0.6
15	1974	49.3	38.1	0.2
16	1975	53.8	42.1	2.1
17	1976	56.9	45.1	2.6
18	1977	60.6	49.4	1.6
19	1978	65.2	52.5	1.6
20	1979	72.6	65.7	1.0
21	1980	82.4	86.0	1.8
22	1981	90.9	97.7	1.8
23	1982	96.5	99.2	2.7
24	1983	99.6	99.9	3.7
25	1984	103.9	100.9	2.7
26	1985	107.6	101.6	2.8
27	1986	109.6	88.2	2.5
28	1987	113.6	88.6	1.5

　　用 SAS 系统的 PROC REG 模块做的最小平方分析,用 CPI 作因变量,而用 ENERGY 和 PDEF 做自变量得到的结果如表 4.31 所示。ENERGY 的系数高度显著($p < 0.0001$),而 PDEF 的系数则不显著($p = 0.6752$)似乎强烈支持通货膨胀率是由能源价格上扬所致的观点。然而杜宾 - 瓦特森统计值却清楚地表明一阶相关的存在($\alpha = 0.01$,DL = 1.84)。这表明我们有必要使用备择方法,对这些数据再作进一步的分析。

表 4.31　通胀数据回归

Analysis of Variance					
Source	DF	Sum of Squares	Mean Square	F Value	Pr > F
Model	2	22400	11200	258.68	< 0.0001
Error	25	1082.43634	43.29745		
Corrected Total	27	23483			

	Root MSE	6.58008	R-Square	0.9539
	Dependent Mean	58.86071	Adj R-Sq	0.9502
	Coeff Var	11.17907		

Parameter Estimates					
Variable	DF	Parameter Estimate	Standard Error	t Value	Pr > | t |
Intercept	1	13.16979	2.39024	5.51	< 0.0001
ENERGY	1	0.89481	0.07135	12.54	< 0.0001
PDEF	1	0.88828	2.09485	0.42	0.6752

	Durbin-Watson D	0.360
	Number of Observations	28
	1st Order Autocorrelation	0.633

　　用于这一分析的合乎逻辑的模型应由 CPI 一阶差作因变量,并用能源价格作为其中一个自变量。用赤字率作为一阶差是不合逻辑的,因为实际的赤字会产生额外的货币供应。我们用 DCPI 和 DENERGY 表示 CPI 和 ENERGY 的一阶差,仍用 PDEF 表示联邦赤字占国民生产总值百分比。我们将 SAS 系统的 PROC REG 的输出结果制成了表 4.32。这一模型的 DENERGY 和 PDEF 系数是正的和显著的($P < 0.0001$)。由此可见,这一模型的使用表明,这两个因素都对通货膨胀有正的影响。[18]此外,杜宾 - 瓦特森统计量的值只是刚刚落入"无决定"区域。这表明我们只有十分有限的证据表明一阶自相关的存在。

表 4.32　一阶差模型

Analysis of Variance					
Source	DF	Sum of Squares	Mean Square	F Value	Pr > F
Model	2	133.93363	66.96682	47.93	< 0.0001
Error	24	33.53303	1.39721		
Corrected Total	26	167.46667			
	Root MSE	1.18204	R-Square	0.7998	
	Dependent Mean	3.11111	Adj R-Sq	0.7831	
	Coeff Var	37.99402			
Parameter Estimates					
Variable	DF	Parameter Estimate	Standard Error	t Value	Pr > | t |
Intercept	1	0.86642	0.37658	2.30	0.0304
DENERGY	1	0.33750	0.03981	8.48	< 0.0001
PDEF	1	1.09955	0.21912	5.02	< 0.0001
	Durbin-Watson D		1.511		
	Number of Observations		27		
	1st Order Autocorrelation		0.207		

对这一模型再做一些其他的评论:

● 因为第一个观察的一阶差无法计算,所以这里只有 27 个观察。

● 与观察变量模型的 0.9539 相比,它的决定系数只有 0.7998。另一方面,残差的标准差是 1.182,而观察变量模型的是 6.580。这些结果表明这样一个事实,即这两个模型是不可比的,因为这两个因变量的量度是完全不同的。

● DENERGY 的系数估计值估计的是,每年能源价格指数上升一个单位而引起的 CPI 的变化量。至于 PDEF 系数估计的则是每年赤字上升一个单位所引起的 CPI 的年变化量(其他变量保持不变)。这些系数并不一定要和观察模型的相比。这一点对这一例子而言尤其如此,因为一阶差模型使用了某一自变量的一阶差和其他自变量的观察值。■

18　在可以宣称已经有了重大的结果之前,必须注意到,这个模型还是相当不完整的,并应对之予以有效的批评。在这里,主要用它来阐述这种方法。

4.6 小 结

这一章我们讨论了在遇有观察值或因变量不能满足基于最小平方估计回归分析所要求的假定时会出现的问题。我们讨论的问题主要涉及 3 个方面:

- 存在可能会导致系数和误差方差的估计值偏倚的异常值。
- 存在非常数残差方差。
- 存在相关误差。

每种情况我们都用模拟的例子来阐明这些反违假定可能造成的效应,提供某些有助于对可能的违反做出诊断的工具,进而提出一些补救方法。用诊断工具做的诸如这样的探索性分析并非总是有用的,因而补救方法也不是总是能为我们提供令人满意的结果的。但不管怎么样,研究分析者若能对这些类型的问题能有所警觉,可能对提供更有效和有用的分析不无帮助。

4.7 习 题

习题 1 到习题 4 可参见本章第一部分介绍的内容。其余习题则涉及本章第二部分介绍的有关内容和专题。

1. 表 4.33 的数据来自一个老城的邻里地区的小样本。变量 INCOME 表示户主的月收入,而变量则代表人的年龄。

表 4.33 收入数据

AGE	INCOME	AGE	INCOME
25	1200	33	1340
32	1290	22	1000
43	1400	44	1330
26	1000	25	1390
33	1370	39	1400
48	1500	55	2000
39	6500	34	1600
59	1900	58	1680
62	1500	61	2100
51	2100	55	2000

a. 做一个收入对年龄(AGE)的回归,并绘制一张残差图。请问,残差是否表明有异常值存在?

b. 计算回归的学生化残差。请问,这些残差说明了什么问题?

c. 计算数据的 DFFITS 和 DFBETAS,并对得到的结果展开讨论。

2. 众所周知,冬夏之间的温度差称为温度范围(temperature range),它随纬度的上升而上升。也就是说越是往北,温度范围越大。表 4.34 是来自美国某些城市(CITY)的温度差(RANGE)和纬度(LAT)。这套数据可在数据文件 REG04P02 得到。研究一下范围与纬度之间的关系,并检查一下是否有异常值。如果有异常值,确定其产生的原因(如有一张地图,可能会对解题有所帮助)。

表 4.34　温度和纬度

City	State	LAT	BANGE
Montgomery	AL	32.3	18.6
Tuscon	AZ	32.1	19.7
Bishop	CA	37.4	21.9
Eureka	CA	40.8	5.4
San Diego	CA	32.7	9.0
San Francisco	CA	37.6	8.7
Denver	CO	39.8	24.0
Washington	DC	39.0	24.0
Miami	FL	25.8	8.7
Talahassee	FL	30.4	15.9
Tampa	FL	28.0	12.1
Atlanta	GA	33.6	19.8
Boise	ID	43.6	25.3
Moline	IL	41.4	29.4
Ft. Wayne	IN	41.0	26.5
Topeka	KS	39.1	27.9
Louisville	KY	38.2	24.2
New Orleans	LA	30.0	16.1
Caribou	ME	46.9	30.1
Portland	ME	43.6	25.8
Alpena	MI	45.1	26.5
St. Cloud	MN	45.6	34.0
Jackson	MS	32.3	19.2
St. Louis	MO	38.8	26.3
Billings	MT	45.8	27.7
N. PLatte	NB	41.1	28.3
Las Vegas	NV	36.1	25.2
Albuquerque	NM	35.0	24.1
Buffalo	NY	42.9	25.8
NYC	NY	40.6	24.2
Cape Hatteras	NC	35.3	18.2
Bismark	ND	46.8	34.8
Eugene	OR	44.1	15.3
Charleston	SC	32.9	17.6
Huron	SD	44.4	34.0
Knoxville	TN	35.8	22.9
Memphis	TN	35.0	22.9
Amarillo	TX	35.2	23.7
Brownsville	TX	25.9	13.4
Dallas	TX	32.8	22.3
SLCity	UT	40.8	27.0
Roanoke	VA	37.3	21.6
Seattle	WA	47.4	14.7
Green Bay	WI	44.5	29.9
Casper	WY	42.9	26.6

3. 厄瓜多尔沿海的加拉帕哥斯群岛是举世闻名的各种类型的生物学研究的数据来源地。汉密尔顿和鲁宾诺夫在 1963 年的《科学》杂志上,发表了一篇诸如这样研究报告。该报告试图把岛上的若干植物种类与该岛的种种特点联系起来。该报告使用的变量有:

AHEA:以平方英里为单位的面积

HEIGHT:以英尺为单位的在海平面均值以上的海拔最大值

DSNEAR:以英里为单位的距最近的岛屿的距离

DCENT:距群岛中心的距离

AHNEAR:以平方英里为单位的距离最近的岛屿的面积

SPECIES:已经发现的植物种类数

数据已经列入表 4.35 中,也可从数据文件 REG04P03 中得到,做一个估计植物种类数的回归。找出异常值和影响值。一张地图可能对习题有很大帮助。

表 4.35　植物种类

OBS	Island	AREA	HEIGHT	DSNEAR	DCENT	ARNEAR	SPECIES
1	Culpepper	0.9	650	21.7	162	1.8	7
2	Wenman	1.8	830	21.7	139	0.9	14
3	Tower	4.4	210	31.1	58	45.0	22
4	Jervis	1.9	700	4.4	15	203.9	42
5	Bindloe	45.0	1125	14.3	54	20.0	47
6	Barrington	7.5	899	10.9	10	389.0	48
7	Gardiner	0.2	300	1.0	55	18.0	48
8	Seymour	1.0	500	0.5	1	389.0	52
9	Hood	18.0	650	30.1	55	0.2	79
10	Narborough	245.0	4902	3.0	59	2249.0	80
11	Duncan	7.1	1502	6.4	6	389.0	103
12	Abingdon	20.0	2500	14.1	75	45.0	119
13	Indefatigable	389.0	2835	0.5	1	1.0	193
14	James	203.0	2900	4.4	12	1.9	224
15	Chatham	195.0	2490	28.6	42	7.5	306
16	Charles	64.0	2100	31.1	31	389.0	319
17	Albemarle	2249.0	5600	3.0	17	245.0	325

4. 数据来自《1988 年美国统计摘要》。该数据旨在确定哪些因素与关系犯罪活动的州支出有关。涉及的变量有:

STATE:标准的双字母州名缩写(包括哥伦比亚特区,DC)

EXPEND:州在犯罪活动上的支出

BAD:刑事监督的人数

CRIME:每 100000 人,犯罪率

LAWYERS:州内律师人数

EMPLOY:州内从业人数

POP:州人口数(以 1000 人为单位)

数据可从数据文件 REG04P04 中得到。

做一个 EXPEND 对其他变量的回归。对回归结果的用途作解释和评论。找出异常值和影响值。可否证明将某些观察删除是合理的? 如果合理,再做一次没有删除观察的回归,看看得到的结果是否合理?

5. 数据文件 REG04P05 是南德克萨斯县的农夫在 1980—1987 年得到的高粱月报价。涉及的变量有:

N:月序号,从 1 ~ 96

Year:实际的年份

Month:月,1 月 —12 月

Price:每蒲式耳美元价

用 Price(价格) 作为自变量,N 作为自变量拟合一条趋势线。检查有无自相关。如果需要,再做一次回归。

6. 在第 2 章的习题 5 中,我们给出了 1960—1994 年的 CPI 数据,要求大家用年作为自变量做一个简单线性回归。重复习题 5 的 b 部分,假定模型为一阶自回归模型。将得到的结果与第 2 章得到的结果进行比较。

7. 人们认为美国的山核桃的生产周期为两年,这就是说,一个"好"年成之后,必然会跟随这一个"坏"年成。表 4.36 是天然山核桃(USQN) 和加工山核桃(USQI) 的数据,单位是百万磅,时间为 1970—1991 年。该数据来自美国农业部编撰的《水果和坚果年鉴》,可从数据文件 REG04P07 中得到。估计产量的年趋势,做一个确定两年的周期是否存在的分析。

表 4.36　山核桃产量

年	天然山核桃	加工山核桃
1970	73.08	81.52
1971	104.10	143.10
1972	94.11	88.99
1973	131.70	144.00
1974	51.50	85.60
1975	136.70	110.10
1976	25.80	77.30
1977	98.70	137.90
1978	86.20	164.50
1979	109.50	101.10
1980	55.00	128.50
1981	164.55	174.55
1982	46.90	168.20
1983	102.75	167.25
1984	63.17	169.23
1985	91.90	152.50
1986	90.05	182.65
1987	82.55	179.65
1988	122.70	185.30
1989	73.20	161.00
1990	41.20	143.50
1991	82.80	145.00

5 多重共线性

5.1 导 论

在前一章我们曾对多重共线性问题做了简单的介绍。所谓**多重共线性**(Multicoll-inearity),是指自变量之间存在的强相关。在做回归分析时,多重共线性的存在极有可能会导致这样的结果:在偏(回归)系数很不显著(t统计量的p值很大)的同时,总回归却很显著(F统计量的p值小)。实际上,有些系数的符号还与我们的预期相矛盾。诸如这样的结果显然会引起我们的高度关注,因为我们可以断定因变量与自变量之间有很强的关系,但却无法确定这种关系的性质。正因为如此,我们要用篇幅较大的一章来专门讨论这一问题。

在多元回归中,导致多重共线性的出现有多种原因。一种原因是数据收集的方式不完整,所谓不完整,通常是指只在一个有限的范围内收集了一个或某几个自变量的数据。这种做法会人为地导致两个或更多个自变量之间的相关。例如,为了预测住房的价格,我们可能会用居住的空间的平方英尺数和卧室数做自变量。如果数据中只有一个有许多卧室的大房子和若干只有很少的卧室的小房子(但没有许多卧室的小房子和有很少卧室的大房子,这样的房子并不是不可能的),这样两个变量便会相关,它是数据收集方式的函数。导致多重共线性的另一个原因是我们使用的自变量本来就是相关的。例如,在儿童的成长过程中,他们的年龄和身高就是正相关的。

迄今为止,我们使用的回归分析的例子都是为描述因变量性状(the behavior of the response variable)而设定的模型,而回归分析的目的则在确定这种模型的效度。诸如这样的分析称为确证分析(confirmatory analyses)。然而,在许多统计分析中,特别是在回归分析中,模型的设定多少有些模糊,致使统计分析的很大一部分工作都是在寻找一个适当的模型。诸如这样的分析称之为探索性分析(exploratory analyses)

在模型的设置过程中,探索性分析常由设定一个含有相当多个变量的初始模型组成。因为我们已不需要为计算耗费的人力物力而担忧,所以模型含有的变量数一般只受到数据得到的难易程度的限制,并寄希望于魔术般的统计分析能为我们揭示正确的模型。不过用数量很多的变量可能会使模型中的很多变量相关,因为它们量度的也许都是那些类似的因素。

现在我们需要了解为什么多重共线性会造成这些困难呢？多重共线性并没有违反假定,因此,分析得到的所有结果都是有效的。故而它的问题并不是有效性问题,而是因数据不够精确而无法对偏系数做出适当的估计的问题。偏系数是在其他变量保持不变时,某一变量的变化效应。如果两个变量有精确的线性关系(exact linear relationship)(相关系数 $r = 1$),那么在保持另一个不变时,就不可能使一个变量发生变化,它是矩阵 $X'X$ 为一奇异矩阵,且我们也无法做回归。在相关系数等于 0.90 时,这时虽然回归是可以做的,但结果与相关系数为 1 时并没有很大的差别。这时,在保持另一变量不变时,一个变量固然可以有一些变化,但我们可从这一变化结果中得到的信息,却是十分有限的。正因为如此,它的系数估计值是不可靠或"不稳定"的。

我们可在图 5.1 的图形中,从几何学的角度理解这一困难。图 5.1 显示了因变量 y 和两个自变量 x_1, x_2 的数据的两种测量情况。回归方程则用一个对数据点拟合最佳的平面表示。显然,在自变量的 x_1 和 x_2 的值域内,图 5.1(b) 中的平面与数据点的拟合优于图 5.1(a),因为图 5.1(b) 的自变量是不相关的。

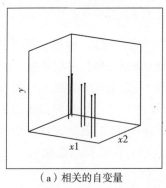 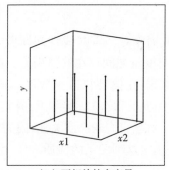

(a) 相关的自变量　　　　　　　　(b) 不相关的自变量

图 5.1

因为多重共线性问题是如此频繁地出现,所以我们将用整个一章的篇幅来讨论这一问题。在 5.2 节,我们准备用一些人为生成的数据来揭示多重共线性是究竟如何影响回归分析的结果的。然后,在 5.3 节我们将会给大家提供一些用以研究多重共线性存在和性质的工具。而在其后的 5.4 节,我们会给大家提供一些可能会对得到有用的结果有所帮助的补救方法。

一种使用十分普遍的解决多重共线性问题的方法是变量选择法。这种方法以统计学为依据,从最初选出的一组自变量中选出一个子组,该子组中的变量,在理念上将会产生一个既没有严重的多重共线性又不会丢失很多精度的模型。因为这一方法的使用(和误用)是如此的频繁,同时也因为它也用于多重共线性问题并不是十分严重的时候,所以我们将在第 6 章对它进行介绍。

5.2　多重共线性效应

我们将多重共线性定义为自变量之间存在着相关。而研究一个有 m 个变量的回归的多重共线性问题,不仅涉及 $m(m-1)/2$ 对两两相关,而且涉及两个以上变量之间的各种相关。为了使读者能对这一颇为棘手的问题能有一个概括的了解,我们先从一些比较简单的多重共线性范式的介绍入手。为此,我们生成了一组有 100 个观察的数据,使用模

型为

$$y = 4.0x_1 + 3.5x_2 + 3.0x_3 + 2.5x_4 + 2.0x_5 + 1.5x_6 + 1.0x_7 + \epsilon$$

式中,ϵ 是随机误差。每个自变量的值都在 $-0.5 \sim 0.5$,且都是由一个被标准化了的均值为 0、值域为 1 的均匀分布生成的。因为所有的自变量都有几乎相等的离散度,所以系数的数量是一个每一自变量的相对重要性(统计显著程度)的一目了然的指示。例如,只要看一下系数的大小,便可知 x_1 最重要,x_2 次重要,如此等等,以此类推。

3 个数据集是根据这些设定以及自变量之间的多重共线性程度大小生成的。为了便于在 3 个数据集之间进行比较,我们所生成的随机误差的大小,能使每一个案的 R 方都在 0.85 左右。

例 5.1 无多重共线性

这一例子中的自变量是用零总体相关(zero population correlations)生成的。这一例子的目的在于,为以后用有多重共线性的数据集的结果进行比较提供一个基础。表 5.1 列出的结果是用 SAS 系统的 PROG REG 模块得到的。

表 5.1 无多重共线性回归的结果,例 5.1

Analysis of Variance					
Source	DF	Sum of Squares	Mean Square	F Value	Pr > F
Model	7	399.05014	57.00716	67.25	< 0.0001
Error	92	77.98936	0.84771		
Corrected Total	99	477.03951			
	Root MSE	0.92071	R-Square	0.8365	
	Dependent Mean	0.11929	Adj R-Sq	0.8241	
	Coeff Var	771.81354			

Parameter Estimates					
Variable	DF	Parameter Estimate	Standard Error	t Value	Pr > | t |
Intercept	1	0.09419	0.09863	0.95	0.3421
X1	1	3.72526	0.32194	11.57	< 0.0001
X2	1	3.78979	0.33785	11.22	< 0.0001
X3	1	3.27429	0.35684	9.18	< 0.0001
X4	1	2.59937	0.32238	8.06	< 0.0001
X5	1	2.04749	0.31101	6.58	< 0.0001
X6	1	1.90056	0.33569	5.66	< 0.0001
X7	1	0.82986	0.34515	2.40	0.0182

回归的结果与我们的期望一致:回归是显著的($p < 0.0001$),R 方的值是 0.84。所有的系数的 0.95 的置信区间都包括了真参数值,而检验假设系数 $=0$ 的检验统计量的 t 值,从 x_1 到 x_7 始终都在下降,7 个变量中的 6 个变量的系数的 p 值都显示出了高度的显著性。x_7 的系数(β_7)虽然也是显著的,但却有着最大的大大高于其他 6 个的 p 值。

在多重共线性不存在时,回归的另一个特性是总系数和偏系数几乎相等。这一点已在表 5.2 中得到了显示,该表的前两行是偏相关系数和它们的标准误差,而随后的两行则是总系数和它们的标准误差。尽管偏系数和总系数并不相同,但是差别是微乎其微的。不仅如此,所有的单变量模型的剩余标准差(RMSE)都大大大于多元回归。这说明,至少这些变量中的某几个变量正是我们所需要的。

表5.2　无多重共线性回归的偏系数和总系数

Variable	X1	X2	X3	X4	X5	X6	X7
Partial Coefficient	3.73	3.79	3.27	2.60	2.05	1.90	0.83
Standard Error	0.32	0.34	0.36	0.32	0.31	0.34	0.35
Total Coefficient	3.81	2.95	2.87	2.33	1.88	1.57	0.87
Standard Error	0.63	0.72	0.78	0.71	0.69	0.76	0.78

例5.2　"均匀"多重共线性

这个例子它的自变量是人为生成的,所有"相邻"变量,即 x_j 与 x_{j+1} 之间都相关,且相关系数都等于0.98。图5.2是所有自变量对的相关系数的散点图矩阵。所有变量对之间都存在着高度的相关这一点是显而易见的。[1]对角线格子中的数字表示变量的最小和最大值(记住,所有变量都服从均匀分布,其值为 $-0.5 \sim 0.5$)。这些散点图清楚地揭示了这些相关的性质。

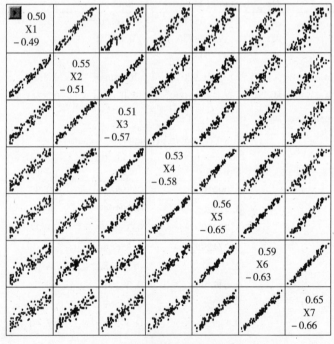

图5.2　自变量的相关矩阵,例5.2

用这些数据做的回归得到的结果如表5.3所示。R 方的值与无多重共线性性十分接近。[2]然而系数估计值确有很大的不同,且只有 β_6 和 β_7 在统计上是显著的($\alpha = 0.05$)。

1　x_j 和 x_{x+2} 的总体相关是 0.98^2 ,而 x_j 和 x_{j+3} 的则是 0.98^3 ,等等。

2　因为所有的系数都是正的,所以多重共线会导致因变量值域扩大,故有常数 R 方,残差均方也会变大。

这样的结果的确令人感到有些吃惊,因为这两个变量是最不"重要的"。不仅如此,β_6 的估计值的符号还是负的,与真模型不一致。实际上,这些结果是由这些系数的大的标准误差直接造成的。在一般情况下,它们是无多重共线性数据得到的数字的 10 ~ 12 倍。在后面的有关章节我们将会看到,多重共线性的评定统计量(assessment statistic)是以标准误差的差别为依据的。

表 5.3　有多重共线的回归结果,例 5.2

Analysis of Variance				
Source	DF	Sum of Squares	Mean Square	F Value	Pr > F
Model	7	3019. 40422	431. 34346	78. 26	< 0.0001
Error	92	507. 06535	5. 51158		
Corrected Total	99	3526. 46958			

	Root MSE	2. 34768	R-Square	0. 8562
	Dependent Mean	0. 06761	Adj R-Sq	0. 8453
	Coeff Var	3472. 48945		

Parameter Estimates					
Variable	DF	Parameter Estimate	Standard Error	t Value	Pr > |t|
Intercept	1	− 0. 08714	0. 24900	− 0. 35	0. 7272
X1	1	4. 87355	3. 85464	1. 26	0. 2093
X2	1	3. 79018	5. 89466	0. 64	0. 5218
X3	1	2. 97162	5. 85504	0. 51	0. 6130
X4	1	4. 96380	5. 72319	0. 87	0. 3880
X5	1	0. 92972	6. 71427	0. 14	0. 8902
X6	1	− 12. 53227	6. 13637	− 2. 04	0. 0440
X7	1	13. 15390	4. 47867	2. 94	0. 0042

在存在多重共线性的时候,回归分析的主要特点是:

尽管模型与数据拟合得很好,但单个系数却可能没有什么有用处。

换一句话说,多重共线并没有影响整个模型的拟合,因而也不会对模型得到因变量的点估计值,残差变异度的估计值的能力有影响。然而,如果回归分析的主要目的是确定各个独立的因子变量(factor variable)的特定效应,那么它就会使回归分析的效率有所降低。不仅如此,大的回归系数的标准误差也会使条件均值和预测值的标准误差增大。

在存在多重共线性时,偏回归系数的值可能与表 5.4 显示的总回归系数有相当大的差别。例如,在这里我们可以看到,X1 的偏回归系数是 4.87,但是总回归系数却等于17.19! 其他系数的比较结果也与之类似。这样的结果是由偏回归系数和总回归系数的定义本身直接导致的:所谓偏回归系数,是在保持所有其他自变量恒定不变时,由个别 x 的一个单位的变化引起的 $\hat{\mu}_{y|x}$ 的变化。而总回归系数则是忽视了其他自变量之后,由个别 x 的一个单位的变化引起的 $\hat{\mu}_{y|x}$ 的变化。我们可以在这里观察到的一个有趣的性质是,所有估计的总系数都非常接近17.5,而这正是真实的模型的7个系数的和。这是因为在所有的变量之间存在着强相关。正因为如此,在存在很强的多重共线性时,含有所有

变量的模型与数据的拟合,不见得比那些含有较少的变量的模型更好。

表5.4 有多重共线的偏回归系数和总回归系数,例5.2

Variables	X1	X2	X3	X4	X5	X6	X7
Partial Coefficients	4.87	3.79	2.97	4.96	0.93	−12.5	13.15
Standard Errors	3.85	5.89	5.86	5.72	6.71	6.14	4.48
Total Coefficients	17.19	17.86	17.49	17.41	17.20	17.00	17.26
Standard Errors	0.82	0.82	0.81	0.81	0.84	0.92	0.90

多重共线的另一个性质是有多重共线的直接后果:相关的变量可以看作是在很大程度上量度着相同的现象,因此只用某一变量来量度,可能与用若干变量的组合来量度几乎一样好。在这一例子中,含有所有 7 个变量的模型的剩余标准差(residual standard deviation)为 2.348(未在表中显示),而单个变量的回归残差的均方为 2.479 ~ 2.838。实际上,这恰好说明,高度相关的变量倾向于提供几乎相同的信息。■

在 3.4 节,我们介绍了一种用残差求偏回归系数的方法。这种方法用对其他所有自变量的回归的残差,做简单线性回归来求回归系数。多重共线意味着自变量间存在着强相关,致使这些回归的残差方差较小。于是简单线性回归的回归(见 2.3 节)系数估计值的精度正好与之相反,与之关联的将是自变量的离散度。因为多重共线降低了残差的离散度,而这些残差正是这些回归中的自变量,所以在存在多重共线时,偏回归系数的精度将是比较低的。下面我们将会看到一个基于这一观点的多重共线性评估统计量(assessment statistic)。

最后,那些表现不佳的偏回归系数有着非常实际的实际意义。我们一定还记得,偏回归系数是在所有其他变量保持恒定不变时,由某一变量而产生的效应。但在变量彼此相关时,在一个变量变化,而所有其他变量恒定时,数据并不会提供,或者只能提供非常少的,有关由这一变化而导致的变化的信息。实际上,在保持其他变量恒定时,我们甚至无法使这一变量发生变化。因此,这时偏系数正在试图依据,充其量最多不过只是十分有限的信息来做出某些估计。

例5.3 几种多重共线性

这个例子中,总体相关模式变得更加复杂,具体如下:

与例 5.2 类似,x_1,x_2 和 x_3 之间相关,相邻变量间的相关系数为 0.98。

与例 5.2 类似,x_4,x_5 和 x_6 之间相关,不过相邻变量间的相关系数为 0.95,但它们与 x_1,x_2 和 x_3 不相关。

X_7 与其他所有变量都不相关。

图 5.3 是这 3 组数据的散点图矩阵。它显示 X_1,X_2 和 X_3 之间是高度相关的,X_4,X_5 和 X_6 之间的相关则稍弱一些,而其余变量之间,尤其是它们与 X_7 之间则不相关。

使用这些数据得到的回归结果如表 5.5 所示。

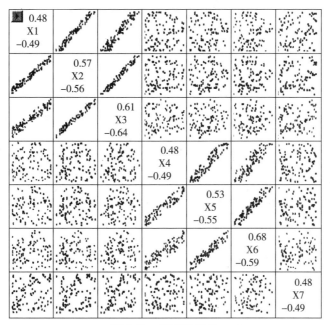

图 5.3　自变量相关

表 5.5　例 5.3 的回归结果

Analysis of Variance					
Source	DF	Sum of Squares	Mean Square	F Value	Pr > F
Model	7	1464.34484	209.19212	77.44	< 0.0001
Error	92	248.53079	2.70142		
Corrected Total	99	1712.87563			

	Root MSE	1.64360	R-Square	0.8549
	Dependent Mean	− 0.23544	Adj R-Sq	0.8439
	Coeff Var	− 698.10234		

Parameter Estimates				
Variable	DF	Parameter Estimate	Standard Error	t Value	Pr > | t |
Intercept	1	0.40158	0.16862	2.38	0.0193
X1	1	6.26419	2.92282	2.14	0.0347
X2	1	− 0.83206	4.22064	− 0.20	0.8442
X3	1	4.99533	2.84205	1.76	0.0821
X4	1	5.03588	1.74862	2.88	0.0049
X5	1	− 1.36616	2.35952	− 0.58	0.5640
X6	1	1.95366	1.86944	1.05	0.2987
X7	1	2.15221	0.58533	3.68	0.0004

　　结果多少与例 5.2 有点类似。模型统计值实际上几乎没有什么变化。整个回归是高度显著的[3]，而 x_1,x_2 和 x_3 的系数的标准误差只比例 5.2 小一些。x_1,x_5 和 x_6 的系数的标准

---

[3]　误差的均方数量的差别还是因为因变量的值的变差比较大。

误差则显著小于例5.2,因为这些变量之间的相关程度不是那么高。然而,请大家注意,x_7的系数标准误差几乎与无多重共线的相同。这一结果告诉我们,不论模型中的变量间的多重共线性程度如何,一个与其他变量不相关的变量的系数的标准误差都不会受到它的影响。

现在我们已经能够看到,在一个"被控"的情境中,我们可以对多重共线做什么。下面我们将会看到在一个"真实"的例子中,我们对它做了什么。■

例5.4 篮球统计

这些统计数字来自《世界年鉴和实录》,(*the World Almanac and Book of Facts*),1976/1977到1978/1979赛季的球队数据。在这里使用的变量包括以下这些:

FGAT	投篮次数
FGM	投篮命中次数
FTAT	罚球次数
FTM	罚球命中次数
OFGAT	对手投篮次数
OFGAL	对手投篮命中次数
OFTAT	对手罚球次数
OFTAL	对手罚球命中次数
DR	后场篮板球数
DRA	抢到后场篮板球数
OR	前场篮板球数
ORA	抢到前场篮板球数
WINS	赛季胜数

数据结果如表5.6所示。

表5.6 NBA数据

OBS	Region	FGAT	FGM	FTAT	FTM	OFGAT	OFGAL	OFTAT	OFTAL	DR	DRA	OR	ORA	WINS
1	1	7322	3511	2732	2012	7920	3575	2074	1561	2752	2448	1293	1416	50
2	1	7530	3659	2078	1587	7610	3577	2327	1752	2680	2716	974	1163	40
3	1	7475	3366	2492	1880	7917	3786	1859	1404	2623	2721	1213	1268	30
4	1	7775	3462	2181	1648	7904	3559	2180	1616	2966	2753	1241	1110	44
5	1	7222	3096	2274	1673	7074	3279	2488	1863	2547	2937	1157	1149	22
6	1	7471	3628	2863	2153	7788	3592	2435	1803	2694	2473	1299	1363	55
7	1	7822	3815	2225	1670	7742	3658	2785	2029	2689	2623	1180	1254	43
8	1	8004	3547	2304	1652	7620	3544	2830	2135	2595	2996	1306	1312	24
9	1	7635	3494	2159	1682	7761	3539	2278	1752	2850	2575	1235	1142	32
10	1	7323	3413	2314	1808	7609	3623	2250	1695	2538	2587	1083	1178	27
11	1	7873	3819	2428	1785	8011	3804	1897	1406	2768	2541	1309	1178	54
12	1	7338	3584	2411	1815	7626	3542	2331	1747	2712	2506	1149	1252	47
13	1	7347	3527	2321	1820	7593	3855	2079	1578	2396	2453	1119	1122	29
14	1	7523	3464	2613	1904	7306	3507	2861	2160	2370	2667	1241	1234	37
15	1	7554	3676	2111	1478	7457	3600	2506	1907	2430	2489	1200	1225	31
16	2	7657	3711	2522	2010	8075	3935	2059	1512	2550	2687	1110	1329	44

OBS	Region	FGAT	FGM	FTAT	FTM	OFGAT	OFTAT	OFTAL	OFTA	DR	DOR	OR	ORA	WINS
17	2	7325	3535	2103	1656	7356	3424	2252	1746	2632	2232	1254	1121	49
18	2	7479	3514	2264	1622	7751	3552	1943	1462	2758	2565	1185	1167	48
19	2	7602	3443	2183	1688	7712	3486	2448	1833	2828	2781	1249	1318	35
20	2	7176	3279	2451	1836	7137	3409	2527	1909	2512	2533	1244	1121	31
21	2	7688	3451	1993	1468	7268	3265	2325	1748	2563	2711	1312	1202	43
22	2	7594	3794	2234	1797	8063	3808	1996	1494	2594	2576	1030	1345	52
23	2	7772	3580	2655	1887	8065	3767	1895	1437	2815	2683	1349	1166	44
24	2	7717	3568	2331	1690	7938	3659	2213	1661	2907	2747	1309	1273	39
25	2	7707	3496	2116	1569	7620	3474	2113	1574	2676	2779	1187	1214	43
26	2	7691	3523	1896	1467	7404	3571	2238	1699	2421	2525	1301	1195	28
27	2	7253	3335	2316	1836	6671	3162	2930	2193	2359	2606	1160	1160	41
28	2	7760	3927	2423	1926	7970	3798	2343	1759	2619	2531	1096	1297	48
29	2	7498	3726	2330	1845	7625	3795	2211	1627	2504	2315	1256	1186	47
30	2	7802	3708	2242	1607	7623	3755	2295	1732	2380	2628	1303	1301	30
31	2	7410	3505	2534	1904	6886	3367	2727	2045	2341	2440	1381	1176	46
32	2	7511	3517	2409	1848	8039	3864	2246	1666	2676	2664	1234	1486	26
33	2	7602	3556	2103	1620	7150	3600	2423	1837	2256	2587	1229	1123	30
34	3	7471	3590	2783	2053	7743	3585	2231	1635	2700	2481	1288	1269	50
35	3	7792	3764	1960	1442	7539	3561	2543	1933	2495	2637	1169	1317	44
36	3	7840	3668	2072	1553	7753	3712	2330	1721	2519	2613	1220	1265	30
37	3	7733	3561	2140	1706	7244	3422	2513	1912	2593	2739	1222	1097	40
38	3	7840	3522	2297	1714	7629	3599	2252	1705	2584	2770	1409	1378	36
39	3	7186	3249	2159	1613	7095	3306	1907	1425	2705	2559	1292	1055	44
40	3	7883	3801	2220	1612	7728	3715	2404	1832	2480	2617	1239	1234	44
41	3	7441	3548	2705	2068	7799	3678	2365	1740	2736	2546	1177	1267	48
42	3	7731	3601	2262	1775	7521	3564	2635	2004	2632	2684	1208	1232	31
43	3	7424	3552	2490	1832	7706	3688	2177	1662	2601	2494	1229	1244	38
44	3	7783	3500	2564	1904	7663	3634	2455	1841	2624	2793	1386	1350	31
45	3	7041	3330	2471	1863	7273	3565	1980	1466	2577	2367	1248	1065	40
46	3	7773	3906	2021	1541	7505	3676	2415	1819	2370	2437	1157	1229	38
47	3	7644	3764	2392	1746	7061	3434	2897	2170	2404	2547	1191	1156	48
48	3	7311	3517	2841	2046	7616	3631	2277	1713	2596	2429	1307	1218	47
49	3	7525	3575	2317	1759	7499	3586	2416	1868	2530	2605	1225	1299	38
50	3	7108	3478	2184	1632	7408	3682	2029	1549	2544	2377	1224	1095	31
51	4	7537	3623	2515	1917	7404	3408	2514	1889	2703	2510	1260	1197	49
52	4	7832	3724	2172	1649	7584	3567	2282	1699	2639	2640	1300	1256	46
53	4	7657	3663	1941	1437	7781	3515	1990	1510	2628	2625	1177	1348	53
54	4	7249	3406	2345	1791	7192	3320	2525	1903	2493	2594	1059	1180	34
55	4	7639	3439	2386	1646	7339	3394	2474	1863	2433	2651	1355	1257	40
56	4	7836	3731	2329	1749	7622	3578	2319	1749	2579	2743	1166	1202	49
57	4	7672	3734	2095	1576	7880	3648	2050	1529	2647	2599	1136	1365	45
58	4	7367	3556	2259	1717	7318	3289	2282	1747	2686	2523	1187	1187	58
59	4	7654	3574	2081	1550	7368	3425	2408	1820	2629	2794	1183	1185	43
60	4	7715	3445	2352	1675	7377	3384	2203	1670	2601	2600	1456	1121	47
61	4	7516	3847	2299	1765	7626	3775	2127	1606	2379	2424	1083	1238	50
62	4	7706	3721	2471	1836	7801	3832	2295	1760	2413	2322	1392	1294	43
63	4	7397	3827	2088	1606	7848	3797	1931	1415	2557	2486	949	1288	47
64	4	7338	3541	2362	1806	7059	3448	2501	1889	2435	2350	1256	1080	45
65	4	7484	3504	2298	1732	7509	3475	2108	1567	2591	2453	1310	1156	52
66	4	7453	3627	1872	1367	7255	3493	2155	1604	2513	2533	1169	1147	38

我们做了一个赛季胜数对其他变量的回归,目的在确定究竟是球队的哪些方面会使球队的赢球数上升。

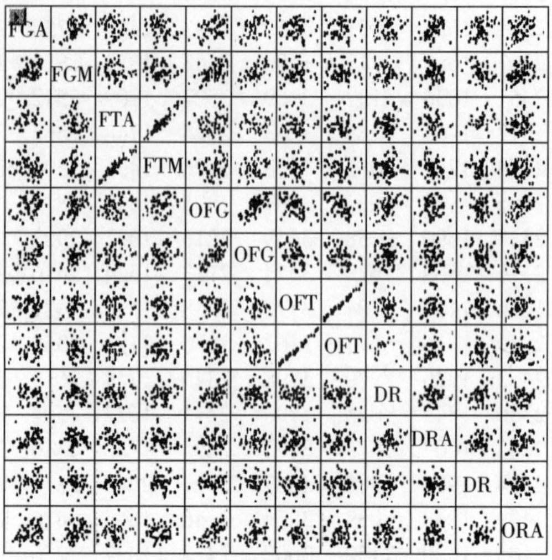

图 5.4　NBA 数据中的相关

图 5.4 是散点图矩阵(限于篇幅,所有的变量名都缩减为 3 个字母)。有关的相关系数如表 5.7 所示。注意,并非所有的变量都是显著相关的。相关程度最高的显然是罚球数和罚球命中数之间的相关系数。还有一些变量之间存在中等程度的相关,而有许多变量相互之间似乎并不存在什么相关。然而,正如我们将要见到的那样,的确还存在着其他的造成多重共线的原因,这意味着没有高度的成对的相关,并不一定意味着多重共线性不存在。

表 5.7　NBA 数据中的相关

	FGAT	FGM	FTAT	FTM	OFGAT	OFGAL	OFTAT	OFTAL	DR	DRA	OR	ORA	WINS
FGAT	1	0.561**	−0.238	−0.296*	0.421**	0.290*	0.138	0.134	0.107	0.484**	0.227	0.373**	0.012
FGM	0.561**	1	−0.150	−0.106	0.465**	0.574**	−0.038	−0.052	−0.103	−0.222	−0.275*	0.363**	0.409*
FTAT	−0.238	−0.150	1	0.941**	0.191	0.174	0.058	0.033	0.152	−0.167	0.307*	0.200	0.216
FTM	−0.296*	−0.106	0.941**	1	0.195	0.224	0.051	0.023	0.137	−0.229	0.138	0.185	0.221
OFGAT	0.421**	0.465**	0.191	0.195	1	0.786**	−0.536**	−0.554**	0.543**	0.105	−0.102	0.604**	0.157
OFGAL	0.290*	0.574**	0.174	0.224	0.786**	1	−0.441**	−0.455**	0.033	−0.160	−0.172	0.438**	−0.057
OFTAT	0.138	−0.038	0.058	0.051	−0.536**	−0.441**	1	0.993**	−0.374**	0.211	0.075	−0.011	−0.225
OFTAL	0.134	−0.052	0.033	0.023	−0.554**	−0.455**	0.993**	1	−0.392**	0.200	0.091	−0.032	−0.245*
DR	0.107	−0.103	0.152	0.137	0.543**	0.033	−0.374**	−0.392**	1	0.263*	0.076	0.125	0.260*
DRA	0.484**	−0.222	−0.167	−0.229	0.105	−0.160	0.211	0.200	0.263*	1	−0.001	0.232	−0.386**
OR	0.227	−0.275*	0.307*	0.138	−0.102	−0.172	0.075	0.091	0.076	−0.001	1	0.002	−0.012
ORA	0.373**	0.363**	0.200	0.185	0.604**	0.438**	−0.011	−0.032	0.125	0.232	0.002	1	0.028
WINS	0.012	0.409**	0.216	0.221	0.157	−0.057	−0.225	−0.245*	0.260*	−0.386**	−0.012	0.028	1

注:**　在 0.01 水平相关显著(双侧)。

　　*　在 0.05 水平相关显著(双侧)。

用 WIN 做因变量的回归结果和 12 种球技的统计数字都已列入表 5.12 中。模型检验的 F 值以及决定系数告诉我们,模型的拟合相当好。然而却只有两个系数(FGM 和

OFGAL) 的 p 值小于 0.01,还有另一个系数(FTM) 的 p 值小于 0.05。这些结果告诉我们,只有球队和对手的投篮命中次数是重要的,且系数的符号也正如我们所预期的,而球队的罚球命中数则有少量的正效应。

表 5.8 NBA 数据的回归结果

Analysis of Variance					
Source	DF	Sum of Squares	Mean Square	F Value	Pr > F
Model	12	3968.07768	330.67314	26.64	< 0.0001
Error	53	657.92232	12.41363		
Corrected Total	65	4626.00000			

	Root MSE	3.52330	R-Square	0.8578
	Dependent Mean	41.00000	Adj R-Sq	0.8256
	Coeff Var	8.59341		

Parameter Estimates

Variable	DF	Parameter Estimate	Standard Error	t Value	Pr > | t |
Intercept	1	36.17379	22.39379	1.62	0.1122
FGAT	1	−0.01778	0.01387	−1.28	0.2053
FGM	1	0.06980	0.01316	5.31	< 0.0001
FTAT	1	−0.00357	0.01045	−0.34	0.7339
FTM	1	0.02767	0.01142	2.42	0.0188
OFGAT	1	0.02202	0.01217	1.81	0.0761
OFGAL	1	−0.07508	0.01139	−6.59	< 0.0001
OFTAT	1	0.01645	0.01757	0.94	0.3533
OFTAL	1	−0.04364	0.02207	−1.98	0.0533
DR	1	−0.01376	0.01138	−1.21	0.2317
DRA	1	0.00735	0.01274	0.58	0.5667
OR	1	0.02654	0.01854	1.43	0.1581
ORA	1	−0.02140	0.01393	−1.54	0.1305

当然,因为存在着多重共线,所以这样一种性质的结果是在我们意料之中的,虽然这些显而易见的矛盾没有在人为编造的例子中显示的那么严重。不仅如此,我们还看到多重共线的造成的另一个结果,那就是偏系数和总系数变得不同。NBA 数据的偏系数和总系数可参见表 5.9。两者之间的差别确实相当大,尽管它仍然还是不如人为编造的数据那么大。例如,多元回归中的 3 个最大的 t 值是投篮数、罚球命中数和对手投篮数,而几个最强的简单回归则涉及投篮数、后场篮板数、对手后场篮板数及对手罚球命中数。* 同样,在这个例子中,单变量回归的拟合也不如多元回归的好。然而,请大家注意,许多单变量回归都有几乎相等的残差均方。

---

* 此处原文是 3 个最强简单回归,但后面列举 4 个,故译文将 3 个改为几个。——译者注

表 5.9   偏系数和总系数,NBA 数据

Variable	FGAT	FGM	FTAT	FTM	OFGAT	OFGAL	OFTAT	OFTAL	DR	DRA	OR	ORA
Partial Coeff.	−0.018	0.070	−0.004	0.028	0.022	−0.075	0.016	−0.044	−0.014	0.007	0.027	−0.021
Std. Error	0.014	0.013	0.010	0.011	0.012	0.011	0.018	0.022	0.011	0.013	0.019	0.014
$\|t\|$	1.282	5.305	0.342	2.424	1.809	6.590	0.936	1.977	1.210	0.576	1.432	1.536
Total Coeff.	0.000	0.022	0.008	0.011	0.004	−0.003	−0.008	−0.011	0.015	−0.023	−0.001	0.003
Std. Error	0.005	0.006	0.005	0.006	0.003	0.006	0.004	0.005	0.007	0.007	0.011	0.012
$\|t\|$	0.095	3.589	1.767	1.814	1.273	0.457	1.848	2.020	2.150	3.342	0.094	0.223

5.3 诊断多重共线性

我们已经对多重共线的效应有所了解。因而如果在分析中发现了这些效应,我们就会据此而作出多重共线存在的结论。尽管如此,如果我们还能找到一些其他可以用来确定涉及多重共线的变量及多重共线的严重程度的工具仍然还是很有用处的。两种经常使用的工具是方差膨胀因子(variance inflation factor)和方差比例(variance proportion)。

方差膨胀因子

在 3.4 节,我们注意到偏回归系数估计值的方差为

$$\text{Var}(\hat{\beta}_j) = \text{MSE}c_{jj}$$

式中,MSE 是误差的均方,而 c_{jj} 则是矩阵 $(X'X)^{-1}$ 中的第 j 个对角元素。我们已经了解多重共线对残差的均方是没有影响的,因此大的系数方差必定与大的 c_{jj} 值有关。它可表示为

$$c_{jj} = \frac{1}{(1 - R_j^2) \sum_i (x_j - \bar{x}_j)^2}$$

式中,R_j^2 是 x_j 对模型中所有其他自变量的"回归"的决定系数。在第 2 章,我们看到 $\sum_t (x_j - \bar{x}_j)^2$ 是简单回归中回归系数方差的计算公式的分母。如果多重共线不存在,那么 $R_i^2 = 0$,总回归系数和偏回归系数的方差和系数估计值是相同的。然而,任何自变量之间存在相关都会导致 R_j^2 的上升,有效地增加 c_{jj} 的量,进而导致系数估计值的方差的增大。换言之,$\hat{\beta}_j$ 的方差将会增大或受到量 $[1/(1 - R_j^2)]$ 的影响。我们要计算每一系数的这一统计量,而统计量 $[1/(1 - R_j^2)]$,$j = 1, 2, \cdots, m$,则称为**方差膨胀因子**,常被简化表示为 VIF。

前面我们已经注意到,在存在多重共线时,我们很难在保持其他变量恒定不变的同时,使某一个变量有所变化,因此在这样的情况下,偏回归系数所能提供的信息十分有限。方差膨胀系数能使这种效应数量化。方法是阐明由 $(1 - R_j^2)$ 减少的那一自变量的有效离散度及由它而引起的系数估计值方差的增大。

表 5.10 显示了 3 个人为编造的数据集(例 5.1、例 5.2 和例 5.3)的方差膨胀因子。从该表数据我们可以看到下列问题:

表 5.10　例 5.1、例 5.2 和例 5.3 的方差膨胀因子

Variable	Example 5.1	Example 5.2	Example 5.3
X1	1.20860	26.2567	28.5832
X2	1.14540	57.7682	60.9170
X3	1.03382	59.3147	28.6561
X4	1.06381	57.1509	9.0335
X5	1.21691	79.0206	16.1551
X6	1.26091	64.6862	10.9426
X7	1.16042	33.9787	1.0970

例 5.1:因为不存在多重共线,所以我们可以预期,方差膨胀因子是一致的。实际上,VIF 都略大于 1,因为尽管总体相关等于零,但数样本相关系数并不会一定恰好等于零。

例 5.2:方差膨胀因子为 26 ~ 79,说明膨胀系数因为多重共线的存在而有很大的波动。所以不用为没有一个系数估计值在统计上是显著的这一点而感到大惑不解。注意,所有的 VIF 也多有相同的数量级,因为所有变量的相关都是相同的。

例 5.3:X1,X2 和 X3 的 VIF 值在数量上与例 5.2 的相似,因为它们之间的相关与例 5.2 相同。X4,X5 和 X6 的 VIF 小于前 3 个系数的,因为这些变量之间的相关比较低。X7 的 VIF 接近 1,因为 X7 人工生成的,与其他任何变量都是零(总体)相关。由此可知,方差膨胀系数阐明了一个事实,那就是尽管存在着极端的多重共线,但是那些彼此不相关的变量的系数方差却并不会受到其他变量之间的相关的影响。

在继续进行下面的分析之前,我们想知道,VIF 究竟大到什么程度,我们便可认为多重共线性会对相应的系数产生严重影响。因为我们正在进行的是探索性的分析,所以我们无法进行“显著性”检验,因此任何一个截点值(cutoff value)的取舍都必须以实际的考量为依据。普遍使用的截点值是 10。我们之所以取这一值,并无理论的依据,无非是因为它在一堆列出的 VIF 值中很容易被辨认。例如我们很容看到,在例 5.1 中的所有变量和例 5.3 中的某一变量之外的所有其他变量都陷入了“严重的”多重共线。

VIF 值还必须相对于研究模型的总的拟合情况进行评估。例如,如果模型的 R^2 为 0.9999,那么 10 这一 VIP 值便还没有大到足以严重影响系数估计值的程度,而在 R^2 等于 0.25 时,那么只要 VIF 值达到了 7,估计值就可能不太可靠。由此可知,将 VIF 值与回归模型中与之相当的统计量,$1/(1 - R^2_{模型})$ 进行一下比较是很有用的。任何大于这一数量的 VIF 值都意味着相应的自变量之间的关系强于它们与因变量之间的关系。

最后要说明的一点是,样本容量效应并不会受到多重共线的影响,因此,即使多重共线存在,基于非常大的样本的回归系数的方差可能仍然是很可靠的。

表 5.11 是例 5.4 的方差膨胀因子。除了一个变量之外,其他的 VIF 都超过了 10,说明多重共线确实存在。回归模型的 R^2 等于 0.8578,因此 $1/(1 - R^2_{模型}) = 7.03$,说明许多自变量之间的相关的确强于回归关系。

表 5.11　NBA 数据的 VIF 值

Variable	Variance Inflation
INTERCEP	0.00000000
FGAT	46.16283766
FGM	23.02705631
FTAT	27.83995306
FTM	18.98467286
OFGAT	71.80453440
OFGAL	18.54001592
OFTAT	102.80792238
OFTAL	94.38613969
DR	13.88371365
DRA	17.65046315
OR	17.17856425
ORA	8.14903188

如果认真地看一下上表的数据,我们可以看到最大的 VIF 值都与得分的变量,如投篮和罚球有关。多重共线可以诊断为肇端于投(罚)球次数与命中次数的高度相关。这就是说,投(罚)次数越多,得分就越高。无独有偶,抢篮板次数和抢到的次数之间也存在明显的相关,但是关系比较弱。

方差比例

我们已经将多重共线性定义为存在一个或若干个变量的线性函数,其总和几乎为零。一组称为**方差比例**的函数可以为我们提供诸如这样的函数的存在和结构的信息。

方差比例是**主成分**分析(principal components analysis)的副产品。主成分分析是许多旨在分析一组相关的变量的结构,并将它们归并成以因子命名的组的多元分析法中最为简单的一种。稍后我们将会看到,主成分分析法同样也是一种可能可以用来克服多重共线效应的,很有用的补救方法。

主成分

因为主成分旨在探究相关的模式。这一分析以标准化变量为依据,以避免变量的方差各异而引起的混乱。[4] 因而,如果 X 是 $n \times m$ 的变量的观察方差矩阵,那么 $X'X$ 便是相关矩阵。

主成分分析是一种创建一组新变量,$z_i, i = 1, 2, \cdots, m$ 的方法。新创建的变量与原来那组标准化的变量,$x_i, i = 1, 2, \cdots, m$,线性相关。将 z_i 与 x_i 关联起来的等式形式为

4　在这样的应用中,我们将通过减去均值,然后再除以标准差来将变量标准化。在某些其他的应用中,变量并不需要标准化。限于篇幅,我们将不在本书讨论诸如其他的应用方式。

$$z_i = v_{i1}x_1 + v_{i2}x_2 + \cdots + v_{im}x_m, \quad i = 1, 2, \cdots, m$$

它可用矩阵表示为

$$Z = XV$$

式中,V 是 $m \times m$ 的系数(v_{ij})矩阵,它描述了两组变量之间的关系。Z 称为变量 X 的线性变换。

诸如这样的变换有无限多个。然而,主成分变换却创建了一组独特的变量 z_i,这组变量有以下这些特性:

1. 这些变量是不相关的,这就是说,$Z'Z$ 是一个对角矩阵,其对角元素是 λ_i。

2. z_1 有最大可能方差,z_2 有次大可能方差,变量的方差随其下标编号的递增而递减。

主成分变换是通过求相关矩阵的*特征值*和*特征向量*[5]（有时也称为特性值和特性向量）得到的。该矩阵的特征值用 $\lambda_1, \lambda_2, \cdots, \lambda_m$ 表示,它是对应的 z_i 的方差,而特征向量是矩阵 V 的列,即所谓的变换矩阵,它把变量 z 与变量 x 联系了起来。这就是说,V 的第一列为我们提供了方程

$$z_1 = v_{11}x_1 + v_{21}x_2 + \cdots + v_{m1}x_m$$

的系数及其他信息等。

我们用一个来自一个双变量的两个变量的相关系数为 0.9 的总体的 100 个观察组成的样本,来对主成分问题加以阐述。该样本的相关矩阵为

$$X'X = \begin{bmatrix} 1 & 0.922 \\ 0.922 & 1 \end{bmatrix}$$

主成分分析为我们提供了变换

$$z_1 = 0.707x_1 + 0.707x_2$$
$$z_2 = 0.707x_1 - 0.707x_2$$

而特征值则为我们提供了主成分方差的估计值为

$$\hat{\sigma}_{z_1}^2 = 1.922$$
$$\hat{\sigma}_{z_2}^2 = 0.078$$

图 5.5 左边的那张图是原变量的散点图（变量被标以 X1 和 X2）,而右边的那一张图则是主成分变量的散点图（被标以 PRIN1 和 PRIN2）。

原变量的散点图是一张典型的高度相关的标准化变量的散点图。主成分散点图则是一张典型的一对不相关的变量的散点图。该图中,其中一个变量（本例中为 PRIN1）有更大的方差。如果我们对图 5.5 做一番仔细的打量,就会发现两张散点图中数据点是相同的,这说明主成分转换只不过是对轴做了一个刚性旋转而已,以使变量的相关为零,并使第一个主成分变量有最大的方差,如此,等等。

请大家进一步注意一下。两组方差的总和都是 2.0 这一结果说明了一个事实,那就是主成分变换并没有改变这组变量的总变差（如同方差总和测量的总变差）,而只是在主成分变量之间对它们重新进行了分配。

特征向量显示第一个主成分变量是由两个原变量的和组成的,而第二个主成分变量

5　特征值和特征向量的推导和计算问题超出了本书介绍的内容的范围。不过许多统计软件都可以进行这些计算。

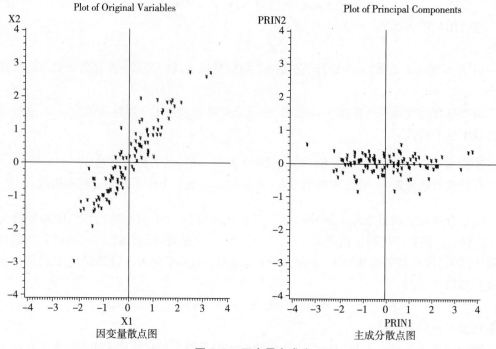

图 5.5　双变量主成分

则是由两者之差组成。这一结果正在我们意料之中:对任何两个变量而言,不论它们是否相关,两者方差的和都为我们提供了有关它们的变差的大多数信息,而它们的差则为我们提供了其余的信息。

　　主成分变量的这一结构揭示了不同的相关模式会引起的什么样不同的后果。如果相关为1,那么方差的和便会对所有的变差做出解释。这就是说,第一个主成分的方差等于2.0,而第二个主成分变量的方差则为零,因为两个变量不存在差异。如果两个原变量相关很小,或完全不相关,那么两个主成分变量的方差都接近1。

　　对于数目较多的变量而言,结果会比较复杂,但不管怎么样,它们都有下面这样一些性质:

1. 多重共线性越严重,成分方差(特征值)之间的在数量上的差别就越大。不过特征值的和总是等于变量的个数。

2. 变换的系数(特征向量)显示了主成分变量是如何与原变量相关联的。

　　我们将会看到,有着最大方差的主成分变量可以有助于对存在多重共线的回归结果做出解释。不过在试图找出多重共线的原因时,我们的注意力可能要集中在那些方差最小的主成分变量。

　　记住,线性相依(linear dependencies)是由变量的线性函数等于零来定义的。这一定义将使得一个或多个主成分的方差为零。多重共线是在那些必然会导致有零方差的主成分变量之间的"近乎"线性独立的结果。这些成分的变换的系数固然可以为我们提供某些有关多重共线的性质的信息,但是一组与之有关的,被称为**方差比例**的统计值可能更加有用。

　　我们将不用数学方法来介绍方差比例问题(这样做,对我们的帮助不大)。方差比例表明了每一个主成分对每一回归系数的方差的相对贡献量。正因为如此,一个有着较小的特征值(一个"近乎"共线)的成分,对几个系数的方差有着比较大的贡献可能说明,这些系数的变量对整个多重共线性也有比较大的贡献。为了便于进行系数之间的比较,我们对方差比例进行了标准化,使其总和为1,这样单个元素便代表归结于每个主成分的系数方差的**比例**。

表5.12是我们用来阐述主成分问题的,使用了两个相关变量的假设的回归的方差比例。该表数据是由 SAS 系统的 PROC REG 模块提供的。[6]

表5.12　方差比例

Collinearity Diagnostics (intercept adjusted)				
Number	Eigenvalue	Condition Index	Var Prop X1	Var Prop X2
1	1.90119	1.00000	0.0494	0.0494
2	0.09881	4.38647	0.9506	0.9506

表中的第一列是特征值(eigenvalue),第二列是条件指标(condition index),它是在计算逆的时候,可能产生的舍入误差的指标。而在变量很多且多重共线性很严重时,需要计算这样的逆。只有在条件数很大(通常至少要达到100)时,我们才可以认为舍入误差是一个问题。

那些以自变量名(在本例中是 X1 和 X2)为标题的列是方差比例。我们对这些比例做一番考察,找出特征值小的成分。在这一例子中是重视成分2(两个系数的方差比例都是0.9506)。第二个主成分两个变量的差构成。这个成分的小方差说明两个变量之差并不是很大,因此我们有理由认为,第二个成分对回归系数的贡献是不稳定的。换言之,两个变量之和(第一个成分)几乎提供了回归所需要的全部信息。

再解例5.3　方差比例

表5.13是例5.3的特征值和方差比例。在这一例子中,我们使用了两组分开的变量。我们立刻就可以看到,存在3个比较大的和4个比较小的特征值,说明存在相当严重的多重共线性。

记住,与多重共线性有涉的那些变量可通过确认小特征值(方差)的主成分中的那些较大的方差比例来加以确认。在这一例子中,它们是成分5到7。我们把这些成分中的那些大比例都加了下画线,以便大家辨认。我们可以看到在成分7中,变量 x_1, x_2, 和 x_3 有着较大的方差比例,说明这3个变量之间存在着强相关。此外,成分6中的变量 x_1, x_3, x_5 和 x_6 及成分5中的 x_5 和 x_6 也都有着稍大一点的比例,尽管这并不说明它们之间存在着某种模式的相关,但这毕竟说明这些变量与多重共线问题有涉。在所有的成分中,x_7 的比例都非常小,因为它与其他变量都不相关,主要与成分3有涉。■

6　在有些参考书中(例如,Belsley et al,1980)方差比例是通过计算标准化的不相关的(原始的)平方和矩阵及 m 个自变量和代表截距的虚拟变量的乘积得到的。这种方法隐含着截距无非是由多重共线性造成的另一个系数这一含义。在大多数应用中,特别是在截距超出了数据范围时,这种方法得到的结果可能会产生误导。在这一输出结果中的副标题"(经过修正的截距)(intercept adjusted)"显示,截距未包括在这些统计值中。

表 5.13　例 5.3 的方差比例

Collinearity Diagnostics (intercept adjusted)		
Number	Eigenvalue	Condition Index
1	3.25507	1.00000
2	2.63944	1.11051
3	0.92499	1.87590
4	0.08948	6.03139
5	0.04440	8.56247
6	0.03574	9.54293
7	0.01088	17.29953

Dependent Variable: Y
Collinearity Diagnostics (Intercept adjusted)
Proportion of Variation

No.	XI	X2	X3	X4	X5	X6	X7
1	0.00202	0.00095234	0.00211	0.00433	0.00268	0.00353	0.00919
2	0.00180	0.00087220	0.00167	0.00831	0.00454	0.00711	0.00024907
3	0.00041184	0.00015092	0.0002104	0.00111	0.0001271	0.0000592	0.94927
4	0.00016890	0.00023135	0.0004611	0.68888	0.00582	0.43838	0.02685
5	0.12381	0.00000792	0.14381	0.17955	**0.60991**	**0.30963**	0.00023570
6	**0.33377**	0.00002554	**0.31138**	0.11100	**0.37663**	**0.22020**	0.01421
7	**0.53803**	**0.99776**	**0.54037**	0.00682	0.0002887	0.02109	4.683773 E-7

再解例 5.4　方差比例

表 5.14 是例 5.4 中 NBA 数据的特征值和方差比例。

表 5.14　NBA 数据的方差比例

Collinearity Diagnostics (intercept adjusted)							
Number	Eigenvalue	Condition Index	Var Prop FGAT	Var Prop FGM	Var Prop FTAT	Var Prop FTM	Var Prop OFGAT
1	3.54673	1.00000	0.0002	0.0009	0.0001	0.0002	0.0010
2	2.39231	1.21760	0.0021	0.0018	0.0035	0.0053	0.0000
3	2.09991	1.29961	0.0007	0.0002	0.0030	0.0037	0.0001
4	1.63382	1.47337	0.0003	0.0052	0.0000	0.0002	0.0001
5	0.97823	1.90412	0.0021	0.0005	0.0000	0.0011	0.0001
6	0.59592	2.43962	0.0010	0.0120	0.0001	0.0008	0.0001
7	0.44689	2.81719	0.0030	0.0010	0.0021	0.0038	0.0000
8	0.20082	4.20249	0.0054	0.0338	0.0113	0.0095	0.0051
9	0.05138	8.30854	0.0727	0.1004	0.1756	0.3290	0.0041
10	0.04365	9.01395	0.0204	0.0677	0.1253	0.1563	0.1055
11	0.00632	23.68160	0.3279	0.3543	0.2128	0.2052	0.2157
12	0.00403	29.67069	0.5642	0.4221	0.4663	0.2849	0.6682

续表

Number	Var Prop OFGAL	Var Prop OFTAT	Var Prop OFTAL	Var Prop DR	Var Prop DRA	Var Prop OR	Var Prop ORA
1	0.0030	0.0004	0.0004	0.0012	0.0000	0.0001	0.0030
2	0.0000	0.0001	0.0001	0.0003	0.0023	0.0004	0.0009
3	0.0001	0.0009	0.0009	0.0000	0.0009	0.0016	0.0076
4	0.0026	0.0001	0.0001	0.0126	0.0096	0.0035	0.0000
5	0.0001	0.0002	0.0001	0.0023	0.0065	0.0393	0.0035
6	0.0026	0.0005	0.0004	0.0438	0.0064	0.0013	0.0546
7	0.0197	0.0001	0.0001	0.0134	0.0235	0.0014	0.1157
8	0.0877	0.0040	0.0054	0.0158	0.0116	0.0049	0.0044
9	0.0285	0.0004	0.0000	0.0122	0.0733	0.0177	0.0032
10	0.1370	0.0000	0.0022	0.1040	0.0636	0.0448	0.0358
11	0.1796	0.3960	0.5324	0.1723	0.3571	0.2832	0.2041
12	0.5390	0.5974	0.4578	0.6220	0.4452	0.6019	0.5672

表中显示有两个很小的特征值,表明这两组数据几乎是线性相依的。然而与这两个特征值关联的方差比例似乎与所有的变量有涉,因此,无法确定任何一组相关的变量。特征向量 9 和 10 也许可以被看作是小的,但在这些成分中也不存在任何大的方差比例。换言之,在这个数据集中,多重共线似乎涉及了所有的变量。■

方差比例分析并没有得到比较肯定的结果,这样的情况是经常会遇到的。然而,这种分析几乎在大多数用于回归分析的程序中都可以实现,且费用低廉。因此,只要我们有理由怀疑多重共线的存在,那么我们就值得做一次这样的分析。

5.4 补救方法

我们已经列出了两组可能对诊断共线的程度和性质有用的统计值,而现在我们则要探讨各种减少多重共线效应的补救方法。究竟应该做出什么样的选择,或采用什么样的补救方法,在很大程度上都要取决于回归分析的目的。本书谈及的两种不同的回归目的,既彼此相关,但又有区别。这两种目的是:

1. **估计**。分析的目的在于在不十分注重各个自变量的具体贡献的前提下,求得一组已知的自变量值的因变量均值的最佳估计值。这就是说,我们对偏回归系数并没有什么特别的兴趣。
2. **结构分析**。分析的目的在于确定各个自变量的效应,即各个回归系数的数量和显著性。当然,我们同样也对因变量最佳估计值感兴趣,因为如果整个估计的质量低劣,那么求得的系数也不可能有什么用处。

如果我们的主要目的只对因变量做估计,那么用一种称为**变量精选**(variable selection)的方法,将模型中那些不必要的变量删除,便可能为我们提供一种最佳的策略。因为变量精选法也可以应用于许多与多重共线无涉的分析,所以我们将在第 6 章对它进行专门的讨论。

不过在分析的目的是考察结构时,变量精选就不是一种理想的方法,因为这种方法可能将武断地删除结构的某些很重要的方面。在这里,我们为大家提供两种与变量精选不同的其他的补救方法:

1. 变量再定义法(Redefining variables)
2. 有偏估计法(Biased estimation)

变量再定义法

我们已经提到过的多重共线的一种补救方法是对自变量重新加以定义。例如,众所周知,如果说两个变量,如 x_1 和 x_2 相关,那么重新定义的变量

$$z_1 = x_1 + x_2 \text{ 和 } z_2 = x_1 - x_2$$

可能是不相关的。实际上,这种重新定义(带有尺度变化)是通过对两个相关的变量进行主成分分析得到的。如果现在这些新变量能在数据背景下有了某些有用的意义,那么将它们用于回归,便可为我们提供一个没有多重共线的模型。而对这一模型进行分析将产生同样的总统计值,因为诸如这样的线性变换不会对总模型产生影响。我们可用以下的步骤轻而易举地证明这一点。假如有一个含两个自变量的模型

$$y = \beta_0 + \beta_1 x_1 + \beta_2 x_2 + \epsilon$$

和一个使用变量 z 的模型

$$y = \alpha_0 + \alpha_1 z_1 + \alpha_2 z_2 + \epsilon$$

那么,用 z 变量的定义,则

$$y = \alpha_0 + \alpha_1(x_1 + x_2) + \alpha_2(x_1 - x_2) + \epsilon$$
$$y = \alpha_0 + (\alpha_1 + \alpha_2)x_1 + (\alpha_1 - \alpha_2)x_2 + \epsilon$$

于是

$$\beta_0 = \alpha_0$$
$$\beta_1 = \alpha_1 + \alpha_2$$

和

$$\beta_2 = \alpha_1 - \alpha_2$$

当然,在变量在两个以上时,情况并非那么简单。这时有两种不同的可用于对变量进行重新定义的方法:

1. 基于变量知识的方法
2. 基于统计分析的方法

基于变量知识的方法

这种方法涉及自变量的线性函数和/或比率的使用,常可为我们提供有用的可降低多重共线的模型。例如,自变量也许可以用不同的特点,如有机体的不同特点来量度。在本例中,随着机体总量的增加,其他的量度也随之增长。现在,如果 x_1 是总量的量度,而其他变量则以宽度、高度和周长等来量度,那么我们就像它本来的定义那样使用 x_1,而将其他变量重新定义为 x_j/x_1 或 $x_j - x_1$,那么新得到的变量的多重共线便会大大降低。当然,使用比率有可能会在模型拟合时引起某些变化,但使用差数则不会。

在其他一些应用中,变量也许是经济方面的时间系列数据。这样的数据的所有变量

都属于某种会膨胀和递增的总体,因此是相关的。若能将这样的变量转换成收缩性的和/或以人均为基础的量度,将会使多重共线的程度有所降低。

再解例 5.2

这一例子所有相邻变量都等相关。因为这一例子的变量有可能取负值,所以比率是不能使用的。故而我们使用原来定义的 x_1,并定义 $x_{jD} = x_j - x_1$,$j = 2,3,\cdots,7$。用这些重新定义的变量做的回归得到的结果如表 5.15 所示。

表 5.15   用重新定义的例 5.2 的变量做的回归

Analysis of Variance					
Source	DF	Sum of Squares	Mean Square	F Value	Pr > F
Model	7	3019. 40422	431. 34346	78. 26	< 0. 0001
Error	92	507. 06535	5. 51158		
Corrected Total	99	3526. 46958			

	Root MSE	2. 34768	R-Square	0. 8562
	Dependent Mean	0. 06761	Adj R-Sq	0. 8453
	Coeff Var	3472. 48945		

Parameter Estimates						
Variable	DF	Parameter Estimate	Standard Error	t Value	Pr >| t |	Variance Inflation
Intercept	1	− 0. 08714	0. 24900	− 0. 35	0. 7272	0
X1	1	18. 15049	0. 79712	22. 77	< 0. 0001	1. 12284
X2D	1	13. 27694	3. 97434	3. 34	0. 0012	1. 08797
X3D	1	9. 48677	4. 37921	2. 17	0. 0329	1. 03267
X4D	1	6. 51515	4. 27750	1. 52	0. 1312	1. 05345
X5D	1	1. 55135	4. 48257	0. 35	0. 7301	1. 07297
X6D	1	0. 62163	4. 42548	0. 14	0. 8886	1. 06063
X7D	1	13. 15390	4. 47867	2. 94	0. 0042	1. 03417

这一分析有若干特点颇令人感兴趣:

1. 总模型统计值相同,因为再定义是一种线性变换。
2. 方差膨胀因子已经急剧降低,致使现在 VIF 的最大值只有 1.12。
3. 现在 x_1 的系数主导了回归,而 x_{2D},x_{3D} 和 x_{7D} 也有一些效应(在 0.05 水平显著,且是正向的)。其余变量则都不显著。换言之,因为这些变量的相关程度是如此之高,以致一个变量便几乎起到了所有变量的作用。

当然在本例以及例 5.3 中,我们都知道变量是如何构建的。因此,我们掌握那些为降低多重共线性而重新设定恰当的定义所需的信息。而在大多数实际应用中,我们必须使用所掌握的有关变量之间的预期关系的知识,对变量的定义进行重新设定。■

再解例 5.4

看一下图 5.3 和表 5.7,我们可以看到有 4 对变量展现出了很强的双变量相关。这些变量对是双方的投篮数和投篮命中数,以及罚球数和罚球命中数。这种相关似乎是合理的,因为一个球队的投篮的数越多,命中数就越多。尽管两者的百分数未必相同。现在我们已知,可以用它们的和与差让每一对都变得不相关。只不过这样的变量并没有什么实际的意义。正因为如此,我们改而对每一对都采用试投数和命中数的百分数。这样得到的模型共使用了4个原来的试投数和篮板数及4个新变量:

FGPC,投篮命中率

FTPC,罚球命中率

OFGPC,对手投篮命中率

OFTPC,对手罚球命中率

图 5.6 是这一组变量的散点图矩阵。由该图可知,那些比较严重的多重共线的成因都已经消除了。

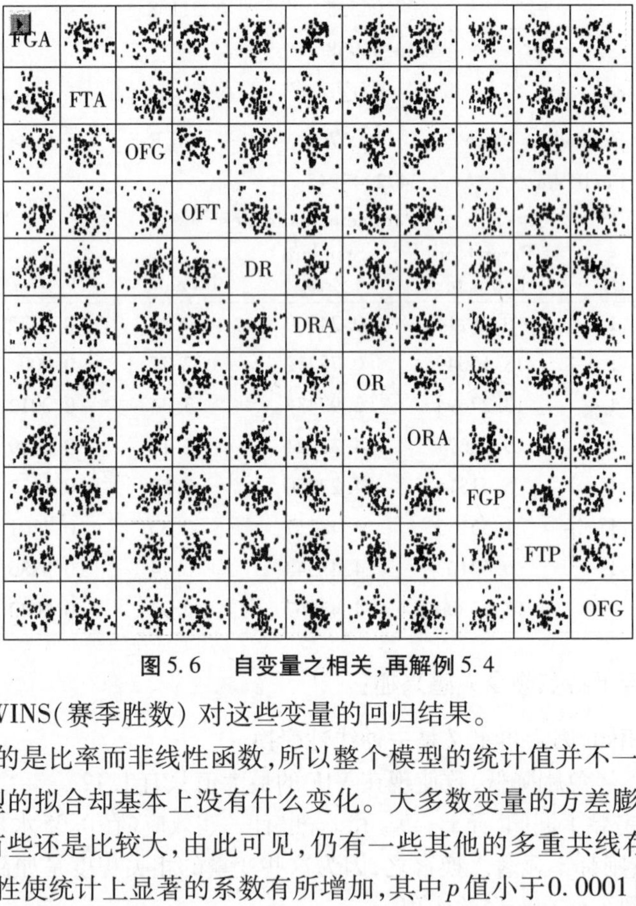

图 5.6   自变量之相关,再解例 5.4

表 5.16 是 WINS(赛季胜数) 对这些变量的回归结果。

因为我们用的是比率而非线性函数,所以整个模型的统计值并不一定与原模型的刚好相同,不过模型的拟合却基本上没有什么变化。大多数变量的方差膨胀因子都有了明显的下降,尽管有些还是比较大,由此可见,仍有一些其他的多重共线存在。然而,已经下降的多重共线性使统计上显著的系数有所增加,其中 p 值小于 0.0001 的有3个(而不是两个),且还有另外两个(而不是一个)的 p 值小于 0.05。

一个令人感兴趣的结果是,对两个球队而言,投篮命中率和罚球数都是影响得分的最重要因素。这可能是因为罚球命中率与罚球数之间,较之投篮命中率与投篮数之间有着更高的一致性。不太重要的是两队的投篮数和对手球队的罚球数。此外,所有有显著性的系数的符号也都与预期的一致。

表 5.16 用重新定义的变量做的 NBA 回归

Analysis of Variance					
Source	DF	Sum of Squares	Mean Square	F Value	$Pr > F$
Model	12	3949. 87658	329. 15638	25. 80	< 0.0001
Error	53	676. 12342	12. 75705		
Corrected Total	65	4626. 00000			

Root MSE		3. 57170	R-Square	0. 8538	
Dependent Mean		41. 00000	Adj R-Sq	0. 8208	
Coeff Var		8. 71147			

Parameter Estimates					
Variable	DF	Parameter Estimate	Standard Error	t Value	$Pr > \mid t \mid$	Variance Inflation
Intercept	1	91. 57717	74. 63143	1. 23	0. 2252	0
FGAT	1	0. 01639	0. 00844	1. 94	0. 0573	16. 62678
FGPC	1	5. 10633	0. 99900	5. 11	< 0.0001	15. 57358
FTAT	1	0. 01743	0. 00402	4. 33	< 0.0001	4. 01398
FTPC	1	0. 57673	0. 26382	2. 19	0. 0332	2. 16569
OFGAT	1	− 0. 01488	0. 00766	− 1. 94	0. 0573	27. 65005
OFGPC	1	− 5. 47576	0. 85624	− 6. 40	< 0.0001	6. 98286
OFTAT	1	− 0. 01635	0. 00397	− 4. 12	0. 0001	5. 11302
OFTPC	1	− 1. 04379	0. 51818	− 2. 01	0. 0491	1. 26447
DR	1	− 0. 01124	0. 01136	− 0. 99	0. 3269	13. 46184
DRA	1	0. 00486	0. 01280	0. 38	0. 7056	17. 32192
OR	1	0. 02288	0. 01854	1. 23	0. 2226	16. 71826
ORA	1	− 0. 01916	0. 01399	− 1. 37	0. 1765	7. 99412

■

基于统计分析的方法

在切实可行或直观的重新定义无法立即进行时,做一些统计分析也许可以为我们揭示某些有用的可用于进行重新定义的方法。在一组变量中,进行重新定义的统计分析法是**多变量分析**领域的一个分支。在最简单的多变量分析法中,有一种称为**主成分**分析法。我们曾经把它在作为方差比例的基础向大家做过介绍。在方差比例研究中,我们主要关注的是那些方差比较小的主成分。然而,就主成分分析本身而言,我们关注的则是那些特征值大的主成分。

记住,主成分是由原来的标准化的变量经线性变换后产生的一组不相关的变量组成的,即

$$Z = XV$$

式中,Z 是主成分矩阵,X 是标准化原变量矩阵,而 V 则是特征值矩阵,也即变换的系数矩阵。因为原变量已经被标准化了,所以每一个原变量的方差都为 1,因而它们对变量组的总变异的贡献是相等的。然而主成分的方差却确实是不等的。实际上,主成分的构建方法会使第一个主成分有最大的可能方差,第二个主成分由此大的可能方差,如此这般一次递减。正因为这样,那些有着大方差的主成分对模型的总变异的贡献,要大于那些方

差较小的主成分。

V 的列系数显示主成分与那些原变量的相关程度。这些系数使我们得以对主成分做出一些有用的解释。如果情况确实如此,即我们确实可以根据这些系数对主成分做出有用的解释的话,那么用这些变量(主成分)进行的回归就有可能为我们提供一个有用的,含有无多重共线性的自变量的回归。

我们还记得相关系数为 0.9 的双变量样本产生了样本方差为 1.922 和 0.078 的两个主成分。这意味着第一个主成分 z_i 揭示了两个变量的总变异性的 1.922/2.0 = 0.961 或96.1%。对此我们可以做出这样的解释:实际上所有的变异性都被包括在了一个维度中了。我们通常把变量 z_i 称为**因子**。在遇有存在若干个变量的情形时,若能按下面的步骤去做将会是一件很有意思的事:

1. 看一看多少个变量解释了大多数的变异性。通常(并非总是)它都由方差为 1 或大于 1 的主成分组成。
2. 对变换的系数(特征值)做一番考察,看一看有着最大方差的主成分是否可对原变量的定义做出什么解释。

再解例 5.3 主成分

用例 5.3 的数据进行主成分分析得到的结果已列入表 5.17 中。分析是用 SAS 系统的 PROC PRINCOMP 模块做的。名称为 PRIN1 到 PRIN7 的 7 个"因子"以特征值的大小,从大到小降序排列。标以"Difference"的列是当前特征值与排列其后的那个最大的特征值之间的差。而标以"Proportion"的列则是为当前主成分所解释的总变差比例(总变差 $m = 7$,因为每个变量的方差都是 1),而标以"Cumulative"的列则是截至当前主成分的比例之和。

表 5.17　例 5.3 的主成分

	Eigenvalues of the Correlation Matrix			
	Eigenvalue	Difference	Proportion	Cumulative
1	3.25506883	0.61562926	0.4650	0.4650
2	2.63943957	1.71444566	0.3771	0.8421
3	0.92499391	0.83551409	0.1321	0.9742
4	0.08947982	0.04508195	0.0128	0.9870
5	0.04439787	0.00865444	0.0063	0.9933
6	0.03574343	0.02486687	0.0051	0.9984
7	0.01087656		0.0016	1.0000

	Eigenvectors						
	PRIN1	PRIN2	PRIN3	PRIN4	PRIN5	PRIN6	PRIN7
X1	0.433300	−0.368169	−0.104350	−0.020784	−0.396375	0.583956	−0.408981
X2	0.434555	−0.374483	−0.092218	0.035511	−0.004628	−0.007457	0.813070
X3	0.443407	−0.355409	−0.074687	−0.034386	0.427738	−0.564742	−0.410391
X4	0.356707	0.445110	−0.096324	0.746215	0.268351	0.189315	−0.025891
X5	0.375671	0.439963	−0.043578	−0.091719	−0.661406	−0.466351	−0.007122
X6	0.354420	0.453307	−0.024470	−0.655164	0.387846	0.293472	0.050098
X7	0.181168	−0.026855	0.981454	0.051339	−0.003388	0.023601	0.000075

从上表所列结果我们看到,前3个特征值大大大于其余的特征值。实际上,累计比例(最后一列)显示,这3个主成分解释了总变差的97%。这意味着这一组的7个变量实际上只有3个维度或因子。这一结果证明生成的数据有着3个不相关的变量组。

特征值是线性方程的系数,它将主成分和原变量联系起来。这些系数证明了以下几点:

1. 第一个主成分几乎可被看作是前6个变量的加权函数,其中前3个系数略微大一些。
2. 第二个主成分构成了第一组3个变量和第二组3个变量之间的差。
3. 第三个主成分几乎整个就是变量7的一个函数。

从这些结果我们可以确认3个因子:

1. 因子1是一个总分数,意味着前6个变量是相关的。
2. 因子2是两组相关的变量之间的差。
3. 因子3是变量7。

在这些因子中,因子1本身并不与产生这些变量的模式相对应,尽管有人可能会说如果把它和因子2合在一起便可能会与原变量的模式有所对应。这样的结果说明了一个事实,主成分并不能保证我们一定会有有用的解释。■

因为主成分并不会总能会为我们提供易于解释的结果,所以统计学家们又开发了其他一些可为我们提供更为有用的结果的方法。这些方法一般都可称为因子分析。大多数这样的方法都从主成分分析开始,进而通过各种几何旋转来为我们提供更好的解释。而有关这些方法的介绍超出了本书介绍的范围。对此有兴趣的读者可参阅约翰逊和威肯的有关著作(Johnson and Wichern,2002)。

主成分回归

如果一组成分具有某些有用的解释,那么我们可以将这些主成分变量作为自变量,在回归中加以使用。这就是说,我们可使用模型

$$Y = Z\gamma + \epsilon$$

式中,γ 是回归系数向量。[7] 系数是用最小平方法估计的:

$$\hat{\gamma} = (Z'Z)^{-1}Z'Y$$

因为主成分是不相关的,所以 $Z'Z$ 是一个对角矩阵,且回归系数的方差不受多重共线性的影响。[8] 表5.18显示了用例5.3的主成分做的这样一种回归的结果。

这些结果有以下这些性质:

1. 模型统计值等同于原回归,因为主成分无非是用源自原变量的所有信息做的一个线性变换而已。
2. 明确具有显著性的系数只有主成分1和主成分2,两者一起与变量的结构相对应。注

7　主成分变量的均值为零,所以截距是 μ,且是用 $\bar{y}$ 单独估计的。如果主成分回归也使用标准化的因变量,那么截距就等于零。

8　有时我们也可计算 $\hat{\gamma} = V\hat{\beta}$,式中,$\hat{\beta}$ 是使用标准化自变量的回归系数向量。

意,主成分3(它与"孤独"的变量 X7 相对应)是不显著的。

表 5.18　主成分回归,例 5.3

Source	DF	Sum of Squares	Mean Square	F Value	Prob > F
Model	7	790. 72444	112. 96063	44. 035	0. 0001
Error	42	107. 74148	2. 56527		
Corrected Total	49	898. 46592			

Analysis of Variance

Root MSE	1. 60165	R-Square	0. 8801	
Dependent Mean	0. 46520	Adj R-Sq	0. 8601	
Coeff Var	344. 29440			

Parameter Estimates

Variable	DF	Parameter Estimate	Standard Error	T for $H0$: Parameter = 0	Prob >| t	
INTERCEP	1	0. 465197	0. 22650710	2. 054	0. 0463
PRIN1	1	2. 086977	0. 12277745	16. 998	0. 0001
PRIN2	1	− 0. 499585	0. 14730379	− 3. 392	0. 0015
PRIN3	1	0. 185078	0. 23492198	0. 788	0. 4352
PRIN4	1	0. 828500	0. 77582791	1. 068	0. 2917
PRIN5	1	− 1. 630063	1. 20927168	− 1. 348	0. 1849
PRIN6	1	1. 754242	1. 31667683	1. 332	0. 1899
PRIN7	1	− 3. 178606	2. 02969950	− 1. 566	0. 1248

再解例 5.4　用主成分回归,NBA 数据

表 5.19 列出了用 NBA 数据做主成分回归得到的结果。该表结果同样也是由 SAS 系统的 PROC PRINCOMP 提供的。

因为这是一套"真"的数据,所以结果不如人为生成的例 5.3 那么明显。但看起来前 6 个主成分似乎比较重要,因为它们几乎解释了 94% 的变异性。尽管这些主成分的系数尚无法予以清楚的解释,但如下一些倾向似乎还是颇有一些意思的:

1. 第一个主成分在很大程度上是对手投篮次数的正函数和对手罚球次数的负函数。它可能可以看作是一个描述对手在场上的,而非罚球的能力的因子。
2. 第二个主成分只与球队罚球之外的临场其他表现有关。
3. 第三个主成分与球队和对手的罚球状况有关,此外抢到的前场篮板球对它也有影响。这个因子可用于描述球赛总失分中的变差。
4. 第四个主成分是后场篮板的正函数和投篮命中数的负函数,可用于描述防守的质量。
5. 第五个主成分几乎整个就是前场篮板的函数。

如果我们认为这些主成分具有某些有用的解释,那么我们就可以用它们来做一个回归。表 5.20 显示了这一回归的结果。我们先来看一下那些具有比较大的方差的主成分的系数。

表 5. 19　主成分分析

		Principal Component Analysis Eigenvalues of the Correlation Matrix		
	Eigenvalue	Difference	Proportion	Cumulative
PRIN1	3. 54673	1. 15442	0. 295561	0. 29556
PRIN2	2. 39231	0. 29241	0. 199359	0. 49492
PRIN3	2. 09991	0. 46609	0. 174992	0. 66991
PEIN4	1. 63382	0. 65559	0. 136151	0. 80606
PRIN5	0. 97823	0. 38231	0. 081519	0. 88758
PRIN6	0. 59592	0. 14903	0. 049660	0. 93724
PRIN7	0. 44689	0. 24606	0. 037240	0. 97448
PRIN8	0. 20082	0. 14945	0. 016735	0. 99122
PRIN9	0. 05138	0. 00773	0. 004282	0. 99550
PRIN10	0. 04365	0. 03733	0. 003638	0. 99914
PRIN11	0. 00632	0. 00230	0. 000527	0. 99966
PRIN12	0. 00403		0. 000336	1. 00000

			Eigenvectors			
	PRIN1	PRIN2	PRIN3	PEIN4	PRIN5	PRIN6
FGAT	0. 180742	0. 476854	0. 266317	0. 139942	0. 307784	0. 169881
FGM	0. 277100	0. 310574	0. 106548	− 0. 440931	0. 109505	0. 405798
FTAT	0. 090892	− 0. 483628	0. 417400	− 0. 003158	− 0. 013379	0. 039545
FTM	0. 101335	− 0. 489356	0. 382850	− 0. 087789	− 0. 144502	0. 098000
OFGAT	0. 510884	0. 040398	0. 090635	0. 089731	− 0. 079677	0. 062453
OFGAL	0. 443168	0. 020078	0. 066332	− 0. 281097	0. 045099	− 0. 170165
OFTAT	− 0. 358807	0. 169955	0. 434395	− 0. 116152	− 0. 135725	0. 171628
OFTAL	− 0. 369109	0. 175132	0. 419559	− 0. 116617	− 0. 109270	0. 157648
DR	0. 242131	− 0. 102177	− 0. 029127	0. 535598	− 0. 178294	0. 602160
DRA	− 0. 018575	0. 309761	0. 180227	0. 526906	− 0. 335944	− 0. 258506
OR	− 0. 063989	− 0. 129132	0. 236684	0. 315635	0. 812732	− 0. 116822
ORA	0. 294223	0. 134651	0. 360877	0. 001297	− 0. 168208	− 0. 514845
	PRIN7	PRIN8	PRIN9	PRIN10	PRIN11	PRIN12
FGAT	0. 248934	− 0. 222913	− 0. 415273	− 0. 202644	− 0. 309409	− 0. 323937
FGM	− 0. 101451	− 0. 395466	0. 344674	0. 260927	0. 227146	0. 197888
FTAT	0. 160719	− 0. 250823	0. 501105	− 0. 390179	− 0. 193585	− 0. 228698
FTM	0. 180189	− 0. 190206	− 0. 566482	0. 359895	0. 156944	0. 147620
OFGAT	− 0. 008903	0. 271516	− 0. 123055	− 0. 575011	0. 312988	0. 439669
OFGAL	0. 403500	0. 571521	0. 164850	0. 332933	− 0. 145131	− 0. 200655
OFTAT	− 0. 049914	0. 287093	0. 048670	0. 011021	− 0. 507408	0. 497431
OFTAL	− 0. 054739	0. 320340	0. 001115	− 0. 095745	0. 563739	− 0. 417231
DR	− 0. 288428	0. 209786	0. 093180	0. 251060	− 0. 123006	− 0. 186518
DRA	0. 430931	− 0. 203078	0. 257780	0. 221353	0. 199654	0. 177923
OR	− 0. 104360	0. 130140	0. 124897	0. 183196	0. 175397	0. 204092
ORA	− 0. 649060	− 0. 085094	− 0. 036331	0. 112823	− 0. 102560	− 0. 136459

表 5.20　主成分回归,NBA 数据

Analysis of Variance					
Source	DF	Sum of Squares	Mean Square	F Value	Pr > F
Model	12	3968. 07768	330. 67314	26. 64	< 0. 0001
Error	53	657. 92232	12. 41363		
Corrected Total	65	4626. 00000			
	Root MSE	3. 52330	R-Square	0. 8578	
	Dependent Mean	41. 00000	Adj R-Sq	0. 8256	
	Coeff Var	8. 59341			

Parameter Estimates					
Variable	DF	Parameter Estimate	Standard Error	t Value	Pr > | t |
Intercept	1	41. 00000	0. 43369	94. 54	< 0. 0001
PRIN1	1	1. 10060	0. 23205	4. 74	< 0. 0001
PRIN2	1	− 1. 04485	0. 28254	− 3. 70	0. 0005
PRIN3	1	− 0. 15427	0. 30157	− 0. 51	0. 6111
PRIN4	1	− 0. 93915	0. 34189	− 2. 75	0. 0082
PRIN5	1	1. 07634	0. 44185	2. 44	0. 0182
PRIN6	1	5. 43027	0. 56611	9. 59	< 0. 0001
PRIN7	1	− 4. 18489	0. 65372	− 6. 40	< 0. 0001
PRIN8	1	− 11. 12468	0. 97518	− 11. 41	< 0. 0001
PRIN9	1	0. 21312	1. 92798	0. 11	0. 9124
PRIN10	1	− 1. 48905	2. 09167	− 0. 71	0. 4797
PRIN11	1	2. 74644	5. 49528	0. 50	0. 6193
PRIN12	1	16. 64253	6. 88504	2. 42	0. 0191

　　这一回归有一种有趣的性质,那就是 3 个最重要的系数(有着最小的 p 值)与 3 个方差比较小的主成分 6,7 和 8 有关,而通常这样的主成分都被认为是"不重要的",这样一种形式的结果并不是经常出现的,因为通常最重要的主成分倾向于产生最重要的回归系数。然而,因为这一结果,我们必须对这些成分做一番考察,并对相应的系数做出解释。

1. 主成分 6 是投篮命中数和后场篮板的正函数,但是前场篮板的负函数。它对赢球数有着正向且很强的贡献似乎是合乎情理的。

2. 主成分 7 是对手投篮命中数和后场篮板的正函数,但是前场篮板的负函数。负的回归系数似乎是无法解释的。

3. 主成分 8 产生了最显著且是负的系数,它是所有的主队得分手段的负函数,但却是所有客队得分手段的正函数。记住,负负得正这一点似乎是显而易见的。

4. 第一个主成分量度的是以客队罚球状况为参照的,客队场上的各种表现。它有显著的且是负的系数(p < 0.005)。考虑到主成分 8 的效应,它可能说明了这样一点,那就是

在客队相对于罚球得分的场上得分比较高时,"主"队可能会因此而受益。

5. 在应用于"主"队时,第二个主成分与第一个主成分一样,有着显著的负系数。这说明这两个主成分彼此互为镜像。

6. 主成分3与两队的罚球状况有关,并没有产生有显著性的系数。

7. 主成分4说明争抢和抢到后场篮板球数两者以及较低的投篮命中数对赢球数有正的贡献。值得庆幸的是小的系数,说明这一令人费解的难题并不十分重要。

8. 主成分5与前场篮板有关,它的系数是正的。

比较公正地说,尽管结果确实有一定意义,但这些结果所显现的意义并不是十分清楚的,特别是在考虑到主成分8和主成分1和2之间的相互作用时,情况尤其如此。这样一种类型的结果在主成分分析中是经常出现的。与许多涉及主观选择的变换(或旋转)的方法一样,我们要告诫大家的是,在使用它们时必须倍加小心。正因为如此,在这样的场合,p 值的使用必须慎之又慎。∎

例 5.5 牧豆树(Mesquite)数据

牧豆树是一种多刺的灌木,生长在美国西南大平原。尽管我们牧豆树片可使烧烤的全性更美味,但牧豆树对放牧却十分有害。因为清除牧豆树的费用十分昂贵,所以我们需要有一种估计牧场中牧豆树总量的方法。有一种估计方法是先在一个灌木样本中得到一种易于测量的牧豆树的某些特性,然后再用这些特性来估计它的总量。这些特性(自变量)有以下几种:

DIAM1:(树干) 粗处直径
DIAM2:(树干) 细处直径
CANHT:树冠高度
DENS:灌木密度量度

因变量则是:

LEAFWI:(单位面积内) 生物总量量度

表5.21是19个牧豆树丛的测量数据。图5.7则是5个自变量之间的散点图矩阵,它显示在所有与大小有关的变量之间存在着中等程度的相关。

叶子质量对5个量度的回归得到的结果如表5.22所示。回归是显著的,p 值小于0.0001,且决定系数也大得比较合理。然而,剩余标准差为180,相对于548的均值而言是相当大的,可见估计的条件均值有很大的变差。在我们转而对系数做一番考察时,看到方差膨胀因子并不是非常大,然而,任何一个系数的 p 值,即使最小的也有0.014,这说明在多重共线对系数估计值的精度是有影响的。这种结果系由这一事实所致,即最大的方差膨胀因子达6.0,蕴含TOTHT与其他变量关系决定系数为0.83,几乎与回归模型的决定系数相等。换言之,自变量之间的关系强度基本上与回归关系的一样。正如我们已经指出的那样,多重共线性在某种程度上是相对于回归的强度而言的,正因为如此,我们有理由认为,在这一例子中,多重共线性确实是有一定的影响的。

表 5.21　牧豆树数据

OBS	DIAM1	DIAM2	TOTHT	CANHT	DENS	LEAFWT
1	2.50	2.3	1.70	1.40	5	723.0
2	2.00	1.6	1.70	1.40	1	345.0
3	1.60	1.6	1.60	1.30	1	330.9
4	1.40	1.0	1.40	1.10	1	163.5
5	3.20	1.9	1.90	1.50	3	1160.0
6	1.90	1.8	1.10	0.80	1	386.6
7	2.40	2.4	1.60	1.10	3	693.5
8	2.50	1.8	2.00	1.30	7	674.4
9	2.10	1.5	1.25	0.85	1	217.5
10	2.40	2.2	2.00	1.50	2	771.3
11	2.40	1.7	1.30	1.20	2	341.7
12	1.90	1.2	1.45	1.15	2	125.7
13	2.70	2.5	2.20	1.50	3	462.5
14	1.30	1.1	0.70	0.70	1	64.5
15	2.90	2.7	1.90	1.90	1	850.6
16	2.10	1.0	1.80	1.50	2	226.0
17	4.10	3.8	2.00	1.50	2	1745.1
18	2.80	2.5	2.20	1.50	1	908.0
19	1.27	1.0	0.92	0.62	1	213.5

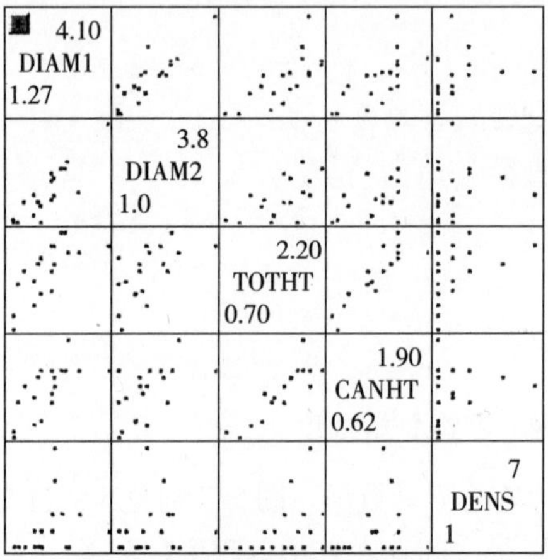

图 5.7　自变量相关,例 5.5

表 5.22　牧豆树数据回归

		Analysis of Variance			
Source	DF	Sum of Squares	Mean Square	F Value	Pr > F
Model	5	2774583	554917	17.14	< 0.0001
Error	13	420823	32371		
Corrected Total	18	3195406			
	Root MSE	179.91945	R-Square	0.8683	
	Dependent Mean	547.54211	Adj R-Sq	0.8177	
	Coeff Var	32.85947			

Parameter Estimates					
Variable	DF	Parameter Estimate	Standard Error	t Value	$Pr >\| t \|$	Variance Inflation
Intercept	1	− 633. 94472	174. 89405	− 3. 62	0. 0031	0
DIAM1	1	421. 21444	147. 45417	2. 86	0. 0135	5. 89602
DIAM2	1	179. 01994	125. 43117	1. 43	0. 1771	4. 57678
TOTHT	1	13. 11688	245. 54251	0. 05	0. 9582	6. 01963
CANHT	1	− 110. 42797	287. 77344	− 0. 38	0. 7074	5. 03119
DENS	1	− 0. 19021	31. 07269	− 0. 01	0. 9952	1. 36574

　　如果分析的目的只是确定估计叶子质量的可能性,那么没有可资利用的系数估计值便不是太大的问题。然而,如果我们同时也希望研究各种量度对树叶的影响,那么这一回归结果就不是很有用,因而我们可能希望尝试采用一些补救的办法。

　　我们先从主成分回归开始。主成分分析的结果如表 5. 23 所示,此外,该表也包含了自变量的相关矩阵。

表 5. 23　牧豆树数据的主成分

Principal Component Analysis Correlation Matrix					
	DIAM1	DIAM2	TOTHT	CANHT	DENS
DIAM1	1. 0000	0. 8767	0. 7255	0. 6835	0. 3219
DIAM2	0. 8767	1. 0000	0. 6354	0. 5795	0. 2000
TOTHT	0. 7255	0. 6354	1. 0000	0. 8794	0. 3943
CANHT	0. 6835	0. 5795	0. 8794	1. 0000	0. 2237
DENS	0. 3219	0. 2000	0. 3943	0. 2237	1. 0000
Eigenvalues of the Correlation Matrix					
	Eigenvalue	Difference	Proportion	Cumulative	
PRIN1	3. 33309	2. 44433	0. 666619	0. 66662	
PRIN2	0. 88877	0. 31655	0. 177753	0. 84437	
PRIN3	0. 57221	0. 45672	0. 114443	0. 95881	
PRIN4	0. 11550	0. 02507	0. 023100	0. 98191	
PRIN5	0. 09043		0. 018086	1. 00000	
Eigenvectors					
	PEIN1	PRIN2	PRIN3	PRIN4	PRIN5
DIAM1	0. 501921	− 0. 124201	0. 382765	− 0. 624045	− 0. 443517
DIAM2	0. 463408	− 0. 261479	0. 563632	0. 471797	0. 420247
TOTHT	0. 501393	0. 045730	− 0. 422215	0. 521831	− 0. 544004
CANHT	0. 474064	− 0. 138510	− 0. 580993	− 0. 339074	0. 550957
DENS	0. 239157	0. 946006	0. 141387	− 0. 026396	0. 164894

　　相关矩阵显示,在两个直径变量和高度变量之间存在很强的相关,而直径和高度之间的相关则较弱。密度似乎与所有其他的变量都不相关。特征值中有一个非常大,而其他两个可能有一定的重要性。特征值使我们能对主成分做出如下的解释:

1. 第一个主成分是所有与大小有关的变量的函数,因而很清楚地说明,灌木越大直径越大。这一显而易见的因子也解释了几乎 2/3 的总变差。
2. 第二个主成分是密度,相关系数显示,这是一个独立的因子。
3. 第三个主成分与直径有正相关,而与高度的相关系数却是负的。这一主成分变量的值随着直径的加大而上升,但却随着高度的上升而下降,因此或许可以把看作一种"肥胖"成分。

主成分回归的结果如表 5.24 所示。回归统计值显示大小成分固然是十分重要的,但肥胖成分也不是完全不重要的。这说明,矮粗的灌木的叶子,分量一般都比较重。与我们在原始的回归中看到的一样,密度也是没有什么效应的。

表 5.24　牧豆树数据的主成分回归

Analysis of Variance					
Source	DF	Sum of Squares	Mean Square	F Value	Pr > F
Model	5	2774583	554917	17. 14	< 0. 0001
Error	13	420823	32371		
Corrected Total	18	3195406			
	Root MSE	179. 91945	R-Square	0. 8683	
	Dependent Mean	547. 54211	Adj R-Sq	0. 8177	
	Coeff Var	32. 85947			
Parameter Estimates					
Variable	DF	Parameter Estimate	Standard Error	t Value	Pr >| t |
Intercept	1	547. 54211	41. 27635	13. 27	< 0. 0001
PRIN1	1	193. 05433	23. 22834	8. 31	< 0. 0001
PRIN2	1	− 65. 36819	44. 98294	− 1. 45	0. 1699
PRIN3	1	204. 38904	56. 06126	3. 65	0. 0030
PRIN4	1	− 107. 18697	124. 78284	− 0. 86	0. 4059
PRIN5	1	− 99. 22897	141. 02248	− 0. 70	0. 4941

主成分回归表明,我们可以用一组重新定义的变量取得有限的成果。一般我们更乐于以知识为根据来重新定义变量。因为它们与涉及所有的变量的主成分不同,具有一种比较容易对特定的变量做出解释的功能,尽管有时它们的系数比较小。我们将尝试使用下面的变量:

SIZE = DIAM1 + DIAM2 + TOTHT + CANHT,总大小量度

FAT = DIAM1 + DIAM2 − TOTHT − CANHT,丰满度量度

OBLONG = DIAM1 − DIAM2,与相对于圆形而言的椭圆度量度,它是灌木的形状

HIGH = TOTHT − CANHT,灌木树干部分大小量度 [9]

用这 4 个变量和变量 DENS 的回归结果如表 5.25 所示。

---

[9] 不仅能非常容易地使用乘积和比率,且可能也更加易于证明。

表5.25 用重新定义的牧豆树数据变量做的回归

Analysis of Variance					
Source	DF	Sum of Squares	Mean Square	F Value	Pr > F
Model	5	2774583	554917	17.14	< 0.0001
Error	13	420823	32371		
Corrected Total	18	3195406			
	Root MSE	179.91945	R-Square	0.8683	
	Dependent Mean	547.54211	Adj R-Sq	0.8177	
	Coeff Var	32.85947			

Parameter Estimates					
Variable	DF	Parameter Estimate	Standard Error	t Value	Pr > | t |	Variance Inflation
Intercept	1	− 633.94472	174.89405	− 3.62	0.0031	0
SIZE	1	125.73082	34.06429	3.69	0.0027	2.47971
FAT	1	174.38637	61.35209	2.84	0.0139	2.13528
OBLONG	1	121.09725	129.28960	0.94	0.3660	1.16344
HIGH	1	61.77243	252.43907	0.24	0.8105	1.50442
DENS	1	− 0.19021	31.07269	− 0.01	0.9952	1.36574

因为我们使用了整个一组线性变换,所以模型的统计值与原来是相同的。方差膨胀值显示,仍有一定程度的多重共线存在,但程度已有所减弱。回归的结果与主成分回归的一致,尽管就统计显著度而言,没有那么高。换言之,主成分回归虽然产生了比较强的系数,但是却不是立即就可以做出解释的。■

有偏估计法(Biased Estimation)

统计值的抽样分布可用于确定一个统计值是否可用作一个参数的估计值。统计值的抽样分布称为*期望值*,它表明,就平均而言,统计值近似参数值的程度。分布的标准差称为估计值的标准误差,表示估计值的精度。如果期望值等同于参数值,那么这一估计值就是*无偏*的,而标准误差越小,估计值的精确度越高。

在很多时候,可用于求得一个参数的估计值的方法可能有若干种,我们把这些方法称为*估计器*(estimator)。不同的估计器的效率究竟如何,通常都以它们的抽样分布的期望值和标准误差为基准来进行评估。

迄今为止,我们一直在把最小平方作为唯一的估计器在使用,因为它能产生一个无偏的估计值,且在诸多的无偏估计值中,它的标准误差最小。正因为如此,最小平方估计被看作是一个最好的无偏估计器。[10]然而,还是有一些其他的估计器是可以为我们所用的。例如,中位数便是可以代替均值作为一种集中趋势量度。在4.4节,我们便会用M估计器替代最小平方估计器,以降低奇异值的影响。我们之所以使用备择的估计器,其原因在于它们的抽样分布可能具有某些吸引人的特性。

---

10 实际上,它被称为最佳线性无偏估计器(BLUE),因为它是因变量的线性函数。在这里,这一名声本身并没有什么重要的意义。

例如,假设我们要估计的参数的值是100。建议使用的估计器有两种:一种是最小平方,另一种是其他的估计器。图5.8分别显示了它们的抽样分布。

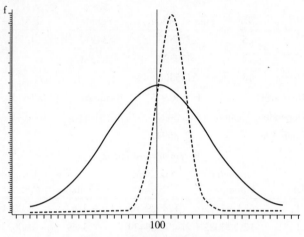

图5.8 无偏和有偏估计器

图中最小平方的抽样分布用实线表示,它似乎是无偏的,因为均值刚好就是100,而标准误差则等于10。备择估计器似乎是有偏的,均值为104,但标准误差比较小,只有4。我们的问题是,这两个估计器究竟哪一个"更好"?

普遍地用来对估计器进行比较的统计量是它们的**均方差**(mean squared error),它被定义为方差加偏倚的平方。如图5.8所示,这一我们正在阐述的例子中,最小平方估计器的方差为$10^2 = 100$,且它是无偏的,故

$$均方差 = 100 + 0 = 100$$

备择估计器的方差是$4^2 = 16$,且偏倚为4,故

$$均方差 = 16 + 16 = 32$$

故而我们可能因此而认为有偏估计器是"更好"的估计器,尽管这一结果的用处需根据不正确的答案所造成的不同的后果而定。

近年来,用于补救多重共线效应的补救方法的研究有了很大发展,开发出了一些偏相关系数的有偏估计器。这些估计器的标准误差都比较小。这些方法一般都通过人为地降低多重共线性来降低其效应。诸如这样的方法都会使数据发生明显改变,从而导致估计值产生偏差。然而这样的研究的确发现,某些这样的估计器的均方差确实小于最小平方估计器的均方差。遗憾的是,这些估计器的均方差是未知的参数的函数,因而我们无法知道某一特定的有偏估计器,是否真的提供了较小的均方差。因此,用这些有偏估计器得到的结果,应该被看作是探索性的,而不是确证性的。

两种使用比较普遍的多元回归有偏估计器是**岭回归**(ridge regression)和**不完全主成分回归**(incomplete principal component regression)。我们将在这里介绍这两种回归的基本公式,但是考虑到它们通常会给出类似的结果,故而我们在这里只给出了一个不完全主成分估计器的例子。

岭回归

定义X和Y是标准化的自变量和因变量矩阵。回归系数的最小平方估计器为

$$\hat{B} = (X'X)^{-1}X'Y$$

注意,我们并不需要截距的虚拟变量(dummy variable),因为含标准化变量的模型的截距为 0。岭回归估计器为

$$\hat{B}_k = (X'X + kI)^{-1}X'Y$$

式中,kI 是所有元素都由任意小的常数 k 组成的对角矩阵。其他统计值的计算无特别之处,唯一的例外是用逆矩阵 $(X'X + kI)^{-1}$ 替代了 $(X'X)^{-1}$。

记住,在所有的变量都是标准化变量时,$X'X$ 是一个对角元素为 1 的相关矩阵,而对角线之外的元素则是简单相关 r_{ij}。而对于岭回归估计器,$X'X$ 的对角元素则是 $(1 + k)$,故而 x_i 和 x_j 之间的"有效"相关现在则变为

$$\frac{r_{ij}}{1 + k}$$

式中,r_{ij} 是 x_i 和 x_k 之间的样本相关系数。换言之,所有的相关都由因子 $1/(1 + k)$ 被人为地降低了,从而使多重共线性也因此而降低了,但偏倚却因此而上升了,而零 k 值则会再制造出一个最小平方估计值。这样,我们的问题就变成了确定用多大的 k 值的问题。

那些计算能使一组回归系数的总均方差(the total mean squared error)达到最小的 k 值的公式是未知的总体系数值的函数。在这样的计算公式中,不宜使用最小平方系数,因为多重共线会使系数变得不稳定。使用最普遍的方法是先计算一组 k 值的岭回归系数,然后再对照 k 值,绘制得到的回归系数的散点图。这些散点图称为岭散点图(ridge plot),较小的 k 值的系数估计值通常都会显示出很大的变化,随着 k 值的加大,系数最终会在趋向零的过程中"安顿"下来。我们说,在这些估计值似乎"安顿"的时候,最佳的 k 值便出现了。

再解例 5.5

为了阐述岭回归的用法,我们用在例 5.5 中给出的牧豆树数据。[11] 岭回归系数的散点图如图 5.9 所示,图中的符号 1,2,T,C 和 D 分别表示 DIAM1,DIAM2,TOTHT,CANHT 和 DENS。正如我们所知,确定系数什么时候算"安顿"下来的标准,多少有一些任意性,但一个比较合乎逻辑的标准似乎是 0.75。

用 0.75 的 k 得到的模型的剩余标准差是 228.6,与最小平方的 179.9 相比,如果系数更加有用处,那么剩余标准差这样一种比较温和的上升,可能还是可取的。该模型的系数、系数的标准误差和 t 值如下:

变量	系数	标准误差	T 值
DIAM1	215.5	39.8	5.416
DIAM2	185.7	41.1	4.514
TOTHT	80.2	65.5	1.223
CANHT	61.9	88.7	0.698
DENS	8.8	20.9	0.420

---

11 做各种有偏回归分析的程序在许多统计分析软件中都有。在 SAS 系统中,它们包含在 PROC REG 模块中。

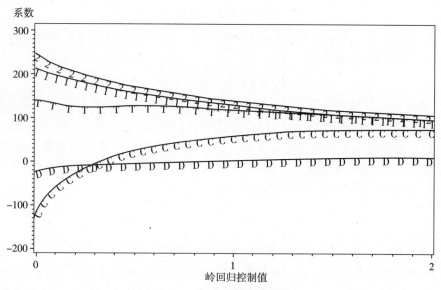

图 5.9   例 5.5 的岭散点图

只有两个直径(DIAM1 and DIAM2)的系数是显著的,这一结果无疑是更加确定的。■

不完全主成分回归

我们已知,可以用主成分得到一个可以洞见回归模型结构的回归。在回归使用所有的主成分时,我们已经这样做过了,这个模型与原变量的相同。这就是说,它将产生与原变量相同的因变量的估计值。

我们也已知,与非常小的特征值对应的主成分描述了那些"几乎"是线性相依的自变量的组合。在许多但并非所有的场合,这些主成分对整个模型的拟合没有什么贡献。因此,一个没有这些主成分的模型可能是有用处的。然而,因为主成分并不与原变量对应,所以用它们得到的回归不会对各种独立的自变量的作用有什么影响。不过我们可以用它们来了解一下,这种简化模型(reduced model)对原变量的回归系数究竟意味着什么是很有用处的。

主成分是将标准化自变量变换后得到的,即

$$Z = XV$$

式中,Z 是主成分矩阵,而 V 则是特征向量矩阵,它是线性变换的系数。在主成分回归中,我们得到估计模型方程

$$\hat{Y} = Z\hat{\gamma}$$

式中,$\hat{\gamma}$ 是一组主成分回归系数。因为这一回归与曾经用过的原变量回归相同,所以我们可由此看到

$$\hat{Y} = Z\hat{\gamma} = X\hat{B}$$

和
$$\hat{B} = V\hat{\gamma}$$

不完全主成分回归用上述关系,删除了 V 中相应的有着很小的方差,对回归也没有贡献的列。这就是说,如果这些标准建议我们保留前 p 个系数,那么原变量的系数估计值便可以按下面的方法计算

$$\hat{B}_p = V_p \hat{\gamma}_p$$

式中，V_p 是一个含 V 的前 p 列的矩阵，而 $\hat{\gamma}_p$ 则是含前 p 个主成分回归系数的矩阵。系数估计值的方差为

$$\text{Var}(\hat{B}_p) = \sigma^2 [V_p (Z'_p Z_p)^{-1} V'_p]$$

的对角元素。式中，Z_p 是前 p 个主成分的矩阵。一般我们将全回归的均方作为 σ^2 的估计值，而将求得的方差的平方根作为标准误差，再由这两者给出 t 统计量的值。出于比较和解释的目的，我们可以将系数分别乘以各个标准差的比率，而将这些系数转换回来，从而使它们能反映原单位。

再解例 5.3 抽样实验

为了使读者能对不完全主成分分析究竟能得到什么结果这一问题有所了解，我们在来自一个专门为例 5.3 设定的总体提供的 250 个样本中，删去了最后 4 个主成分，分别计算了最小平方回归和主成分回归。我们之所以删除了 4 个（保留了 3 个）主成分是因为在这一例子中，我们已经由特征值了解到，存在着 3 个性质各异的变量组这一事实。表 5.26 给出了总体系数（BETA）、均值（MEAN）、标准差（STD）和两个由经验抽样分布得到的均值的估计值的标准误差（STD ERR）。

表 5.26　回归系数的抽样分布，例 5.3

VARIABLE	BETA	LEAST SQUARES			INCOMPLETE PRINC. COMP.		
		MEAN	STD	STD ERR	MEAN	STD	STD ERR
X1	4.0	4.01	5.10	0.32	3.46	0.32	0.020
X2	3.5	3.21	7.47	0.47	3.49	0.33	0.021
X3	3.0	3.20	5.36	0.34	3.46	0.34	0.021
X4	2.5	2.43	2.85	0.18	1.99	0.40	0.025
X5	2.0	2.22	4.23	0.26	2.02	0.40	0.025
X6	1.5	1.31	3.56	0.23	1.98	0.41	0.026
X7	1.0	1.12	1.10	0.07	1.13	1.02	0.064

标准误差显示，最小平方系数的均值都在总体值的 0.95 的置信区间之内，而标准差则清楚地显示，X1，X2 和 X3 之间高度相关，X4，X5 和 X6 则也存在一定程度的相关，而与 X7 则不相关。这说明最小平方估计值是无偏的，但方差却相当大。

不完全主成分系数显示出一种令人感兴趣的模式。我们看到有 3 个性质各异的组：前 3 个变量、后 3 个变量和 X7。在两个相关的变量组内的系数的在所有方面的统计值都相等，而 X7 则与最小平方的大致相等。换言之，这种估计方法识别出了 3 个性质各异的变量组，但却不能识别一个组内的彼此相关的变量。

当然，这一结果是因为我们对数据的结构已有所了解，故而使我们得以确定应当删除的主成分数。实际上，只删除 3 个主成分几乎没有给我们提供什么更翔实的结果。因为在实际研究中，"有效的"主成分数是未知的，所以究竟应该删除多少个主成分这一问题是很难回答的。实际上，许多权威人士（如 Rawlings，1998：348）提醒大家，在去除太多的主成分时，应该谨慎行事。[12] 例如在例 5.5 的主成分中，就没有很小的特征值，因此不

---

[12] 考虑到比较低廉的计算费用，对删除不同数目的主成分的回归结果做一番考察，还是可取的。

完全主成分回归就不适用于这组数据。■

重解例5.4 NBA 数据的不完全主成分回归(IPC)

主成分回归的结果似乎说明,不完全主成分回归,可能不像某些小方差主成分中那样在回归中有用。因为 IPC 回归做起来比较容易,我们只需令 PROC REG 模块计算,做去掉 $1,2,\cdots,7$ 个主成分中的一个或几个的回归,并参照删除的主成分数,绘制如图 5.10 所示的剩余标准差(均方差的平方根) 的散点图即可。

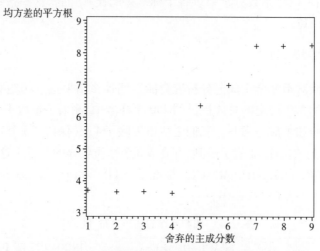

图5.10   例5.4数据的散点图,RMSE 对舍弃的主成分数

散点图清楚地显示,舍弃 4 个主成分并不会对回归的拟合有什么影响。表 5.27 显示,这一回归得到的系数和相关的统计值与用普通最小平方的一样好。注意,实际上现在所有的系数都可以被认为在统计上是显著的,且其符号也与预期吻合,一切似乎都在我们意料之中。因此,我们似乎有理由认为不完全主成分回归,在单个自变量的重要性这一问题上,给我们提供了有用的信息。

表 5.27   NBA 数据的不完全主成分回归

Variable	Least Squares Coefficient	Std. Err.	t	Incomplete P. C. Regression Coefficient	Std. Err.	t
Intercept	36. 1738	22. 3938	1. 61535	35. 3140	21. 2638	1. 6608
FGAT	− 0. 0178	0. 0139	− 1. 28238	0. 0104	0. 0017	6. 0178
FGM	0. 0698	0. 0132	5. 30537	0. 0472	0. 0032	14. 8988
FTAT	− 0. 0036	0. 0104	− 0. 34174	0. 0130	0. 0015	8. 5811
FTM	0. 0277	0. 0114	2. 42418	0. 0143	0. 0018	7. 8020
OFGAT	0. 0220	0. 0122	1. 80894	− 0. 0076	0. 0010	− 7. 5865
OFGAL	− 0. 0751	0. 0114	− 6. 58993	− 0. 0497	0. 0040	− 12. 5231
OFTAT	0. 0165	0. 0176	0. 93645	− 0. 0108	0. 0014	− 7. 6900
OFTAL	− 0. 0436	0. 0221	− 1. 97690	− 0. 0163	0. 0020	− 8. 3107
DR	− 0. 0138	0. 0114	− 1. 20982	0. 0128	0. 0035	3. 6644
DRA	0. 0073	0. 0127	0. 57649	− 0. 0151	0. 0032	− 4. 6989
OR	0. 0265	0. 0185	1. 43163	− 0. 0106	0. 0043	− 2. 4472
ORA	− 0. 0214	0. 0139	− 1. 53594	0. 0091	0. 0062	1. 4616

5.5 小 结

本章,我们讨论了**多重共线性**这样一种数据条件(data condition)。所谓多重共线性,是以回归模型中的自变量之间存在的强相关来定义的。尽管多重共线性并没有严重违反假定,但是它的存在却确实会降低回归系数的估计值的精度,进而使如何对它们做出解释也变得更加困难。

一般用方差膨胀因子和方差比例来对多重共线性的存在和性质进行研究。我们也可以用其他的方法,如主成分或其他那些本书未曾介绍的多元分析法来得到我们所需要的信息。

因为多重共线性通常是因为模型中有太多的自变量引起的,所以有人试图用一种以统计理论为根据的变量选择法来解决多重共线性问题。尽管这样的方法一般都可以为我们提供多重共线性程度较低的模型,但是可能无法使我们洞察回归关系的结构。因为变量选择法实际上是在多重共线性不存在的情况下才更加有用,所以我们还会在第 6 章对这种方法进行专门的论述。

在这一章,我们还介绍了几种补救方法。这些方法可为我们提供有关回归关系结构的其他方面信息:

1. 用已知的关系方面的信息对模型的变量重新加以定义。
2. 用主成分分析得到的结果创建一组新的变量。还有一些可资利用的与此类似的用其他多元分析法的方法。
3. 有偏估计法的用法。本章讨论的有关这方面的内容包括不完全主成分回归和岭回归。

读者可能会因为将本章介绍的这些方法用于"真"的数据,无法得到明确的结果而感到沮丧。遗憾的是这样的情况似乎是难免的,因为我们遇到的情况,正是一种因为数据不够精确而无法得到希望得到的结果这样的情况。

5.6 习 题

这些习题中,每一个都在一定程度上存在着多重共线性。试对每一个习题:

① 确定多重共线性的程度和性质。
② 确定可能引起多重共线性的实际原因。
③ 至少采取一种补救方法,并确定这些补救方法是否能产生更有用的结果。

1. 在第 3 章的习题 2 中,我们用了一组标志专业选手水平的比赛数据。我们将选手的年度得分与体现选手水平的变量联系起来。赛季末举行的"拍卖会"将对选手标"价"。在这一习题中,我们用下面的自变量对选手进行估价:

TNMT:选手参加的比赛数
WINS:得胜次数

AVGMON:平均每场赢钱数

PNTS:选手年度得分累计数

ASA:"修正"的选手平均得分数,修正旨在反映比赛过程的难度

该数据收在了数据文件 REG05P01 中。

2. 在第 3 章的习题 1 中,我们把单位汽油的行驶里程数(MPG)与汽车的几个性能联系了起来:

WT:汽车车重,以磅为单位

ESIZE:引擎汽缸排量,以立方英寸计

HP:引擎额定功率

BARR:化油器桶数

这些变量之间本来已经存在一定程度的多重共线性。但为了做这一练习,我们又增加了一个变量:

TIME:从停车启动到行驶 1/4 mi 所需时间(以秒计)。

这一额外增加的变量在一定程度上使多重共线性又有所增加。这一套数据在文件 REG05P02 中。

3. 五花肉是猪肉中最有价值的部分,它的价格经常被媒体引用这一点本身,便说明了这一事实。它的价格可以看作是整个猪肉价格的因子。遗憾的是,在猪肉销售时,确定整猪中五花肉的含量并不是一件很简单的事。但是幸运的是,我们可以根据猪身上几个比较容易确定的部分来估计整猪中五花肉的数量。确切地讲,我们将从以下几个量度,通过回归来估计五花肉的质量(BELWT):

AVBF:3 个背膘测量值的平均数

MUS:屠体肌肉得分(muscling score for the carcass);这一数字越高意味着肌肉越多

LEA:腰部面积

DEP:第十根肋条处 3 个脂肪量度的平均数

LWT:活体体重

CWT:屠体体重

WTWAT:屠体比重量度

DPSL:决定腹部厚度的 3 个指标的平均数

LESL:3 个腹部剖面瘦肉测量值的平均数

显然,这些变量有许多是相关的。48 具屠体的数据可在文件 REG05P03 中得到。

4. 在规划设计水利项目时,水分的蒸发是我们要考虑的重要问题。在 6 月 6 日—7 月 21 日这一段时间,我们每天在德克萨斯中部收集了以下有可能影响水分的蒸发量的变量的数据:

MAXAT:日最高气温

MINAT:日最低气温

AVAT:日气温曲线整合面积,日平均气温量度

MAXST:日最高地温

MINST:日最低地温

AVST:日地温曲线整合面积,日平均地温量度

MAXH:日最高湿度

MINH:日最低湿度

AVH:日湿度曲线整合面积,日湿度平均量度

WIND:总风速,以日英里量度

因变量是:

EVAP:土地日蒸发量

该数据收在文件 REG05P04 中。无论是根据常识还是根据主成分,3 个因子的变量的自然分组(MAX,MIN,AV)似乎都为我们提供了对变量重新定义的依据。

5. 以下变量的数据来自美国国家人口普查局 1986 年编撰的《州和大都市地区的数据集》(数据摘要增补本)。该数据收在文件 REG05P05 中。这一数据集收录了一组含 53 个主要的大都市地区(PMSAs)的有关变量的数据。这些变量包括:

PMSA:大都市地区(PMSA) 识别名

AREA:土地面积,以平方英里计

POP:1980 年总人口,以千人计

YOUNG:1980 年 18 ~ 24 岁人口,以千人计

DIV:1982 年离婚数,以千人计

OLD:1982 年社会保险收益总人数,以千人计

EDUC:25 岁及以上人口完成 12 年,或以上在校教育人数,以千人计

POV:1079 年贫困线以下总人数

UNEMP:1980 年失业总人数

CRIME:1980 年严重犯罪数

分析的目的在于确定影响犯罪的因素。给读者提供的自变量存在着高度的多重共线性。造成这种多重共线性的原因可能是多种多样的,若能在数据分析之前确定,无疑将对我们考虑能采取什么样的补救行动不无裨益。

6. 第 4 章习题 4 涉及一些对州政府在处理犯罪问题方面的支出有影响的因素(如法庭、警察等):

STATE:标准州名称双字母缩写(包括 DC)

EXPEND:州在犯罪问题上的支出($1000)

BAD:监管罪犯人数

CRIME:每 100000 人犯罪率

LAWYERS:州律师人数

EMPLOY:州就业人数

POP:州人口(1000)

7. 佛雷德和威尔逊(Freund and Wilson,2003) 曾给出了一个根据鱿鱼喙(嘴)的尺寸来估计被鲨鱼和金枪鱼吃掉的鱿鱼的大小。因为喙是消化不了的,所以有可能被发现,

并用来估计鱿鱼的体重。为了进行这样的估计,他们取了一个由 22 个鱼喙组成的样本,并采用了如下这些量度:

WT:体重(因变量)
RL:喙展(Rostral length)
WL:翼展(Wing length)
RNL:颚臼展(Rostral to notch length)
NWL:翼臼展(Notch to wing length)
W:喙宽

考虑到因变量的性质,所以这一分析最好使用原数据的自然对数。数据可见表5.28 和文件 REG05P07。

表 5.28　习题 7 的数据

OBS	RL	WL	RNL	NWL	W	WT
1	0.27003	0.06766	− 0.82098	− 0.28768	− 1.04982	0.66783
2	0.43825	0.39878	− 0.63488	− 0.10536	− 0.75502	1.06471
3	− 0.01005	− 0.17435	− 1.07881	− 0.56212	− 1.13943	− 0.32850
4	− 0.01005	− 0.18633	− 1.07881	− 0.61619	− 1.30933	− 0.21072
5	0.04879	− 0.10536	− 1.02165	− 0.44629	− 1.20397	0.08618
6	0.08618	− 0.07257	− 0.86750	− 0.49430	− 1.17118	0.19885
7	0.07696	− 0.10536	− 0.91629	− 0.67334	− 1.17118	0.01980
8	0.23902	0.07696	− 0.82098	− 0.26136	− 1.07881	0.65752
9	− 0.01005	− 0.16252	− 1.02165	− 0.57982	− 1.23787	− 0.44629
10	0.29267	0.12222	− 0.79851	− 0.26136	− 0.99425	0.73237
11	0.26236	0.09531	− 0.79851	− 0.27444	− 0.96758	0.68310
12	0.28518	0.09531	− 0.73397	− 0.26136	− 0.96758	0.64185
13	0.62058	0.38526	− 0.51083	0.00995	− 0.43078	2.14710
14	0.45742	0.29267	− 0.65393	− 0.05129	− 0.69315	1.50185
15	0.67803	0.46373	− 0.40048	0.18232	− 0.52763	2.13889
16	0.58779	0.44469	− 0.41552	0.01980	− 0.52763	1.81970
17	0.55962	0.45742	− 0.46204	0.08618	− 0.52763	2.02022
18	0.54232	0.35767	− 0.44629	0.01980	− 0.46204	1.85003
19	0.51879	0.45108	− 0.32850	− 0.04082	− 0.38566	2.03209
20	0.55962	0.46373	− 0.38566	0.07696	− 0.47804	2.05156
21	0.78390	0.62058	− 0.28768	0.21511	− 0.32850	2.31747
22	0.54812	0.51282	− 0.44629	0.13103	− 0.59784	1.92862

a. 用这一组数据做一个回归。

b. 保留变量 W,并将其余变量变作这一值的比率。做一个回归,并将结果与(a)进行比较。

c. 做一个主成分分析,并加以评估。

d. 用在(c)发现的主成分,做一个主成分回归。

e. 是否能有什么主成分可从分析中删除? 如果可以,在删除之后,再做一次回归。对结果做出解释。

6 模型存在的问题

6.1 导 论

我们已经知道,回归分析经常被用来作为一种探索的工具。因此,初始的回归模型通常以理论猜想和可资利用的数据为根据。然后,我们可以通过统计分析对这一初始模型进行评估,而一般我们都试图以初始模型为出发点来建立一个"正确的"模型。初始模型可能不是最佳的,其原因是多方面的。第一,这种模型可能包含了太多的变量(这是一种在探索性研究常见的现象)。我们把这样的现象称为**过度设定**(overspecified),简称过设。第二,模型可能未能包含那些正确的变量,即模型丢失了一个或多个重要的自变量。第三,模型可能未能含有正确的数学关系。例如,我们可能在某种曲线关系更为合适的时候,设定了一种线性关系。如果模型因为后两种原因中的一种,或同时因为这两种而不精确,那么我们就会说模型出现了**设定误差**(specification error)。而实际上,一个模型有可能会因为这些误差的任何组合,包括所有这些设定误差同时出现而产生各种问题。诚如我们在 3.9 节中所指出的那样,一个未能正确设定的模型将会使参数估计值产生偏倚。

我们将在 6.2 和 6.3 节讨论设定误差问题,并介绍若干种可用于探测设定误差的工具。有关过设和被称为**变量选择**(variable selection)的,对一组数目繁多的自变量进行筛选有关的那些问题,将在 6.4 节和 6.5 节进行讨论。而 6.6 节和 6.7 节要讨论的问题,则有关各种筛选工具的效率。最后,在 6.8 节,我们将向读者介绍,影响值是怎样对变量的选择产生影响的。

6.2 设定误差

在用于回归分析的模型未能含有足够的可以精确地描述数据性状(the behavior of the data)的参数时,设定误差就会出现。下列两个是引起设定误差的主要原因:

1. 丢失了一些本来应该包含在模型内的自变量。
2. 未能对非严格的线性关系,也即需要用曲线来描述的关系做出解释。在遇有这样的情形时,通常需要使用其他的参数。

这两个原因并非是互斥的。

设定误差有以下两种影响:

1. 因为误差的均值平方包含了丢失的参数的效应,所以它被夸大了。这就是说,随机误差的估计值是向上偏倚的。
2. 得到的系数估计值是总体参数的有偏估计值。这种结果我们已经在3.2节和3.4节给读者做了介绍。

重要的自变量的丢失也许可以用残差图探测到,但是我们将会看到,这种丢失并非总是很容易就能发现的。曲线因变量的存在,则不难用残差图或偏残差图发现。至于数据不够精确的问题,则可使用正规的缺乏拟合检验(lack-of-fit test),简称缺拟检验来检验。我们将用两个简单的人为生成的例子来阐述这些问题。

例6.1 忽略了某一变量

为了阐述忽略了某一变量带来的影响问题,我们需要重新回到例3.2。表6.1则是重新生成的有关数据。

表6.1 设定误差

OBS	X1	X2	Y
1	0	2	2
2	2	6	3
3	2	7	2
4	2	5	7
5	4	9	6
6	4	8	8
7	4	7	10
8	6	10	7
9	6	11	8
10	6	9	12
11	8	15	11
12	8	13	14

使用了只用 X1 或 X2 的低设模型(underspecified model)做的回归和使用了正确的模型做的回归的结果,经概括后列入表6.2中。

表6.2 用不同模型做的回归

矛盾的偏回归和总回归				
模型	均方差的平方根	截距	X1	X2
只用 X1	2.12665	1.85849	1.30189	—
只用 X2	2.85361	0.86131	—	0.78102
用 X1 和 X2	1.68190	5.37539	3.01183	−1.28549

显然,两个低设模型的系数都是有偏的,且它们的残差均方也比较大。当然,在一般情况下,并不知道我们设定的模型是不正确的。如果我们看一下两个不精确模型中的无论哪一个,都很难发现问题存在的蛛丝马迹,因为两个模型都产生了统计上显著的回归。除非我们事先对方差的量已经有所了解,否则两个模型的拟合似乎都是精确的。

我们已经讨论过如何用残差图来查找数据和模型中存在的问题。只用 X2 的不正确设定模型,用 X1 的值作为散点符号的残差图如图 6.1 所示。注意,X1 的值自左向右,从低到高呈上升态势。当然,只有在我们怀疑 X1 也属于这一模型,且有观察在这一变量上时,这一图形才是有用的。

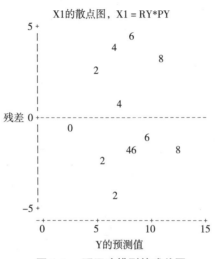

图 6.1　不正确模型的残差图

这些结果告诉我们,在我们对设定误差没有什么了解时,对处于残插图"角落"的那些观察或其他极端的点做一番其他一些因素的研究,可能有助于发现其他一些能对我们更加正确地设定模型有所帮助的变量。不过诸如这样的研究是一个相当主观的过程。一般来说,在没有所需的其他知识时,我们要从一个回归模型中找出那些遗失的自变量,并非一件容易的事,这一点应该是不难明白的。

例 6.2　忽略了一个曲线因变量

我们再一次使用模型人为地生成一个含 16 个观察的数据集,即

$$y = 10 + 2x_1 - 0.3x_1^2 + \epsilon$$

式中,ϵ 服从正态分布,有均值 0 和标准差 3。这一模型描述了一条曲线。在 x 值较小时,该曲线的斜率为正,而在 x 值较大时,斜率则变为了负。这个模型称为多项式模型(polynomial model),我们将在第 7 章详细地介绍它的使用。人为生成的数据可见表 6.3,而数据和总体回归的散点图如图 6.2 所示。

表 6.3　例 6.2 使用的数据

X1	Y
0	8.3
0	7.1
1	12.4

续表

X1	Y
9	3.7
9	2.7
3	20.9
3	10.3
2	13.2
9	4.1
4	10.6
7	8.1
0	8.8
7	9.5
0	12.1
9	4.8
2	12.9

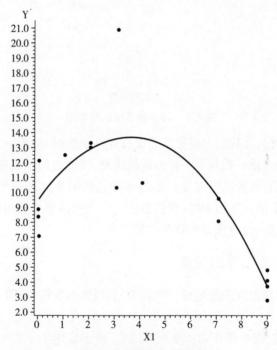

图 6.2 数据和回归线图

现在假定,我们不知道因变量是曲线的,因而使用了简单线性模型

$$y = \beta_0 + \beta_1 x_1 + \epsilon$$

用 SAS 系统的 PROC REG 模块进行分析得到的结果,如表 6.4 所示。

因为我们已经知道正确的模型,所以很容易了解到剩余标准差 3.8 略大于真实的标准差 3.0。不仅如此,回归线还有一个负的斜率,但真实的回归线的斜率却是正的。由此可知,一个错设的模型势必会导致错误的结论。

表6.4 用不正确模型分析的结果

Analysis of Variance					
Source	DF	Sum of Squares	Mean Square	F Value	Pr > F
Model	1	105. 85580	105. 85580	7. 17	0. 0180
Error	14	206. 76358	14. 76883		
Corrected Total	15	312. 61938			
	Root MSE	3. 84302	R-Square	0. 3386	
	Dependent Mean	9. 34375	Adj R-Sq	0. 2914	
	Coeff Var	41. 12934			
Parameter Estimates					
Variable	DF	Parameter Estimate	Standard Error	t Value	Pr >| t |
Intercept	1	12. 29238	1. 46153	8. 41	< 0. 0001
X1	1	− 0. 72582	0. 27111	− 2. 68	0. 0180

现在重新回到那张残差图,即那张用预测值做横轴的残差图。而这一模型的残差图则在图6.3中显示。这张图显示的残差模式,对于这种形式的错设是十分典型的:某一种符号的残差(在这一例子中是正的)大部分都散布在中间,而相反的符号的残差则在两端。诸如这样的模式告诉我们,为了在模型中包含某种曲线的因变量,我们必须对模型进行修改。

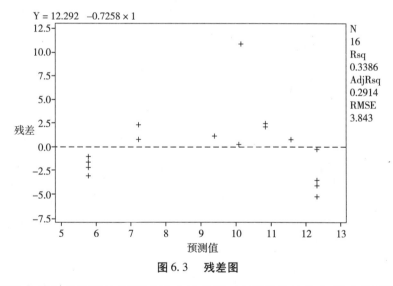

图6.3 残差图

残差图对有多个自变量的模型同样也很有用,尽管残差的分布模式并不像只有一个自变量的模型那么明显。我们也可以用偏残差图来确证变量是否有曲线关系(4.2节)。

6.3 缺乏拟合检验(lack of fit test)

我们已经看到未精确设定的模型产生的一种影响是误差均方变大,但"大"只是相对于我们了解的真或"正常的"变差的量而言。如果我们对真标准差有多大,或应当是多大这一问题有所了解,那么我们就可以以χ^2检验(参见Freund and Wilson,2003,4.4节);如果检验发现方差估计值大于假设的方差,那么就很有可能会发生设定误差。

在有些时候,数据可能会提供某些有关真误差的方差的信息。记住,随机误差测量的是未赋值变异性(unassigned variability),它与被做了同样处理的单位之间变异性等价,常被称为"纯"误差。在回归中,这就是那些自变量值相同的观察之间的变异性。正因为如此,对那些含一个或多个自变量的值对应于多个观察的数据,从诸如这样的观察计算得到的方差将会提供这样一种方差的估计值。这一数值由方差分析中的内(常被称为误差)均方(within mean square)求得。在求解时,需将自变量的值作为因子水平使用。

重解例6.2

在对表6.3的数据重新做一番审视之后,我们发现$x1$的某些值的确有多个观察。我们用SAS系统的PROC ANOVA模块,在因子水平上使用单个$x1$的值,我们得到如表6.5所示的结果。

表6.5 在因子水平上使用 $x1$ 的方差分析

Dependent Variable:Y					
Source	DF	Sum of Squares	Mean Square	F Value	Pr > F
Model	6	239. 3793750	39. 8965625	4. 90	0. 0171
Error	9	73. 2400000	8. 1377778		
Corrected Total	15	312. 6193750			
R-Square	Coeff Var	Root MSE	Y Mean		
0. 765721	30. 53034	2. 852679	9. 343750		
Source	DF	Anova SS	Mean Square	F Value	Pr > F
X1	6	239. 3793750	39. 8965625	4. 90	0. 0171

方差分析的结果显示,误差(error)的均方(mean square)小于直线模型(14.769),但与真实的二次模型(quadratic model)的(9.0)相似。然而,因为所有3个估计都是以同一观察为依据的,因此它们不是独立的,故而也不能直接用于等方差的F检验。

比较这些估计值的正式的检验是通过比较第1章介绍的无约束和约束模型得到的。方差分析是无约束模型,因为它有6个自由度,可以解释7个均值之间的所有可能的变差。回归模型是约束模型,均值间的变差只用一个参数来解释,因此只有一个自由度。无约束模型和约束模型之间的平方和的差,是由那些可能为描述均值之间的关系所需要的其他参数造成的。正如第1章所示,最终求得的均方将被用于不需要其他参数的假设检验。

我们可从表6.4和6.5得到的检验所需要的数值:

无约束模型	表6.5	df = 6	SS = 239. 38
约束模型	表6.4	df = 1	SS = 105. 86
差		df = 5	SS = 133. 52

这一差被看作是**缺乏拟合**的平方和,因为它测量的是回归与数据拟合的好坏程度。缺乏拟合均方的值由差值除以自由度,得

$$MS(缺乏拟合) = 133.52/5 = 26.70$$

把这一值除以无约束模型误差的均方(表 6.5),便可给出 F 比率为

$$F = 26.70/8.14 = 3.28$$

这一检验的 p 值是 0.058。尽管这一值大于普遍使用的 0.05,但对于证明找到的模型是比较好的,在本例中是一个二次模型这一目的而言,它也许可以认为已经是足够小的了。

使用表 6.3 中的数据和一个二次模型,可得

$$\hat{\mu}_x = 9.482 + 2.389x_1 - 0.339x_1^2$$

它的剩余标准差为 2.790。这一估计的回归方程以及估计的标准差与用于生成数据的模型是一致的。

同样的方法也可用于确定二次模型是否精确。不过要注意,二次模型的误差的均方是 $(2.790)^2 = 7.78$,它几乎与无约束模型的 8.14 相同。因此,我们不需要再进行正式的检验来确定二次模型是否与数据拟合。■

评 论

不言而喻,客观的缺乏拟合检验肯定大大优于主观地对残差做一番考察的做法。但遗憾的是,这种方法只有在某些自变量的值有多个观察时才可使用。[1] 显然,随着自变量数目的增加,发现诸如这样的观察也会变得越来越困难。当然,多个观察可以像一个实验结果那样来建立。在这样的实验中,如果实验只在自变量的某些精选的组合上反复进行,其效率可能会更高一些。

遗憾的是缺乏拟合检验一般不可用于是否还需要一些其他的因子或自变量的决策,因为那些有相同的值的已包括变量的观察,其未包括变量未必也有若干相同的值。

例 6.3 重解例 4.3

这一个例子关注的问题是滑轮装置中单独一条线上的负荷。这一装置的图像和得到的数据可见图 4.5 和表 4.18。在 4.13 节中,这一例子被用来显示如何用各号线绳上的单个值做加权回归,以对不等方差进行补偿。在这一节,我们将忽略不等方差问题,而专注于如何用残差图和缺乏拟合检验来得到正确的模型。我们将再一次使用处于上升方向上的观察值。

如果摩擦力存在,那么线上的负载从 1 号到 6 号线绳就应该是逐渐增加的,且均匀地递增应该是它的第一近似。这意味着 LOAD(负载) 在 LINE(线绳) 的回归是一种线性回归。表 6.6 给出了这一回归的结果。

回归是显著的,每一条线绳几乎都增加了 43 个力量单位。然而图 6.4 中的残差图却显示,直线并没有很好地描述这种关系,因而也许需要使用某种曲线。

因为在这一例子中的确存在着重复的观测值,所以我们可以进行缺乏拟合检验。我们可以用方差分析得到无约束模型的平方和,分析的结果如表 6.7 所示。

1　有人曾经提议,可以用"近"邻作为重复观测,来估计"纯"误差(Montgomery et al,2001)。

表 6.6   负载在线绳上的回归

Analysis of Variance					
Source	DF	Sum of Squares	Mean Square	F Value	$Pr > F$
Model	1	321600	321600	1466. 22	< 0. 0001
Error	58	12722	219. 33984		
Corrected Total	59	334322			

	Root MSE	14. 81013	R-Square	0. 9619	
	Dependent Mean	412. 26667	Adj R-Sq	0. 9613	
	Coeff Var	3. 59237			

Parameter Estimates					
Variable	DF	Parameter Estimate	Standard Error	t Value	$Pr >\mid t\mid$
Intercept	1	262. 22667	4. 35998	60. 14	< 0. 0001
LINE	1	42. 86857	1. 11954	38. 29	< 0. 0001

线绳（LINE）散点图，LINE=RLOAD*PLOAD

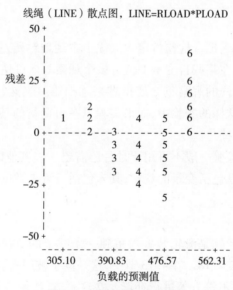

图 6.4   线性回归的残差图

表 6.7   全模型方差分析

The ANOVA Procedure					
Dependent Variable：LOAD					
Source	DF	Sum of Squares	Mean Square	F Value	$Pr > F$
Model	5	330542. 5333	66108. 5067	944. 61	< 0. 0001
Error	54	3779. 2000	69. 9852		
Corrected Total	59	334321. 7333			

	R-Square	Coeff Var	Root MSE	LOAD Mean	
	0. 988696	2. 029200	8. 365715	412. 2667	

Source	DF	Anova SS	Mean Square	F Value	$Pr > F$
LINE	5	330542. 5333	66108. 5067	944. 61	< 0. 0001

因为回归是显著的,所以我们不会对整个结果感到惊讶。最令人感兴趣的是无约束模型的误差的均方,即"纯"误差是 69.99,与约束模型的 219.3 比较之后,我们不难看出这一回归模型是不够精确的。我们像下面那样,用模型的平方和来做缺乏拟合检验:

无约束模型	df = 5	SS = 330542.5
约束模型	df = 1	SS = 321600.0
差	df = 1	SS = 8942.5

缺乏拟合的均方是 8942.5/4 = 2235.6,用它除以无约束模型的误差的均方得到的 F 比率的值为 31.94,自由度为 (4,54)。这一值充分证明线性回归是很不精确的。

最简单的曲线回归可通过加入一个二次项来提供一条曲线得到。这一模型为我们提供了一条如下的估计曲线

$$\hat{\mu}_{y|x} = 296.66 + 17.04x + 3.689x^2$$

这一方程描述了一条上凸曲线(upward-sloping convex curve)。新增加的二次项的确很显著,且回归的残余均方也变成了 134.04,小于线性回归,但仍然大大大于纯的误差均方,说明这一模型仍然不能令人满意。实际上,这一模型的缺乏拟合检验(像读者也许将要验证的那样)得到的 F 比率为 18.39,自由度为 (3,54),也证实了我们对模型仍然不够精确的疑虑。

现在人们之所以选用二次回归,主要是因为它用起来比较方便,通常都没有什么理论根据。实际上,正如我们已经指出的那样,假设这些滑轮都是等效的,那么在这里使用线性回归便是合乎逻辑的。然而,我们有一定的理由认为,6 号线是由轴辘拉动的,因此,它的运转可能会与其他号线绳有所不同。我们可用一个线性回归来对这一观点进行检验,方法是增加一个能使 6 号线绳偏离回归的指示变量(indicator variable)。[3] 这一变量被标以 C1,1 号到 5 号线绳,它的值都等于零,而 6 号线绳的值则为 1。增加的变量形成了如下的模型:

$$\text{LÔAD} = \hat{\beta}_0 + \hat{\beta}_1 \text{LINE} + \hat{\beta}_2 C1$$

或

$$\text{LÔAD} = \hat{\beta}_0 + \hat{\beta}_1 \text{LINE}$$

这是 1 号到 5 号线绳的模型,而 6 号线绳的模型则为

$$\text{LÔAD} = \hat{\beta}_0 + \hat{\beta}_1 \text{LINE} + \hat{\beta}_2$$
$$= (\hat{\beta}_0 + \hat{\beta}_2) + \hat{\beta}_1 \text{LINE}$$

这一模型比二次模型拟合得更好,因为误差的均方现在只比纯误差的均方稍微大一点。读者也许可以进行验证,缺乏拟合检验得到的 F 比率为 2.74,它的 p 值为 0.054。虽然这一结果给缺乏拟合提供了一些证据,但是考虑到约束模型的误差的均方只有少量的增加,所以可能不值得进一步深究。实际上,这种分析是用来确定例 4.5 中表 4.19 的模型的。

2　我们将在第 7 章对这一类型的模型做详细介绍。
3　在第 9 章我们将对这种变量如何用作斜率和截距的转换器做更为详细的介绍。

表6.8　有虚拟变量的回归

Analysis of Variance					
Source	DF	Sum of Squares	Mean Square	F Value	Pr > F
Model	2	329968	164984	2160. 03	< 0. 0001
Error	57	4353. 68000	76. 38035		
Corrected Total	59	334322			
	Root MSE	8. 73959	R-Square	0. 9870	
	Dependent Mean	412. 26667	Adj R-Sq	0. 9865	
	Coeff Var	2. 11989			

Parameter Estimates					
Variable	DF	Parameter Estimate	Standard Error	t Value	Pr >| t |
Intercept	1	276. 20000	2. 89859	95. 29	< 0. 0001
LINE	1	36. 88000	0. 87396	42. 20	< 0. 0001
C1	1	41. 92000	4. 00498	10. 47	< 0. 0001

1号到5号线绳,每一LINE的回归系数估计每一线绳的负载都会增加36.88个单位,而6号线绳则估计会增加41.92。图6.5显示了这些回归方程的图形,图中的点表示数据,实线显示回归方程,而虚线则表示最终的带指示变量的方程。

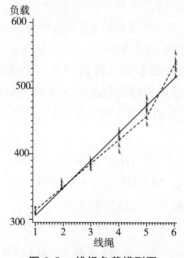

图6.5　线绳负载模型图

在4.3节我们用加权回归来对这一模型进行拟合,这是因为不等方差的缘故,这一点在图6.5中是相当明显的。我们在这里介绍的统计图和缺乏拟合检验,也可以用加权回归和方差分析来做,且得到的结果是一样的。然而,诚如我们曾经指出的那样,用加权回归得到的系数估计值的变化很小。因此,用更易于操作的未加权分析,我们便可得到最终的正确的模型形式,然后可再用加权回归来重新做一次估计。∎

6.4　过度设置:变量太多

我们已经对低设(underspecification)问题有所了解。所谓低设,就是将那些本来应该包含在模型内的变量遗留在外,从而导致误差方差的膨胀。因为这一点已是众所周知的,所以在实践中,为了避免出现这样的情况,人们普遍都将所有可以想到的有关变量放进初始模型中。唯一能对变量数造成限制的,是数据中可以得到的变量的数目。

这样的方法通常都会使初始模型中的变量过多,也就是说,就对模型的拟合的贡献而言,有些变量并不是必须的。我们认为这样的模型是**被过度设置**(overspecified)。尽管诸如这样的模型确实既不会导致变量,也不会导致回归参数的估计值的偏倚,但是它却有两个副作用:

1. 因为过设模型易于产生多重共线性,所以易于导致系数方差的加大。
2. 因变量的均值的估计值或预测值有较大的方差。即使在只存在很小甚至没有多重共线性时,情况也仍然如此。

在第 5 章我们给读者介绍多重共线性效应的补救方法时指出,这些方法并非总是能成功的。之所以会不成功的原因之一是,所有的补救方法都被用到了初始模型上。在很多时候,诸如这样的模型都是过设的,而基于过设模型的分析所提供的分析和解释很可能都是不能令人满意的。

很自然,大家似乎都会问这样一个问题:为什么不通过将那些不必要的变量从模型中删除,来降低过设呢?这时,如果我们果真知道究竟哪些变量是不必要的,那么诸如这样删除便是轻而易举的。不过,既然如此,我们何必不在一开始就不将这些变量放进模型呢。可见,一般我们一开始并不知道究竟哪些变量是不必要的。如果这样,变量的任何选择都必须以数据为依据。换一句话说,变量的选择或删除,都必须以统计值,如正在被分析的数据的系数估计值的 p 值这样的统计值为依据。因为这些方法要使用来自数据分析的统计值,所以我们把这样的方法称为**数据驱动**法(data-driven procedures)。

6.5 节介绍了若干这种数据驱动型的**变量选择法**。由于这些方法已经变得越来越复杂,且很容易在当今市面上出售的计算机软硬件中得到,致使这些方法被普遍地误用,从而引起人们对它们的诟病。因此,我们认为在介绍这些方法时,对某些与数据驱动的变量选择法有关联的实际操作方面的问题展开一些讨论是很重要的。

在使用数据驱动变量选择法时,必须要予以关注的问题主要有以下 3 个:

1. 最终选择的模型的系数的统计检验的 p 值并没有我们期望的解释。因为这些 p 值是对一组数据的单独一次分析才是严格有效的。而在此后将数据用于进一步的分析时,p 值可能仍然会在计算机输出的结果中被打印出来,但却不再是有效的了。当然这并不意味着它们已经没有用处了,但在使用它们时,我们必须倍加小心。
2. 因为样本数据被用于驱动这些方法,所以严格地讲,最终选择的模型只有对样本才是有效的。遗憾的是,不存在任何可表明最终的模型做的总体推论好坏程度的统计量。
3. 如果把数据驱动法用到极端,那么我们就可能可以得到任何我们想要的结果。正因为如此,数据驱动变量选择也常常被称为"数据挖掘",由此也产生了一句如下的名言[4]

如果你对数据严刑拷打,它就会招供。

---

[4] 我们至今未能发现这一名言的可靠出处。

有一种与分析的目的有关的,确定合适的变量选择的方法的准则。为了能开展对这一标准的讨论,我们再一次重申回归分析的两个不同目的:

1. 提供一种估计因变量性状的手段。这就是说,我们想要估计的是条件均值的值,预测因变量的未来值。
2. 提供有关回归关系结构的信息。这就是说,我们想要确定的是单个自变量对因变量的性状的效应。

这两个目的并不是互相排斥的,在许多分析中,有时我们会对这两者同时都感兴趣。然而一般来说,这两个目的中的其中一个往往是主要的。例如,在我们想要估计森林的木材产量时(例2.1),我们的主要目的就是用模型的方程,用某些容易测量的树木特征来预测木材的产量。另一方面,在 NBA 数据中(例5.4),一个教练可能想要用模型来确定,为了提高胜率,究竟想方设法争取更多的投篮次数呢,还是提高投篮命中率。

现在,如果估计或预测是我们的主要目的,且变量的选择也是恰当的:那么在变量只有为数不多的几个时,数据收集过程则不会有太多的烦恼。不仅如此,均值估计值的方差也确实趋向较小(假设剩余均方只有少的量或没有增加)。当然,我们已经注意到,选自一个样本的模型只能用于那个样本,但在这一范围内还是存在一些可资利用的有一定帮助的方法(6.6 节)。

另一方面,如果我们的兴趣主要在于模型的结构,那么变量的选择可能真的会适得其反:因为抽样波动和多重共线性,使我们会把那些真能给我们提供那些正在寻找的信息的变量删除了。

总之,数据驱动的模型选择应当作为一种最后的补救方法来使用—— 即只有在没有其他的信息可用于模型的选择时,我们才去考虑使用数据驱动选择法,而在这时,对结果的解释必须万分小心。

6.5 变量选择法

这一节我们假定每一个系数对应于一个特定的变量。并不是所有模型都具备这一条件的,例如在多项式模型中,一个系数对应着 x_1,而另一个则对应着 x_1^2,如此等等。我们将会看到第 7 章介绍的用于多项式回归的变量选择法和适度变量力(appropriate powers of variables)问题同样也是很重要的,不过这些选择法的方法采用的是一种不同的方式。

我们从一个初始模型开始来讨论这一问题。该模型有 m 个变量,我们想要选择一个有 $p \leq m$ 个变量的子集的模型。选择过程由两个相关的问题组成:

1. p 的数量是多少? 也就是说,我们应该选择多少个变量?
2. 对于一个值已经给定的 p,我们应该选择什么样的变量组合?

不言而喻,这两个问题中,究竟该找什么样的变量组合这一问题更为困难。什么才是一个最优的变量子集呢? 我们的定义如下:

定义 6.1

所谓最优子集,是一种变量的组合。这种组合能对一个给定的 p 值,给出**最大的 R 方**,因而同时也必定能使误差的均方最小。

虽然最优组合的标准是显而易见的,但是得到那种组合的机制却并不是那么简单的。对于所有不同目的的实际分析研究而言,为了确保能得到最优组合,我们必须对所有的组合都做一番考察。[5]这绝非一件轻而易举的事。例如,一个只含 10 个变量的初始模型,为了得到所有大小的子集的最优组合,我们需要计算 $2^{10}=1024$ 个回归。幸运的是,由于计算能力的快速增长和高效算法的发展,使得那些变量在 10 个或更多的中等大小的模型的这样一种计算变得比较容易实现了。然而对那些很大的模型来讲,如那些用于天气预报的模型,这种方法至今仍然不是很容易操作的。下面我们将会给读者介绍一些不需要进行大量计算,但效果也相当不错的方法。然而,这些方法既不能确保一定就能找到最优的子集,也不能揭示得到的组合是否是最优的。

对所有的可能组合进行考察的好处是,它可以为我们提供次优的组合,以及三优、四优等组合。能对近于最优的变量组合进行考察,使为我们有可能再一次从以下几个方面对模型进行深入的考察:

- 一个近优模型(near-optimum model)可能含有更有吸引力的变量组合。例如,一个近优变量组合可能含有更加容易收集到数据的变量;或者含有一些这样的变量,由于它们的存在,模型产生的结果与我们事先的想法较为一致;或者可以使多重共线性有所降低。记住,最优组合只适用于一个正在分析的、特定的数据集,且不能保证在总体中它同样也是最优的。正因为如此,使用近优组合带来的损失是很少的,甚至也可能是没有什么损失的。
- 若干有着几乎相同的 R 方值的近优子集的存在,不仅清楚地说明了多重共线性的存在,且在通常情况下它说明还有一些其他变量,也许在未对精度产生严重影响的情况下,被删除了。

子集的大小

不存在任何最优子集大小的选择的客观标准。直觉告诉我们,通常我们都会选择不会引起 R 方、剩余均方或某些其他描述模型预测质量的统计值有实质性下降的变量数最少的最优子集。然而也正因为如此,这样的分析是一种探索性的分析,所以不存在可用于这样的分析的显著度和实质性变化检验的规范的统计方法。基于这样一些原因,在实际工作中,我们都按以下这样一些步骤来选择子集的大小:

1. 求出每一大小子集的最优和若干近优子集,并计算拟合优度统计值。
2. 然后比照变量数绘制该统计值的统计图,并取子集大小为:a. 在拟合优度值趋于变差

---

[5] 最近研究开发出了一些算法,使我们得以走一些捷径。不过即使使用这些方法,仍然有相当多的数目的组合需要我们加以考察。

前那个大小最小;b. 可以证明其次优模型的确较差的那个子集的大小。

稍后,我们将讨论各种拟合优度统计量。

例 6.4 一组有关棒球的数据

表 6.9 列出了一组 1975 到 1980 年赛季一些描述某些大联盟棒球队场上表现的变量的数据。我们用这些数据做了一个回归分析,以确定这些场上表现变量对球队比赛胜率的效应(PER)。

表 6.9　棒球数据

OBS	Year	LEAGUE	PER	RUNS	DOUBLE	TRIPLE	HR	BA	ERROR	DP	WLK	SO
1	1976	EAST	62.3	770	259	45	110	272	115	148	397	918
2	1976	EAST	56.8	708	249	56	110	267	163	142	460	762
3	1976	EAST	53.1	615	198	34	102	246	131	116	419	1025
4	1976	EAST	46.3	611	216	24	105	251	140	145	490	850
5	1976	EAST	44.4	629	243	57	63	260	174	163	581	731
6	1976	EAST	34.0	531	243	32	94	235	155	179	659	783
7	1976	WEST	63.0	857	271	63	141	280	102	157	491	790
8	1976	WEST	56.8	608	200	34	91	251	128	154	479	747
9	1976	WEST	49.4	625	195	50	66	256	140	155	662	780
10	1976	WEST	45.7	595	211	37	85	246	186	153	518	746
11	1976	WEST	45.1	570	216	37	64	247	141	148	543	652
12	1976	WEST	43.2	620	170	30	82	245	167	151	564	818
13	1977	EAST	62.3	847	266	56	186	279	120	168	482	856
14	1977	EAST	59.3	734	278	57	133	274	145	137	485	890
15	1977	EAST	51.2	737	252	56	96	270	139	174	532	768
16	1977	EAST	50.0	692	271	37	111	266	153	147	489	942
17	1977	EAST	46.3	665	294	50	138	260	129	128	579	856
18	1977	EAST	39.5	587	227	30	88	244	134	132	490	911
19	1977	WEST	60.5	769	223	28	191	266	124	160	438	930
20	1977	WEST	54.3	802	269	42	181	274	95	154	544	868
21	1977	WEST	50.0	680	263	60	114	254	142	136	545	871
22	1977	WEST	46.3	673	227	41	134	253	179	136	529	854
23	1977	WEST	42.6	692	245	49	120	249	189	142	673	827
24	1977	WEST	37.7	678	218	20	139	254	175	127	701	915
25	1978	EAST	55.6	708	248	32	133	258	104	155	393	813
26	1978	EAST	54.7	684	239	54	115	257	167	133	499	880
27	1978	EAST	48.8	664	224	48	72	264	144	154	539	768
28	1978	EAST	46.9	633	269	31	121	254	234	150	572	740
29	1978	EAST	42.6	600	263	44	79	249	136	155	600	859
30	1978	EAST	40.7	607	227	47	86	245	132	159	531	775
31	1978	WEST	58.6	727	251	27	149	264	140	138	440	800
32	1978	WEST	57.1	710	270	32	136	256	134	120	567	908

OBS	Year	LEAGUE	PER	RUNS	DOUBLE	TRIPLE	HR	BA	ERROR	DP	WLK	SO
33	1978	WEST	54.9	613	240	41	117	248	146	118	453	840
34	1978	WEST	51.9	591	208	42	75	252	160	171	483	744
35	1978	WEST	45.7	605	231	45	70	258	133	109	578	930
36	1978	WEST	42.6	600	191	39	123	244	153	126	624	848
37	1979	EAST	60.5	775	264	52	148	272	134	163	504	904
38	1979	EAST	59.4	701	273	42	143	264	131	123	450	813
39	1979	EAST	53.1	731	279	63	100	278	132	166	501	788
40	1979	EAST	51.9	683	250	53	119	266	106	148	477	787
41	1979	EAST	49.4	706	250	43	135	269	159	163	521	933
42	1979	EAST	38.9	593	255	41	74	250	140	168	607	819
43	1979	WEST	55.9	731	266	31	132	264	124	152	485	773
44	1979	WEST	54.9	583	224	52	49	256	138	146	504	854
45	1979	WEST	48.8	739	220	24	183	263	118	123	555	811
46	1979	WEST	43.8	672	192	36	125	246	163	138	577	880
47	1979	WEST	42.2	603	193	53	93	242	141	154	513	779
48	1979	WEST	41.3	669	220	28	126	256	183	139	494	779
49	1980	EAST	56.2	728	272	54	117	270	136	136	530	889
50	1980	EAST	55.6	694	250	61	114	257	144	126	460	823
51	1980	EAST	51.2	666	249	38	116	266	137	154	451	832
52	1980	EAST	45.7	738	300	49	101	275	122	174	495	664
53	1980	EAST	41.4	611	218	41	61	257	154	132	510	886
54	1980	EAST	39.5	614	251	35	107	251	174	149	589	923
55	1980	WEST	57.1	637	231	67	75	261	140	145	466	929
56	1980	WEST	56.4	663	209	24	148	263	123	149	480	835
57	1980	WEST	54.9	707	256	45	113	262	106	144	506	833
58	1980	WEST	50.3	630	226	22	144	250	162	156	454	696
59	1980	WEST	46.6	573	199	44	80	244	159	124	492	811
60	1980	WEST	45.1	591	195	43	67	255	132	157	536	728

涉及的变量[6]包括下面这些：

LEAGUE：East(东部联盟)或West(西部联盟)(这里并不作为一个变量使用)

RUNS：得分数

DOUBLE：双杀数

TRIPLE：三杀数

HR：本垒打数

BA：安打率

ERROR：防守失误数

---

[6] 为了陈述的方便起见，我们从一个大的数据集中主观地选出了这些变量。

DP:双杀数(防守方)

WLK:给对手的自由上垒数

SO:令对手三击不中出局数

表6.10列出了用这些变量进行线性回归得到的结果。

表6.10　用棒球数据做的回归

Analysis of Variance					
Source	DF	Sum of Squares	Mean Square	F Value	$Pr > F$
Model	9	2177.73127	241.97014	15.65	< 0.0001
Error	50	773.03723	15.46074		
Corrected Total	59	2950.76850			

	Root MSE	3.93202	R-Square	0.7380	
	Dependent Mean	50.00500	Adj R-Sq	0.6909	
	Coeff Var	7.86324			

Parameter Estimates					
Variable	DF	Parameter Estimate	Standard Error	t Value	$Pr > \lvert t \rvert$	Variance Inflation
Intercept	1	24.67698	24.00041	1.03	0.3088	0
RUNS	1	0.02156	0.02287	0.94	0.3504	9.70576
DOUBLE	1	− 0.02705	0.02409	− 1.12	0.2667	1.84098
TRIPLE	1	0.11957	0.06249	1.91	0.0614	1.99296
HR	1	0.03193	0.03331	0.96	0.3424	4.53083
BA	1	0.17172	0.12084	1.42	0.1615	6.07178
ERROR	1	− 0.02006	0.02451	− 0.82	0.4169	1.36210
DP	1	− 0.04725	0.03861	− 1.22	0.2268	1.43214
WLK	1	− 0.04941	0.00893	− 5.53	< 0.0001	1.29376
SO	1	− 0.00013970	0.00813	− 0.02	0.9864	1.36068

　　回归是显著的($P < 0.0001$),且决定系数也显示出数据与模型的拟合是比较好的,尽管剩余标准差为3.9,说明胜率估计值的大约三分之一(即4个百分点)将被取消。只有给对手自由上垒数(WLK)这一变量的系数是显著的,且其符号也与我们的预期一致。不过,多重共线性却并不严重,得分(RUNS)、本垒打(HR)和安打率(BA)的VIF值只有中等大小,似乎是比较合理的。

　　也许我们多少都会希望能更好地了解一下单个场上表现变量的效应。因为多重共线性并不是很严重,所以那些建议用于对多重共线性问题进行补救的措施,对我们可能并不是很有帮助的。[7]因此,我们有理由认为,只要用数量较少的变量,就有可能会得到更有用的模型。于是我们采用了一种所有可能变量组合程序(all-possible variable combinations procedure)(用SAS系统的PROC REG模块进行R方选择),列出每一子集的4个最好的模型。表6.11便是选择得到的结果。

7　而对本例的多重共线性问题做一番探究则是一个很好的习题。

表 6.11 棒球数据的变量选择

N = 60	Regression Models for Dependent Variable：PER		
模型中的变量数	R-square	C(p)	Variables in Model
1	0.45826324	47.39345	BA
1	0.45451468	48.10889	RUNS
1	0.44046161	50.79099	WLK
1	0.22525896	91.86361	ERROR
2	0.69030270	5.10744	RUNS WLK
2	0.66330564	10.25998	BA WLK
2	0.54107373	33.58861	HR WLK
2	0.51488356	38.58715	DOUBLE WLK
3	0.70982875	3.38079	RUNS TRIPLE WLK
3	0.69977858	5.29892	RUNS BA WLK
3	0.69674469	5.87795	RUNS DP WLK
3	0.69608770	6.00334	RUNS ERROR WLK
4	0.71942898	3.54853	RUNS TRIPLE DP WLK
4	0.71393040	4.59796	RUNS TRIPLE ERROR WLK
4	0.71270881	4.83111	RUNS TRIPLE WLK SO
4	0.71264668	4.84297	RUNS DOUBLE TRIPLE WLK
5	0.72472666	4.53744	RUNS TRIPLE BA DP WLK
5	0.72406640	4.66345	RUNS TRIPLE ERROR DP WLK
5	0.72169243	5.11654	RUNS DOUBLE TRIPLE DP WLK
5	0.72100271	5.24817	TRIPLE HR BA DP WLK
6	0.72990371	5.54937	RUNS DOUBLE TRIPLE BA DP WLK
6	0.72914230	5.69469	DOUBLE TRIPLE HR BA DP WLK
6	0.72839207	5.83787	RUNS TRIPLE BA ERROR DP WLK
6	0.72750286	6.00758	RUNS TRIPLE HR BA DP WLK
7	0.73449478	6.67314	RUNS DOUBLE TRIPLE HR BA DP WLK
7	0.73336343	6.88906	DOUBLE TRIPLE HR BA ERROR DP WLK
7	0.73319937	6.92037	RUNS DOUBLE TRIPLE BA ERROR DP WLK
7	0.73141090	7.26171	RUNS TRIPLE HR BA ERROR DP WLK
8	0.73802018	8.00030	RUNS DOUBLE TRIPLE HR BA ERROR DP WLK
8	0.73451106	8.67003	RUNS DOUBLE TRIPLE HR BA DP WLK SO
8	0.73336536	8.88869	DOUBLE TRIPLE HR BA ERROR DP WLK SO
8	0.73320840	8.91865	RUNS DOUBLE TRIPLE BA ERROR DP WLK SO
9	0.73802173	10.00000	RUNS DOUBLE TRIPLE HR BA ERROR DP WLK SO

输出结果给出了所有不同大小的子集(模型中的变量数),按拟合优度的好坏,降序排列的所有4个最佳(R方最大)的模型。输出结果给出了每一模型的R方的值、C_p(一个在后面将要讨论的判断统计量)和模型中包含的变量名称。由表中的数据可知,最佳单变量模型是安打率(BA)的函数,它的R方为0.458。最佳的双变量模型是用变量 RUNS和 WALKS 建立的模型,R方为0.690。含其他个数的变量的最佳模型的识别可以此类推,不一一列举。由R方的值我们看到,从1个变量到3个变量,R方的值上升得非常快;在加入第四个变量时,这一统计量的值只是稍有一些变化;而在加入更多的变量时,则只是略有变化而已。据此,我们也许可以认为,3或4个变量的模型可能是比较恰当的。■

有若干统计量,如 R 方、误差均方或剩余标准差等,都可帮助我们确定模型中应该保留的变量数。例如,SAS 系统 PROC REG 模块,就为我们提供的诸如这样的统计量便有 13 个之多。尽管对于每一种的统计量的优劣见仁见智众说纷纭,但大多数都与残余均方有关。不过本书只准备给大家介绍一种这样的统计量 —— 马洛斯 C_p(Mallows C_p) 统计量,在表 6.11 中,这一统计量的值在列标题为"C(p)"列中列出。

一个用于确定选择变量的与马洛斯 C_p 略有不同的统计量是普瑞斯(PRESS) 统计量(4.2 节)。这一统计量是残余均方和存在的影响值二者的函数。这一统计量在发现那些受影响值影响较小的变量组合时可能比较有用。不过,在这里我们并没有使用这一统计量。

C_p 统计量

C_p 统计量是由马洛斯(Mallows,1973) 提出的。它是含 p 个自变量的子集模型的总平方误差的量度。诚如我们在第 5 章提到的那样,有偏估计量的效力是用总平方误差来量度的。该量度是误差的方差与因未将那些重要的变量包含在模型中而引起的偏倚的量度。故而,诸如这样的量度也许可以表明,变量选择程序是否删除了太多的变量。C_p 统计量的值可以用下面的公式计算得

$$C_p = \frac{\mathrm{SSE}(p)}{\mathrm{MSE}} - (n - 2p) + 2$$

式中 MSE—— 全模型(full model) 误差的均方(或某些其他的纯误差的估计值);

SSE(p)—— 含 p 个自变量的子集模型的误差的平方和;[8]

n—— 样本量。

对于任何给定的选择的变量数,C_p 值较大说明方程有较大的误差均方。由定义可知,全模型(full model) 的 $C_p = (m + 1)$。在任何子集模型的 $C_p > (p + 1)$ 时,我们都可以发现,因未能完整地设定模型而导致的偏倚的存在。另一方面,如果 $C_p < (p + 1)$,那么我们就有理由认为模型被过设了,其中包含了太多的变量。

马洛斯建议先绘制与 p 对照的 C_p 的散点图,并进一步建议,再以该图为依据,选择以全模型为起始点的,第一个达到$(p + 1)$ 的最小的 C_p 的子集量。与此同时,还要关注一下,每一子集量的最优和近优模型之间 C_p 的差予。每一子集量的最佳的 4 个模型的 C_p 图,如图 6.6 所示。[9]

从这一张图上我们可以看到,接近全模型的那些模型确实都已经过设,因为几个 C_p 值都小于$(p + 1)$,而双变量模型则非常明显是低设了($C_p > 3$)。根据马洛斯的标准,最优子集模型应该含 3 个变量。不仅如此,就 3 个变量的模型而言,最优模型和次优模型之间的 C_p 值的差别也比较大,说明用 RUNS,TRIPLE 和 WLK 这 3 个变量的模型用处最大。这一模型的回归结果如表 6.12 所示。

---

[8] 在马洛斯有关 C_p 的原表述中(Mallows,1973),在选择变量时,截距的系数同样也在考虑之列。因此,在他的 C_p 陈述中,模型中的变量数比本书多一个。

[9] 在这一张图中,横轴表示模型中的变量数,其中不包括截距。

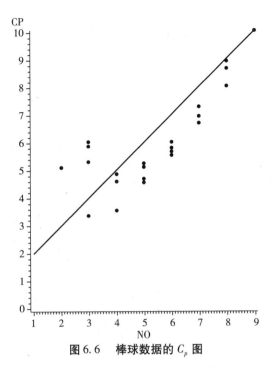

图 6.6　棒球数据的 C_p 图

表 6.12　棒球数据的最优子集模型

Analysis of Variance					
Source	DF	Sum of Squares	Mean Square	F Value	Pr > F
Model	3	2094. 54032	698. 18011	45. 66	< 0. 0001
Error	56	856. 22818	15. 28979		
Corrected Total	59	2950. 76850			
	Root MSE	3. 91022	R-Square	0. 7098	
	Dependent Mean	50. 00500	Adj R-Sq	0. 6943	
	Coeff Var	7. 81965			

Parameter Estimates					
Variable	DF	Parameter Estimate	Standard Error	t Value	Pr > | t |	Variance Inflation
Intercept	1	42. 30842	7. 58098	5. 58	< 0. 0001	0
RUNS	1	0. 04916	0. 00791	6. 22	< 0. 0001	1. 17315
TRIPLE	1	0. 08850	0. 04559	1. 94	0. 0573	1. 07274
WLK	1	− 0. 05560	0. 00818	− 6. 80	< 0. 0001	1. 09731

　　模型统计值显示,与全模型相比,这些模型的 R 方只是略有下降。然而,误差的均方却减少了,这可从修正的 R 方没有发生实质性变化这一点得到确认。下面我们再来看一下系数,尽管并非每一个 p 值在统计上都是显著的,但 RUNS 和 WLK 的系数还是显示出了它们的重要性,且符号也与预期的一致。TRIPLE 的系数的 p 值为 0. 0573,这说明这一变量也许不是很有用,但由于不存在多重共线性,因此仍然将它保留在模型中,对模型造成的损失不大。

其他的选择法

　　近年来计算机算法的发展和计算机运行速度的加快,使得大多数应用程序的全可能模型程序(all-possible-models procedure)的使用成为可能。然而,在某些应用程序中,初始模型可能含有100,或者甚至200个变量。例如,在预测天气的模型中,就可能出现诸如这样的大模型。这样的模型旨在一个气象站,用数目众多的其他各个气象站前一段时间使用的各种天气变量作为预测器,来预测某一个天气变量。这时,全可能模型的选择需要花费太多的机时。

反向消除法(Backward elimination):这一方法始于对包含所有候选变量的全模型的考量。这一方法要求首先将被每一偏系数的 t 或 F 检验的统计值证明的,对这一模型贡献最小的单个变量删除。然后继续对将该变量删除之后的,含$(m-1)$个变量的模型进行考察,删除对模型贡献最小的变量。如此这般,重复这一过程,不断地将贡献最小的变量删除,直至剩下的所有的变量,在某一特定的 p 值上都"显著"为止。直至剩下一个变量为止的这一连续不断的过程,和用 C_p 图对子集量进行评估,也许会使我们得到一些有用的信息。高效的矩阵算法使得这一方法用于有许多变量的模型的运算过程变得很快。这种模型的一个重要特性是,一个变量一旦被删除便不可能再次进入模型。

顺向选择法(Forward selection):这种方法始于一个"最好的"变量模型。所谓最好的变量,是指一个与因变量有着最高的简单相关的变量。第二个入选的变量则是那个在保持已入选的变量不变时,所有自变量中,与因变量的偏相关最大的那个变量。这个变量的加入将使数据与模型的拟合得到最大限度的改善。然后再以同样的方式,一次选出一个可加入模型的变量,直至再加入变量也无法有效地消减误差的均方为止,这一点可由相应的 p 值得到证明。否则,可如此这般,一直继续下去,直至将所有的变量都加入模型为止。同时,我们也可用 C_p 图对子集量进行评估。这种方法的计算同样也是高效的,在遇有可确认不存在其他"显著"的变量时,情况尤其如此。无独有偶,与反向消除法一样,在使用顺向选择法时,一个变量一旦被选入模型,便永远也无法再从模型中删除。

确实还有一些其他的可资利用的选择法,如**逐步法**(stepwise procedure)。这一方法与顺向选择法颇为相似,但是它允许在另一个变量加入之前,在任何阶段删除单独一个变量。这种方法的成败高度依赖于决定加入的和删除的变量的"p 值"。不仅如此,这种方法往往会有赖于直觉的诉求,它所提供的模型不会比用反向消除法和顺向选择法得到的更接近最优模型。

限于篇幅,虽然我们不准备在这里列出这些方法得到的所有结果,但会用棒球数据的全可能回归程序的结果,来对选择过程进行比较。

- **反向消除法**确实选出了最优模型。因为模型所含的变量数从 8 个减少到了 2 个,但是它选出的单变量模型是使用 RUNS 这一变量的次优模型(表 6.11),该模型的 C_p 等于 48.1,高于最优的,用变量 BA 的模型的 C_p 为 47.4。然而,因为三变量模型似乎是最为合适,所以这种方法确实选出了"最佳的"模型。
- **顺向选择法**(显然)选择了一个最优的单变量模型。这时,它的选择过程如下:
  双变量:BA,WLK,此模型的 $C_p = 10.26$,与之对照的最优子集模型的 $C_p = 5.11$。
  三变量:包含变量 RUNS,TRIPLE 和 WLK 的次优模型,$C_p = 5.30$,与之对照的最优子集模型的 $C_p = 3.38$。
  四变量:包含变量 RUNS,TRIPLE,BA 和 WLK 的,排位第五的模型,$C_p = 4.94$,与之对照的最佳子集模型的 $C_p = 3.55$。

而五或更多的变量,程序选择的都是它们的最佳子集。

从 C_p 图看,顺向选择法建议我们使用它挑选的四变量模型,而实际上这一模型仅排位第五。用SAS系统的PROC REG模块选出的模型列入表6.13中。我们即可看到,这一模型中,有两个变量可能没有什么用处。

表6.13　顺向选择法选出的模型

Step 4	Variable TRIPLE Entered		R-Square = 0.71212847		C(p) = 4.94187165	
Source	DF	Sum of Squares	Mean Square	F Value	$Pr > F$	
Model	4	2101.32625	525.33156	3401	< 0.0001	
Error	55	849.44225	15.44440			
Corrected Total	59	2950.76850				
	Root MSE	3.92994	R-Square	0.7121		
	Dependent Mean	50.00500	Adj R-Sq	0.6912		
	Coeff Var	7.85909				

Parameter Estimates

Variable	DF	Parameter Estimate	Standard Error	t Value	$Pr > \mid t \mid$	Variance Inflation
Intercept	1	29.67133	20.53076	1.45	0.1541	0
RUNS	1	0.04125	0.01434	2.88	0.0057	3.81658
TRIPLE	1	0.07606	0.04952	1.54	0.1303	1.25274
BA	1	0.06887	0.10390	0.66	0.5102	4.49345
WLK	1	-0.05430	0.00845	-6.43	< 0.0001	1.15927

6.6　变量选择的信度

我们已经了解基于数据的变量选择法得到的结果,只是对正在使用的数据而言才是最优的,且也不存在任何可以告诉我们变量选择过程的信度的统计量。正因为如此,我们将要用模拟的方法来阐明用这些方法得到的结果的变异性的性质。模拟以阐述多重共线性的例5.1和例5.2为根据进行。

经修正后模型为

$$y = 3.0x_1 + 3.0x_2 + 3.0x_3 + 2.0x_4 + 2.0x_5 + 2.0x_6 + 2.0x_7 + \epsilon$$

式中,ξ 是随机误差。因为所有的自变量都人工生成,有着相等的离差,系数的选择便于引导我们直观地确定变量的相对重要性。用这一方法可确定,x_1 到 x_3 这3个变量比较重要,而其余则不那么重要。因为我们将要调查的问题是,变量选择法选择的三变量模型究竟好到什么程度,而这样的系数选择给我们的指示是,选择变量 x_1 到 x_3 是最优的,尽管优势并非压倒性的。

因为选择的效力会受多重共线性和模型拟合的影响,所以我们将在两种多重共线的情景下来进行变量的选择:

1. 与例5.1一样,不存在多重共线性。

2. 如例5.2那样的相关模式,相邻变量之间的相关达0.9。

最优三变量模型系从选自6种多重共线性模式和 R 方的组合的样本中的每一种中选

择。表 6.14 显示每一变量在为选择的模型挑选的 3 个变量中出现的次数(或百分比,因为样本有 100 个之多)。表中的最后一行显示的则是,选出的模型中有多少次包含了这 3 个最重要的变量,x_1,x_2 和 x_3。

表 6.14   模拟变量选择

| 选择的变量 | 无多重共线性 | | | 有多重共线性 | | |
	$R^2 = 0.95$	$R^2 = 0.75$	$R^2 = 0.5$	$R^2 = 0.95$	$R^2 = 0.75$	$R^2 = 0.5$
x_1	77	68	58	39	43	40
x_2	80	72	62	48	48	54
x_3	77	66	57	51	48	46
x_4	22	28	38	41	38	40
x_5	15	20	28	36	32	35
x_6	19	27	31	42	44	42
x_7	10	19	26	43	47	43
x_1, x_2, x_3	43	23	10	1	5	5

无多重共线性(No multicollinearity):我们可以期望这一方法会取出 3 个频数较高的比较重要的变量,而情况也确实如此,但是选错一个或多个"错误"变量的次数也不在少数,且模型的 R^2 会随着选择错误次数的增加而减小。不仅如此,即使在模型的 R^2 为 0.95 时,正确的选择的次数也不到 50%。

有多重共线性(with multicollinearity):不出预料,结果不能给我们任何支持。我们几乎看不出某种可据以取出比较重要的变量的趋势,但随着 R^2 趋小,结果似乎并没有随着变坏。注意,这一方法在只在 300 个样本中的 11 个中取出了这 3 个最重要的变量。

这些结果不能给我们任何支持。问题很清楚,前 3 个变量并不比后 4 个变量重要很多。因此,如果模型中已纳入一个或几个系数很大的变量,得到的结果可能会"更好"。

交叉验证(Cross Validation)

尽管不存在可靠的用来评估变量选择的信度的统计量,但是还是有一些工具可用来为我们提供一些有关选择的模型的用处的信息。一般,这些方法都会涉及**数据分割**(data splitting)问题,即将数据分成两个部分。其中一部分用来进行变量选择,并参照另一部分对选择的结果进行评估。换言之,这样一种分析方式将会揭示基于某一部分数据的变量选择的结果是否优于另外一组等价的数据。尽管在大多数情况下,我们都会用某种随机的方式来对数据进行分割,但是其他的分割方式也许也是可以的。当然,这种方法有赖于观察数是否足够多。只有观察数足够多,样分割后的数据的每一部分,才能大到足够为我们提供合理的确切的结果。我们将用棒球数据来阐述这种方法。

再解例 6.4   数据分割

棒球数据可自然地分为两个部分:东部联盟和西部联盟。我们也许可以提出这样分割的理由:尽管这是两个不同的联盟,但采用的规则却是相同的,因此我们的确有理由做这样的分割。在这一例子中,实际上我们首先对每一个联盟进行选择,然后再看一下,将在某一个联盟得到的结果用于另一个联盟时,情况会如何。

表 6.15 显示了每一联盟的每一子集量的最优选择。由表列的数据清楚可见,东部联盟选择了使用 RUNS,DP 和 WLK 的三变量模型。而西部联盟则选择了使用 DOUBLE,

ERROR 和 WLK 的三变量模型。两者都是三变量模型,且都选择了 WLK,但是两者的相似之处也就仅此而已。不仅这两个三变量模型的其他两个变量不同,而且在其他的子集量,两者的选择也有很大的不同。不仅如此,东部联盟的 R 方也明显高于西部联盟。

表 6.15   东部和西部联盟的变量选择

	East League		
N = 30	Regression Models for Dependent Variable: PER		
Number in Model	R-square	C(p)	Variables in Model
1	0.73714983	27.23227	RUNS
2	0.85715486	4.92892	RUNS DP
3	0.87777124	2.75370	RUNS DP WLK
4	0.88253161	3.78963	RUNS HR DP WLK
5	0.88940145	4.39836	RUNS TRIPLE HR DP WLK
6	0.89622276	5.01691	RUNS TRIPLE HR ERROR DP WLK
7	0.90067754	6.11473	RUNS DOUBLE TRIPLE HR ERROR DP WLK
8	0.90101293	8.04680	RUNS DOUBLE TRIPLE HR BA ERROR DP WLK
9	0.90124404	10.00000	RUNS DOUBLE TRIPLE HR BA ERROR DP WLK SO
	West League		
Number in Model	R-square	C(p)	Variables in Model
1	0.46493698	25.91413	ERROR
2	0.69526415	5.56679	BA WLK
3	0.73992927	3.23319	DOUBLE ERROR WLK
4	0.75755861	3.52271	DOUBLE BA ERROR WLK
5	0.78443458	2.91509	DOUBLE ERROR DP WLK SO
6	0.78624470	4.73946	DOUBLE HR ERROR DP WLK SO
7	0.78989459	6.38534	DOUBLE HR BA ERROR DP WLK SO
8	0.79328633	8.05625	RUNS DOUBLE TRIPLE HR ERROR DP WLK SO
9	0.79386613	10.00000	RUNS DOUBLE TRIPLE HR BA ERROR DP WLK SO

有一种比较选择方法,是用选择的模型的系数预测因变量,并计算产生的误差的均方和。选择的模型给出东部联盟的观察的系数和 p 值(在系数下面给出):

$$\hat{PER} = 21.318 + 0.0868 * RUNS - 0.1164 * DP - 0.0249 * WLK$$
$$(0.0001) \qquad (0.0053) \qquad (0.0461)$$

它的剩余标准差为 2.816。而对于西部联盟,选择的模型给出的系数和 p 值为

$$\hat{PER} = 73.992 + 0.0713 * DOUBLE - 0.1131 * ERROR - 0.0445 * WLK$$
$$(0.0123) \qquad (0.0010) \qquad (0.0002)$$

剩余标准差为 3.556。

现在我们用这两个方程中的每一个来预测因变量的值,即预测每一联盟数据的 $\hat{\mu}_{y|x}$,并计算每一联盟的数据的误差的均方和,$\sum (y - \hat{\mu}_{y|x})^2$。其结果如下:

		Using data from	
		East	West
数据来自	East	206.11	1272.01
	West	1132.48	328.75

显然,用来自一个联盟的数据选择的模型,并不能为另一个联盟提供一个预测胜率

的好模型。

另一种比较选择法是,考察一下从某一组数据选出的变量可否用于另一组数据。在将基于东部数据选择的模型变量用于西部联盟时,则

$$\hat{PER}_{East} = 64.530 + 0.1240 * DOUBLE + 0.032 * ERROR - 0.0990 * WLK$$
$$(0.0038) \qquad\qquad (0.4455) \qquad\qquad (0.0001)$$

它的剩余标准差是4.394。方程显然有很大差别,且拟合得也更差。但有趣的是,我们注意到东部联盟和西部联盟的选择分别提供的是全部数据的第三好和第十三好的模型。■

也许有人会说,随机地而不是以联盟来分割数据才能得到更好的结果。然而情况却未必如此,这一点我们很快就会看到。

再抽样法(Resampling)

当今的统计学研究热衷于开发可用于帮助得到统计分析结果的抽样分布的计算机程序。诸如这样的方法中,有一种是通过对数据进行反复抽样来得到各种估计值或其他的结果,然后再用这些结果来生成经验的抽样分布。在这里,我们将用一种简单的再抽样法来探究棒球数据的变量选择性状。

为了从一个数据集中选取一个随机样本,我们为每一个观察在0到1这个范围内用均匀分布生成了一个随机数。如果这个随机数小于某个特定的值,如r,那么这一观察就被抽中了,否则就没有被抽中。如果r = 0.5,那么就平均而言,总样本将包含一半的观察。在选择r时,我们会陷入一种两难的境地,因为如果r太小,那么样本就可能不够精确,如果r太大,各个样本则有可能太相似。

我们用r = 0.7,使用例6.4生成了100个样本,并将全可能组合程序(all-possible-combinations procedure)应用于每个样本,子集量在1到5。我们计算了每一个变量被选中的次数。因为样本数为100,所以这一数字同时也是模型包含一个变量的百分数。表中的最后一行,是选择的C_p值的均值。计算得到的结果列入表6.16中。

表6.16 再抽样变量选择

	Variables in Model				
	One	Two	Three	Four	Five
Variable	Number of Times Variable Selected				
RUNS	36	77	77	74	61
DOUBLE	0	0	3	17	46
TRIPLE	0	0	51	69	80
HR	0	0	6	22	42
BA	36	23	27	44	69
ERROR	0	2	9	27	37
DP	0	2	20	41	52
WLK	28	100	100	100	100
SO	0	0	7	6	13
Mean C_p	30.6	5.02	2.34	3.34	3.69

首先来看一下C_p值的平均数,我们看到最优子集量确实是3。在大多数样本中,WALKS,TRIPLES和RUNS都被选中了,但选中BA和DP的也不罕见。随着被选中的变

量变得越来越多,图画也变得越来越模糊,各种选择仅有的一致之处是,都选中了 WALKS 和几乎都排除了 SO。这说明,多重共线性造成的危害似乎比我们想象的要严重。

这些结果说明,我们确实应当选择那些包含 WALKS 和 RUNS,以及 BA 或 TRIPLES 的模型,这些模型确实是选出的三变量模型中最好的两个,这一点恰与表 6.11 所显示的选择结果相同。这些模型输出的结果的摘要可见表 6.17。

就总的拟合而言,两个模型的差别不大,但是含 TRIPLE 的那个模型,多重共线性比较小,因此系数的 p 值比较小,尽管我们将要告诉读者,对这些统计值大可不必过于在意。

表 6.17　最佳三变量模型

含变量 RUNS, BA 和 WLK 的模型
Analysis of Variance

Source	DF	Sum of Squares	Mean Square	F Value	Pr > F
Model	3	2064.88459	688.29486	43.51	< 0.0001
Error	56	885.88391	15.81936		
Corrected Total	59	2950.76850			

Root MSE	3.97736	R-Square	0.6998	
Dependent Mean	50.00500	Adj R-Sq	0.6837	
Coeff Var	7.95392			

Parameter Estimates

Variable	DF	Parameter Estimate	Standard Error	t Value	Pr > |t|	Variance Inflation
Intercept	1	19.23582	19.60796	0.98	0.3308	0
RUNS	1	0.03719	0.01426	2.61	0.0116	3.68700
BA	1	0.12937	0.09731	1.33	0.1891	3.84782
WLK	1	-0.05283	0.00850	-6.22	< 0.0001	1.14446

Model with RUNS, TRIPLE, WLK
Analysis of Variance

Source	DF	Sum of Squares	Mean Square	F Value	Pr > F
Model	3	2094.54032	698.18011	45.66	< 0.0001
Error	56	856.22818	15.28979		
Corrected Total	59	2950.76850			

Root MSE	3.91022	R-Square	0.7098	
Dependent Mean	50.00500	Adj R-Sq	0.6943	
Coeff Var	7.81965			

Parameter Estimates

Variable	DF	Parameter Estimate	Standard Error	t Value	Pr > |t|	Variance Inflation
Intercept	1	42.30842	7.58098	5.58	< 0.0001	0
RUNS	1	0.04916	0.00791	6.22	< 0.0001	1.17315
TRIPLE	1	0.08850	0.04559	1.94	0.0573	1.07274
WLK	1	-0.05560	0.00818	-6.80	< 0.0001	1.09731

6.7 变量选择的效用

我们已经注意到,变量选择的效用取决于统计分析的目的。这就是说,如果分析的主要目的是为因变量提供估计值,那么变量选择的使用就比较恰当,而如果分析的目的是了解因变量和自变量之间的关系结构,那么将变量选择作为一种主要的分析手段就没有什么用处。我们将用原来在例5.4中使用的 NBA 的数据(表5.8 中的数据) 来阐明这一原理。

例6.5 重温例5.4

在原观察变量上运行全可能子集程序之后得到的结果,列入表6.18 的上面那一部分。结果十分明显地显示:使用变量 FGM,FTM,FGAL 和 FTAL 的模型是最优模型。这个最终方程列入表6.18 的底部。

表6.18 NBA 数据的变量选择和最优子集模型

			NBA STATISTICS
N = 66			Regression Models for Dependent Variable:WINS

Number in Model	R-square	C(p)	Variables in Model
1	0.16754535	248.21833	FGM
1	0.14862208	255.27018	DRA
2	0.29474832	202.81552	FGM OFGAL
2	0.28878493	205.03781	DR DRA
3	0.52468768	119.12748	FGM OFGAL OFTAL
3	0.50302502	127.20018	FGM OFGAL OFTAT
4	0.83142420	6.82060	FGM FTM OFGAL OFTAL
4	0.82511898	9.17027	FGM FTM OFGAL OFTAT
5	0.83874450	6.09266	FGM FTAT FTM OFGAL OFTAL
5	0.83752115	6.54854	FGM FTM OFGAL OFTAL OR
6	0.84430335	6.02113	FGM FTM OFGAT OFGAL OFTAL DRA
6	0.84179912	6.95434	FGM FTAT FTM OFGAL OFTAL DRA
7	0.84992103	5.92767	FGM FTAT FTM OFGAT OFGAL OFTAL DRA
7	0.84816601	6.58169	FGAT FGM FTM OFGAT OFGAL OFTAL OR
8	0.85203476	7.13998	FGAT FGM FTM OFGAT OFGAL OFTAL OR ORA
8	0.85123320	7.43868	FGM FTAT FTM OFGAT OFGAL OFTAL DRA ORA
9	0.85470683	8.14422	FGAT FGM FTM OFGAT OFGAL OFTAL DR OR ORA
9	0.85290669	8.81505	FGAT FGM FTM OFGAT OFGAL OFTAT OFTAL OR ORA
10	0.85686915	9.33842	FGAT FGM FTM OFGAT OFGAL OFTAT OFTAL DR OR ORA
10	0.85538290	9.89228	FGAT FGM FTM OFGAT OFGAL OFTAL DR DRA OR ORA
11	0.85746389	11.11678	FGAT FGM FTM OFGAT OFGAL OFTAT OFTAL DR DRA OR ORA
11	0.85688545	11.33234	FGAT FGM FTAT FTM OFGAT OFGAL OFTAT OFTAL DR OR ORA
12	0.85777728	13.00000	FGAT FGM FTAT FTM OFGAT OFGAL OFTAT OFTAL DR DRA OR ORA

续表

Selected Model
Analysis of Variance

Source	DF	Sum of Squares	Mean Square	F Value	Pr > F
Model	4	3846.16835	961.54209	75.214	0.0001
Error	61	779.83165	12.78413		
Corrected Total	65	4626.00000			

	Root MSE	3.57549	R-square	0.8314
	Dependent Mean	41.00000	Adj R-sq	0.8204
	Coeff Var	8.72071		

Parameter Estimates

Variable	DF	Parameter Estimate	Standard Error	T for H0: Parameter = 0	Pr > | t |
INTERCEPT	1	45.881271	13.94537817	3.290	0.0017
FGM	1	0.058313	0.00379236	15.377	0.0001
FTM	1	0.031047	0.00294690	10.535	0.0001
OFGAL	1	−0.059212	0.00423221	−13.991	0.0001
OFTAL	1	−0.031998	0.00279179	−11.461	0.0001

　　结果显示胜率是球队投篮和罚球数与对手的投罚球数的函数。球队投篮次数与对手投篮次数的系数的效应几乎是相同的,两者的系数都比较大,且符号也与预期一致,是相反的。

　　现在这个模型确实是相当"好"了,但是我们对它却一点也不感兴趣。因为得分确实是投篮次数的函数,这一点是明白无遗的,但这是一个无须用什么高级的统计分析就可以发现的众所周知的事实。换言之,该模型可以有效地预测一个球队的胜率,但它却无法告诉我们,究竟是球队的哪些场上表现的统计值,可能对球队的胜率有贡献。

　　在5.4节,我们告诉读者,怎样通过将变量重新定义为投篮数和投篮命中率降低多重共线性。例如,在那一模型中,我们看到投篮命中率对投篮命中是很重要的,而对罚球命中数而言,则罚球次数是很重要的。因为在模型存在若干不显著的变量,所以现在再做一下变量选择,也许能为我们绘制一幅这些变量的效应的清晰的图画。这一选择的结果列入表6.19靠上面的那一部分。

　　结果存在着相当大的差别:最优模型不是四变量模型,似乎是需要有9个变量的模型。用那个模型得到的结果列入表6.19的底部。我们看到那个模型包含了所有与投篮有关的变量和被对手的抢到的后场篮板。我们可以看到,除了对手的罚球命中率和后场篮板;所有其余的p值都很小,但这两个变量的符号却是"正确"的这一点说明他们确实很重要。不仅如此,与全模型一样,各种百分率都很重要,而投篮命中率则尤其重要,它比投篮数要重要得多。换言之,球队也许可以从专注于提高投篮的正确性中受益——虽然这个问题可能是显而易见的,但美妙之处在于,统计分析的结果是与常识完全一致的。■

表6.19　变量选择,和用导出的变量选出的模型

Number in Model	R-square	C(p)	Variables in Model
1	0.23430809	215.65761	FGPC
1	0.14862208	246.72934	DRA
2	0.55019583	103.10940	FGPC OFGPC
2	0.40911445	154.26877	OFGPC DRA
3	0.65561600	66.88161	FGPC OFGPC OR
3	0.59963741	87.18074	FGPC FTAT OFGPC
4	0.70670198	50.35665	FGPC OFGPC OR ORA
4	0.67444183	62.05493	FGPC OFGAT OFGPC OR
5	0.73167424	43.30113	FGPC FTAT OFGPC OR ORA
5	0.73123141	43.46171	FGPC OFGPC OFTPC OR ORA
6	0.82167231	12.66575	FGAT FGPC FTAT OFGAT OFGPC OFTAT
6	0.74676576	39.82860	FGPC FTAT OFGPC OFGPC OR ORA
7	0.83328370	10.45519	FGAT FGPC FTAT FTPC OFGAT OFGPC OFTAT
7	0.82834987	12.24431	FGAT FGPC FTAT OFGAT OFGPC OFTAT OFTPC
8	0.83882391	10.44618	FGAT FGPC FTAT FTPC OFGAT OFGPC OFTAT DRA
8	0.83881947	10.44779	FGAT FGPC FTAT FTPC OFGAT OFGPC OFTAT OFTPC
9	0.84817827	9.05407	FGAT FGPC FTAT FTPC OFGAT OFGPC OFTAT OFTPC DRA
9	0.84600978	9.84042	FGAT FGPC FTAT FTPC OFGAT OFGPC OFTAT OFTPC OR
10	0.85064271	10.16041	FGAT FGPC FTAT FTPC OFGAT OFGPC OFTAT OFTPC OR ORA
10	0.84961420	10.53337	FGAT FGPC FTAT FTPC OFGAT OFGPC OFTAT OFTPC DRA ORA
11	0.85344503	11.14422	FGAT FGPC FTAT FTPC OFGAT OFGPC OFTAT OFTPC DR OR ORA
11	0.85114245	11.97919	FGAT FGPC FTAT FTPC OFGAT OFGPC OFTAT OFTPC DRA OR ORA
12	0.85384275	13.00000	FGAT FGPC FTAT FTPC OFGAT OFGPC OFTAT OFTPC DR DRA OR ORA

Selected Model
Analysis of Variance

Source	DF	Sum of Squares	Mean Square	F Value	Pr > F
Model	9	3923.67267	435.96363	34.762	0.0001
Error	56	702.32733	12.54156		
Corrected Total	65	4626.00000			

Root MSE	3.54141	R-square	0.8482
Dependent Mean	41.00000	Adj R-sq	0.8238
Coeff Var	8.63758		

Parameter Estimates

Variable	DF	Parameter Estimate	Standard Error	T for H0: Parameter = 0	Pr > | t |
INTERCEP	1	124.737567	57.12689848	2.184	0.0332
FGAT	1	0.026205	0.00336783	7.781	0.0001
FGPC	1	3.954196	0.42716042	9.257	0.0001
FTAT	1	0.020938	0.00277240	7.552	0.0001
FTPC	1	0.378898	0.19783733	1.915	0.0606
OFGAT	1	− 0.024017	0.00299845	− 8.010	0.0001
OFGPC	1	− 4.696650	0.37789280	− 12.429	0.0001
OFTAT	1	− 0.020164	0.00289705	− 6.960	0.0001
OFTPC	1	− 0.923071	0.49693658	− 1.858	0.0685
DRA	1	− 0.010064	0.00541687	− 1.858	0.0684

6.8 变量选择和影响值

在第 4 章我们已经了解异常值和影响值可能会对多重共线性的程度以及系数的估计值和标准误差有影响。因此,我们可以想象,诸如这样的观察的存在,对变量的选择结果可能也会有影响。我们将用例 4.3 使用的有关人均寿命(average lifespan)的数据来阐述这一问题。

例 6.6* 重访例 4.3 的数据

原模型含共有 6 个变量,其中只有一半的 p 值超过 0.05。变量选择的结果列入表 6.20 的第一部分,它确认五变量模型是最优模型。这个五变量模型的估计值列入表 6.20 的底部。与原模型相比,精选模型的系数和标准误差的估计值变化不大。

在第 4 章我们已经了解,哥伦比亚特区(District of Columbia)是一个具影响力的异常值,这在很大程度上是因为这个"州"在许多方面有些异乎寻常,尤其是医院的床位,更是异乎寻常得多,因为其中许多病床设在了联邦机关内。因此,我们也许有理由首先将这一观察删除,然后再做分析可能会有一定用处。为了阐述删除这一具影响力的异常值的效应,我们在这一组数据上进行了变量选择,删除了哥伦比亚特区。变量选择的结果列入表 6.21 的顶部。从这些结果看,模型似乎只需要有 4 个变量,BEDS 这一变量已被排除在外。在使用全部观察的模型中,这一变量的系数的 p 值是第二小的。实际上,BEDS 是首先被删除的变量。这一模型的估计值列入表 6.21 的底部。

表 6.20　预期寿命数据的变量选择

Variable Selection			
Number in Model	R-square	C(p)	Variables in Model
1	0.09657506	27.78862	BIRTH
1	0.06944192	30.03479	BEDS
2	0.25326742	16.81708	MALE BIRTH
2	0.23287541	18.50520	BIRTH BEDS
3	0.31881552	13.39079	MALE BIRTH BEDS
3	0.30324604	14.67968	BIRTH BEDS EDUC
4	0.40110986	8.57818	MALE BIRTH DIVO BEDS
4	0.38238339	10.12842	BIRTH DIVO BEDS EDUC
5	0.46103802	5.61712	MALE BIRTH DIVO BEDS EDUC
5	0.41352849	9.55012	MALE BIRTH DIVO BEDS INCO
6	0.46849267	7.00000	MALE BIRTH DIVO BEDS EDUC INCO

Selected Model
Analysis of Variance

Source	DF	Sum of Squares	Mean Square	F Value	Pr > F
Model	5	52.74146	10.54829	7.699	0.0001
Error	45	61.65574	1.37013		
Corrected Total	50	114.39720			

---

* 原文例 6.8 似乎是例 6.6 之误。——编者注

续表

		Root MSE	1. 17052	R-square	0. 4610
		Dependent Mean	70. 78804	Adj R-sq	0. 4012
		Coeff Var	1. 65356		

Parameter Estimates

Variable	DF	Parameter Estimate	Standard Error	T for H0: Parameter = 0	Pr > | t |
INTERCEP	1	70. 158910	4. 24143214	16. 541	0. 0001
MALE	1	0. 115416	0. 04503775	2. 563	0. 0138
BIRTH	1	− 0. 468656	0. 10013612	− 4. 680	0. 0001
DIVO	1	− 0. 207270	0. 07237049	− 2. 864	0. 0063
BEDS	1	− 0. 003465	0. 00096213	− 3. 602	0. 0008
EDUC	1	0. 175312	0. 07837350	2. 237	0. 0303

表 6.21 删除哥伦比亚特区的变量选择

Variable Selection

Number in Model	R-square	C(p)	Variables in Model
1	0. 11477202	14. 21836	EDUC
1	0. 09263914	15. 72397	BIRTH
2	0. 26745938	5. 83168	BIRTH EDUC
2	0. 18095644	11. 71611	DIVO EDUC
3	0. 29862181	5. 71183	BIRTH DIVO EDUC
3	0. 28962796	6. 32364	MALE BIRTH EDUC
4	0. 33608169	5. 16359	MALE BIRTH DIVO EDUC
4	0. 32129451	6. 16950	MALE BIRTH EDUC INCO
5	0. 35839370	5. 64580	MALE BIRTH DIVO EDUC INCO
5	0. 35175187	6. 09761	MALE BIRTH DIVO BEDS EDUC
6	0. 36788711	7. 00000	MALE BIRTH DIVO BEDS EDUC INCO

Selected Model
Analysis of Variance

Source	DF	Sum of Squares	Mean Square	F Value	Pr > F
Model	4	29. 60711	7. 40178	5. 695	0. 0009
Error	45	58. 48788	1. 29973		
Corrected Total	49	88. 09499			

		Root MSE	1. 14006	R-square	0. 3361
		Dependent Mean	70. 88960	Adj R-sq	0. 2771
		Coeff Var	1. 60822		

Parameter Estimates

Variable	DF	Parameter Estimate	Standard Error	T for H0: Parameter = 0	Pr > | t |
INTERCEP	1	67. 574126	3. 77578704	17. 897	0. 0001
MALE	1	0. 075467	0. 04736153	1. 593	0. 1181
BIRTH	1	− 0. 319672	0. 09864082	− 3. 241	0. 0022
DIVO	1	− 0. 119141	0. 06714336	− 1. 774	0. 0828
EDUC	1	0. 236254	0. 08199487	2. 881	0. 0060

现在,这些系数虽然保持了原有的符号,但教育和出生率的系数已经居于主导地位,而男性百分比和离婚率的贡献似乎不多。这一模型看来确实更加有用处。■

评 语

异常值或影响值与多重共线性和变量选择之间的相互作用会产生一个显而易见的问题:我们首先应当考虑的是哪一个问题? 质而言之,实际上并不存在任何绝对正确的探索性的分析程序。我们可能会建议,大家首先对异常值和影响值做一番考察,然后再分析一下多重共线性,如果可能也做一下变量选择。但是在做这些分析时,不将异常值和/或影响力值删除不失为一种明智之举,除非像前面那个例子一样,我们有充分的理由。

诚如所知,在遇有这样的情况时,我们已经发现了一种有用的工具,那就是普瑞斯平方和(PRESS sum of squares),它等于 $\sum (y_i - \hat{\mu}_{y|x-i})^2$。记住,统计值和误差平方和之间的差是有影响力的异常值的效应的一个指标。这样,如果存在几个竞争性的模型,我们便可了解,其中哪一个受到诸如这样的观察的影响更大。

在例6.8(预期寿命数据)中,五变量模型是从那个仍然带有 DC 的数据中选出的,它的 PRESS 值是126.02,而误差的均方为61.66,而在删除 DC 之后选出的最优的四变量模型,其 PRESS 值是104.36,误差的均方为58.48。因此,在两个模型中,PRESS 值大约都是误差的均方2倍,由此可见,DC 的删除并未在实质上降低具影响力的预测值的效应。实际上,只是2倍于误差的均方的 PRESS 值,一般都不能说明存在着很严重的问题。因此,并不存在太多的需要消除的异常值效应,尽管 DC 的删除确实产生了一个不同的模型。此外还需要提一下的是,所有这些模型的 R 方都相当低,由此可知,无论怎么做,我们都没有真正得到一个非常好的模型。

6.9 小 结

不久之前,统计分析的计算机技术还没有得到充分的发展,那时,我们有关变量选择问题讨论主要集中在技术方面,即我们用可资利用的计算机资源,能在多大程度上接近最优模型。而现在,除了非常大的模型之外,对于几乎所有的模型,这一问题基本上已经不再是变量选择要考虑的问题了。现在,可以把我们的注意力集中到那些更有意义的问题。在这些问题中,下列问题是我们特别感兴趣的:

1. 在什么样的情况下,变量选择才是一种有用的方法?

2. 变量选择的结果的可信度如何,即选择的模型是否对总体也合适?

3. 异常值和影响值对变量选择有什么影响?

4. 最后,在得悉变量选择得到的 p 值不太有效时,我们应该如何来评估选择的模型的系数的效度?

正因为如此,我们只是略微提了一下变量选择的技术问题,因为现在流行的大多数统计软件,几乎都可以做我们上面介绍的那些变量选择。相反,本书把大部分篇幅都用在了前面介绍的那些问题上。遗憾的是,与大多数在探索性分析中使用的统计方法一样,同样也不存在什么独一无二的正确的变量选择法。我们只希望本章介绍的内容,不会使那些使用这些方法的人过于迷信这些方法。我们希望他们牢记,对得到的任何结果都必须进行深入细致的评估。

6.10 习 题

这些习题中,有几个来自第5章。那一章的习题都未进行过变量选择。而在这一章,不仅需要进行变量选择,而且还要将得到的结果与第5章进行比较。在有些时候,变量选择使用导出的变量也许有些用处。我们应该了解,因为主成分分析是不相关的,所以主成分回归的变量选择将完全依据系数的 t 统计值来进行。异常值删除和其他诊断方法,对这些习题中的某几个也许也有一定用处。作为一个最终的习题,它不仅将告诉我们什么是最合适的模型,而且也会告诉我们它的用处是什么。

1. 用于挑选汽车的油耗数据(第5章,习题2),给我们提供了一套只有几个变量的合理而紧凑的数据集。该数据在文件REG05P02中。它明显的多重共线性就是汽车越大设备越完全。

2. 五花肉数据(第5章,习题3,文件REG05P03)是一个很有趣的例子。尽管它的变量的解释多少有点含混。因为它的主要目的是估计,所以变量选择也许对它更为有用。

3. 搜集水分蒸发的数据(第5章,习题4,文件REG05P04)的目的是,确定那些造成土壤水分蒸发的因素。因此,一般我们不推荐采用变量选择。然而,因为极端的多重共线性的存在,因此似乎有必要用它来删除一些冗余的变量。在删除了某些变量之后,再对结构做一番研究,也许仍然是不无用处的。

4. 第5章习题5(文件REG05P05)的目的是确定与犯罪有关的因素,因此,变量选择可能没有什么用处。而对多重共线性做一些补救则也许能产生一个更好的模型。尽管如此,但无论在原模型,还是在修正后的模型上做一下变量选择,则可能会有助于关系的澄清。

5. 用第3章习题5,1960年到1994年的,与它的组成要素中某些要素有关总CPI数据和变量选择程序确定预测变量ALL的最佳模型。什么条件可能会影响这一分析的结果?

6. 德雷珀和斯密斯(Draper and Smith,1998:374)的有关数据为我们提供了一个非常出色的几种比较分析非常小的数据的路数的习题。一个小包裹包装组有5个工人,编号为1~5。此外还有一个全职的工头。每一天我们的记录为
$$X_j = 1,如果工人当班,否则为 0$$
$$Y = 发送的包裹数$$
数据列入表6.22中,同时也可在文件REG06P06中得到。

a. 试述收集和分析这套数据的目的。

b. 做一下 Y 在 $X_1 - X_5$ 上的回归。计算机输出的结果也许有些出乎意料。解释一下其原因何在。

c. 做一下 Y 在 X_1,X_2,X_1 和 X_4 上的回归。我们为什么不用 X_5?请予以解释。截距是否有任何值?在做任何解释时,务请三思。

d. 创建新变量 NUMBER $= X_1 + X_2 + X_3 + X_4 + X_5$,并做一下 Y 在 NUMBER 上的回归。

对得到的结果与(c)部分的结果做一下正规的(假设检验)比较。请问,结果的意义何在?

e. 变量选择是否有用处? 为什么?

表6.22　包裹包装的数据

X_1	X_2	X_3	X_4	X_5	Y
1	1	1	0	1	246
1	0	1	0	1	252
1	1	1	0	1	253
0	1	1	1	0	164
1	1	0	0	1	203
0	1	1	1	0	173
1	1	0	0	1	210
1	0	1	0	1	247
0	1	0	1	0	120
0	1	1	1	0	171
0	1	1	1	0	167
0	0	1	1	0	172
1	1	1	0	1	247
1	1	1	0	1	252
1	0	1	0	1	248
0	1	1	1	0	169
0	1	0	0	0	104
0	1	1	1	0	166
0	1	1	1	0	168
0	1	1	0	0	148

7. 迈尔斯(Myers,1990)试图用一个例子(例5.2)来为美国海军估计一下运行一个单身军官宿舍(BOQ)所需要的人力。表6.23给出了25个诸如这样的设施的数据。这些数据同样也可在文件 REG06P07 中得到。

数据涉及的变量包括:

OCCUP:平均每天入住人数

CHECKIN:月均办理登记入住数

HOURS:服务台每周营业小时

COMMON:公用面积(平方英尺)

WINGS:配楼数(Number of building wings)

CAP:运行泊位量(Operational berthing capacity)

ROOMS:房间数

而因变量则是

MANH:运行需要的月人小时。

a. 用回归估计 MANH。

b. 做一下变量选择。由此得到的模型是否有用?

表 6.23　BOQ 数据

OCCUP	CHECKIN	HOURS	COMMON	WINGS	CAP	ROOMS	MANH
2.00	4.00	4.0	1.26	1	6	6	180.23
3.00	1.58	40.0	1.25	1	5	5	182.61
16.60	23.78	40.0	1.00	1	13	13	164.38
7.00	2.37	168.0	1.00	1	7	8	284.55
5.30	1.67	42.5	7.79	3	25	25	199.92
16.50	8.25	168.0	1.12	2	19	19	267.38
25.89	3.00	40.0	0.00	3	36	36	999.09
44.42	159.75	168.0	0.60	18	48	48	1103.24
39.63	50.86	40.0	27.37	10	77	77	944.21
31.92	40.08	168.0	5.52	6	47	47	931.84
97.33	255.08	168.0	19.00	6	165	130	2268.06
56.63	373.42	168.0	6.03	4	36	37	1489.50
96.67	206.67	168.0	17.86	14	120	120	1891.70
54.58	207.08	168.0	7.77	6	66	66	1387.82
113.88	981.00	168.0	24.48	6	166	179	3559.92
149.58	233.83	168.0	31.07	14	185	202	3115.29
134.32	145.82	168.0	25.99	12	192	192	2227.76
188.74	937.00	168.0	45.44	26	237	237	4804.24
110.24	410.00	168.0	20.05	12	115	115	2628.32
96.83	677.33	168.0	20.31	10	302	210	1880.84
102.33	288.83	168.0	21.01	14	131	131	3036.63
274.92	695.25	168.0	46.63	58	363	363	5539.98
811.08	714.33	168.0	22.76	17	242	242	3534.49
384.50	1473.66	168.0	7.36	24	540	453	8266.77
95.00	368.00	168.0	30.26	9	292	196	1845.89

c. 多重共线性的存在是显而易见的。确定它的性质,并试着对它进行补救。也许可以试着用多种方法。如果可以,对所有可能的变量组都做一下变量选择。

d. 在做完了所有这一切之后,仍有一个异常值存在。请对它加以确认,并试着提出可考虑采用的其他分析方法。

8. 2000 年总统选举是阿尔·戈尔和乔治·布什的对决。布什对佛罗里达的选举模式提出了许多问题。数据集 REG06P08 含有分州的选举结果以及每一州的人口统计数据。数据中的变量包括:

County = 州名

Bush = 投布什的选民总数

Gore = 投戈尔的选民总数

pop = 2000 年人口

White = 2000 年百人百多分比

Over 65 = 2000 年 65 岁以上老人百分比

Females = 2000 年女性百分比

Hispanic = 2000 年西班牙或拉丁人百分比

Black = 2000 年美籍非洲黑人百分比

HS = 2000 年 25 岁以上人口中高中毕业人数百分比

BS = 2000 年 25 岁以上人口中,本科或以上的人口百分比

Horne = 2000 年住宅拥有率

income = 1999 年家庭收入中位数

a. 以这些数据为根据,用一个全模型估计投布什(或戈尔)的选民的比例。确定多重共线性产生的一个主要原因,进而对模型进行修正,以对这一成因加以补救。

b. 用变量选择确定一个最有用的模型,并对最终的结果加以解释。说明它是否合理。

c. 检查异常值。

下篇
回归的其他用途

本书最后一部分介绍回归模型一些其他应用,主要是那些并非描述因变量和自变量,或因子变量(factor variable)之间的直线关系的模型的应用。在这一部分,我们必须区别参数虽然是线性的,但描述的关系却是非线性的模型,和参数就是非线性的模型这两者。此外,这一部分还对对应变量是非连续变量的模型的使用做了一些介绍。最后,将介绍**广义线性模型**的使用,为读者提供一种可用于处理那些未能满足正态性和常方差(constant variance)假定的模型的统一的理论和方法。

第7章介绍多项式模型(polynomial models)及那些用于拟合曲线因变量的无参数模型法。多项式模型包含一个或多个自变量和分离的多项式。无参数模型拟合包括**移动平均数法**(moving averages method)和**散点修匀法**(loess method)。对结果予以具象的阐述是这两种曲线拟合方法的一个重要方面。不仅如此;这两种方法在阐述结果时,常辅以人机互动的计算机软件。

第8章介绍本质线性模型(intrinsically linear model)、本质非线性模型(intrinsically nonlinear model)。所谓本质线性模型,是那些虽然是非线性的,但能通过变换被线性化的模型;而本质非线性模型则是无法线性化的,因而必须使用不同的理论和方法的模型。非线性模型的例子有指数衰减模型(exponential decay model)、生长模型(growth model)和概率比对数生长模型(logistic growth model)。

第9章介绍用于显示回归的等价性的广义线性模型和方差分析。前者通常将因变量与连续的因子变量相连,而后者将因变量与定类的因子变量相连。在处理析因数据(factorial data)结构中的不平衡数据时,能将方差分析做成回归是很重要的。在模型必须既包含定量又包含定性的因子时,同样也需要这种理论和方法。

第10章将介绍一个因变量是定类变量的特例。在因变量是二分变量时,标准的线性模型的理论和方法也许是可以使用的,但是当因变量的类别为两个以上时,可能需要特别的理论和方法。

第11章介绍广义线性模型的基本路数。这种路数为我们提供了一种既适用于线性模型,也适用于非线性模型的一般的理论和方法。这种理论和方法可用于解决各种各样其概率分布为非正态的和/或不具有常方差的问题。

7 曲线拟合

7.1 导 论

到目前为止,我们讨论的回归模型全都是线性的,其导出的图形不是直线的就是平面的。显然,并非所有的物理现象都可以用直线来建立模型的。正因为如此,使用可以用曲线来描述的模型这一点是很重要的。例如,在想用某年的月(其标签为1到12)作自变量,为冰淇淋的销售情况建模时。我们可能注意到,在该年的前几个月,如1月到8月,销售一直在上升,然后从9月开始,一直到12月则一直在下降。数据散点图显示,用一条直线来拟合数据,可想而知,其效果是相当差的。在需要对这样一种类型的数据做分析时,我们往往可以有两种选择:第一种可以试着为这样一种关系建立一个精确的模型,可能可使用一个理论模型,然后再试图用复杂的数学方法来求得参数的估计值。我们可以指望,这种方法得到的估计值都会有物理的解释。我们将在第8章讨论诸如这样的方法。第二种路数则只是在图形上用一条曲线与数据拟合。而从这样的分析导出的模型未必有具体的物理意义。这一章将对这种被称为**曲线拟合**(curve fitting)的理论和方法进行讨论。

曲线拟合也称**平滑化或修匀**(smoothing)。这是一种统计方法,其目的在于重新定义一条比较平滑的曲线或表面。在进行重新定义时,只考虑如何对因变量的形状做出描述,而不考虑模型的意义。虽然曲线拟合常用于时间系列数据(见4.5节的讨论),但也可有许多其他的应用。曲线拟合也常用于涉及数个因子的因变量的拟合。

为一个自变量的散点图拟合一条曲线,最为简单的方法可能是手绘一条似乎与散点的图形最为拟合的线。这种方法已经沿用了几个世纪之久,即使在今天它也常为我们所用。实际上,我们可以找到一些绘图的辅助工具,如"曲线板"。这些工具可给我们绘制拟合曲线提供一些帮助。然而,使用回归方法的统计程序则可用于为我们提供一种更为客观的路数,特别值得一提的是,如这样的方法还可为我们提供用以确证曲线的正确性的描述和推论的方法。

一个使用十分普遍且易于操作的曲线拟合法是使用多项式模型。这种模型立即就可用一般的线性模型方法来处理。冰淇淋这一例子便可使用这样的方法。这时,这一模型是一个二次的多项式模型,它有可能为我们提供一个销售和月份之间的真实关系的,非常出色的估计值。多项式回归立即就可被扩展到那些含有若干个自变量的问题。从7.2 节到 7.4 节,我们将给大家介绍各种多项式模型。

诚如我们将要看到的那样,多项式模型可以做的拟合多少都会受到曲线类型的限制。近年来,由于计算机效力的提升,使统计学能开发出一些复杂的密集使用计算机的方法。这些方法既可以模拟人工的手绘,又可保持结果的客观性,从而使我们能计算得到有意义的描述和推论统计值。我们将在 7.5 节介绍几种这样的方法。

7.2 单自变量多项式模型

一个单自变量的多项式模型可写为

$$y = \beta_0 + \beta_1 x + \beta_2 x^2 + \beta_3 x^3 + \cdots + \beta_m x^m + \epsilon$$

式中　y——因变量;

　　　x——自变量;

　　　$\beta_i, i = 0, 1, 2, \cdots, m$——$x$ 的第 i 次幂的系数;

　　　ξ——随机误差,与通常的定义一致。

被写成这样一种形式的模型称为 m 阶多项式,[1] 且 m 可取任何值,尽管实际上大多数 m 的值都小于 3 或 4。

多项式模型的使用之所以如此普遍,其原因不外乎以下几个:

- 因为它可以像线性回归那样来做,所以操作起来十分方便。
- 通过各种扩展,任何连续函数都可以在某一值域内,由一个多项函数近似地表示。

多项式模型之所以十分普遍还有另一个原因,那就是它使我们得以对复杂的曲线进行连续拟合。图 7.1 显示了二阶、三阶和四阶(常被称为四次)多项式曲线的基本形状。正如我们可以看到的那样,线性函数是一条直线,二阶多项式是一条单"峰"抛物线,三阶有两个"峰"和一个拐点,而四阶则有 3 个"峰"和两个拐点。多项式的项数越多,无非它的峰数和拐点数就越多而已。

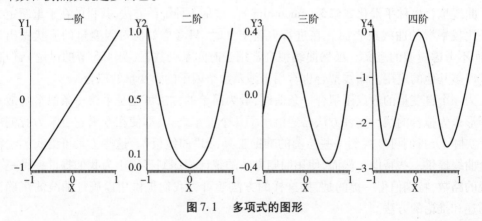

图 7.1　多项式的图形

1　像本章介绍的那样使用多项式模型,指数必须是整指数。

多项式模型的因变量的实际图形取决于各个多项式的项的系数的相对数。例如，一个峰可能更像是一个肩（比较扁平），但图形却仍然可以有正确的拐点数。尽管这时有些峰和拐点位于数据的数值之外。

多项式模型的处理十分简便。我们只要将 w_i 定义为 x^i，并将模型设定为

$$y = \beta_0 + \beta_1 w_1 + \beta_2 w_2 + \beta_3 w_3 + \cdots + \beta_m w_m + \epsilon$$

并可像任何线性回归模型那样来处理。虽然已经有些专门为拟合多项式模型而设计的计算机程序，但大多数计算机程序都需要在做回归之前，先计算自变量的幂，即 w。

正如我们已经了解的那样，在拟合多项式模型时，一个重要的问题是 m，即多项度的设定。显然，m 的值越大，拟合就越好。实际上，如果 $m = n - 1$，回归的拟合就将是完美的。然而，与大多数回归一样，人们都比较喜欢使用为数不多的参数。有一种解决的办法，那就是先用一个任意大的 m 拟合模型，然后再用变量选择法来确定适当的参数数。遗憾的是，我们并不提倡大家使用诸如这样的方法，因为实际上，几乎所有的多项式模型，都习惯使用包含所有小于 m 的 x 的低次幂[2]。

这意味着多项式模型是按顺序建立的。一个含任意项数的初始模型的计算并无什么特殊之处。然而，这时我们计算的不是系数的偏平方和，而是*序列*平方和（sequential sums of squares），它显示的是将每一项加入含所有较低次幂项的模型后，计算得到的平方和。所以线性项的序列平方和是将一个线性项加入截距后消减的误差的平方和。二次项的序列平方和则是将二次项加入含截距和线性项的模型后计算得到的。通常，我们之所以会把某一项加入模型中，是因为它们是显著的（在某种事先确定的水平上）。因此，顺序地把一项项加入模型，直至两个相继项都是不显著的为止。因为将一个不需要的项包含进模型而产生的误差称为甲型误差（Type Ⅰ error），它造成的后果不是很严重，所以使用的显著水平可以比较大一些。

在继续进行某些例子的讲解之前，我们还需要提醒大家：

- 因为多项式模型无非就是一个曲线拟合的过程，且一般不会与某种物理模型相对应，所以读者对那些有关外推法使用的警示应予以特别的注意。
- 变量的幂值趋向高度相关。因为：①与均值相比较，变量的值域较小；②使用了较高次的幂，所以相关系数趋高。换言之，在多项式回归中变量之间可能存在着高度的多重共线性。因为我们使用多项式模型的目的，通常都是为了估计因变量的值，而不是解释系数，所以这样的多重共线性并不会真的给我们带来问题。然而，高度的多重共线性确实易于导致，在 $X'X$ 的逆矩阵的计算时发生舍入误差。不过这个问题可通过自变量线性变换来弥补。例如，如果自变量是历年的，那么将原变量变换为从 1 年开始计年的变量，便可使舍入误差问题有所减轻。

例 7.1 拟合正态曲线

我们将用一个多项式来近似正态分布的例子，阐述曲线拟合的方法。我们想要拟合的模型为

2　在拟合由一系列扩展设定的函数时，其包含的幂次，无论是偶次还是奇次，都可能会有例外。

$$y = \frac{1}{\sqrt{2\pi}} e^{-x^2/2} + \epsilon$$

模型确定的部分是一个正态分布方程,其均值为0,方差为1。至于数据,是我们人为生成的正态函数值,即 x 的 31 个值,值域在 -3 到 3 之间,增量为 0.2,有一个均值为 0,标准差为 0.05 的正态分布的随机误差。图 7.2 显示了带一条实际的正态曲线的数据点。[3] 注意,实际的正态曲线确实超越了我们生成的数据。

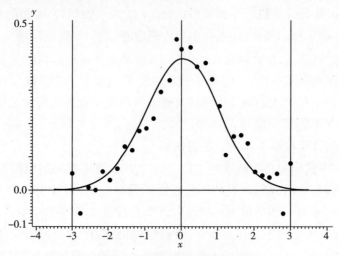

图 7.2　拟合正态曲线的数据

我们从拟合一个六度多项式开始,该多项式为

$$y = \beta_0 + \beta_1 x + \beta_2 x^2 + \beta_3 x^3 + \beta_4 x^4 + \beta_5 x^5 + \beta_6 x^6 + \epsilon$$

我们用 SAS 系统的 PROC GLM 模块来拟合,该模块不仅可以直接使用变量的幂,而且还可以直接提供序列(其标签为 Type Ⅰ)平方和,和相应的 F 值。因为我们对系数和其他结果不感兴趣,所以表 7.1 只列出了序列平方和。

表 7.1　六度多项式

Source	DF	Sum of Squares	Mean Square	F Value	$Pr > F$
Model	6	0.62713235	0.10452206	41.25	0.0001
Error	24	0.06081401	0.00253392		
Corrected Total	30	0.68794636			
	R-Square	Coeff Var	Root MSE	YMean	
	0.911601	30.87710	0.050338	0.16302708	
Source	DF	Type Ⅰ SS	Mean Square	F Value	$Pr > F$
X	1	0.00595140	0.00595140	2.35	0.1385
X * X	1	0.48130767	0.48130767	189.95	0.0001
X * X * X	1	0.00263020	0.00263020	1.04	0.3184
X * X * X * X	1	0.12736637	0.12736637	50.26	0.0001
X * X * X * X * X	1	0.00155382	0.00155382	0.61	0.4412
X * X * X * X * X * X	1	0.00832288	0.00832288	3.28	0.0825

3　实际数据可取自光盘中的文件 REG07X01。

模型肯定是显著的,且误差均方与真误差的方差很接近。序列(Type Ⅰ)均方和被用于确定所需多项式模型的最低度。我们立即就可以看到,五和六度项是不必要的,因此我们将使用一个四度多项式。具体结果如表 7.2 所示。

表 7.2 四度多项式

Dependent Variable: Y					
Source	DF	Sum of Squares	Mean Square	F Value	$Pr > F$
Model	4	0.61725565	0.15431391	56.76	0.0001
Error	26	0.07069071	0.00271887		
Corrected Total	30	0.68794636			
	R-Square	Coeff Var	Root MSE	Y Mean	
	0.897244	31.98415	0.052143	0.16302708	
Parameter	Estimate	T for $H0$: Parameter = 0	$Pr > \lvert t \rvert$	Std Error of Estimate	
INTERCEPT	0.3750468415	21.31	0.0001	0.01760274	
X	0.0195953922	1.49	0.1478	0.01313621	
X * X	− 0.1194840059	− 10.34	0.0001	0.01156088	
X * X * X	− 0.0020601205	− 0.98	0.3344	0.00209456	
X * X * X * X	0.0092537953	6.84	0.0001	0.00135203	

模型还是显著的,且剩余均方与真值 0.0025 很接近。尽管我们通常都对一个多项式模型中的系数不太感兴趣,但在这里一个有兴趣的结果是,所有奇次幂的系数都是不显著的。这时,因为正态曲线是对称于 0 的,这说明奇次幂是不对称于 0 的。而这一例子告诉我们,在模型中也许只使用奇次幂就可以了,然而假如我们果真这样去做了,受益却是微不足道的。实际上,在大多数应用中,如这样的对称是不存在的。

预测的曲线(实线)请见带有一条正态曲线(带点的实线)的图 7.3。该曲线被外推到数据涵盖的范围(− 3 到 + 3) 之外,以说明对多项式模型做外推是不正当的。

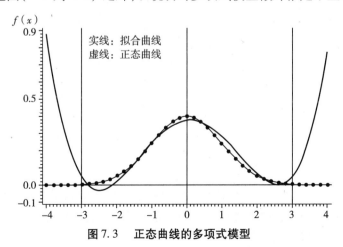

图 7.3 正态曲线的多项式模型

在前面的例子中,我们用使用剩余均方和的序列检验(sequential tests)来确定多项式模型需要的多项度。如果一个自变量值存在多个观察值,那么我们也许就要使用 6.3

节介绍的缺乏拟合检验。

例7.2 冷气开放天数(Cooling Degree Days)

能源供应部门使用气候数据来估计能源的需求数。冷气开放天数被定义为在一个时期内,譬如一个月内,日平均气温在75 ℉以上的天数之和。它被作为确定是否需要开放冷气的量度。表7.3列出了德克萨斯市在1983—1987年这5年内以月计数的冷气开放天数。我们将会用这些数据来描述一条描述月冷气开放天数的模式的曲线。

表7.3 冷气开放天数

月	No.	1983	1984	1985	1986	1987
1月	1	1	2	1	4	4
2月	2	1	13	10	47	1
3月	3	19	70	93	36	14
4月	4	78	154	160	197	146
5月	5	230	368	305	274	360
6月	6	387	462	498	514	471
7月	7	484	579	578	634	581
8月	8	508	594	673	571	664
9月	9	395	411	464	518	424
10月	10	215	255	233	149	162
11月	11	65	47	92	79	62
12月	12	8	47	5	3	15

分析的第一步是拟合无约束模型。这时,我们使用方差分析,用月作为变差源。这是一个无约束模型,它为纯误差提供了48个自由度。表7.4列出了分析的结果。

表7.4 冷气开放天数的方差分析

		Dependent Variable: CDD			
Source	DF	Sum of Squares	Mean Square	F Value	$Pr > F$
Model	11	2859790.583	259980.962	142.10	< 0.0001
Error	48	87818.000	1829.542		
Corrected Total	59	2947608.583			
	R-Square	Coeff Var	Root MSE	CDD Mean	
	0.970207	17.77893	42.77314	240.5833	
Source	DF	Anova SS	Mean Square	F Value	$Pr > F$
MONTH	11	2859790.583	259980.962	142.10	< 0.0001

尽管这个模型是显著的,但得到的结果却并不是那么令人感兴趣。结果中重要的数字是误差的方差,1829.5,它是缺乏拟合检验的纯误差。我们将把它与多项式拟合的剩余均方差做一个比较。

与以前一样,我们先从六度多项式开始。这一次我们将使用SAS的PROC REG模块,该模块中的变量M,M2等,系计算机自行为MONTH(月)、MONTH^{2}等命名的。我们要求系统计算多项式建立过程中的每一步的序列（Type Ⅰ）平方和及系数（序列参数估计值）。表 7.5 列出了得到的结果。

表 7.5　冷气开放天数的多项式回归

		Analysis of Variance			
Source	DF	Sum of Squares	Mean Square	F Value	$Pr > F$
Model	6	2846194	474366	247.91	< 0.0001
Error	53	101415	1913.49160		
Corrected Total	59	2947609			

Root MSE	43.74347	R-Square	0.9656	
Dependent Mean	240.58333	Adj R-Sq	0.9617	
Coeff Var	18.18225			

		Parameter Estimates				
Variable	DF	Parameter Estimate	Standard Error	t Value	$Pr > \lvert t \rvert$	Type ISS
Intercept	1	− 265.30000	154.80644	− 1.71	0.0924	3472820
m	1	520.60175	258.76375	2.01	0.0493	153976
m2	1	− 343.09632	148.58310	− 2.31	0.0249	2003899
m3	1	100.02400	39.49812	2.53	0.0143	271801
m4	1	− 12.70664	5.30268	− 2.40	0.0201	313902
m5	1	0.70436	0.34876	2.02	0.0485	98045
m6	1	− 0.01379	0.00892	− 1.55	0.1282	4571.14014

			Sequential Parameter Estimates			
Intercept	m	m2	m3	m4	m5	m6
240.583333	0	0	0	0	0	0
145.196970	14.674825	0	0	0	0	0
− 380.440909	239.948202	− 17.328721	0	0	0	0
− 84.733333	11.397658	24.915218	− 2.166356	0	0	0
424.857576	− 567.958673	207.495294	− 23.399310	0.816652	0	0
− 65.809091	161.029160	− 126.230196	40.616778	− 4.595113	0.166516	0
− 265.300001	520.601746	− 343.096323	100.023998	− 12.706640	0.704359	− 0.013791

在进行缺乏拟合检验时，用 ANOVA 的 MONTH 平方和作为无约束模型，而用回归作为约束模型：

Unrestricted	SS = 2859790	df = 11
Restricted	SS = 2846194	df = 6
Lack of fit	SS = 13596	df = 5

$$MS = 2719.2, F = 2719.2/1829.5 = 1.486, df = (5,48)$$

不显著。六度模型比较合适。

下一步是看一看六度项是否的确需要。由序列平方和求得

$$F = 4571.1/1829.5 = 2.50, df = (1,48),$$ 在 0.05 水平上是不显著的

五度项的序列平方和为98045,显然,它告诉我们应该否定零假设。因而我们有理由认为,五度多项式才是我们需要的。而从序列估计值的第五行,可得方程为

$$\hat{\mu}_{y|x} = -65.809 - 161.03M - 126.23M^2 + 40.62M^3 - 4.595M^4 + 0.1655M^5$$

将图7.5显示的五度曲线与图7.4显示的包含着一条四度曲线的原数据统计图相比较,我们不难发现,在加了五度项之后,拟合得到了改善,尤其是2月份的改善更为明显。■

交互分析

因为我们想要的全部东西无非是一条能在视觉上的平滑和拟合之间达到最佳调和的曲线,所以前面这些统计分析似乎并不是必须的。那些能绘制更灵活的统计图的交互程序,可为我们提供一种方便地对各种不同选项进行考察的方法。我们将用 PROC INSIGHT 这一贯穿于整个 SAS 系统的交互选项来对这种方法进行阐述。

图7.4显示了用 PROC INSIGHT 的 fit(y, x) 选项得到的部分输出结果。该图显示了一条四度曲线,它与图7.5一致。第二部分则提供了各种统计数字,包括整个模型的显著性检验。我们没有要求输出模型的参数。

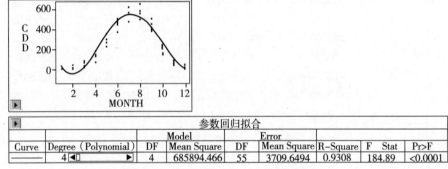

参数回归拟合

Curve	Degree (Polynomial)	DF	Model Mean Square	DF	Error Mean Square	R-Square	F Stat	Pr>F
	4 ◀□ ▶	4	685894.466	55	3709.6494	0.9308	184.89	<0.0001

图7.4 用 PROC INSIGHT 做的四度拟合

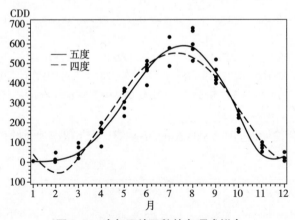

图7.5 冷气开放天数的多项式拟合

这种路数可以令计算机立即展现任何我们想要的多项度。在"度(多项)[Degree (Polynomial)]"下的每一端带有箭头的阴影区域旁,点击向下的箭头,便可降低图和统计值的多项式阶数,点击向上的箭头则相反,能立即提高多项式的阶数。例如,点击向上的箭头一次,便可立即拟合如图7.6所示的五度多项式。

向左右拖拉阴影区的滑动器,便可绘制多项度效应加大(向右拉)和减小(向左拉)

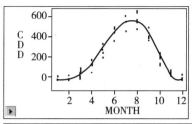

Parametric Regression Fit								
			Model		Error			
Curve	Degree（Polynomial）	DF	Mean Square	DF	Mean Square	R–Square	F Stat	Pr>F
———	5◄▯ ►	5	568324.478	54	1962.7073	0.9640	289.56	<0.0001

图7.6　用 PROC INSIGHT 做的五度拟合

动态图,使我们能用视觉选出最适合的模型。

7.3　节点已知的分段多项式

在例4.5我们用了一个指示变量,使我们得以将断点引进线性回归。这是分段多项式的一个简单的例子,有时我们也把它称为样条回归(spline regression)。在这样的回归中,我们把不同的多项式模型用于单个自变量的不同值域。一个样条回归必须将模型设定会发生变化的那些点连接起来。这些不同模型的连接点称为节点(knot)。[4] 在开始介绍这种模型的操作之前,我们有必要对它做一些评论。

- 有时弄清因变量在节点是否连续的是很重要的(Smith,1979)。因为清楚之后我们将不必再去考虑这一问题。
- 如果节点位置已知,那么模型便可用线性回归拟合;如果未知,那么它便是一个非线性回归问题。在这一章,我们只讨论节点已知的情况。

分段直线

我们希望拟合下面的模型:

$$y = \beta_{01} + \beta_1 x_1 + \epsilon, 当 x_1 \leqslant c$$
$$y = \beta_{02} + \beta_2 x_1 + \epsilon, 当 x_1 > c$$

单个节点出现在 $x_1 = c$ 处,该处的两个函数的 $\hat{\mu}_{y|x}$ 有相同的值。注意,β_2 可以取任何值。如果它等于 β_1,那么在整个 x_1 的值域内我们便会有一个直线回归。这个模型即可用一个新定义的变量拟合:

$$x_2 = 0, 当 x_1 \leqslant c$$
$$x_2 = (x_1 - c), 当 x_1 > c$$

并用模型:$y = \gamma_0 + \gamma_1 x_1 + \gamma_2 x_2 + \epsilon$。这一结果导致拟合模型

$$y = \gamma_0 + \gamma_1 x_1 + \epsilon, 当 x_1 \leqslant c$$
$$y = (\gamma_0 - \gamma_2 c) + (\gamma_1 + \gamma_2) x_1 + \epsilon, 当 x_1 > c$$

即

4　分段多项式是可能有一个以上的自变量的,但它们操作起来十分困难。

$$\beta_{01} = \gamma_0$$
$$\beta_1 = \gamma_1$$
$$\beta_{02} = \gamma_0 - \gamma_2 c$$
$$\beta_2 = \gamma_1 + \gamma_2$$

注意,检验 $\gamma_2 = 0$,就是检验直线回归。

分段多项式

前面介绍的方法即可推广到多项式模型。就样条回归的应用而言,使用最多的是二次多项式。单节点的,节点在 $x_1 = c$ 的二次样条回归有模型

$$y = \beta_{01} + \beta_1 x_1 + \beta_2 x_1^2 + \epsilon \quad 当 x_1 \leq c$$
$$y = \beta_{02} + \beta_3 x_1 + \beta_4 x_1^2 + \epsilon \quad 当 x_1 > c$$

我们像前面定义的那样定义 x_2,则

$$x_2 = 0 \quad 当 x_1 \leq c$$
$$x_2 = (x_1 - c) \quad 当 x_1 > c$$

我们拟合模型

$$y = \gamma_0 + \gamma_1 x_1 + \gamma_2 x_1^2 + \gamma_3 x_2 + \gamma_4 x_2^2 + \epsilon$$

它导致拟合模型

$$y = \gamma_0 + \gamma_1 x + \gamma_2 x^2 + \epsilon, 当 x \leq c$$
$$y = (\gamma_0 - \gamma_3 c + \gamma_4 c^2) + (\gamma_1 + \gamma_3 - 2c\gamma_4)x + (\gamma_2 + \gamma_4)x^2 + \epsilon, 当 x > c$$

即

$$\beta_{01} = \gamma_0$$
$$\beta_1 = \gamma_1$$
$$\beta_2 = \gamma_2$$
$$\beta_{02} = \gamma_0 - \gamma_3 c + \gamma_4 c^2$$
$$\beta_3 = \gamma_1 + \gamma_3 - 2c\gamma_4$$
$$\beta_4 = \gamma_2 + \gamma_4$$

此外,检验的假设为

$$H_{01} : (\gamma_3 - 2c\gamma_4) = 0$$

和

$$H_{02} : \gamma_4 = 0$$

检验将为我们提供两段线性和二次回归系数之间的差别的信息。许多计算机的多元回归程序都提供上述统计值,同时也可提供标准误差的估计值和检验统计值。

例 7.3　模拟的数据

本例使用一套人工生成的模拟数据,共有 41 个观察值,值域在 0 到 10 之间,增量为 0.25。模拟使用的模型为

$$y = x - 0.1x^2 + c, 当 x \leq 5$$
$$y = 2.5 + c, 当 x > 5$$

注意在 $x = 5$ 处, $\hat{\mu}_{y|x}$ 的值为 2.5。变量 e 是服从正态分布的随机变量,均值为 0,标准

差为0.2。这条曲线对描述那种在身体长成之后不再成长的动物的成长也许有一定用处。模拟得到的数据如表7.6所示。

表7.6 分段多项式数据

x	y	x	y	x	y	x	y
0.00	−0.06	2.50	1.72	5.00	2.51	7.50	2.59
0.25	0.18	2.75	2.10	5.25	2.84	7.75	2.37
0.50	0.12	3.00	2.04	5.50	2.75	8.00	2.64
0.75	1.12	3.25	2.35	5.75	2.64	8.25	2.51
1.00	0.61	3.50	2.21	6.00	2.64	8.50	2.26
1.25	1.17	3.75	2.49	6.25	2.93	8.75	2.37
1.50	1.53	4.00	2.40	6.50	2.62	9.00	2.61
1.75	1.32	4.25	2.51	6.75	2.43	9.25	2.73
2.00	1.66	4.50	2.54	7.00	2.27	9.50	2.74
2.25	1.81	4.75	2.61	7.25	2.40	9.75	2.51
						10.00	2.16

我们定义

$$x_1 = x$$
$$x_2 = 0, 当 x \leqslant 5$$
$$= (x - 5), 当 x > 5$$

同时拟合模型

$$y = \gamma_0 + \gamma_1 x_1 + \gamma_2 x_1^2 + \gamma_3 x_2 + \gamma_4 x_2^2 + \epsilon$$

记住,我们想对分段回归的系数进行推论,而它们都是正在拟合的模型的系数的线性函数。因此,我们使用SAS系统的PROC GLM模块。因为它能给我们提供参数线性函数估计的估计值和标准误差,同时还可给出序列平方和的 F 值。表7.7列出了它的输出结果。

表7.7 分段多项式的结果

Source	DF	Sum of Squares	Mean Square	F Value	$Pr > F$
Model	4	22.38294832	5.59573708	161.18	< 0.0001
Error	36	1.24980290	0.03471675		
Corrected Total	40	23.63275122			

	R-Square	Coeff Var	Root MSE	Y Mean	
	0.947116	8.888070	0.186324	2.096341	

Source	DF	Type I SS	Mean Square	F Value	$Pr > F$
x1	1	13.39349354	13.39349354	385.79	< 0.0001
x1sq	1	8.08757947	8.08757947	232.96	< 0.0001
x2	1	0.03349468	0.03349468	0.96	0.3325
x2sq	1	0.86838063	0.86838063	25.01	< 0.0001

续表

Parameter	Estimate	Standard Error	t Value	$Pr >|t|$
int2	3. 21389881	0. 93829556	3. 43	0. 0015
lin2	− 0. 14424725	0. 26373184	− 0. 55	0. 5878
quad2	0. 00697230	0. 01784157	0. 39	0. 6987
testlin	− 1. 14742581	0. 25295096	− 4. 54	< 0. 0001

Parameter	Estimate	Standard Error	t Value	$Pr >|t|$
Intercept	− 0. 039124139	0. 10960695	− 0. 36	0. 7232
x1	1. 003178558	0. 09732360	10. 31	< 0. 0001
x1sq	− 0. 092391941	0. 01784157	− 5. 18	< 0. 0001
x2	− 0. 153783370	0. 15656367	− 0. 98	0. 3325
x2sq	0. 099364244	0. 01986756	5. 00	< 0. 0001

模型显然是显著的,序列(SAS 的 Type Ⅰ)平方和表明两个二次系数都是需要的,一般来说,这意味着所有的项都应该保留。课文中以 γ_i 表示的参数估计值,则以变量名命名(如以 X1 表示 x_1 等)。同理可知,INTERCEPT,$x1$ 和 $x1sq$ 都是函数参数的估计值,在 $x \leqslant 5$ 时将导致方程:

$$\hat{\mu}_{y|x} = - 0. 0391 + 1. 003x - 0. 092x^2$$

基本上与真模型相同。

最后一部分是在 $x > 5$ 时的参数估计值,它给出了设定的模型参数的线性函数的估计值和检验。参数 int2,lin2 和 quad2 给出了第二段的方程

$$\hat{\mu}_{y|x} = 3. 212 - 0. 144x + 0. 007x^2$$

所有的系数都与模型相配。最后,参数"testlin"是线性系数之间差的估计值,它表明它们之间存在显著的差别。二次项系数差检验结果可直接从系数 x2sq 得到,它被清楚地否定了。

图 7.7 显示了估计的曲线图和数据点。由该图可知曲线比较合理地与我们的设定相

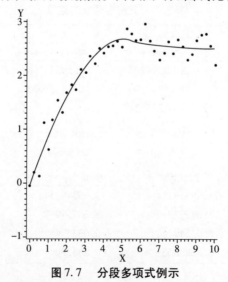

图 7.7 分段多项式例示

近。读者不妨自行考察一下，一个简单的二次，或者有可能的话，是一个三次多项可能也会拟合得很好。∎

7.4　多个变量的多项式回归：响应面（response surface）

在一个多项式模型含有多个自变量时，模型在包含单个变量的幂之外，还可能包含变量的积。例如，有两个变量 x_1 和 x_2 的，称为二次多项式响应面模型（quadratic polynomial response surface model）是

$$y = \beta_{00} + (\beta_{10} + \beta_{11}x_2)x_1 + \beta_{20}x_1^2 + \beta_{01}x_2 + \beta_{02}x_2^2 + \epsilon$$

现在我们可以看到，系数 β_{11} 显示，x_1 的响应并非常数，它随 x_2 的变化而线性地变化。例如，假如模型

$$y_1 = x_1 + x_2 - 0.2x_1x_2$$

（为了简便起见，我们删去了二次项和误差项）在 x_2 的值为 1 时，x_1 的响应为 $(1 - 0.2) = 0.8$ 个单位，而在 x_2 的值为 9 时，则为 $(1 - 9 \times 0.2) = -0.8$ 个单位。对于 x_2，它的响应也以同样的方式，随 x_1 的变化而线性地变化。图7.8左边那一部分显示的就是因变量曲线，我们可以从中看到，在 x_1 的变化方向上的斜率随着 x_2 的增加，由负变为正，对于 x_2，情况也同样如此。然而，请大家注意，两个方向表面任何交叉部分，则仍然都是严格线性的。

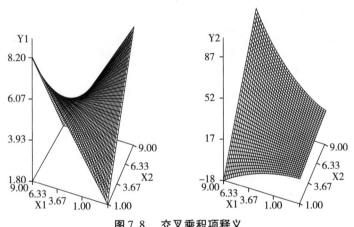

图7.8　交叉乘积项释义

我们可用类似的方法对涉及二次项的乘积进行解释。例如，我们将函数

$$y_2 = x_1 - 0.5x_1^2 + 0.15x_1^2x_2$$

中的各个项重新合并为

$$y_2 = x_1 + (-0.5 + 0.15x_2)x_1^2$$

由该式可知，x_1 的二次项的系数的值，在 -0.35（在 x_2 为 1 时）到 $+0.86$（在 x_2 为 9 时）之间。图7.8右边那张图便阐明了这一点。然而这时，x_2 的响应却不是那么显而易见的，因为 x_2 的线性响应是随 x_1 平方的变化而变化的。大家注意，实际上 x_2 的响应对所有 x_1 的值也确实都是线性的。

含多个变量的多项式模型的构建不是一件简单的事，因为在模型设定时我们必须确定模型究竟应该包含多少项。由于这一问题要涉及多个变量、变量的幂和交叉乘积，因此，构建一个简单的序列模型显然是不可能的。一般我们先从建立一个简单的线性模型

开始,然后再依次加入二次项和线性变量的积等。有些计算机程序,如SAS系统的PROC RSREG 提供的一些信息,对诸如这样模型的建立有一定用处,不过即使诸如这样的程序也仍然有某些局限,这一点我们很快就会看到。

例7.4 双因响应面模型(Two-Factor Response Surface Model)(Freund and Wilson,2003)

测量钢铁质量好坏的指标之一是弹性,而弹性的好坏则受清洁剂和清洁过程中使用的温度这两个操作条件的影响。我们做了一个 5×5 的因子试验,对两个操作条件的5个水平的所有25个组合的每个组合,都进行了3次观察。清洁剂的(CLEAN)5个水平是0.0,0.5,1.0,1.5 和2.0 个单位,而温度(TEMPR)则是0.20,0.93,1.65,2.38 和3.10个(编码)单位。在这里我们没有列出这些数据,但在本书附带的数据盘的文件,REG07X04 已经为诸位读者准备了这套数据。

我们首先来做一下析因实验的方差分析,以得到缺乏拟合检验的纯误差的估计值,并看一下这些因子的重要性。表7.8便是分析的结果。

表7.8　方差分析

		Dependent Variable:ELAST			
Source	DF	Sum of Squares	Mean Square	F Value	$Pr > F$
Model	24	132690.7904	5528.7829	316.77	< 0.0001
Error	50	872.6904	17.4538		
Corrected Total	74	133563.4808			
	R-Square	Coeff Var	Root MSE	ELAST Mean	
	0.993466	10.80087	4.177775	38.68000	
Source	DF	Anova SS	Mean Square	F Value	$Pr > F$
TEMPR	4	22554.07993	5638.51998	323.05	< 0.0001
CLEAN	4	86093.77441	21523.44360	1233.17	< 0.0001
TEMPR * CLEAN	16	24042.93605	1502.68350	86.09	< 0.0001

所有的因子都是高度显著的,而纯误差的方差的估计值是17.45。我们首先拟合标准的二次响应面模型

$$y = \beta_{00} + \beta_{10}x_1 + \beta_{20}x_1^2 + \beta_{01}x_2 + \beta_{02}x_2^2 + \beta_{11}x_1x_2 + \epsilon$$

式中,x_1 是 TEMPR,而 x_2 则是 CLEAN。我们使用的是SAS系统的PROC REG模块,使用了助记式变量名,如 TEMPR 和 T2 等。计算机输出的结果如表7.9所示。

回归显然是显著的,且模型中所有的项似乎都是不可或缺的。然而,我们即可看到,误差的均方高达192.95,大于纯误差的17.45。可见做一下正式的缺乏拟合检验是十分必要的。在确定需要加入什么其他项的时候,残差图一般都可能是很有用处的,但在目前情况下,它似乎于事无补(读者也许希望用图来做一下校验,但我们在这里未列出残差图)。在手中没有其他可利用的信息的情况下,我们试加入一些二次交互项,即 $TEMPR^2 \times CLEAN$,$TEMPR \times CLEAN^2$ 和 $TEMPR^2 \times CLEAN^2$ 这几项。表7.10列出了加入这几项之后得到的结果。

表7.9 两次响应面模型

Analysis of Variance

Source	DF	Sum of Squares	Mean Squares	F Value	Pr > F
Model	5	120250	24050	124.64	< 0.0001
Error	69	13314	192.95034		
Corrected Total	74	133563			

Root MSE	13.89066	R-Square	0.9003	
Dependent Mean	38.68000	Adj R-Sq	0.8931	
Coeff Var	35.91173			

Parameter Estimates

Variable	DF	Parameter Estimate	Standard Error	t Value	Pr > |t|	Type I SS
Intercept	1	− 8.03515	6.38251	− 1.26	0.2123	112211
TEMPR	1	36.27533	6.60147	5.50	< 0.0001	12913
T2	1	− 12.46042	1.82362	− 6.83	< 0.0001	9008.28614
CLEAN	1	− 30.95195	8.79243	− 3.52	0.0008	78616
C2	1	23.78724	3.83419	6.20	< 0.0001	7426.55414
TC	1	17.65392	2.21235	7.98	< 0.0001	12286

表7.10 全二次多项式模型(Full Quadratic Polynomial Model)

Analysis of Variance

Source	DF	Sum of Squares	Mean Square	F Value	Pr > F
Model	8	130741	16343	382.08	< 0.0001
Error	66	2822.97482	42.77235		
Corrected Total	74	133563			

Root MSE	6.54006	R-Square	0.9789	
Dependent Mean	38.68000	Adj R-Sq	0.9763	
Coeff Var	16.90811			

Parameter Estimates

Variable	DF	Parameter Estimate	Standard Error	t Value	Pr > |t|	Type I SS
Intercept	1	8.12166	4.26835	1.90	0.0614	112211
TEMPR	1	− 3.29974	6.16256	− 0.54	0.5941	12913
T2	1	0.55982	1.80686	0.31	0.7577	9008.28614
CLEAN	1	− 7.20421	10.11239	− 0.71	0.4787	78616
C2	1	− 2.81579	4.84852	− 0.58	0.5634	7426.55414
TC	1	1.57014	14.60007	0.11	0.9147	12286
T2C	1	0.74666	4.28074	0.17	0.8621	8995.53014
TC2	1	37.10590	7.00020	5.30	< 0.0001	639.79470
T2C2	1	− 9.17794	2.05246	− 4.47	< 0.0001	855.27377

我们可以看到,剩余均方的确小了很多,但是它仍然还是很大,所以我们不必再劳神进行一个正式的缺乏拟合检验。所有高阶项的序列平方和(SAS 的 Type Ⅰ)显然都是显著的。可见所有的项都是必需的。无独有偶,残差再一次显示都很小。TEMPR 的三次

残差趋向可能例外,究竟是否这样,读者可自行验证。

图7.9左边和右边的两张图,分别是二次响应面模型的响应面和全多项式模型的响应面。由图可知,两个图形的最大不同在于,在低水平的CLEAN,全二次多项TEMPR的响应面几乎是平面的,但在高水平的CLEAN,则相当的陡峭。在标准的二次响应面模型中,几乎没有什么项描述了这样一种类型的效应。

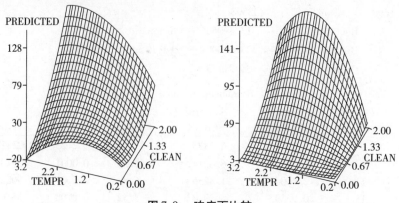

图7.9 响应面比较

怎么样来解释这些结果呢?显然,如果我们想最大化响应,就需要调查比较CLEAN的较高水平。然而,可能我们无法这样做,因为费用问题,或过多的CLEAN导致的其他负面效应。因此,CLEAN的合理的最高水平是在TEMPR约为2.0处,它似乎将可能会给我们提供最大的响应。■

因子数不限于两个。然而,随着项数的增加,模型的构建和解释将会变得越来越困难。令人庆幸的是,上佳的计算机程序、灵活的图形和超乎常识的思维也许能使这个问题得到缓解。在一般情况下,我们要避免使用三变量模型,因为三因子的交互项的解释是很困难的。下面我们给大家阐述一个三因子实验。

例7.5 三因子实验

这一例子的数据来自狄更斯和梅森(Dickens and Mason,1962)的实验报告。该实验涉及一种花生自动去壳装置。在实验中,置于一个金属网格上的花生流过一个固定的去壳栅栏,栅栏上网格仅允许去壳后的花生仁通过。金属网格来回运动,由此产生的力施与在金属网格和栅栏之间的花生,将花生壳剥开。这样一种装置的好坏取决于以下几个因素:栅栏和网格的空间的组合(SPACE)、击打的长度(LENGTH)和击打的频率(FREQ)。而评判装置好坏的标准是:a. 花生仁损坏率,b. 去壳花费的时间和,c. 未去掉壳的花生数。

刚才摘录的文字,涉及3次单独的实验,每次针对一种标准。为了便于进行三因子问题的阐述,我们用第一个实验和花生仁的损坏作为因变量。这一实验是由一种在中心点有5个额外观察的,由15个因子水平组合构成的三因子综合设计(Myers,1990)。图7.10是这一设计的三维表征图。我们看到,该设计由一个 $2 \times 2 \times 2$ 因子(方盒)的8个数据点,一个重复6次的中心点(SPACE = 0.86,LENGTH = 1.75 和 FREQ = 175)和在一个在阶乘范围之外位于自中心向外的辐射线上的6个点组成。这种设计是开发用于评估二次响应面模型的效率的。它只需要15个数据点,与经常用于这一目的的 $3 \times 3 \times 3$ 个因子的

27 个数据点的实验相比,减少了 12 个数据点。中心点重复了 6 次,是用来估计缺乏拟合检验的纯误差的。当然,这一检验的效度是基于所有实验点的误差的方差都相等这一假定的。最后还需要说明点,这一设计不能用于一般的析因方差分析(factorial analysis of variance) 的。

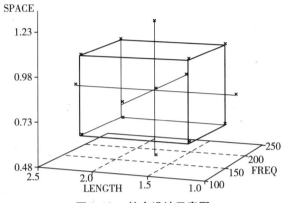

图 7.10　综合设计示意图

数据由给 1000 g 花生去壳得到的响应组成。诚如前述,实验设计的因子包括:

LENGTH:来回移动的距离(in)
FREQ:来回移动的频率(移动次数/s)
SPACE:栅栏和网格之间的距离(in)
因变量是:
DAMG:花生仁损坏率

表 7.11 列出了有关数据,我们也可在数据盘中的文件 REG07X05 中得到这一数据。该文件中也有另外两个因变量,变量名为 TIME 和 UNSHL 的数据。

表 7.11　花生去壳数据

OBS	LENGTH	FREQ	SPACE	DAMG
1	1.00	175	0.86	3.55
2	1.25	130	0.63	8.23
3	1.25	130	1.09	3.15
4	1.25	220	0.63	5.26
5	1.25	220	1.09	4.23
6	1.75	100	0.86	3.54
7	1.75	175	0.48	8.16
8	1.75	175	0.86	3.27
9	1.75	175	0.86	4.38
10	1.75	175	0.86	3.26
11	1.75	175	0.86	3.57
12	1.75	175	0.86	4.65
13	1.75	175	0.86	4.02
14	1.75	175	1.23	3.80
15	1.75	250	0.86	4.05
16	2.25	130	0.63	9.02
17	2.25	130	1.09	3.00
18	2.25	220	0.63	7.41
19	2.25	220	1.09	3.78
20	2.50	175	0.86	3.72

我们将用 SAS 系统的 PROC RSREG 模块来做响应面分析的回归。这一程序拟合二次响应面模型,它包括线性、二次和成对线性乘积项(pairwise linear products)。它提供的某些结果,也可用于确定模型稳定性。回归的结果如表 7.12 所示。

表 7.12　响应面回归分析

(1) Response Mean	4.702500
Root MSE	0.846225
R-Square	0.8946
Coeff. of Variation	17.9952

(2) Regression	Degrees of Freedom	Type I Sum of Squares	R-Square	F-Ratio	Pr > F
Linear	3	40.257647	0.5926	18.739	0.0002
Quadratic	3	13.626260	0.2006	6.343	0.0111
Cross product	3	6.891100	0.1014	3.208	0.0704
Total Regress	9	60.775007	0.8946	9.430	0.0008

(3) Residual	Degrees of Freedom	Sum of Squares	Mean Square	F-Ratio	Pr > F
Lack of Fit	5	5.448685	1.089737	3.182	0.1148
Pure Error	5	1.712283	0.342457		
Total Error	10	7.160968	0.716097		

(4) Parameter	Degrees of Freedom	Parameter Estimate	Standard Error	T for H0: Parameter = 0	$Pr > \mid t \mid$
INTERCEPT	1	36.895279	9.249104	3.989	0.0026
LENGTH	1	− 0.172967	4.928866	− 0.0351	0.9727
FREQ	1	− 0.111699	0.051946	− 2.150	0.0570
SPACE	1	− 46.763375	10.216756	− 4.577	0.0010
LENGTH * LENGTH	1	0.819069	1.055355	0.776	0.4556
FREQ * LENGTH	1	0.005889	0.013297	0.443	0.6673
FREQ * FREQ	1	0.000089827	0.000111	0.808	0.4377
SPACE * LENGTH	1	− 3.847826	2.601615	− 1.479	0.1699
SPACE * FREQ	1	0.077778	0.028907	2.691	0.0227
SPACE * SPACE	1	18.896464	4.405168	4.290	0.0016

(5) Factor	Degrees of Freedom	Sum of Squares	Mean Square	F-Ratio	Pr > F
LENGTH	4	2.676958	0.669240	0.935	0.4823
FREQ	4	6.050509	1.512627	2.112	0.1539
SPACE	4	59.414893	14.853723	20.743	0.0001

(6) Canonical Analysis of Response Surface

Factor	Critical Value
LENGTH	0.702776
FREQ	293.906908
SPACE	0.704050

Predicted value at stationary point 3.958022

Stationary point is a saddle point.

输出结果从几个方面确认模型的合适性。表中内容的排列次序与计算机输出的输出并不完全一致,其中一些内容的标题是我们后来贴上去的。

- **模型是否精确？** 只有在实验有重复的观察点时,我们才能对这一问题做出回答。实际上,本实验设计的中心有着6个重复的观察,可以为我们提供有5个自由度的纯误差估计值。缺乏拟合检验的结果列在了表格的(3)。它显示缺乏拟合检验的 p 值为 0.1148。因此,我们有理由认为模型是精确的。一个有趣的问题是,如果模型是不精确的,这样的综合设计只允许有很少几个额外项。

- **3 个因子是否都需要？** 表格(5)列出的输出结果回答了这一问题。在这一部分列出了涉及每一个因子的全项排除检验(tests for the elimination of all terms)的检验结果。换言之,LENGTH 检验就是删除 LENGTH,LENGTH^2,LENGTH * FREQ 和 LENGTH * SPACE 的检验,这时模型只剩下另外两个因子。从这些输出结果我们可以看到,LENGTH 也许可以去掉,且 FREQ 的作用似乎也不大。

- **是否需要二次项和交叉乘积项？** 表格(2)中列出的输出结果回答了这一问题。这一部分列出了先只用3个线性项,然后加入3个二次项,最后再加入3个交叉项的序列(SAS 的 Type Ⅰ)平方和。从这一部分的统计数据我们可以看出,线性项肯定是需要的,二次项也是需要的,但交叉项是否需要则有些模棱两可。表格中的最后一行的数据显示,整个模型肯定是显著的。

此外,表格的(1)列出的那些输出结果给出了某些总的统计值,而表格的(4)则是系数和它们的统计值。在这些部分我们可以看到乘积项(SPACE * FREQ)在 0.05 水平上确实很显著,故而,删除所有的乘积项的决定可能是错误的。

响应面实验常用来寻找响应的某个最优水平。在这种应用中,如我们可能想要看一看,什么样的因子水平造成的花生仁的损坏量最小。表格的(6)试图回答这一问题。这一部分的第一个统计值确定了"临界值(critical values)"。这一值给出了在一个"平稳点(stationary point)"上的因子水平和响应的估计值。所谓平稳点,是指响应面在其上无斜率的点。这样,由几何定理可知,对于一个二次响应函数而言,稳定点只有一个。这个点可以是一个最大、最小或马鞍点(响应面沿着一个轴上升,而沿着另一个轴下降,形状如同一个马鞍)。在目前这个实验中,输出数据显示平稳点是一个马鞍点,[5] 就我们的目的而言,它没有什么用处。不仅如此,它也超出了实验的范围,因此它的用处不大。

尽管这一实验并未提供我们想要的最小响应,但对响应面的性质做一番考察也是饶有趣味的。当然这对一个三因子实验来讲,多少是有一些困难的。基本上,我们需要考察第三个因子的各种水平的双因子响应曲线。然而对这一例子而言,我们比较容易做到这一点。因为在因子 LENGTH 不那么重要时,我们可以只去考察其他两个因子的响应。而只是在 LENGTH 有某些效应时,即 LENGTH 的两个水平:1.20 和 2.20 我们才去考察响应曲线。图 7.11 显示的便是这些响应的曲线图。

响应面图显示,不忽略 LENGTH 的效应是对的,尽管它的效应显然不是很大。两个响应面有着相同的形状(槽状),但对于较高的 LENGTH 值,它的形状多少有些变动。记住,我们希望使响应最小化,因此我们似乎应该取 1.1 个单位左右的 SPACE 和 100 次的

---

5 这一分析在计算练习中显得更为简单明了。在所有的偏导数都为零时,平稳点就会出现。平稳点的性质取决于第二个偏导数矩阵,如果它是正定的,我们就有一个最小点;如果是负定的,则有一个最大点;如果是不定的,那么就会有一个马鞍点。

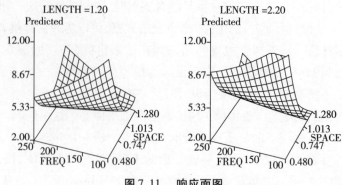

图 7.11   响应面图

FREQ。当然,我们发现的其他响应值可能会对这一推荐值有所修正。■

7.5 无模型曲线拟合

本章的最后 3 节我们将讨论有关多项式模型在曲线拟合中的使用问题。这是一种可得到一个近似回归方程(需要最低阶的多项式) 的方法。多项度的选择则基于那些得到拟合优度统计值支持的数据散点图的图形。然而在散点图的图形比较复杂的时候,它可能不利于多项式模型和数据的拟合。相反,我们可能更乐于去寻找一条平滑的曲线,它在图形上与数据拟合,但却不能强制产生一个描述该曲线的参数模型。

在这一节我们介绍两种用于无须模型拟合便可得到平滑曲线的方法。我们首先来介绍**移动平均数**法(moving average procedure)。这种方法相当简单,不仅多年以来一直广为使用,且至今仍在普遍使用。 第二种方法则比较新,称为**散点修匀**法(loess method)。它是若干种涉及计算机深度使用的方法中的一种,大多数统计软件中都已经有了可用于这一方法的程序。

我们用一组 2001 年 2 月 —2004 年 9 月加拿大每月油价的数据来阐述这些方法。表 7.13 列出了这组数据,其中变量 n 用于曲线拟合的顺序观察数。我们不可能用一个低阶多项式来精确地拟合这一组数据,尤其是在 2002—2003 年这一时间段内(n 为 15 ~ 35)。

我们先用移动平均数法,然后再用散点修匀法生成一条曲线来拟合图 7.12 的散点图。

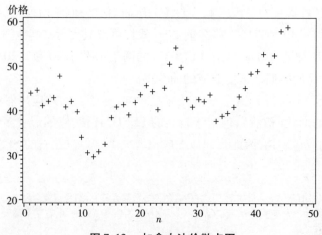

图 7.12   加拿大油价散点图

表 7.13 加拿大的油价

n	Year	Month	price	n	Year	Month	price
1	2001	1	44.08	24	2002	12	45.27
2	2001	2	44.52	25	2003	1	50.51
3	2001	3	41.31	26	2003	2	54.34
4	2001	4	42.04	27	2003	3	49.89
5	2001	5	43.04	28	2003	4	42.69
6	2001	6	47.72	29	2003	5	41.12
7	2001	7	40.91	30	2003	6	42.92
8	2001	8	42.08	31	2003	7	42.43
9	2001	9	39.99	32	2003	8	43.65
10	2001	10	34.13	33	2003	9	37.86
11	2001	11	30.57	34	2003	10	38.95
12	2001	12	29.83	35	2003	11	39.74
13	2002	1	30.89	36	2003	12	41.19
14	2002	2	32.57	37	2004	1	43.44
15	2002	3	38.35	38	2004	2	45.22
16	2002	4	40.97	39	2004	3	48.63
17	2002	5	41.45	40	2004	4	48.96
18	2002	6	39.30	41	2004	5	52.79
19	2002	7	41.97	42	2004	6	50.72
20	2002	8	43.70	43	2004	7	52.54
21	2002	9	45.67	44	2004	8	57.95
22	2002	10	44.40	45	2004	9	59.00
23	2002	11	40.39				

移动平均数

移动平均数法要求观察之间的间距相等,并用相邻观察的某个数的均值来估计每一个数据点。例如,一个 5 级移动平均数的计算公式为

$$MA_t = (y_{t-2} + y_{t-1} + y_t + y_{t+1} + y_{t+2})/5$$

序列中第一和最后一个两个观察需要专门加以定义。最简单的定义是直接使用可资利用的观察。

用于每个均值的观察数决定了拟合的优度(goodness of fit)和平滑的程度。数据点少给出的线条拟合较好但不太平滑,在每个均值有数目较多的观察时情况则刚好相反,线条比较平滑,但拟合较差。

例 7.6

我们将用一个 5 级移动平均数来生成一条拟合表 7.13 给出的加拿大油价数据的曲线。我们给第一个点赋值 44.08,给第 45 个,即最后一个观察赋值 59.00。加拿大油价数据的数据点和 5 级移动平均数的图形如图 7.13 所示。

注意,这条曲线多少有一些参差不齐,移动平均数线似乎不够平滑,尽管增加级数将使它们多少会更平滑一些。不过这条曲线已经使我们可以清楚地看到,油价的周期性性状,周期约为 24 个月。虽然没有十分明显的证据,但从 2005 年开始,油价确实显示出了

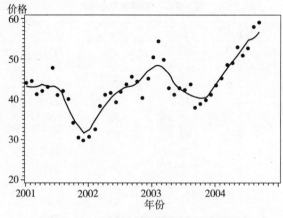

图 7.13   加拿大油价移动平均数拟合

某种向下的趋势。遗憾的是,我们没有一种统计推论的工具可以确定曲线拟合的好坏,因而在推断油价的未来趋势时,肯定存在一定的危险。■

散点修匀法(The Loess Method)

散点修匀法是克利夫兰(Cleveland,1979)开发的一种方法,它是一种用于曲线拟合的非参数平滑方法(nonparameteric smoothing techniques)。所谓*散点修匀*(loess),是指*局部加权回归*(locally weighted regression)或*局部加权回归平滑散点图*(locally weighted regression scatter plot smoothing)。这种方法之所以有这么大的吸引力,是因为它使用的是我们熟悉的多项式回归。不仅如此,在选择最佳拟合时,它还有很大的灵活性。

在散点修匀法中,加权最小平方用于拟合邻域预测变量的线性或二次函数。它使用的权是距每一邻域中心的距离的平滑递减函数(smooth decreasing function)。最后一条响应曲线则由这些单个曲线混合而成。邻域的数目由平滑参数(通常被定义为每一邻域内的总观察数的分数)设定,它决定曲线的平滑度。这一分数越大,生成的邻域数就越少,而曲线则更平滑。

为了用散点修匀法拟合一条曲线,我们需要设定一个数目。首先,我们需要确定是否需要在每一邻域使用一个线性或二次回归。其次,我们需要设定加权函数的性质。最后,我们还需要设定能使程序足够可靠所需的迭代次数。所幸的是,大多数程序都为我们提供了某种最佳值作为缺省值。通常都使用我们使用的程序提供的缺省值。尽管散点修匀法可以用于拟合多维度面,但我们却把自己限制在用它来拟合一条只有单独一个自变量的曲线。

例7.7

我们将用散点修匀法来拟合表 7.13 的加拿大油价数据。许多计算机系统都提供人机互动式的散点修匀法,因此只要看一下几张含叠加修匀曲线的散点图,我们便可做出选择。SAS 系统的 PROC INSIGHT 模块便提供了这样的可选项。它设定了一些最优值,把它们作为平滑参数的缺省值。图 7.14 便是系统给出的统计图和数据的散点修匀法拟合的各种统计值。我们看到了一种由移动平均数法确定的周期性性状。周期伴随着若干或可称为尖峰的,每 3 个月左右出现一次的突起。

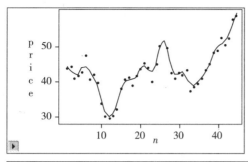

Loess Fit										
Curve	Type	Weight	N_Intervals	Method	Alpha	K	DF	R-Square	MSE	MSE(GOV)
——	Linear	Tri–Cube	128	GOV	0.1234 ◄◻▶	5	19.322	0.9639	2.6099	4.5737

图 7.14　　加拿大油价的散点修匀法拟合

注意,用于邻域(Type)多项式的缺省值是线性的,加权方法称为三 - 三法(Tri-cube)(三 - 三法的定义请参见 Montgomery et al,2001)。而平滑函数(Alpha)为0.1234,它与邻域量5(K)对应。散点修匀法使我们能计算得到熟悉的剩余均方(MSE)的自由度的近似值。剩余均方可显示拟合是如何随平滑函数的变化而变化的。因为这种方法是一种迭代法,我们可以点击方框中在“Alpha”下的箭头来改变平滑函数。如果加大 Alpha 的值,曲线逐渐变得越来越平滑,拟合优度则逐渐下降,与此同时,MSE 的值则逐渐加大。如果我们降低 Alpha 的值,那么曲线就会变得参差不齐,降低了平滑的功效。无论每一邻域选择的函数是线性的还是二次的,曲线的拟合都会受加权函数选择的影响。

一种为这些设定做出最佳选择的方法是考察所有的可能组合 —— 这样的考察可用迭代程序轻而易举地做到。所有 Type(类型)和 Weight(权重)可能性产生的结果如表 7.14 所示。

表 7.14　　加拿大油价的散点修匀

Loess Fit										
Curve	Type	Weight	N_Inter-vals	Method	Alpha	K	DF	R-Square	MSE	MSE (GOV)
——	Mean	Normal	128	GOV	0.0617 ◄◻▶	2	20.427	0.9638	2.7364	5.0111
——	Mean	Quadratic	128	GOV	0.1009 ◄◻▶	4	18.518	0.9621	2.6612	4.5222
——	Mean	Triangular	128	GOV	0.1009 ◄◻▶	4	22.488	0.9728	2.2447	4.4870
——	Mean	Tri-Cube	128	GOV	0.1009 ◄◻▶	4	20.341	0.9677	2.4298	4.4341
——	Linear	Normal	128	GOV	0.0617 ◄◻▶	2	21.822	0.9668	2.6627	5.1697
——	Linear	Quadratic	128	GOV	0.1163 ◄◻▶	5	17.764	0.9588	2.8096	4.6421
——	Linear	Triangular	128	GOV	0.1234 ◄◻▶	5	21.538	0.9696	2.4181	4.6378
——	Linear	Tri-Cube	128	GOV	0.1234 ◄◻▶	5	19.322	0.9638	2.6099	4.5737
——	Quadratic	Normal	128	GOV	0.0617 ◄◻▶	2	31.261	0.9899	1.3676	4.4791
——	Quadratic	Quadratic	128	GOV	0.1681 ◄◻▶	7	21.182	0.9698	2.3540	4.4475
——	Quadratic	Triangular	128	GOV	0.1859 ◄◻▶	8	20.151	0.9668	2.4792	4.4897
——	Quadratic	Tri-Cube	128	GOV	0.1859 ◄◻▶	8	18.827	0.9636	2.5836	4.4422

基于 MSE 的,显然最优的拟合,系用二次回归和标准加权得到的。图 7.15 列出了得

到结果。

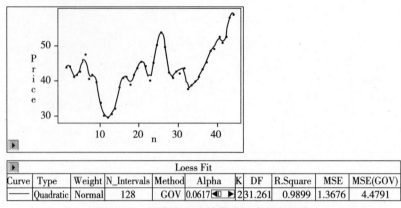

Loess Fit										
Curve	Type	Weight	N_Intervals	Method	Alpha	K	DF	R.Square	MSE	MSE(GOV)
——	Quadratic	Normal	128	GOV	0.0617 ◄ ►	2	31.261	0.9899	1.3676	4.4791

图 7.15   加拿大油价的最优散点修匀拟合

尽管图 7.15 的曲线,在产生的 MSE 是最低的这一意义上讲,是最优的,但是它与用缺省设定得到的曲线差别并不大。况且,这一分析使用了容量为二的邻域二次方程,致使曲线过于参差不齐不太便于使用。假如我们的目的也在于确定数据中的异常值,那么使用这样的曲线尤其不方便。■

7.6 小 结

曲线拟合,通常是那些涉及非参数回归的曲线拟合,提供了一种非常有用的,用以替代参数回归的备择的分析方法。然而,曲线拟合并没有自己的理论根据,而是数据自身的经验性性质的反映。我们已经看到,它在确定最终拟合时,需要一定的主观判断。因此,在那些简单的参数模型可以提供对数据的合理的拟合时,我们应当试着使用它们。参数模型不仅提供了预测所需的简单易行的根据,而且这些模型的系数还提供了有关因变量和自变量之间的关系的重要信息。在有些情况下,可能不存在一个可以提供为我们接受的与数据拟合的,简单的参数模型。这时,也许可以退而求其次,使用这一章讨论的那些曲线拟合法。不过在使用这些方法时,应该认识到它们的局限性。

7.7 习 题

1. 用 6 个有 24 棵耐旱松苗的苗床进行为期 24 天的树苗耐旱实验。每天记录每个苗床的树苗的平均质量。这些数据可从文件 REG07P01 中得到。拟合一条有关数据和天的多项式曲线。因为有 6 个苗床,所以我们可能需要做一下缺乏拟合检验,但必须记住,这些数据是 24 棵树苗的均值。

2. 这个习题是一个人有关某些油性营养品对黑麦草生长的效应实验。试验单位是一个有 20 棵黑麦草植株的罐状容器,而因变量是以克计量的干物(YIELD)。这一研究中使用的营养品是以百万分中的含量计的钙(CA)、铝(AL)和磷(P)。实验设计为综合实验设计,如图 7.15 所示,在中心点有 8 个重复的观察。数据请见表 7.15 和数据文件 REG07P02。请拟合一个二次响应面和绘制数据图,并对结果做出解释。

表 7.15 黑麦草数据

CA	AL	P	YIELD
0	50	40	1.6273
120	30	24	1.4360
120	30	56	1.9227
120	70	24	0.3411
120	70	56	0.7790
200	0	40	2.5924
200	50	0	0.1502
200	50	40	0.9675
200	50	40	0.6115
200	50	40	0.3759
200	50	40	0.7094
200	50	40	0.6058
200	50	40	1.0180
200	50	40	0.8200
200	50	40	0.8077
200	50	80	1.3965
200	100	40	0.2221
280	30	24	0.6536
280	30	56	1.2839
280	70	24	0.2279
280	70	56	0.5592
400	50	40	0.4950

3. 这个习题的数据涉及美国 14 个城市的周平均温度。这些城市以其经纬度的大致位置做了网格式的编码,从南到北和从东到西的编码都是 1 ~ 4。而周的编码 1,13 和 25 则表示这些前后相继的年份中的 1 月的第一周、4 月的第一周和 6 月的第一周。表 7.16 列出了这些数据。而在数据文件 REG07P03 中,则有格式宜于计算机使用的数据。

表 7.16 温度数据

CITY	LAT	LONG	YEAR 1	2	3	1	2	3	1	2	3
			WEEK 1			WEEK 2			WEEK 3		
Fargo, ND	1	1	10	9	− 5	25	35	29	66	66	55
Marquette, MI	1	2	25	22	9	26	34	31	61	61	57
Burlington, VT	1	4	30	12	16	35	39	38	66	68	61
Lincoln, NE	2	1	34	18	18	34	53	39	69	73	70
Peoria, IL	2	2	35	23	16	41	47	39	69	73	70
Columbus, OH	2	3	42	29	22	41	42	44	69	77	71
Atlantic City, NJ	2	4	39	31	27	41	37	48	69	75	68
Oklahoma City, OK	3	1	51	31	30	51	60	44	75	79	77
Memphis, TN	3	2	52	37	32	53	59	46	76	81	81
Asheville, NC	3	3	42	34	34	45	51	50	66	70	70
Hatteras, NC	3	4	54	44	47	52	45	55	73	73	75
Austin, TX	4	1	60	45	43	60	69	55	81	84	84
New Orleans, LA	4	2	60	53	46	59	67	55	79	84	82
Talahassee, FL	4	3	60	53	49	60	63	56	78	81	84

a. 拟合一个显示跨经纬度和周的温度趋势的响应面。可从一个二次响应面入手,但这一模型可能需要进行修正。最终模型应该解释若干众所周知的气候学特性。

b. 检查异常值,并确定它们可能会引起什么问题。若有一张精确的地图,则会对我们的分析很有帮助。

4. 数据来自一个确定在饲料中补充钙和磷,对河虾甲壳(头骨壳)中这些矿物质和总灰分含量的效应的实验。该实验由一个重复两次的4×4的析因实验组成,钙的补充水平分别为0,1,2和4%,磷的补充水平是0,0.5,1和2%。实验对4个河虾,从每一因子水平组合进行了化学分析,测定灰分的百分数及钙和磷的百分比。数据含有128个观察,收录在数据文件REG07P04中。至少对一个因变量做响应面分析。记住,因为我们有来自实验的数据,故而有缺乏拟合检验所需的纯误差的估计值。

5. 巴巴多斯中央银行1992年,年度统计摘要给出了有关该岛国各种出口的数据。表7.17给出了该国1967到1993年间的总出口量(EXPORT,以百万巴巴多斯元计)。该数据收在数据文件REG07P05中。

表7.17 巴巴多斯出口量

N	Year	EXPORT
1	1967	53.518
2	1968	59.649
3	1969	57.357
4	1970	62.106
5	1971	53.182
6	1972	63.103
7	1973	83.700
8	1974	125.555
9	1975	178.218
10	1976	137.638
11	1977	151.055
12	1978	186.450
13	1979	232.684
14	1980	337.291
15	1981	297.004
16	1982	372.627
17	1983	510.165
18	1984	583.668
19	1985	496.471
20	1986	420.614
21	1987	214.511
22	1988	248.029
23	1989	250.350
24	1990	244.820
25	1991	241.420
26	1992	271.384
27	1993	272.242

a. 拟合随时间变化的多项式曲线。绘制残差图,并确定是否有异常值存在。

b. 试用散点修匀法,并拟合一条散点图的曲线。对曲线加以描述,并与 a 中用多项式拟合得到的结果进行比较。

6. 有人做了一个实验,目的在确定速度和加速度对卡车的一氧化碳排放量的影响。实验对卡车不同的初始速度(BBS)和加速度(ACCEL)组合一氧化碳排放量(TRCO)进行了测定。初始速度(BSP)为 0 ~ 65 mi/h,速度增量为 5 mi/h,加速度的量(ACCEL)则以终点的速度(ESP)减去起点的速度计算。以 5 mi/h 增加,从最小 5 mi/h 到最大 65 mi/h,所以终点的速度限制在 70 mi/h。没有任何组合被重复。测得的一氧化碳排放量(TRCO)被一一记录在案。数据文件 REG07P06 有这些数据。做一个响应面分析,描述排放量和速度因子之间的关系。对结果予以解释。注意,模型既可以用 BSP 和 ESP,也可以用 BSP 和 ACCEL。是否有哪一种模型更有道理? 还是不论用哪一种模型都有道理? 得到的结果是否有意义?

7. 去除植物油中的铁质可以延长油的保质期。有一种减少含铁量的方法是,在油中加一些溶解在水中的磷酸,然后铁质便会沉淀析出。表 7.18 为加入了各种同量磷酸(PROS)之后的铁(IRON)的剩余量。拟合一条多项式曲线,估计铁(因变量)和磷酸之间的关系。确定能使铁最大限度被沉淀析出的磷酸量。

表 7.18　去除铁质

PHOS	IRON
0.05	0.33
0.10	0.19
0.15	0.10
0.20	0.25
0.25	0.17
0.30	0.12
0.35	0.12
0.40	0.12
0.50	0.12
0.60	0.12
0.80	0.12
0.90	0.07
1.00	0.18
1.50	0.14
2.00	0.17

8. 为了阐述怎么样用多项式来近似表达一个非线性函数,我们用模型

$$y = 5e^{0.1t} + \epsilon$$

生成了20个观察。式中,t 取值 0 到 19,且服从正态分布,均值为 0,标准差为 0.5。这一指数是正的,从而使这一模型成了一个"成长"模型,而不是衰减模型。数据可见表 7.19。

表 7.19　指数成长

t	y
0	5.1574
1	5.3057
2	6.7819
3	6.0239
4	7.2973
5	8.7392
6	9.4176
7	10.1920
8	11.5018
9	12.7548
10	13.4655
11	14.5894
12	16.8593
13	17.7358
14	19.1340
15	22.6170
16	24.4586
17	26.8496
18	30.0659
19	32.4246

a. 用多项式估计曲线。绘制曲线图。

b. 计算已知真函数的残差,并将这些残差的平方和与多项式的作比较。多项式提供的拟合是否更为精确?

c. 将估计其曲线推广到 $t = 25$ 和 $t = 30$,并把它们与已知真函数的值作比较。对比较结果加以评论。

9. 例 7.5 用花生仁的损坏率(DAMG)作因变量,阐述了一个三因子实验。 用文件 REG07X05 中的数据,对其他自变量中的每一个 TIME 和 UNSHL 做一个类似的分析。对分析结果加以比较。

10. 生物学家对成长曲线的特点很感兴趣,一般他们都会对不同年龄的动物的体征进行观察。佛雷德和威尔逊(Freund and Wilson,2003)报告他们从 30 个兔子身上得到的数据。他们测量了兔子在各个年龄时的额骨的长度。表 7.20 列出了他们采集的数据。读者也可以在数据文件 REG07P10 中得到这套数据。我们的兴趣在于用年龄为额骨长度建模。

a. 用 5 级移动平均数为数据拟合一条曲线。

b. 用散点修匀法为数据拟合一条曲线。

c. 用四度多项式为数据拟合一条曲线。

d. 比较得到的 3 条曲线。

表 7.20　兔子额骨长度

AGE	LENGTH	AGE	LENGTH	AGE	LENGTH
0.01	15.5	0.41	29.7	2.52	49.0
0.20	26.1	0.83	37.7	2.61	45.9
0.20	26.3	1.09	41.5	2.64	49.8
0.21	26.7	1.17	41.9	2.87	49.4
0.23	27.5	1.39	48.9	3.39	51.4
0.24	27.0	1.53	45.4	3.41	49.7
0.24	27.0	1.74	48.3	3.52	49.8
0.25	26.0	2.01	50.7	3.65	49.9
0.26	28.6	2.12	50.6	5.66	50.3
0.34	29.8	2.29	49.2	6.00	48.5

8 非线性模型导论

8.1 导　论

在第7章,我们虽然对用于处理非线性关系方法做了一些考察,但仅限于那些用多项式或非参数回归简单地用一条平滑线(或响应面)来拟合数据的方法。我们关心的主要问题是,在拟合优度与曲线的平滑度之间找到一个较佳折中点,而对模型本身的意义则不是太在意,或很少在意。现在,我们将转向拟合曲线响应线或响应面问题的讨论。这些问题的潜在模型是一个已知的非线性函数。对于这样的模型来讲,且参数估计问题都有很重要的实际意义。在这一章,我们将对两类非线性模型加以定义。

第一类称为**本质线性**模型(intrinsically linear models)。本质线性模型可以通过因变量、自变量,或者对两者同时进行转换,而被改变为线性模型。转换完成之后,我们便可使用线性模型法,但由此得到的系数和结果的解释,有时会比较复杂。我们将在8.2节讨论这些方法。

第二类是非线性模型。非线性模型不能通过转换变为线性。我们把这样的模型称为**非本质线性**或简单非线性模型。不仅最小平方原理仍然可以使用,而且它们也能导出某些正态方程,且方程的解也能为我们提供最小平方估计值。遗憾的是,求解这些方程并非一件容易的事。所幸的是,计算机可使求解过程变得相对容易一些。然而,与线性方程不同,这样的方程并非对所有一般的推论统计量都可以是有解的。我们将在8.3节讨论这些方法。

在大多数情况下,理论都会指明两类方法中究竟哪一类比较合适。在有些场合,我们可能无法做出明确的选择,这时我们常从散点图中得到一些启示。在遇有转换发生在自变量上的时候,散点图可能会有某种独特的图形(如例8.1所示)。在转换发生在因变量时,不仅散点图的图形而且数据散布的形式也有着独特的模式。这种模式系误差的性质所致。我们列举一个例子,考虑一下与 x^θ(θ 为一未知的参数)成比例的因变量 y 的处理问题。这时,我们可以考虑两种建立非线性模型的可能性:

(1)$y = \beta_0 x^{\beta_1} \epsilon$,本质线性;

(2)$y = \beta_0 x^{\beta_1} + \epsilon$,非本质线性。

式中,β_0 是未知的比例常数,β_1 是未知的参数 θ,而 ϵ 则是随机误差项,有均值 0 和未知的方差 σ^2。

$\beta_0 = 1.5, \beta_1 = 2$ 和 $\sigma^2 = 0.25$ 的这两模型的散点图如图 8.1 所示。

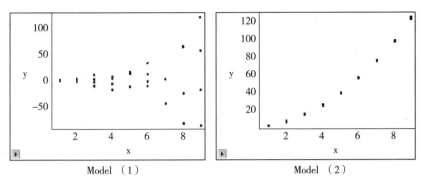

Model （1） Model （2）

图 8.1   非线性模型散点图

注意,模型(1)的散点图显示方差显然缺乏均匀性,它随 x 的加大而加大。这时模型(1)中的误差是"乘法的",而模型(2)中的误差则是"加法的"。对模型(1)中的因变量做一下简单的对数转换,得

$$\log(y) = \log(\beta_0) + \beta_1 \log(x) + \log(\epsilon)$$

这是一个简单线性回归式。因变量是 $\log(y)$、截距为 $\log(\beta_0)$,自变量是 $\log(x)$,而误差项则是 $\log(\epsilon)$。我们可以用普通的最小平方求得未知参数 β_1 的估计值。不过我们却不能确信新的误差项是否能满足对这一统计值进行统计推论所必需的假定。这一模型的更为普遍的形式将在 8.2 节中讨论。

我们无法为了得到一个线性模型而对模型(2)中的任何变量进行转换。因此,需要用 8.3 节介绍的方法来得到系数的估计值。正如前面指出的那样,这一方法需要生成误差项的序列平方和,并为计算参数估计值而求非线性方程的数字解。这样我们要解决的问题便是,原非线性模型或变换后模型是否满足有关误差项的标准假定。在很多时候,这一点在对散点图进行考察之后便可确定。

在这里我们必须指出,正如模型(2)的实例所示,如果我们单独用散点图来确定一种分析方法,那么多项式模型便是比较合适的。不过,如果事先能对关系的理论性质有所了解,那么我们便有可能使用更加高精的方法。

大多数物理过程都无法用一个简单的数学表达式建模。实际上,许多过程是如此复杂,以致过程变量之间的真实关系是永远也无法知道的。然而,经验告诉我们,通常相应的性质是可以用一个立即就可运行的近似模型(如多项式模型)予以合理的解释的。因此,先尝试一些简单的模型,对响应的性质有一个大致的了解的做法不失为一种明智之举。然后,我们可将从这样一种试分析得到的信息,再用于评价拟合比较复杂的模型的结果,因为复杂模型的效度并非总是很容易得到验证的。

8.2 本质线性模型

本质线性模型是一种可以通过一次或多次转换变成第 3 章那样的标准线性模型的模型。这些变换可能涉及一个或多个自变量、因变量,或所有的变量。例如,乘法模型

（multiplicative model）

$$y = \beta_0 x_1^{\beta_1} x_2^{\beta_2} \cdots x_m^{\beta_m} \epsilon$$

在经济学和物理科学中有很多使用。这个模型可以通过对方程的两边取对数[1]变成线性的。它可导出模型

$$\log(y) = \log(\beta_0) + \beta_1\log(x_1) + \beta_2\log(x_2) + \cdots + \beta_m\log(x_m) + \log(\epsilon)$$

这个模型的参数确实是线性的,并可用我们曾经使用过的方法加以分析。这一模型的性质和使用,我们将在本节的后面部分进行介绍。

并非所有的转换都要涉及所有的变量。例如,在第7章介绍的多项式模型使用的一种转换,只涉及自变量。其他诸如这样的转换可能涉及自变量的平方根、对数或其他函数,而与因变量无关。其他的转换,如在本节后面讨论的,所谓的*幂转换*（power transformation）,只涉及因变量。在其他一些情形中,如早先讨论的乘法模型,则需要对自变量和因变量两者同时进行转换。

有时对照若干自变量,一次对照一个,绘制一些简单的因变量统计图可以得到很多的信息。某些模式表示的某种非线性类型,是可以通过适当的变换加以修正的。如图8.2所示为几种需要对自变量进行转换的模式和适当的转换方法。注意,这些模式虽然没有确定是否存在违反等方差假定的问题,但的确确定了模型设定中存在的问题。

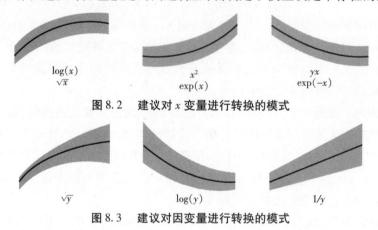

图8.2   建议对 x 变量进行转换的模式

图8.3   建议对因变量进行转换的模式

例8.1

一家大型杂货连锁店做了一个确定货架的尺寸对菠菜罐头销售效应的实验。以英尺计的自变量,连锁店的各个门店使用的货架尺寸（WIDTH）各不相同,并对因变量以个数计的菠菜罐头的销量（SALES）按月记录。月销售量用作因变量,而货架的宽度则用作自变量。表8.1列出了这些数据和线性回归分析的结果。

图8.4是一张因变量货架宽度图。这张图的性质显示,加大货架的效应是随着尺寸的加大而减小的。这时,我们也许可试着将销售量与货架空间的平方根相联系,因为货架展示商品的可视部分的多少是与货架总空间的平方根成比例的。

---

1   通常都使用自然对数系,不过任何其他底数的对数也是可以使用的。

表 8.1 菠菜罐头销售量

DATA			
Width	Sales	Width	Sales
0.5	42	1.5	100
0.5	50	2.0	105
1.0	68	2.0	112
1.0	80	2.5	112
1.5	89	2.5	128

ANALYSIS

Analysis of Variance

Source	DF	Sum of Squares	Mean Square	F Value	Pr > F
Model	1	6661.25000	6661.25000	97.75	< 0.0001
Error	8	545.15000	68.14375		
Corrected Total	9	7206.40000			

Root MSE	8.25492	R-Square	0.9244	
Dependent Mean	88.60000	Adj R-Sq	0.9149	
Coeff Var	9.31707			

Parameter Estimates

Variable	DF	Parameter Estimate	Standard Error	t Value	Pr > | t |
Intercept	1	33.85000	6.12201	5.53	0.0006
width	1	36.50000	3.69171	9.89	< 0.0001

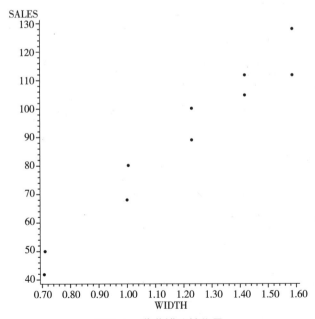

图 8.4 菠菜罐头销售量

现在我们用货架空间的平方根做自变量来做回归分析。用 SALES(销售量)做因变量和货架尺寸的平方根(SQW)的简单线性回归做自变量的简单线性回归的结果如表 8.2 所示。

表 8.2　用货架空间平方根的回归

Analysis of Variance					
Source	DF	Sum of Squares	Mean Square	*F* Value	*Pr > F*
Model	1	6855. 66658	6855. 66658	156. 37	< 0. 0001
Error	8	350. 73342	43. 84168		
Corrected Total	9	7206. 40000			
	Root MSE	6. 62130	R-Square	0. 9513	
	Dependent Mean	88. 60000	Adj R-Sq	0. 9452	
	Coeff Var	7. 47326			

Parameter Estimates					
Variable	DF	Parameter Estimate	Standard Error	*t* Value	*Pr >	t |*
Intercept	1	− 12. 24648	8. 33192	− 1. 47	0. 1798
sqw	1	85. 07087	6. 80299	12. 50	< 0. 0001

　　线性回归显然拟合得很好。注意,用变换后的变量得到的 MSE,比表 8.1 列出的那个小,但 R 方却更大。且因为变换是非常简单的,所以结果的解释也是非常简单明了的。估计的因变量为

$$\text{SA}\hat{L}\text{ES} = -12.25 + 85.07(\text{SQW})$$

故,一个 2 in 宽的货架,估计的期望销售量是 − 12.25 + 85.07(1.414) 或 108.04 听。■

　　确定什么样的转换比较合适,在很多情况下并非一件容易的事。尽管有一些试错法(trial-and-error method)可用于解决这一问题,但这些方法都要耗费大量的时间。对残差图做一番考察可以确定是否违反了某些假定,而考察一下散点图则可从中得到一些有益的启示。还有一些其他的方法可用来确定什么样的变化比较恰当。我们将在这些方法中,介绍一种使用最为普遍和最具可行性的方法。它使我们能确定,为了纠正误差项分布的偏斜、不等误差方差和回归函数的非线性,对因变量进行什么样的转换才是最为恰当的。

　　假定使用的转换是因变量的一个幂。于是我们将一个变换族定义为 y^λ,其中 λ 可取任何的正或负值作为**幂转换**(power transformation)。

　　现在,问题已经变成了一个如何确定恰当的 λ 值的问题了。有一种确定这一值的方法是使用事实。使用最多的事实是,在响应的方差和均值之间存在着某种关系时,便会违反等方差假定这一事实。如果标准差与 y 的均值的某一种幂成比例,譬如 $\sigma \propto \mu^\alpha$,那么恰当的转换将取决于 α 的值。不仅如此,一旦我们确定了 α 的值,便会有 $\lambda = 1 - \alpha$。下面列举的便是几种使用最为普遍的这一类转换:

$$\alpha = -1, \qquad \lambda = 2, \qquad y_{\text{new}} = y^2$$
$$\alpha = 0.5, \qquad \lambda = 0.5, \qquad y_{\text{new}} = \sqrt{y}$$
$$\alpha = 0, \qquad \lambda = 1,\text{无须转换}$$
$$\alpha = 1, \qquad \lambda = 0, \qquad y_{\text{new}} = \log_e(y),\text{根据定义}$$
$$\alpha = 1.5, \qquad \lambda = -0.5, \qquad y_{\text{new}} = 1/\sqrt{y}$$

$$\alpha = 2, \qquad \lambda = -1, \qquad y_{new} = 1/y$$

如果单个的自变量值存在多个观察,我们可以凭经验估计数据的 α 的值,在变量的第 i 个水平,$\sigma_{yi} \propto \mu_i^{\alpha} = \xi \mu_i^{\alpha}$,式中 ξ 是一个比例常数。我们可对等号两侧取对数,得

$$\log \sigma_{yi} = \log \xi + \alpha \log \mu_i$$

因此,$\log \sigma_{yi}$ 和 $\log \mu_i$ 的图是一条斜率为 α 的直线。因为我们不知道 σ_{yi} 或 μ_i,我们用一个合理的估计值来替代它们。σ_{yi} 的估计值可以计算 x_i 的所有相应的样本标准差 s_i 得到。无独有偶,μ_i 的估计值可以计算每个 x_i 值的样本均值 $\bar{y}_i$ 得到。一旦我们得到了这些估计值,我们便可绘制 $\log \sigma_{yi}$ 和 $\log \mu_i$ 的图,然后再用得到的直线的斜率作为 α 的估计值。

例 8.2

一个实验被用来考察钙与指甲强度之间的关系。样本由 8 个大学生组成,钙片服用量分别为 10 mg,20 mg,30 mg 和 40 mg。在试验结束时,测量了他们的指甲强度。测量结果和每一用药水平的均值和标准差如表 8.3 所示。强度对钙的用量的回归如表 8.4 所示。

表 8.3 服用钙的数据

Calcium	Fingernail Strength	Mean	Standard Deviation
10	14 46 24 14 65 59 30 31	35.375	19.42
20	116 74 27 135 99 82 57 31	77.625	38.57
30	44 70 109 133 55 115 85 66	84.625	31.50
40	77 311 79 107 89 174 106 72	126.875	81.22

表 8.4 强度对钙的回归

Analysis of Variance					
Source	DF	Sum of Squares	Mean Square	F Value	Pr > F
Model	1	31697	31697	13.95	0.0008
Error	30	68169	2272.28667		
Corrected Total	31	99866			

Root MSE	47.66851	R-Square	0.3174	
Dependent Mean	81.12500	Adj R-Sq	0.2946	
Coeff Var	58.75933			

Parameter Estimates					
Variable	DF	Parameter Estimate	Standard Error	t Value	Pr > |t|
Intercept	1	10.75000	20.64107	0.52	0.6063
calcium	1	2.81500	0.75371	3.73	0.0008

回归虽然是显著的,但似乎不是很强(R 方只有 0.3147)。而残差的考察结果表明,在常方差假定上可能存在问题。图 8.5 给出了一张残差与预测值的图。

这些残差说明等方差假定存在着问题。不仅如此,残差图还表明,变差值的大小似

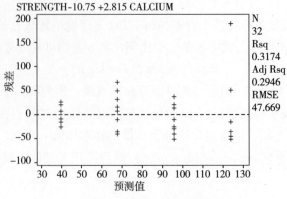

图 8.5　例 8.2 的残差

乎取决于 y 的预测值。为了确定做一下转换是否有助于问题的解决,我们绘制了如图 8.6 所示的标准差和均值的对数图。

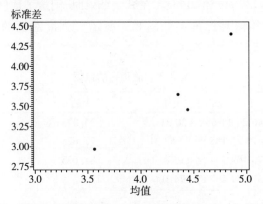

图 8.6　例 8.2 的标准差(log std) 和均值(log mean) 的对数图

图 8.6 表明一条斜率在 1.0 左右的直线可能拟合得最好。因此,我们将用自然对数对因变量进行转换。表 8.5 给出了转换后得到的回归,而图 8.7 则给出了它的残差图。而残差图表明,现在已经是常方差了。不仅如此,表 8.5 的回归似乎还表明,拟合也好得多了。

表 8.5　强度(Strength) 对钙(Calcium) 的对数回归

		Analysis of Variance			
Source	DF	Sum of Squares	Mean Square	F Value	$Pr > F$
Model	1	6. 51514	6. 51514	23. 36	< 0. 0001
Error	30	8. 36677	0. 27889		
Corrected Total	31	14. 88191			
	Root MSE	0. 52810	R-Square	0. 4378	
	Dependent Mean	4. 18194	Adj R-Sq	0. 1190	
	Coeff Var	12. 62816			
		Parameter Estimates			
Variable	DF	Parameter Estimate	Standard Error	t Value	$Pr >\mid t\mid$
Intercept	1	3. 17299	0. 22868	13. 88	< 0. 0001
calcium	1	0. 04036	0. 00835	4. 83	< 0. 0001

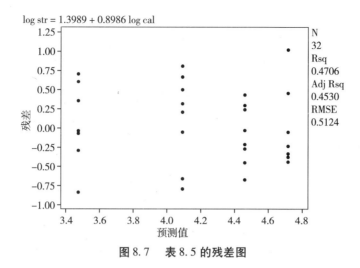

图 8.7 表 8.5 的残差图

即使没有任何一个自变量的值有多个观察,或方差与均值不成比例,幂转换也还是有用的。但如何来确定 λ 的值仍然是一个问题。博克斯和考克斯(Box and Cox,1964)已经告诉我们,如何用其他模型的参数,同步估计转换参数 λ。这种方法称为博克斯 - 考克斯法(Box-Cox method),它使用的是最大似然估计(maximum likelihood estimation)。例如,我们考虑用一个简单线性回归性来表示幂转换族中任意一个值:

$$y^{\lambda} = \beta_0 + \beta_1 x + \epsilon$$

注意,这一模型有一个额外的参数 λ。博克斯 - 考克斯法假设误差项为正态,并在估计回归参数的同时,用最大似然来估计 λ 的值。许多计算机软件都有这一方法选项。有关博克斯 - 考克斯法的讨论,可参见德雷珀和斯密斯的有关著作(Draper and Smith,1998)。

乘法模型(The Multiplicative Model)

现在让我们来对乘法模型做一番深入的考察。该模型为

$$y = \beta_0 x_1^{\beta_1} x_2^{\beta_2} \cdots x_m^{\beta_m} \epsilon$$

在转换之后则变为

$$\log(y) = \log(\beta_0) + \beta_1 \log(x_1) + \beta_2 \log(x_2) + \cdots + \beta_m \log(x_m) + \log(\epsilon)$$

式中,对数以 e 为底,尽管结果等价的任何的底都可以使用。这一模型有以下特性:

- 模型是乘法的[2],也就是说,如在一个自变量 x_1 的值为 x_1^* 时,那么就意味着模型因变量的估计值将乘以 $(x_1^*)^{\beta_1}$,同时,其他变量所有变量都保持恒定。例如,如果一个物体的质量系用它的维度(长、宽和高)来估计的,那么从逻辑上讲,质量便是这些维度的积。如果一个物体是一个立方体,那么指数便都是一个单位,即

$$\text{质量} = \text{截距} + \text{长度} + \text{宽度} + \text{高度}$$

式中,截距涉及立方体的材料的特定的质量。换言之,β_i 都是单位 1,然而,如果物的形状

---

2 用对数的线性模型,虽然可在逻辑上称为对数线性模型(log-linear model),然而根据术语的系统命名规则,这一名称应该是一种对定类因变量模型的分析(见第10章)。因此,我们只是在相对于原变量模型的乘法模型的意义上,把它称为线性对数模型。

是不规则的话,这系数的值便会与这个值有所不同。

- 另一种描述模型的方法是,叙述系数代表的比例效应。这就是说,效应与因变量的大小或数量成比例。系数代表在保持其他所有变量恒定时,由自变量的1%变化引起的因变量的变化。经济学家把这些系数称为弹性系数(elasticity)。
- 随机误差也是乘法的,换言之,误差的数量是与因变量的值成比例的。
- 如果对数模型中的线性误差的分布是正态的,那么乘法模型中的误差的分布便是对数正态的。这一分布的值只能是正的,且高度向右偏斜的。等价于线性模型的0误差的乘法模型的误差值是单位1。这意味着,那些乘法离差大于1的离差的绝对值往往比那些小于1的更大。而这正是乘法模型的又一个逻辑结果。
- 虽然对数模型中的线性因变量的估计值是有偏的,但乘法模型的条件均值或预测值的估计值却是无偏的。这就是说,如果我们对模型估计值做逆对数变换(inverse log transformation),那么原观察值的残差将不是零总和的。这是对数正态分布偏斜的结果。

对数线性模型有很多应用。其中包括对涉及物品,如例8.3中钻石的某个成分的大小或维度的某种尺寸函数(function of size)进行估计。这一模型也常用于很多效应成比例的经济模型。科布-道格拉斯生产函数(The Cobb Douglas production function)是一种用于描述产出与各种投入(人力、资本等)的关系的模型。在某些工程方面的应用中,这一模型称为学习曲线(learning curve)。此外,还有一些模型也常用于如例8.4所阐述的那样的变量成比例或百分比变化的场合。

例8.3 估计钻石价格

我们都知道钻石的价格是随质量增加的,而质量是则以克拉计量的。我们将要使用在一次拍卖会上销售的钻石样本的价格和质量的数据。数据已列入表8.6中,读者也可从数据盘中的文件REG08X03得到。

表8.6 钻石价格

Carats	Price	Carats	Price	Carats	Price
0.50	1918	0.75	5055	1.24	18095
0.52	2055	0.77	3951	1.25	19757
0.52	1976	0.79	4131	1.29	36161
0.53	1976	0.79	4184	1.35	15297
0.54	2134	0.91	4816	1.36	17432
0.60	2499	1.02	27264	1.41	19176
0.63	2324	1.02	12684	1.46	16596
0.63	2747	1.03	11372	1.66	16321
0.68	2324	1.06	13181	1.90	28473
0.73	3719	1.23	17958	1.92	100411

我们先使用一个线性模型。表8.7列出了它的分析结果。而图8.8则是它的残差图。结果并不令人十分满意。

表 8.7　线性回归分析

Analysis of Variance				
Source	DF	Sum of Squares	Mean Square	*F* Value	*Pr* > *F*
Model	1	5614124208	5614124208	33.65	< 0.0001
Error	28	4670941238	166819330		
Corrected Total	29	10285065445			

	Root MSE	12916	R-Square	0.5459
	Dependent Mean	13866	Adj R-Sq	0.5296
	Coeff Var	93.14610		

Parameter Estimates				
Variable	DF	Parameter Estimate	Standard Error	*t* Value	*Pr* >| *t* |
Intercept	1	− 19912	6282.02373	− 3.17	0.0037
CARATS	1	33677	5805.22786	5.80	< 0.0001

　　决定系数只有 0.55，且残差图显示直线拟合并不能令人满意。此外，残差分布十分清楚地显示，方差随价格增长而增长。而正如我们在 3.4 节已经了解的那样，这种情况将导致不正确的估计值和预测的置信区间，而这样的结果并不足为奇的。

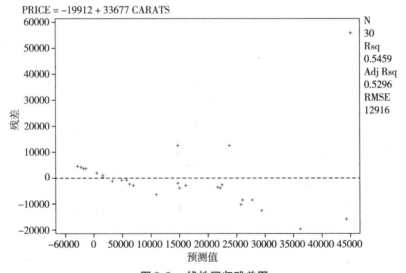

图 8.8　线性回归残差图

　　残差图告诉我们，首先需要处理的问题是不等方差，为了使方差趋于稳定，我们先对因变量进行了转换。然后，如果需要的话，再对自变量用多项式，或者用其他转换方式对自变量进行转换，以对明显的曲线响应做出描述，或至少做出近似的描述。我们把多项式回归分析留给读者去做。在这里我们只用线性对数模型：

$$\log(\text{Price}) = \beta_0 + \beta_1 \log(\text{Carats}) + \epsilon$$

　　这一模型在大多数计算机程序中使用时，都需要先建立其值是原变量值的对数的新变量，然后再把它们设定在回归模型中。所以本例也先建立了这样的新变量，它们的名字是 LPRICE 和 LCARATS。这一回归的结果和残差图，如表 8.8 和图 8.9 所示。

表 8.8 使用对数的模型分析

Analysis of Variance					
Source	DF	Sum of Squares	Mean Square	F Value	Pr > F
Model	1	30.86768	30.86768	219.75	< 0.0001
Error	28	3.93303	0.14047		
Corrected Total	29	34.80072			
	Root MSE	0.37479	R-Square	0.8870	
	Dependent Mean	8.94591	Adj R-Sq	0.8829	
	Coeff Var	4.18948			
Parameter Estimates					
Variable	DF	Parameter Estimate	Standard Error	t Value	Pr >| t |
Intercept	1	9.14221	0.06970	131.17	< 0.0001
logcarats	1	2.51217	0.16947	14.82	< 0.0001

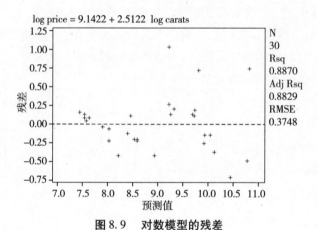

图 8.9 对数模型的残差

分析结果告诉我们,转换的模型对数据的拟合相当好。决定系数大多了,尽管我们不提倡对两个决定系数进行严格的比较,因为两者的量度尺度不尽相同。残差图还是一定程度上显示,较高的预测值的方差仍然比较大。回归系数估计,质量(carats)每增加1%,将会导致价格增加 2.5(见这一模型后面的有关讨论)。这一结果再一次证明,钻石质量与价格之间的关系显然是非线性的。当然,这无非是钻石价格的一个众所周知的特点而已。

这种分析的问题在于,我们真正想要估计并不是价格的对数,而是希望了解模型是如何描述质量与价格的关系的。我们可以通过对预测值和各种预测区间进行逆转换来达到这一目的。只要求一下幂,我们就可实现这样的逆转换,即

$$预测值 = e^{从对数模型得到的估计值}$$

如图 8.10 所示为实际价格以及以这种方式得到的预测值和 0.95 的预测区间。

结果似乎是相当合理的。然而,正如我们在早先已经指出的那样,估计曲线并不是无偏的:预测值的均值 15283 与均值 13866 相比较。因为这是一个乘法模型,所以偏倚也是乘法的,因此偏倚等于 15283/13866 = 1.10,或 10%。我们已知,偏倚的大小与决定系

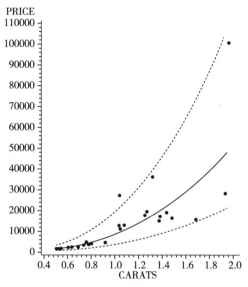

图 8.10 再转换模型的统计值

数有关,它近似于$(1 - R^2)$。在这一例子中,它等于 11.3%。将偏倚(在这一例子中是 1.10)除以所有的预测值,就可以得到特别无偏估计值(ad hoc unbiased estimates)。

诚如前述,用加权最小平方二次多项式也许同样也可以很好地分析这个问题,读者可以把它作为一个练习。不过,诸如这样的模型是不会给我们提供有用的回归系数的。■

例 8.4 航空乘客的需求

CAB(1972)(在 1978 年放松航空管理法颁发前美国的航空管理机构的英文缩写)[*]收集了有关 1966 年商业航线载客资料。本例涉及的乘客数和航线数,系任意取自该数据库中的 74 个城市对。其他可能与乘客有关的信息,则来自一张标准的美国地图。研究选用的变量有:

PASS:在样本周中飞行在城市之间的乘客数(以千人计)

这是一个因变量,自变量有:

MILES:城市对之间的航线距离

INM:较大城市人均收入中位数

INS:较小城市人均收入中位数

POPM:较大城市人口数(以千人计)

POPS:较小城市人口数(以千人计)

AIRL:航班数

变量 CITY1 和 CITY2(城市对的缩写)虽然给出了有关信息,但不会在实际分析中使用。我们的目的在于估计乘客的数目。表 8.9 给出了数据集选出的观察,整个数据集可从数据文件 REG08X04 得到。

---

[*] 原文没有,系译者加的注。——译者注

表 8.9 航线乘客数据(选出的观察)

CITY1	CITY2	PASS	MILES	INM	INS	POPM	POPS	AIRL
ATL	AGST	3. 546	141	3. 246	2. 606	1270	279	3
ATL	TPA	7. 463	413	3. 246	2. 586	1270	881	5
DC	NYC	150. 970	205	3. 962	2. 524	11698	2637	12
LA	BOSTN	16. 397	2591	3. 759	3. 423	7079	3516	4
LA	NYC	79. 450	2446	3. 962	3. 759	11698	7079	5
MIA	DETR	18. 537	1155	3. 695	3. 024	4063	1142	5
MIA	NYC	126. 134	1094	3. 962	3. 024	11698	1142	7
MIA	PHIL	21. 117	1021	3. 243	3. 024	4690	1142	7
MIA	TPA	18. 674	205	3. 024	2. 586	1142	881	7
NYC	BOSTN	189. 506	188	3. 962	3. 423	11698	3516	8
NYC	BUF	43. 179	291	3. 962	3. 155	11698	1325	4
SANDG	CHIC	6. 162	1731	3. 982	3. 149	6587	1173	3
SANDG	NYC	6. 304	2429	3. 962	3. 149	11698	1173	4

我们先来做线性模型。它的结果和残差图如表 8.10 和图 8.11 所示。该模型肯定是显著的。且不出我们所料,与数据也拟合得很好。显著性、系数的符号和航班数大多都在意料之中。多少令人感到意外的是,小城市的人口是显著的,但大城市却几乎没有什么显著性($\alpha = 0.05$)。以外有些令人惊讶的是收入没有显著性。

表 8.10 线性模型分析

Analysis of Variance					
Source	DF	Sum of Squares	Mean Square	F Value	Pr > F
Model	6	72129	12022	25. 19	< 0.0001
Error	67	31979	477. 29520		
Corrected Total	73	104108			

	Root MSE	21. 84709	R-Square	0. 6928	
	Dependent Mean	27. 36491	Adj R-Sq	0. 6653	
	Coeff Var	79. 83615			

Parameter Estimates					
Variable	DF	Parameter Estimate	Standard Error	t Value	Pr >	t	
Intercept	1	− 81. 17793	41. 81503	− 1. 94	0. 0564
miles	1	− 0. 01639	0. 00427	− 3. 84	0. 0003
inm	1	13. 74491	12. 49268	1. 10	0. 2752
ins	1	3. 63629	8. 21722	0. 44	0. 6595
popm	1	0. 00223	0. 00110	2. 02	0. 0474
pops	1	0. 00969	0. 00275	3. 52	0. 0008
airl	1	7. 87593	1. 80917	4. 35	< 0.0001

尽管这些系数似乎很合理,但是却没有什么用处。例如,AIRL 的系数估计任何一个城市对,每增加一个航班,便会使乘客增加 7.88(千人)。而表 8.10 的数据显示,乘客数的离散度是很大的。对于流量很大的航线,如在迈阿密与纽约之间的航线(126134 个乘

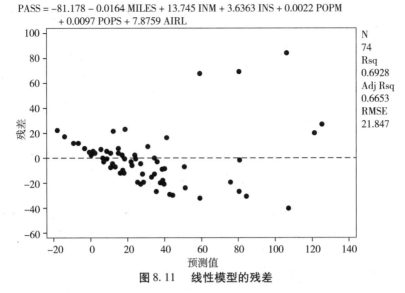

图 8.11 线性模型的残差

客),7880 个乘客的变化几乎是微不足道的,而对于低流量的航线,如亚特兰大到奥克兰 (3546 个乘客),诸如这样的变化是不现实的,而它一旦发生,将会难以控制。而更为可能 的情景是,乘客变化的*百分数*是随航班数的变化而变化的。这一观点同样也适用于其他 的系数。换言之,我们需要一个乘法模型,而对数线性模型便可为我们提供这样的 模型。

残差图显示了一种典型的方差随因变量上升而上升的模式。这一模式提示我们,做 一下对数转换也许是可行的。

接下来我们采用一个使用了对数的模型。我们首先创建一组对数变量,这些变量以 在原变量名前加上前缀 log 命名。如变量 PASS 的对数就是 log pass,其余变量可以此类 推。分析的结果如表 8.11 所示,而残差图如图 8.12 所示。

整个模型的统计值与线性模型没有很大差别,而航班的距离和数目似乎再一次显示 出是最重要的因子。然而,对于这一模型而言,两个城市的人口系数则大致相当。此外, 在这一模型中,大城市的收入是显著的,尽管与其他因子的 p 值相比,它的 p 值比较大。

不仅如此,现在系数都有了比较合理的解释。例如,现在英里对数的系数表明,距离 每增加 10%,乘客数便会下降 4.4%。

表 8.11 对数线性模型分析

			Analysis of Variance		
Source	DF	Sum of Squares	Mean Square	F Value	Pr > F
Model	6	67. 65374	11. 27562	36. 54	< 0. 0001
Error	67	20. 67414	0. 30857		
Corrected Total	73	88. 32789			
	Root MSE	0. 55549	R-Square	0. 7659	
	Dependent Mean	2. 67511	Adj R-Sq	0. 7450	
	Coeff Var	20. 76512			

续表

Parameter Estimates					
Variable	DF	Parameter Estimate	Standard Error	t Value	$Pr > \mid t \mid$
Intercept	1	− 6. 47352	1. 00488	− 6. 44	< 0. 0001
log miles	1	− 0. 43617	0. 10091	− 4. 32	< 0. 0001
log inm	1	2. 91417	1. 26730	2. 30	0. 0246
log ins	1	0. 77848	0. 63182	1. 23	0. 2222
log popm	1	0. 42970	0. 15249	2. 82	0. 0063
log pops	1	0. 39270	0. 11964	3. 28	0. 0016
log airl	1	0. 71213	0. 19455	3. 66	0. 0005

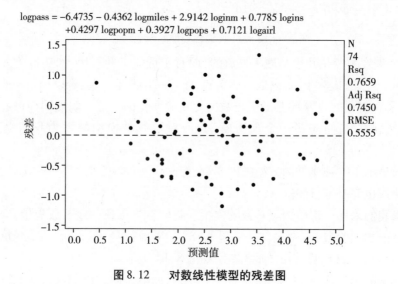

$$\text{logpass} = -6.4735 - 0.4362\, \text{logmiles} + 2.9142\, \text{loginm} + 0.7785\, \text{logins}$$
$$+ 0.4297\, \text{logpopm} + 0.3927\, \text{logpops} + 0.7121\, \text{logairl}$$

图 8.12　　对数线性模型的残差图

8.3　本质非线性模型(intrinsically nonlinear models)

在 8.1 节,我们注意到某些参数是非线性的模型,是无法通过变换变成线性的。我们将这些模型称为本质非线性模型。在对某些能估计非线性模型的系数的方法进行考察之前,我们先来考察一下广义统计模型

$$y = f(x_1, \cdots, x_m, \beta_1, \cdots, \beta_p) + \epsilon$$

式中,f 是 m 个自变量,$x_1, \cdots, x_m$ 和 p 个系数,$\beta_1, \cdots, \beta_p$ 的函数。M 值不一定要等于 p。与通常一样,误差项 ϵ 假定是正态的,均值为 0,方差为 σ^2。注意,如果我们定义

$$f(x_1, \cdots, x_m, \beta_0, \cdots, \beta_m) = \beta_0 + \beta_1 x_1 + \cdots + \beta_m x_m$$

那么我们便已经描述了一个线性模型。

我们用于估计模型中系数的方法称为最小平方原理。它涉及用积分计算得到的最小 SSE。求最小 SSE 涉及求解一组线性方程(参见附录 C)。我们可用一个类似的方法,求几乎任何 f 函数的未知系数。这就是说,我们可以使下式最小化,即

$$SSE = \sum \left[y - f(x_1, \cdots, x_m : \beta_1, \cdots, \beta_p) \right]^2$$

在遇有某些情况时就会发生问题,即在模型的最少系数超过了自变量数$(p \geq m)$,或最小化程序无法产生线性模型时,便会使封闭式或精确解是无法做到的。因此,方程需借助一种迭代搜索过程(iterative search process)来求解。

一个迭代搜索过程是从某些参数预估值开始的。这些估计值被用来计算残差平方和,并指示我们对参数估计值应该做什么样的修正,便可使残差平方和可能有所减少。这一过程反复进行,直至参数估计值不会再使残差平方和减少为止,然后我们便使用这些估计值。

有时我们也可以用最大似然法来估计系数(见附录 C 中,有关最大似然估计的扼要讨论)。可以证明,对许多模型而言,只要误差项是独立和正态的,并具有相等的方差,这两种方法得到的结果便是相同的(具体例子,请见 Kutner et al,2004)。不仅如此,最大似然法常常也需要用迭代数字搜索法来求解。

研究者开发出各种不同的用来求解拟合曲线模型所需要的方程的迭代方法。在选择具体方法时,重要的问题是要考虑到效率、精确性和尽可能避免找到所谓的局部最小值(local minima)。大多数计算机软件都提供了若干种这样的方法,如 SAS 的 PROC NLIN 模块,便提供了 5 种不同的方法。

我们用几个实例来阐述这一方法。我们首先要看的是指数衰减模型(exponential decay model),然后再看一下使用对数成长模型(logistic growth model)的成长曲线(growth curve)。最后我们要看的是与 7.3 节介绍的方法类似的分段多项式(segmented polynomial)模型,不同之处在于,它的节点是未知的。

例 8.5 辐射衰减

表 8.12 列出了取自不同时间(time)(t)接触了放射性同位素之后立即测到的射线数(count)(y)。理论表明这些数据应当与一种称为衰减模型的指数模型拟合。这个模型的形式为

$$y = \beta_0 e^{\beta_1 t} + \epsilon$$

式中,β_0 是在 $t = 0$ 处的初始数,而 β_1 则是指数衰减率。ϵ 假定是独立正态的误差。注意,模型是本质非线性的,因为误差不是乘法的。

为了做非线性回归,我们需要得到估计系数的迭代过程所需的起始值。值得庆幸的是,这一模型的合理的起始值是可以得到的。为了得到 β_0 的起始值,我们观察到,数据的第一部分有一个时间值 time = 0,因此,它给了我们一个 β_0 的很好的估计值,为 540。为了得到 β_1 的估计值,我们选择时间 time = 30,此处的 count = 165。这便给了我们如下的方程:

$$165 = 540 e^{\beta_1 (30)}$$

取自然对数,并解方程,便可得到 β_1 的估计值 − 0.0395。而这将使我们得到需要的起始点 540 和 0.0395。表 8.13 给出了用这些起始值和 SAS 系统中的 PROC NLIN 模块中的非线性回归选项得到的部分输出结果。

表 8.12   放射线数据

Time(t)	Count(y)
0	540
5	501
5	496
10	255
10	242
15	221
20	205
25	210
30	165
35	156
40	137
45	119
50	109
55	100
60	53
65	41

表 8.13   非线性回归

Nonlinear Least Squares Summary Statistics			Dependent Variable COUNT	
Source	DF	Sum of Squares	Mean Square	
Regression	2	1115336. 3338	557668. 1669	
Residual	14	42697. 6662	3049. 8333	
Uncorrected Total	16	1158034. 0000		
(Corrected Total)	15	370377. 7500		
Parameter	Estimate	Asymptotic Std. Error	Asymptotic 95% Confidence Interval	
			Lower	Upper
B_0	517. 3141078	36. 425800343	439. 18872007	595. 43949555
B_1	− 0. 0396592	0. 005129728	− 0. 05066130	− 0. 02865700

我们删除了 SAS 系统输出的陈述迭代搜索过程收敛的摘要。PROC NLIN 模块中的这一程序,将产生一系列曾经使残差平方和减少的参数估计值。在残差平方和似乎降无可降时,数列(系列)收敛了。这就意味着,一旦发现系列已经收敛,程序便会停止运行,这时得到的值便被认为是残差平方和的最小值。表 8.13 的最后两行列出了参数值。估计值 $\hat{\beta}_1 = - 0. 0397, \hat{\beta}_0 = 517. 314$。

表 8.13 的第一部分给出了分解的平方和,它与标准线性回归分析的方差分析部分相对应。不过,大家注意,分解始于不相关的总平方和。这更类似于 2.6 节介绍的,通过原点的回归分析,因此,这时修正的平方和可能是没有什么意义的。不过修正的总平方和有时可能提供我们期盼的更加"一般"的分析。

在输出结果中,既没有模型也没有参数的检验统计值。这是因为我们没有可用于正态误差项的非线性回归模型的精确的推论方法。而之所以会这样,则是因为小样本的最小平方估计量,即非正态分布的也非无偏的和没有最小方差这一事实。正因为如此。非线性回归的参数推论通常都是以大样本或渐近理论为根据的。这种理论告诉我们,在样本相当大的时候,估计量不仅接近正态分布,且几乎是无偏的和方差最小的。因此,在样本相当大的时候,我们可以用与线性回归相同的方式来推论非线性回归的参数。尽管这些推论法在用于非线性回归时,仅仅是近似的。而这种近似常常不仅是非常好的,而且对有些线性回归只要有很小的样本就可以做很好的渐近推论。不过遗憾的是,对另一些非线性回归,则可能需要相当大的样本。有关什么时候需要用大样本理论的讨论,请参见库特纳等人的著作(Kutner et al,2004)。

等价于整个回归模型的一般的 F 检验,可以用修正的总平方和减去残差平方和,再取均方的比率计算得到。这个值的分布近似于大样本的 F 分布。系数估计值的标准误差和置信区间也是渐近的(如表8.13表明的)。因此,我们可以有接近95%的把握确信,β_0 的真值在439.2和595.4之间,而 β_1 的真值则在 -0.05 和 -0.03 之间。注意,这两个区间都不包括0,所以我们可以认为,两个系数都与0有着显著的不同。

系数估计值可为我们提供一个估计的模型:

$$\hat{\mu}_{y|t} = 517.3e^{-0.04t}$$

估计的初始射线数是517.3,而估计的指数衰减率是0.04。这意味着在时间 t 的期望数是 $e^{-0.04} = 0.96$ 乘以时间 $(t-1)$ 的射线数。换言之,估计的衰减率是 $(1-0.96) = 0.04$,或近似于每时间期4%。我们可以求得半衰期,即二分之一射线已经放射的时间期,它是 $t = \ln(2)/0.04 = 17.3$。

这种求解指数模型的路数与例8.2使用的路数之间的差别在于,两者有关误差项的性质的假定有所不同。如果误差项是乘法的,那么衰减模型便可作为本质线性模型处理,并可采用对数转换。这就是说,我们将模型定义为

$$\log(\text{COUNT}) = \beta_0 + \beta_1(\text{TIME}) + \epsilon$$

用转换后的模型对例8.5的数据做线性回归,得到的结果如表8.14所示。

表8.14　衰减数据的对数模型

Dependent Variable: LOG
Analysis of Variance

Source	DF	Sum of Squares	Mean Square	F Value	$Pr > F$
Model	1	7.45418	7.45418	157.61	< 0.0001
Error	14	0.66214	0.04730		
Corrected Total	15	8.11632			

	Root MSE	0.21748	R-Square	0.9184
	Dependent Mean	5.16553	Adj R-Sq	0.9126
	Coeff Var	4.21012		

Parameter Estimates

Variable	DF	Parameter Estimate	Standard Error	t Value	$Pr > \lvert t \rvert$
Intercept	1	6.13856	0.09467	64.84	< 0.0001
time	1	-0.03312	0.00264	-12.55	< 0.0001

取转换模型两边的幂,可得

$$COUNT = e^{\beta_0} e^{\beta_1 t} e^{\epsilon}$$

用来自表 8.14 的结果,我们可得估计模型为

$$\widehat{COUNT} = e^{6.139} e^{-0.033t} = 463.6 e^{-0.033t}$$

注意,估计值与使用非线性模型得到的并没有很大的差别。尽管如此,大家必须记住,本质线性模型有关随机误差的假定是不同的。

最后,我们可以用多项式模型来"拟合"数据。该模型是在 7.2 节介绍的,那时我们确定了 3 次模型与数据的拟合最好。其回归结果如表 8.15 所示。

表 8.15　放射性数据的多项式回归

Source	DF	Sum of Squares	Mean Square	F Value	Pr > F
		Analysis of Variance			
Model	3	343681.1073	114560.3691	51.49	< 0.0001
Error	12	26696.6427	2224.7202		
Corrected Total	15	370377.7500			

| | R-Square | 0.927921 | Root MSE | 47.16694 | |
| | Coeff Var | 21.25834 | Count Mean | 221.8750 | |

Source	DF	Type I SS	Mean Square	F Value	Pr > F
time	1	280082.9368	280082.9368	125.90	< 0.0001
time * time	1	39009.1398	39009.1398	17.53	0.0013
time * time * time	1	24589.0307	24589.0307	11.05	0.0061

Parameter	Estimate	Standard Error	t Value	Pr > | t |
Intercept	566.8147957	36.11788755	15.69	< 0.0001
time	− 31.5637828	5.33436752	− 5.92	< 0.0001
time * time	0.7825509	0.19553224	4.00	0.0018
time * time * time	− 0.0065666	0.00197517	− 3.32	0.0061

所有这 3 种路数在时间上对放射线数所做的预测,似乎都是比较可靠的,如图 8.13 所示。在该图中,线 1 代表非线性模型,线 2 代表指数对数模型,而线 3 则代表多项式模型。图中的点是数据。不过,多项式回归显示在时间期终端,射线数有所上升,这样的结果是不可能的。对数模型假定误差是乘法的,因此唯一严格正确的分析是由非线性模型实现的。通过这一模型的使用,我们可以解释误差项可能是加法的事实,因而才可估计那些我们需要的参数。

衰减模型更为广义的形式为

$$y = \beta_0 + \beta_1 e^{\beta_2 t} + \epsilon$$

式中　$(\beta_0 + \beta_1)$——在 $t = 0$ 时的初始计数;

　　　β_0——在 $t = \infty$ 时的计数;

　　　β_2——衰减率;

　　　ϵ——呈正态分布的随机误差。

注意,唯一的差别在于这一模型不要求随着 t 逐渐变大,曲线逐渐趋 0。此外,即使我

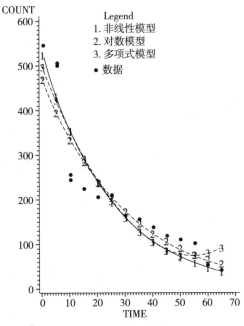

图 8.13 模型比较

们允许有乘法误差(multiplicative error),这一模型也是本质非线性的。

我们还是需要有迭代过程用来估计系数的起始值。就这一模型而言,我们可以采用与前面相同的策略,为迭代过程得到合理的起始值的。例如,我们可以用 $t=0$ 的值来估计$(\beta_0+\beta_1)$,为 540。因为计数会衰减到最后一次测量为止,所以我们有理由将 β_0 估计为 0。这也同时给出了 β_1 的起始值,为 540。

我们将用 TIME = 30 和 COUNT = 165 的观察来求 β_2。

$$165 = 0 + 540e^{30\beta_2}$$

$$\ln(165) = \ln(540) + 30\beta_2$$

$$5.10 = 6.29 + 30\beta_2$$

求解之后,得到估计的 $\beta_2 = -0.04$。

表 8.16 为在 SAS 的 PROC NLIN 模块用这些起始值得到的部分输出结果。

表 8.16 非线性回归

| Nonlinear Least Squares Summary Statistics | | | Dependent Variable COUNT | |
Source	DF	Sum of Squares	Mean Square	
Regression	3	1126004.0106	375334.6702	
Residual	13	32029.9894	2463.8453	
Uncorrected Total	16	1158034.0000		
(Corrected Total)	15	370377.7500		
			Asymptotic 95% Confidence Interval	
Parameter	Estimate	Asymptotic Std. Error	Lower	Upper
B_0	83.2811078	26.205957197	26.66661319	139.89560248
B_1	486.7398763	41.963485999	396.08333074	577.39642192
B_2	-0.0701384	0.015400632	-0.10343320	-0.03684362

参数估计值为我们提供的模型为

$$\hat{\mu}_{y|x} = 83.28 + 486.74e^{-0.070t}$$

用这些系数我们可发现,估计的初始计数是$(83.28 + 486.74)570.02$,估计的最后计数是83.28,而估计的指数衰减率是-0.070。这意味着,在时间t的期望计数$e^{-0.07} = 0.93$乘以时间$(t-1)$的计数。换言之,估计的每一时期的减少是$(1-0.93) = 0.07$,或7%左右。我们可以得到半衰期,即在一半射线已经放射时的估计值为$t = \ln(2)/0.07 = 9.9$乘以时间期数。

分解平方和表明,这一模型的拟合优于双参数模型。衰减系数的标准差是双参数模型的3倍。用求随机变量和的方差的公式,我们得到起始值$(\beta_0 + \beta_1)$为40.121的标准差,它也优于双参数模型。虽然渐近线的置信区间相当宽,但并没有包括0。

图8.14显示了用估计模型(线)和观察值(点)绘制的图。模型似乎确实拟合得相当好。

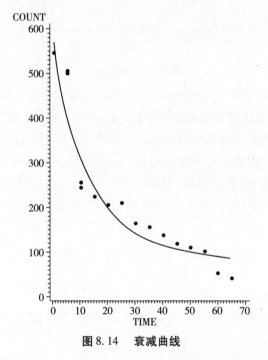

图 8.14 衰减曲线

成长模型(Growth Models)

成长模型应用于很多的研究领域。在生物学、植物学、林业、生态学中,成长曲线在很多不同的机体,包括人的机体中发生。对于活的机体,这种成长是时间的一个函数。在化学中,在化学反应持续发生时,这种成长也是时间的一个函数。在经济学和政治学中,组织的成长、日用品和产品的供应成长,甚至种族的成长,都可能是时间的函数。因此,能在时间上为成长行为建立模型是非常重要的。然而,因为我们需要的是一个含有可以解释的参数的模型,所以我们将使用非线性模型。

指数模型既可用于指数成长,又可用于衰减。差别在于系数β_1的符号:如果符号为正,那么模型描述了一个成长的过程;反之,则描述了一个衰减的过程。指数模型用作成长模型的问题在于,y的期望值会连续上升。诸如这样的模型一般与那些在一个长时期内收集的数据拟合,因为大多数生物体在成熟后便不再成长。然而,多数成长模型都允许在不同的时间段有若干不同的成长率,且通常都呈 S 状。

我们将用一个例子来阐述非线性成长模型的应用。将要使用的模型是使用最为普遍的成长模型中的一种,通常称为**逻辑斯蒂**模型(logistic model)或**自催化**模型(autocatalytic model)

$$y = \frac{\beta_2}{1 + [(\beta_2 - \beta_0)/\beta_0]e^{\beta_1 t}} + \epsilon$$

式中 β_0—— 在时间 $t = 0$ 时 y 的期望值(起始值);

β_1—— 成长率的量度;

β_2—— 很大时间值的 y 的期望值,常被称为 y 的限定值(limiting value);

ϵ—— 随机误差,假定有均值 0 和方差 σ^2。

例8.6 成长模型

表 8.17 列出的数据来自一个试图在一个人为控制的环境中饲养佛罗里达龙虾的实验。该数据显示了某个品种龙虾的总体长(LENGTH)和年龄(TIME)。

表 8.17 龙虾数据

TIME(mo)	LENGTH(mm)
14	59
22	92
28	131
35	175
40	215
50	275
56	289
63	269
71	395
77	434
84	441
91	450
98	454
105	448
112	452
119	455
126	453
133	456
140	460
147	464
154	460

我们将用 SAS 的 PROC NLIN 估计参数值。无独有偶,我们现在还是需要估计过程需要的起始值。虽然在这一套数据中,TIME 并不是从 0 开始的,但是我们将使用在 14 个月时的体长(59 mm)来估计起始值,并用最后一个时间值的体长(460 mm)来估计限定值。因为我们事先确实没有任何有关预期符号为正的龙虾成长率的知识,所以我们将主

观地选择 0.1 这一值作为 β_1 的起始值。[3] 程序运行后输出的部分结果已经列入表 8.18 中。

表 8.18　非线性回归

Nonlinear Least Squares Summary Statistics			Dependent Variable COUNT	
Source	DF	Sum of Squares	Mean Square	
Regression	3	1126004.0106	375334.6702	
Residual	13	32029.9894	2463.8453	
Uncorrected Total	16	1158034.0000		
(Corrected Total)	15	370377.7500		
			Asymptotic 95% Confidence Interval	
Parameter	Estimate	Asymptotic Std. Error	Lower	Upper
B_0	83.2811078	26.205957197	26.66661319	139.89560248
B_1	-0.0701384	0.015411632	-0.10343320	-0.03684362
B_2	486.7398763	41.963485999	396.08333074	577.39642192

输出结果的开始部分给出了通常的分解的平方和。该模型似乎拟合得不错。

渐近线的 95% 的置信区间并没有包括零,因此对所有系数而言,我们都拒绝没有效应的假设。注意,体长限定值的估计值约为 486.7,这就意味着这一品种的龙虾很少有长于 19 in 的。83.3 这一估计的起始值意义不大。图 8.15 显示了预测值(实线)和观察值(有间断的线段连接的点),它不仅表明与数据的拟合相当好,而且还明确显示了成长曲线特有的形状。

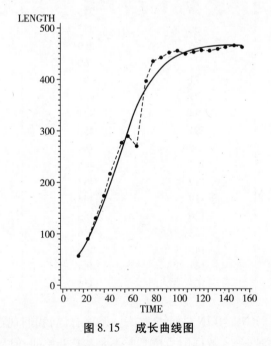

图 8.15　成长曲线图

---

[3] 大多数非线性回归的程序都允许使用格搜(grid search),它能为我们提供更好的预设起始值。

现在我们来考虑使用一个分段多项式模型。因为在这个模型中,不知道节点的位置,因此,参数的估计也就变得更加困难。

例 8.7 重解例 7.3

本例是由一组为节点在 $x = 5$ 的分段多项式模型且人为生成的数据而组成的。数据如表 7.6 所示。数据用模型生成,即

$$y = x - 0.1x^2 + \epsilon \qquad 当 x \leqslant 5 时$$
$$y = 2.5 + \epsilon \qquad\qquad 当 x > 5 时$$

随机误差服从正态分布,有均值 0 和标准差 0.2。

如果节点的位置已知(在这一例子中为 $x = 5$),那么模型的参数便可用线性回归法来估计。在节点位置未知时,节点是模型的一个参数,因此我们必须用非线性回归法来估计它的值。

我们先使用 SAS 的 PROC NLIN 程序,并用已知的总体参数作为起始点。计算机使用的和 PROC NLIN 中的系数名则如下:

参　　数	系　　数	起始值
INTERCEPT	B0	0.0
X1	B1	1.0
XSQ	B2	− 0.1
X2	B3	0.0
X2SQ	B4	0.1
KNOT	KNOT	5.0

表 8.19 显示了程序运行后输出的结果。

表 8.19 估计分段回归中的节点

Nonlinear Least Squares Summary Statistics			Dependent Variable Y	
Source	DF	Sum of Squares	Mean Square	
Regression	6	202.35346116	33.72557686	
Residual	35	1.44361369	0.04124611	
Uncorrected Total	41	203.79707485		
(Corrected Total)	40	23.65025485		
			Asymptotic 95% Confidence Interval	
Parameter	Estimate	Asymptotic Std. Error	Lower	Upper
B_0	0.000006779	0.1062984	− 0.2157891	0.2158027
B_1	0.999994860	0.0655954	0.8668299	1.1331598
B_2	− 0.099999442	0.0097208	− 0.1197336	− 0.0802653
B_3	− 0.000055793	559.9346085	− 1136.7209967	1136.7208851
B_4	0.099996471	0.0272701	0.0446355	0.1553574
KNOT	4.999616707	2799.5095454	− 5678.2731726	5688.2724060

在注意到误差的均方(0.0142)大于线性回归的得到的值(0.03455)时,我们就会开始意识到可能会有一个问题。然而,估计的系数却与已知的总体值相当接近。实际上,

它们在比节点位置已知的线性回归的系数(例7.3)更接近参数值。最后,我们得到两个系数(B3 和 KNOT)的标准误差是如此之大,致使这些估计值没有什么用处可言。显然,在这里,最小误差均方被视为一种"局部"最小,相对于定义真最小平方估计的"全局"最小。

正如我们已经告诉大家的那样,这一模型除了节点之外,其余所有参数都是线性的。为了对可能遇到的问题有一个大概的了解,我们可以估计若干节点值的线性部分。进而通过对各个节点值的估计值的考察,对最小平方估计有更进一步的了解。图8.16 是一张若干选定的节点的误差均方(MSE)图。

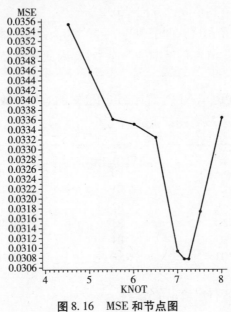

图 8.16　MSE 和节点图

现在可以看到,对于这一样本而言,节点的最小平方估计与真值5 相去甚远,实际上它在7.15 左右。实际上,曲线独特的形状也许已经说明了问题的所在。因为对于线性模型,诸如这样的曲线总是平滑的。如果情况果真如此,这时我们便可立即用线性回归得到那些值的估计值。但是,现在却不能这样,我们将像下面那样,要用这些值用作非线性回归的起始值。来自线性回归的起始值(输出结果未在这里列出)如下:

参数	系数	起始值
INTERCEPT	B0	− 0.041
X1	B1	1.000
XSQ	B2	− 0.092
X2	B3	0.535
X2SQ	B4	0.023
KNOT	KNOT	5.0

表 8.20 为非线性回归的结果。

表8.20　分段回归的第二次非线性回归

Nonlinear Least Squares Summary Statistics			Dependent Variable Y	
Source	DF	Sum of Squares	Mean Square	
Regression	6	202.68968437	33.78161406	
Residual	35	1.10739048	0.03163973	
Uncorrected Total	41	203.79707485		
(Corrected Total)	40	23.65025485		

Parameter	Estimate	Asymptotic Std. Error	Asymptotic 95% Confidence Interval Lower	Upper
B_0	− 0.046178393	0.09263036506	− 0.2342269149	0.1418701297
B_1	1.009182408	0.06126312962	0.8848123810	1.1335524348
B_2	− 0.093408118	0.00845612190	− 0.1105748566	− 0.0762413801
B_3	0.543113672	0.25310989219	0.0292763227	1.0569510204
B_4	0.020336709	0.07835984316	− 0.1387412855	0.1794147037
KNOT	7.166514178	0.35198257416	6.4519558046	7.8810725506

　　估计的参数与起始值非常相似,但现在置信区间似乎看上去比较合理了。然而,误差的均方还是比线性回归估计的大一些。我们还注意到,X2,X2SQ 以及 KNOT 的系数估计值与真的参数值大不相同。■

8.4　小　结

　　一般来说,非线性模型可分为两类:第一类是那些通过转换可变成线性的模型。这种转换既可以在自变量上,也可以在因变量,或同时在两者之上进行。转换的目的在于使我们能用线性回归的方法,得到模型中未知的参数的估计值。遗憾的是,这种转换只允许我们估计那些涉足了转换的参数的关系参数。当然,有时这种关系可能是相当有用的。即使如此,在使用本质线性模型时,检查一下那些涉及线性模型使用的基本假设,仍然是很重要的。

　　第二类是那些本质非线性模型,它们无法通过变换变成线性。这类模型可以用最小平方法或最大似然法来处理。无论用哪一种方法,未知参数的估计一般都是通过迭代法来进行的。在前面的有关章节中,我们讨论了回归模型那些如我们所愿的性质。例如,我们已经了解到,系数估计值是无偏的,且有最小的方差。在这一类非线性回归中,估计器的这些性质只能在有限的范围内得到验证。这就是说,如果样本是非常大的时候,估计器才是无偏的,且有最小的方差。正因为如此,对于一个特定的非线性模型和特定的样本量,有关估计值的这些性质的可以做的真实阐述可能不多。因此,我们能计算的只是渐近的置信区间而已。

8.5　习　题

1. 第7章的习题1是一个与干旱对松树种子质量的影响有关的问题。6个苗床中有24粒耐旱的松树种子,在 12 天内置于干旱之中。每天都对每个苗床中的种子的平均质量做记录。记录的数据可从文件 REG07P01 中得到。用一个非线性模型来看一下,例 8.4 使用的衰减模型对这些数据是否合适?

2. 在规划设计灌溉系统的时候,了解水灾垄沟中的流速是很重要的。文件 REG08P02 给出了各种时间(以秒计)水流覆盖的距离(以英尺计)。也许我们可以把它看作一条成长曲线,因为水流可能将逐渐被全部吸收,故而无法再向前流动。给这些数据拟合一条成长曲线。将拟合的曲线与多项式模型拟合的曲线做一下比较。

3. 表 8.21 中的数据和文件 REG08P03 中的数据来自一个动力学研究。在该研究中,反应的速率(y)预期与稠密度(x)两者之间的关系的方程为

$$y = \frac{\beta_0 x}{\beta_1 + x} + \epsilon$$

表 8.21 习题 3 的数据

Velocity(y)	Concentration(x)
1.92	1.0
2.13	1.0
2.77	1.5
2.48	1.5
4.63	2.0
5.05	2.0
5.50	3.0
5.46	3.0
7.30	4.0
6.34	4.0
8.23	5.0
8.56	5.0
9.59	6.0
9.62	6.0
12.15	10.0
12.60	10.0
16.78	20.0
17.91	20.0
19.55	30.0
19.70	30.0
21.71	40.0
21.6	40.0

a. 求 β_0 和 β_1 的起始值。为了求这些值,可以忽略误差项,并考虑可以将模型转换为 $z = \gamma_0 + \gamma_1 w$,该式中有 $z = 1/y$,$\gamma_0 = 1/\beta_0$,$\gamma_1 = \beta_1/\beta_0$ 和 $w = 1/x$。起始值可以用 z 对 w 的线性回归,并用 $\beta_0 = 1/\gamma_0$ 和 $\beta_1 = \gamma_1/\gamma_0$ 求得。

b. 用在 a 部分得到的起始值,用非线性回归估计参数 β_0 和 β_1 的值。

4. 表 8.22 中和文件 REG08P04 中的数据来自一个确定某种暴露在空气中的细菌的死亡率[*]。该实验将数量大致相等的细菌置于一些盘子中,并将它们暴露在空气中。试验

---

[*] 原文 REG08PO4 似乎是 REG08P04 之误。——编者注

使用的量度是 t = 时间,以秒计; y = 仍然存活的细菌的百分数。我们希望拟合衰减模型的一般形式为

$$y = \beta_0 + \beta_1 e^{\beta_2 t} + \epsilon$$

式中,各项的定义请参见例 8.4。

表 8.22　习题 4 的数据

Percent Viable(y)	Time(t)
0.92	1.0
0.93	1.0
0.77	2.5
0.80	2.5
0.63	5.0
0.65	5.0
0.50	10.0
0.46	10.0
0.30	20.0
0.34	20.0
0.23	30.0
0.26	30.0
0.19	40.0
0.17	40.0
0.15	50.0
0.12	50.0
0.06	75.0
0.08	75.0
0.04	100.0
0.05	100.0

a. 为了求系数的起始值,我们注意到,随着时间的增加,死亡的百分数也随之增加。因此,顺理成章的是使用 $\beta_0 = 0$ 这一估计值。为了求其他参数的起始值,我们是否考虑可忽略模型的误差项,并做一个对数转换,由此得到一个简单的线性回归模型: $\log(y) = \log(\beta_1) + (\beta_2) t$。拟合这一简单的线性回归模型,并求出起始估计值。

b. 用在 a 中得到的起始值,用非线性回归拟合一个一般的衰减模型。

c. 拟合一个该数据的多项式模型,并与 b 相比较。

5. 为了考察大西洋三文鱼的成长率,有人做了一个对环境加以控制的实验。在 21 周的实验期内,实验者每 7 天记录一次 10 条三文鱼样本的体长(记录从第 2 周开始)。10 条鱼的平均体长(LENGTH) 和年龄,记录在文件 REG08P05 中。拟合一个例 8.6 介绍的逻辑斯蒂成长模型,对大西洋三文鱼的成长特点做出解释。

9 指示变量

9.1 导 论

在第 1 章我们给大家介绍了怎样用线性模型的语言来阐述各种涉及估计和均值比较的统计方法。在后面所有的章节中,所有的模型已经都是"回归"模型了。在这些模型中,不仅因变量都与定量的自变量相连,且模型的参数也称为回归系数,可以据此测量自变量对因变量的效应。

在例 6.3 中,我们给大家介绍了指示变量的一种用途,它允许特定的自变量值的响应可不同于回归线。在这一章,我们将向大家介绍若干个常被称为虚拟变量(dummy variable) 的指示变量的用法。这些变量可用于回归模型进行均值比较的方差分析。尽管这些方法与标准的方差分析法相比,多少显得有些笨拙,但它却可以在标准的方差分析法不宜使用时使用。此外,这一方法还可以用于那些合方差分析和回归两者之长的模型。

正如我们在本书下篇篇首所言,指示变量无论用于有定量变量的回归方程,还是用于没有定量变量的回归方程,经常都被视为是一种广义线性模型路数,属于在第 11 章介绍的广义线性模型路数的一个支路。正因为如此,在使用 SAS 进行这些类型的模型的分析时,大多数用的是 PROC GLM(广义线性模型),而非 PROC ANOVA 或 PROC REG。

我们将首先向大家介绍怎么样才能像回归分析那样来进行双样本"合并" t 检验(two-sample "pooled" t test),并以此作为本章的导论。假定两个每个样本量均为 n 的样本[1],均值分别为 $\bar{y}_1$ 和 $\bar{y}_2$。总样本量为 $n. = 2n$。为了描述这一总体,我们建议使用一个像下面这样的回归模型:

$$y = \beta_0 + \beta_1 x + \epsilon$$

式中,自变量 x 的取值如下:

$\qquad x = 0$ 系样本 1 中的观察值

---

1 使用等样本量主要是为了代数计算上的方便。

$x = 1$ 系样本 2 中的观察值 1

在替代 x 的值之后,产生了如下的模型:

$$y_1 = \beta_0 + \epsilon, \text{样本 1 的观察值}$$
$$y_2 = \beta_0 + \beta_1 + \epsilon, \text{样本 2 的观察值}$$

将 β_0 定义为 μ_1,而将 $(\beta_0 + \beta_1)$ 定义为 μ_2,并令模型同时描述有均值 μ_1 和 μ_2 的,宜于用双样本 t 检验进行分析的双总体。

因为自变量所具有的性质,所以回归公式中的某些元素可简化为

$$\sum x = n, \bar{x} = 1/2, \sum x^2 = n, \sum xy = n\bar{y}_2$$

同时,我们定义

$$\bar{y} = (\bar{y}_1 + \bar{y}_2)/2$$

这个量是回归式

$$S_{xx} = \sum x^2 - 2n\bar{x}^2 = \frac{n}{2}$$

$$S_{xy} = \sum xy - 2n\bar{x}\bar{y} = \frac{n\bar{y}_2 - \bar{y}_1}{2}$$

所需要的。

在完成上述步骤之后,则

$$\hat{\beta}_1 = \frac{S_{xy}}{S_{xx}} = (\bar{y}_2 - \bar{y}_1)$$

$$\hat{\beta}_0 = \bar{y}_1$$

注意,来自第一个总体的样本,其 $r = 0, \hat{\mu}_{y|x} = \bar{y}_1$,而来自第二个总体的样本则有 $\hat{\mu}_{y|x} = \bar{y}_2$,这些值正如我们所期望的。

用两个回归系数之间的关系和两个总体的均值,我们不难看出,对 $\beta_1 = 0$ 的检验就是对 $\mu_1 = \mu_2$ 的检验。而 MSE 的值,则由下式给出:

$$\text{MSE} = \frac{\text{SSE}}{2n - 2} = \frac{\sum (y - \mu_{y|x})^2}{2n - 2} = \frac{\sum (y_1 - \bar{y}_1)^2 + \sum (y_2 - \bar{y}_2)^2}{2n - 2}$$

它等同于联合 t 检验中的联合方差的估计值。最后,给大家介绍的是检验统计量的计算公式,即

$$t = \frac{\hat{\beta}_1}{\sqrt{\dfrac{\text{MSE}}{S_{xx}}}} = \frac{\bar{y}_2 - \bar{y}_1}{\sqrt{\text{MSE} \dfrac{2}{n}}}$$

不言而喻,它也就是 t 检验的公式。

注意,我们已经使用了一个有指示变量的回归:它表明当 $x = 1$ 时,观察属于第二个样本,而当 $x = 0$ 时则不是,即观察在样本 1 中。指示变量也称为*虚拟*变量,它的值不只是限于 0 或 1,尽管这两个值的使用是最为普遍的。读者也许想检验一下,如果使用值 -1 和 $+1$,是否也会得到相同的结果。实际上,任何两个单独的值都会给出相同的结果。

9.2 虚拟变量模型

我们将用虚拟变量来阐述单因方差分析(one-way analysis of variance),或完全随机化设计的模型(completely randomized design mode)。[2] 假定数据是一个来自 t 个总体或因子水平中的每一个独立的 n_i 的样本。我们可将方差分析模型写为

$$y_{ij} = \mu + \alpha_i + \epsilon_{ij}, i = 1, 2, \cdots, t, j = 1, 2, \cdots, n_i$$

式中　n_i —— 每个因子水平观察数;

$\quad\quad t$ —— 诸如这样的因子的数目;

$\quad\quad \mu$ —— 总均值;

$\quad\quad \alpha_i$ —— 限于 $\sum \alpha_i = 0$ 时,特定因子水平的效应,$\sum \alpha_i = 0$ 的含义是"平均的"因子水平效应是零。

检验假设为

$$H_0 : \alpha_i = 0, 对所有的 i$$

$$H_1 : \alpha_i \neq 0, 对一个或若干个 i$$

这个模型与回归模型之间的明显的差别是没有自变量。该模型引进了指示或虚拟变量。使用虚拟变量的模型为

$$y_{ij} = \mu z_0 + \alpha_1 z_1 + \alpha_2 z_2 + \cdots + \alpha_t z_t + \epsilon_{ij}$$

式中,z_i 是虚拟变量,表示某种条件的存在或缺失,具体如下:

$z_0 = 1$ 对所有的观察而言

$z_1 = 1$ 对所有发生在因子水平 1 的观察而言,否则

$\quad\quad = 0$

$z_2 = 1$ 对所有发生在因子水平 2 的观察而言,否则

$\quad\quad = 0$

如此这般,以此类推到所有 t 个因子水平。μ, α_{ij} 和 ϵ_{ij} 的定义与前面相同。注意,将任何实际的值代入任何观察的虚拟变量中,都不会真的就会产生方差分析的模型:

$$y_{ij} = \mu + \alpha_i + \epsilon_{ij}$$

换言之,尽管虚拟变量模型看起来好像是一个回归模型,但是,由于使用了任何观察的自变量的实际值,因此,实际上它无非是方差模型的翻版。尽管问题十分清楚,这些自变量并非那些我们惯用的一般的定量变量,但是因为没有对回归模型的自变量的分布做任何假定,所以也不会有任何假定被违反。

现在我们用这一模型来进行分析,为此将使用在第 3 章介绍的方法。一组由这一模型描述的数据的 X 和 Y 的矩阵[3] 为

2　更为完整的讨论请参见 1.5 小节,或任何其他的统计教科书。

3　虽然我们把这些变量叫做 z,但我们将仍然将相应的矩阵记作 X,以与第 3 章使用的记号保持一致。

$$X = \begin{bmatrix} 1 & 1 & 0 & \cdots & 0 \\ \vdots & \vdots & \vdots & & \vdots \\ 1 & 1 & 0 & \cdots & 0 \\ 1 & 0 & 1 & \cdots & 0 \\ \vdots & \vdots & \vdots & & \vdots \\ 1 & 0 & 1 & \cdots & 0 \\ \vdots & \vdots & \vdots & & \vdots \\ 1 & 0 & 0 & \cdots & 1 \\ \vdots & \vdots & \vdots & & \vdots \\ 1 & 0 & 0 & \cdots & 1 \end{bmatrix}, Y = \begin{bmatrix} y_{11} \\ \vdots \\ y_{1n_1} \\ y_{21} \\ \vdots \\ y_{2n_2} \\ \\ y_{t1} \\ \vdots \\ y_{tn_t} \end{bmatrix}$$

我们不难计算设定一组正规方程的矩阵 $X'X$ 和 $X'Y$,而正规方程则为

$$X'XB = X'Y$$

得到的矩阵为

$$X'X = \begin{bmatrix} n. & n_1 & n_2 & \cdots & n_t \\ n_1 & n_1 & 0 & \cdots & 0 \\ n_2 & 0 & n_2 & \cdots & 0 \\ \vdots & \vdots & \vdots & & \vdots \\ n_t & 0 & 0 & \cdots & n_t \end{bmatrix}, B = \begin{bmatrix} \mu \\ \alpha_1 \\ \alpha_2 \\ \vdots \\ \alpha_t \end{bmatrix}, X'Y = \begin{bmatrix} Y.. \\ Y_{1.} \\ Y_{2.} \\ \vdots \\ Y_{t.} \end{bmatrix}$$

式中,$n. = \sum n_i$ 和 $Y.. = \sum_{\text{全部}} y_{ii} = Y_{i.} = \sum_j y_{ij}$。矩阵 $X'X$ 常被称为**关联矩阵**(incidence matrix),因为它是一个有关观察在各种因子水平中的频数或关联(incidence) 的矩阵。

在对 $X'X$ 和 $X'Y$ 做一番深入的考察之后,我们发现从第二行到 $(t+1)$ 行的元素之和等于第一行的元素。记住每一行对应于一个方程的系数,我们看到,第一行代表的方程所提供的信息并未多于其他方程。正因为如此,矩阵 $X'X$ 是奇异的,因此不可能立刻求解一组正规方程得到一组唯一的参数估计值。

对应于第二行及其后所有行的正规方程代表形式如下面所示的方程:

$$\mu + \alpha_i = \bar{y}_{i.}$$

显而易见,每一因子水平的均值,$\bar{y}_{i.}$ 估计了均值 μ,以及对应的因子水平的效应 α_i。我们可以求解这些 α_i 方程的每一个,得到估计值为

$$\hat{\alpha}_i = \bar{y}_{i.} - \mu.$$

然而,如果我们想要得到 α_i 的估计数,我们需要有 μ 的值。而为了能得到这个值,似乎我们有理由用与第一行的方程来估计 μ,但是这一方程需要有 $\hat{\alpha}_i$ 的值,然而至今我们尚未得到这一值。这一值是矩阵 $X'X$ 的奇点的结果。而由该矩阵可知,我们确实只有 t 个方程可用于求模型的 $(t+1)$ 个参数。

显然,必定有一种可求估计值的方法,因为我们从那种被认为与之等价的方差分析计算中,确实求得了某些估计值。现在,如果我们仔细考察一下那些前面介绍的有关方差分析模型的陈述,不难发现它们之后都有一条这样的陈述"受条件 $\sum \alpha_i = 0$ 的约束"。注意,若受这一条件的约束,那么只需估计 $(t-1)$ 个 $\hat{\alpha}_i$ 的值,因为任何一个参数无非都是

其他所有参数之和的负数。诚如我们将要看到的那样,这个约束条件只不过是我们可以使用的若干个约束条件中的一个,加之因为所有的约束条件最终都会产生同样的答案,所以这些约束条件不会对结果的普遍性带来任何的损失。

一种实现这一约束条件的方法是从模型中删去 α_t,这样我们便可得到第一组$(t-1)$个参数的估计值$(\alpha_i, i = 1, 2, \cdots, t-1)$,则

$$\hat{\alpha}_t = -\hat{\alpha}_1 - \hat{\alpha}_2 - \cdots - \hat{\alpha}_{t-1}$$

将这一约束条件用于矩阵 X,我们可以像通常那样为 $\hat{\alpha}_1, \hat{\alpha}_2, \cdots, \hat{\alpha}_{t-1}$ 定义一组虚拟变量,但是因子水平 t 中的观察的所有的 z_i 都被置为 -1。将这些变量用于正规的方程,便可得到以下估计值:

$$\hat{\mu} = (1/t) \sum \bar{y}_{i.} = Y_{..}/t$$
$$\hat{\alpha}_i = \bar{y}_{i.} - \hat{\mu}, i = 1, 2, \cdots, (t-1)$$

而 $\hat{\alpha}_t$ 则可用约束计算得到,即

$$\hat{\alpha}_t = -\hat{\alpha}_1 - \hat{\alpha}_2 - \cdots - \hat{\alpha}_{t-1}$$

令人感兴趣的是,我们注意到,由此得到的 μ 的估计值,不是在样本量不等时,我们通常使用的因子水平均值的加权均值。[4] 当然,通常我们对所谓的总均值的兴趣都不会太大。

无法直接估计所有的参数和必须使用某些约束条件问题,都与计算样本方差时遇到的自由度这一概念有关。大多数导论性教科书都在第 1 章介绍这一概念。已经证明,为了计算方差必须先求用于计算偏差的平方和的 $\bar{y}$,便会丢失一个自由度。等式 $\sum (y - \bar{y}) = 0$ 可确认自由度的丢失,它等价于我们刚才使用的约束条件。虚拟变量模型一般都肇端于 t 个样本统计值 $\bar{y}_1., \bar{y}_2., \cdots, \bar{y}_t.$。这时,如果我们首先用这些统计值来估计总均值$(\mu)$,那么在计算因子效应估计值$(\alpha_i$ 的 t 值$)$ 时,就只剩下$(t-1)$ 个自由度。

在求估计值的过程中,也可使用其他的约束条件组,但每一组求得的参数估计值的数值可能不尽相同。正因为如此,任何一组基于某一组特定约束的估计值都被认为是有偏的。然而,偏倚的存在本身并不会对这种方法的使用产生严重的影响,因为这些参数本身并不是非常有用的。诚如我们已经看到的,我们通常感兴趣的是这些参数的函数,如对比、因子水平均值,以及那些称为*可估计函数*(estimable functions)的函数的估计值的数值。而它们都不会受使用的约束的影响。

我们用一个简单的例子对这一性质加以阐述。假定有一个因子水平的样本量相等的,四因子水平的实验。4 个均值分别为 4, 6, 7 和 7。使用的约束是 $\sum \alpha_i = 0$,也即因子水平效应之和为零,如果因子水平效应的估计值是 $\hat{\alpha}_1 = -2, 0, 1, 1$,且 $\hat{\mu} = 6$。求得的因子水平效应的估计值分别为 $-3, -1, 0, 0$ 和 $\hat{\mu} = 7$,它们是因子水平的均值。

两组估计值并不相同。然而不同中却有同,如水平 1 的响应的均值的估计值都是 $(\hat{\mu} + \hat{\alpha}_1) = 4$,而两组对比的估计值也同样都是 $(\hat{\alpha}_1 - \hat{\alpha}_2) = -2$。

4　这个通常的均值的估计值是用约束 $\sum n_i \alpha_i = 0$ 求得的。然而,通常我们都不希望样本频数对参数估计值有影响。

虚拟变量模型的分析还有一个特性:分解的平方和的数量结果不会受使用的特定的约束的影响。这意味着,任何基于使用分解的平方和的 F 比率的假设,对有关的假设的检验都是正当的,不论使用的特定的约束是什么。我们将用一个简单的例子来对这一方法加以阐述。

例 9.1　安眠药试验

在一个确定某些安眠药的效应的试验中,18 位失眠症患者被随机地分配给 3 个因子水平:

1. 安慰剂(没有药)
2. 标准药物
3. 新试验的药

表 9.1　例 9.1 的数据

因子水平		
1	2	3
5.6	8.4	10.6
5.7	8.2	6.6
5.1	8.8	8.0
3.8	7.1	8.0
4.6	7.2	6.8
5.1	8.0	6.6

试验结果,睡觉的时间(h)如表 9.1 所示。使用从输出结果中选出的某些部分的数据,按照 SAS 系统 PROC GLM 模块要求的步骤来进行分析。

第一步先建立矩阵 X 和 $X'X$。我们请读者自行建立矩阵 X,并用它对 SAS 系统 PROC GLM 模块生成的矩阵:

	INTERCEPT	TRT 1	TRT 2	TRT 3	HOURS
INTERCEPT	18	6	6	6	124.2
TRT 1	6	6	0	0	29.9
TRT 2	6	0	6	0	47.7
TRT 3	6	0	0	6	46.6
HOURS	124.2	29.2	47.7	46.6	906.68

进行验证。

输出结果使用了助记式计算机名称,INTERCEPT 及 TRT 1,2,3 分别表示 μ 和 α_i,因变量是 HOURS。注意,用因变量做列表的列是 $X'Y$,而同样,对应的行则是 $Y'X$。行和列中的最后一个元素都是 $Y'Y = \sum y^2$。下一步是求参数的估计值,一般它们都通过逆矩阵求得。

现在我们知道矩阵 $X'X$ 是一个奇异矩阵,因此无法求得唯一的逆矩阵。然而,因为由奇异矩阵引起的问题是经常会遇到的,所以数学家想出了一种叫做广义或伪逆矩阵来处理奇异矩阵问题。但是因为广义逆矩阵不是唯一的,所以我们的线性模型的任何一个广义逆矩阵都会对应一个基于求得的参数估计值的特定约束。而正因为没有一组"正确的"约束,所以也没有一个普遍"正确的"广义逆矩阵。PROC GLM 模块使用的特定的广义逆矩阵有时称为 G2 逆矩阵,通常用逐次法(sequential scheme)来求解:在得到完整的逆矩阵之前,实际上求得的是逆矩阵的一些行(及与之对应的列)。由于奇异性的存在,实际上我们无法求得完整的逆矩阵,因而我们主观地将零值分配给所有的行(和列)元素,以及与之对应的参数估计值。因此,在这一阶段求得的解与最后一个因子水平的效应是 0 的约束相对应。广义逆矩阵和用 PROC GLM 求得的解如下:

	INTERCEPT	TRT 1	TRT 2	TRT 3	HOURS
INTERCEPT	0.166666667	− 0.166666667	− 0.166666667	0	7.766666667
TRT 1	− 0.166666667	0.333333333	0.166666667	0	− 2.783333333
TRT 2	− 0.166666667	0.166666667	0.333333333	0	0.183333333
TRT 3	0	0	0	0	0
HOURS	7.766666667	− 2.783333333	0.183333333	0	16.536666667

因为在矩阵 $X'X$ 的输出结果中,标以因变量名称的行和列包含着参数估计值,所以最后一个元素便是残差的平方和。我们不难看到,广义逆矩阵的最后一行和列,以及对应的参数估计值都含有零值。然而,除了对于最后一行和列的零之外,读者都可用逆矩阵乘以矩阵 $X'X$ 得到的单位矩阵来验证。我们同样也可以用逆矩阵乘以矩阵 $X'Y$ 来得到已知的参数估计值。然而诚如我们已经了解的那样,这些参数值的实际用处不是很大,因而 GLM 程序一般不会把它们打印出来,除非我们提出了特别的要求。

然而,广义的逆矩阵可以用于计算平方和。记住,回归的平方和是 $\hat{B}'X'Y$,而在这一例子中则为

$$SSR = (7.76667)(424.2) + (− 2.78333)(29.9) + (0.18333)(47.7) + (0)(46.6)$$
$$= 890.14$$

于是

$$SSE − \sum y^2 − SSR = 906.68 − 890.14 = 16.54$$

它的确与计算机输出结果中给出的一样(除了四舍五入的出入之外)。因子水平均值的估计值被定义为 $\hat{\mu} = \hat{\mu} + \hat{\alpha}_i$,它们可以直接从正规方程解中求得。故有 $\hat{\mu}_1 = 7.7667 − 2.7833 = 4.9834$ 等。注意,$\hat{\mu}_3$ 是"截距"。对比可以用这些估计值来计算。■

这些估计值的方差的计算多少有一点困难,因为这些估计值的成分彼此相关。因此,我们需要有一个公式来计算相关的变量的和的方差。

相关变量的线性函数的均值和方差

我们有一组均值为 $\hat{\mu}_1, \hat{\mu}_2, \cdots, \hat{\mu}_n$ 的随机变量 $y_1, y_2, \cdots, y_n$,其方差和协方差由方差-协方差矩阵 $\sum$ 给出。该矩阵有在对角线上的方差(以 σ_{ii} 表示)和在第 i 行和第 j 列 y_i 与 y_j 之间的协方差(以 σ_{ij} 表示)。

定义

$$L = \sum \alpha_i y_i = A'Y$$

式中, A 是一个常数矩阵。于是 L 的均值则

$$\sum \alpha_i \mu_i = A'M$$

而方差

$$\sum \sum \alpha_i \alpha_j \sigma_{ii} = A' \sum A$$

对于 $n = 2$ 这一特例, $(y_i + y_j)$ 的方差为

$$\mathrm{Var}(y_i + y_j) = \mathrm{Var}(y_i) + \mathrm{Var}(y_j) + 2\mathrm{Cov}(y_i, y_j)$$

式中, $\mathrm{Cov}(y_i, y_j)$ 是 y_i 与 y_j 之间的协方差。而在 3.5 小节我们已知

$$\mathrm{Mean}(\hat{\beta}_j) = \beta_j$$

$$\mathrm{Variance}(\hat{\beta}_j) = \sigma^2 c_{jj}$$

$$\mathrm{Covariance}(\hat{\beta}_i, \hat{\beta}_j) = \sigma^2 c_{ij}$$

所以

$$\mathrm{Variance}(\hat{\beta}_i + \hat{\beta}_j) = (c_{ii} + c_{jj} + 2c_{ij})\sigma^2$$

无论做何种推论,都可以用 σ^2 来替代误差的均方。尽管在虚拟变量模型的计算机的输出结果中,系数的标签可能有所不同,但应用的原理却都是相同的。例如,用前面给出的逆矩阵的元素, $\hat{\mu}_1 = \hat{\mu} + \hat{\alpha}_1$ 的方差的估计值为 $\widehat{\mathrm{Var}}(\hat{\mu} + \hat{\alpha}_1) = [0.16667 + 0.3333 + 2 \times (-0.1667)] \times 1.10244 = 0.18363^*$;因此,标准误差便是 0.4287。PROC GLM 则给出了如下的输出结果:

TRT	HOURS LSMEAN	Std Err LSMEAN	$Pr > \lvert t \rvert$ $H0$:LSMEAN $= 0$
1	4.98333333	0.42864990	0.0001
2	7.95000000	0.42864990	0.0001
3	7.76666667	0.42864990	0.0001

除了因为四舍五入造成的细微差异,其余没有任何差别。PROC GLM 也为我们提供了最小均方为零的假设检验。尽管在很多时候这样的检验并不是很有用处。PROC GLM 中还有很多可供选择的有意义的统计值,如对比或其他各种统计值。

我们在未对 PROC GLM 模块做任何介绍的情况下,用实例阐述了如何用虚拟变量模型进行方差分析。而实际上 PROC GLM 使用了一种特别的方法来处理奇异矩阵 $X'X$。不过,使用其他一些方法也可以得到同样的结果。在使用其他非标准的方法也很少有异常的情况发生,因而在这一阶段,我们也很少会对这些方法有兴趣。但 GLM 程序确实有一些令我们感兴趣的特性,它们使我们得以对某些特殊的数据结构进行研究。在 9.3 小节我们将会给出一个有关的具体例子。有关这方面的更多信息,可参见列特尔等人(Littell et al,2002)的有关著作。

---

* 原文为 0.18377,数据有误,准确的数字应为 0.18363。——编者注

显然,用虚拟变量模型进行分析,要比用标准的方差分析困难得多。而标准的方差分析并不能用于所有的场合,因此,有时必须要用虚拟变量或广义线性模型分析法来对数据进行分析。诸如这样的应用包括以下这几种:

- 在因子结构中涉及两种或更多种因子,且格子中的频数不等的数据分析。
- 某些既有定量也有定性因子的模型。这类模型中的一种很重要模型称为协方差分析。

我们将在本章的其余部分,对这些使用方法一一进行介绍。

9.3 格频数不等

多因设计的标准方差分析计算法只能在我们手中握有*平衡的数据*(balanced data)时使用。所谓平衡,是指所有因子水平组合(通常把它们称为格)的观察数都相等。现在我们先来说明一下,为什么情况会是这样的,然后再给大家介绍,如何用虚拟变量这一路数来得到正确的答案。

例9.2 不等格频数

我们先来讲一下,为什么将"通常"的方差分析公式用于不等的格频数,会产生不正确的答案这一问题。表9.3给出了一个2×3的不等频数格。因子用A(行)和B(列)表示,格示数为响应和格均值。边缘和总均值列在了最后一行和最后一列。频数不平衡是显而易见的。

表9.2 不平衡的数据

A Factor Levels	B Factor Levels			Marginal Means
	1	2	3	
1	3 Mean = 3.0	6,4 Mean = 5.0	7, 8, 6, 7 Mean = 7.0	5.857
2	2,3,4,3 Mean = 3.0	3.7 Mean = 5.0	7 Mean = 7.0	4.143
Marginal Means	3.0	5.0	7.0	5.00

我们主要关注的是因子A。如果我们来看一下格均值,发现因子A似乎没有什么效应。因为对于因子B的水平1而言,因子A的两个均值都是3.0。对于因子B的水平2和3,情况也同样如此。但是A的两个边缘均值分别为5.857和4.143。这就意味着,正是因子A造成了这种差别。用表9.2中计算的均值,我们发现采用通常用于计算平方和的方法来计算,那么由因子A产生的平方和便会是

$$\sum n_i(\bar{y}_{i.} - \bar{y}_{..})^2 = 7(5.86 - 5.00)^2 + 7(4.14 - 5.00)^2 = 10.282$$

这一数字肯定不等于0。实际上用通常的,如表9.3所示的方差分析的计算方法,会得到

显著的($\alpha = 0.05$)，由因子 A 造成的效应。[5]不仅如此，读者还要注意，使用这一方法，A 和 B 的平方和的总和会大于模型的平方和。这就意味着有着一个负的交互平方和（PROC ANOVA 把它转换成了 0！）。

表 9.3　方差分析
（PROC ANOVA）

			Dependent Variable：Y		
Source	DF	Sum of Squares	Mean Square	F Value	Pr > F
Model	5	40.00000000	8.00000000	4.57	0.0288
Error	8	14.00000000	1.75000000		
Corrected Total	13	54.00000000			
Source	DF	ANOVA SS	Mean Square	F Value	Pr > F
A	1	10.28571429	10.28571429	5.88	0.0416
B	2	40.00000000	20.00000000	11.43	0.0045
A*B	2	0.00000000	0.00000000	0.00	1.0000

对这些数据做一番仔细的审视，便可能揭示这一显然矛盾的结果原因。有些效应似乎由因子B造成的：从因子水平1到2，然后再从2到3，均值都有所增加。而因子A水平1的边缘均值，则受到了4个来自因子B水平3的，有着比较大的值的观察的很大影响。与此同时，因子A水平2的边缘均值，则受到了来自因子B水平2的，有着较小的值的4个观察的很大影响。换言之，A 的边缘均值存在的明显的差别，是由因子 B 引起的，当然这并非我们所愿。如能看一下模型参数的边缘均值的估计值，我们便能更为精确地理解这种效应。

为了简便起见，我们使用一个没有交互项的模型，即

$$y_{ijk} = \mu + \alpha_i + \beta_j + \epsilon_{ijk}$$

例如，用这个模型我们知道A1，B1格的均值$\bar{y}_{11} = 3$，它是$\mu + \alpha_1 + \beta_1$的估计值。根据模型参数，"通常的"公式给了我们如下的因子 A 的边缘均值：

$$\bar{y}_{1.} = \frac{\bar{y}_{11} + 2(\bar{y}_{12}) + 4(\bar{y}_{13})}{7}$$

$$\bar{y}_{1.} \doteq \frac{1}{7}[(\mu + \alpha_1 + \beta_1) + 2(\mu + \alpha_1 + \beta_2) + 4(\mu + \alpha_1 + \beta_3)]$$

$$\doteq \frac{1}{7}(7\mu + 7\alpha_1 + \beta_1 + 2\beta_2 + 4\beta_3)$$

$$\doteq (\mu + \alpha_1) + \frac{1}{7}(\beta_1 + 2\beta_2 + 4\beta_3)$$

和
$$\bar{y}_{2.} \doteq (\mu + \alpha_2) + \frac{1}{7}(4\beta_1 + 2\beta_2 + \beta_3)$$

这两个均值之间的差为

5　PROC ANOVA 的运行记录并未注明数据是不平衡的，因而意味着它使用的是 PROC GLM（广义线性模型模块，译者注）。并非所有的计算机程序都具有这种性能。

$$\bar{y}_{1.} - \bar{y}_{2.} \doteq (\alpha_1 - \alpha_2) + \frac{3}{7}(\beta_3 - \beta_1)$$

在通常情况下,我们期望这个差是$(\alpha_1 - \alpha_2)$的估计值,但是因为不等的格频数,除此之外,它还额外地估计了$3/7(\beta_3 - \beta_1)$。而这一事实则再一次证明了我们在前面指出的那些观点。

现在,假如我们已经有了β_1和β_3的估计值,那么就可以求得需要的$(\alpha_1-\alpha_2)$的估计值。但是,如果数据是不平衡的,那么求这些估计值可能就需要得到α_i的估计值。这就意味着,我们需要同时估计所有这些参数。当然,我们可以通过求解回归模型的正规方程,来求得偏回归系数。因此,在回归方式下使用虚拟变量模型,我们便可得到正确的估计值。换言之,偏相关系数的估计值可以为我们提供恰当的估计值和统计推论。

实际上,不平衡数据多少与回归中有相关变量类似。记住,如果回归中的自变量不相关,我们便可以独立地估计回归系数,这就像简单线性回归一样。无独有偶,在平衡的方差分系中,我们可以独立地计算每个因子的均值和平方和。不仅如此,正像自变量相关(多重共线)一样,它也会降低单独的偏回归系数的效果,不平衡数据无法提供,与平衡数据提供的同样有效的估计值和检验。换言之,只有上佳的实验设计才堪称最优。

我们用由 PROC GLM 模块为这一例子输出的结果,来阐述包括交互项的方差分析问题。

表9.4　用 GLM 做的方差分析

Dependent Variable:Y					
Source	DF	Sum of Squares	Mean Squares	F Value	$Pr > F$
Model	5	40.00000000	8.00000000	4.57	0.0288
Error	8	14.00000000	1.75000000		
Corrected Total	13	54.00000000			
Source	DF	Type Ⅲ SS	Mean Square	F Value	$Pr > F$
A	1	0.00000000	0.00000000	0.00	1.0000
B	2	25.60000000	12.80000000	7.31	0.0156
A * B	2	0.00000000	0.00000000	0.00	1.0000
Least Squares Means					
A	Y LSMEAN	Std Err LSMEAN		$Pr > |t|$ H0:LSMEAN = 0	
1	5.00000000	0.58333333		0.0001	
2	5.00000000	0.58333333		0.0001	
B	Y LSMEAN	Std Err LSMEAN		$Pr > |t|$ H0:LSMEAN = 0	
1	3.00000000	0.73950997		0.0036	
2	5.00000000	0.66143783		0.0001	
3	7.00000000	0.73950997		0.0001	

由于那些我们并不在意的原因,PROC GLM 模块把偏平方和,称为第三类平方和(Type Ⅲ sums of squares)。我们可以看到,由因子 A 产生的平方和确实等于0,且因子 A 的最小平方均值(LSMEAN)也是相等的。大家还要注意,因子平方和的总计加起来并不

是模型平方和,这也与大多数回归分析一般无异。不仅如此,交互项的平方和也确实等于0,与我们构建的数据一样。因此,这种基于虚拟变量的方差分析模型确实不存在由因子引起的效应,这一点似乎是显而易见的。■

例9.3 衰老和脑子的特征

在这一个例子中,我们将研究脑室的大小(脑子的一个组成部分)与衰老的关系。我们用符号 VENTRIC 来表示,它有以下几个编码:

1:没有衰老
2:轻度衰老
3:中度衰老
4:严重衰老

用以测量电活动的阿尔法脑波(脑电图)读数的编码如下所示:

1:高
2:中
3:低

该数据收录在文件 REG09X03 中。数据含有 88 位老年病人的这些变量的测量值。用 PROC GLM 分析得到的结果如表 9.5 所示。在这里我们可知,虽然模型是显著的($p < 0.05$),但却没有一个因子是显著的。因此,也许我们可以认为,脑室的大小与衰老或脑电读数不相关。

表9.5 衰老数据分析

Source	DF	Sum of Squares	Mean Square	F Value	Pr > F
		Dependent Variable:VENTEIC			
Model	11	3428.692852	311.699350	2.25	0.0198
Error	76	10530.761693	138.562654		
Corrected Total	87	13959.454545			
Source	DF	Type Ⅲ SS	Mean Square	F Value	Pr > F
EEG	2	530.958274	265.479137	1.92	0.1542
SENILITY	3	686.825037	228.941679	1.65	0.1844
EEG * SENILITY	6	1585.321680	264.220280	1.91	0.0905

然而,如果用"通常"的方差分析法来分析,我们就可能认为两个主效应都是显著的($p < 0.05$)。如果我们对表 9.6 列出的各种基于格频数(第一个值)的统计值和 VENTRIC 的均值(在括号中的第二个值)进行一番考察,便不难明白个中奥妙。

我们主要来看一下由衰老引起的差别。在这里我们看到,"普通的"均值的差别发生在 senility = 2 这一类,那时普通的均值为在 EEG = 1 这一格均值较小的格中数目众多的观察所左右,而最小平方的均值却不受格频数的影响。与此类似,senility = 1 和 senility = 4 这两类两种均值的差别则不那么大。尽管我们看到的差别并不是很大,但却足以解释在 p 值中存在的差别。■

表9.6 频数和均值

EEG Frequency	SENILITY			
	1	2	3	4
1	23(57)	11(55)	5(64)	6(60)
2	5(59)	4(76)	5(61)	12(67)
3	2(57)	4(53)	3(65)	8(72)
MEAN	57.3	58.7	63.2	66.8
LSMEAN	57.5	61.0	63.5	66.3

在做统计推论时,这两种方法之间并不是总是会有很大的差别的。但是,因为虚拟变量这一路数是一种比较正确的路数,加之计算机已为我们准备好了使用这种路数的程序,所以在数据不对称时,我们当然应该考虑使用它。当然,虚拟变量这一路数的计算机程序的输出的结果,往往都比较难以解释,[6] 而其他某些可做统计推论的程序,如多元比较(multiple comparisons),执行起来也是比较困难的(如 Montgomery,2001)。然而,执行中存在的困难,无论如何也不应该影响我们决定使用正确的方法的决心。

虽然在这里我们只是给大家介绍了双因子分析的虚拟变量路数,但实际上它可以用于任何可用方差分析正确分析的数据结构。这包括某些特殊设计的数据结构,如分块结构(split plots)和有嵌套效应的模型(层级结构)等。当然,诸如这样的模型因为参数数目繁多,会变得比较笨拙,但是在今天,随着计算机计算能力的日益强大和计算速度的日益快捷,大多数这样的模型的处理并不困难。然而,这些方法并非万应灵丹,它们无法提供数据无法支持的结果。换言之,这些方法并不能挽救数据收集工作做得很差的数据。且正像我们将要在下一节看到的那样,它不能用子虚乌有的数据进行估计。

最后,因为这种方法也是一种回归分析,所以实际上(在适用这种方法的场合)它也同样适用于本书介绍的所有分析方法。尽管多重共线性(极不平衡的数据)和有影响的观察并非非常普遍的现象,但是异常值和残差的非正态分布却是很可能会遇到的。我们有可能对因变量进行变换,而对数变换则是非常有用的。当然,我们无法对虚拟变量进行变换,因而参数估计值取幂会因为有因子水平而产生倍数效应。

9.4 空 格

我们已经看到,虚拟变量路数使我们得以对不平衡的数据做方差分析。遗憾的是,不平衡数据存在一些特例,在遇有这些特例时,这种路数也无法施展。例如,这样的特例中,有一种是存在空格或丢失格,即某些因子组合没有任何观察。

空格带来的主要问题是,它会使模型含有比观察提供的估计值更多的参数。我们已知,构建使用虚拟变量会产生比方程更多的参数,故矩阵 $X'X$ 是奇异的或退化的,因此为了得到有用的估计值,我们必须对参数设置一定的约束。由于奇异性是已知的,因此,我们有可能设定一些能提供有用的估计值和统计推论的约束。然而,由于空格的存在而产生的其他的奇异性,其性质却与此有所不同。因为空格可能会出现在任何地方,因此我

---

6 为了避免混淆,我们略去了 PROC GLM 的这些输出结果。

们无法确定它所产生的奇异性,故而也就没有普遍适用的能得到有用的估计值的约束。这就是说,任何求估计值的企图都必须给出某些主观的约束,而不同的约束则可能会得到不同的结果。

用于广义线性模型的计算机程序,一般都被设计成可以处理那些在模型形成过程中,通常可能产生的奇异性。遗憾的是这些程序一般无法区别通常的奇异性和由空格造成的奇异性。我们已经看到,使用不同的处理通常的奇异性的约束,并不会对有用的估计值和效应有什么影响,然而,在有空格时,这些不同的约束则可能会对估计值和效应有影响。换言之,因为不同的计算机程序可能会采用不同的约束,故而它们提供的结果也会有所不同。不仅如此,计算机程序对自己提供的答案的含义,只作很少的,甚至完全不做任何说明。有关这一问题的更为深入的讨论,请参见弗罗因德(Freund,1980)的有关著作。

例9.4 重解例9.2(采用若干选项)

我们将用例9.2的数据来阐述空格问题。我们去掉 A=1,B=1 那一种的单个观察。然后将交互项包括进来,并使用 SAS 系统的 PROC GLM 模块,同时采用了若干专门用于处理这类问题的选项。运行得到的结果如表9.7所示。

表9.7 空格数据分析

Source	DF	Sum of Squares	Mean Square	F Value	Pr > F
Model	4	35.69230769	8.92307692	5.10	0.0244
Error	8	14.00000000	1.75000000		
Corrected Total	12	49.69230769			

Source	DF	Type III SS	Mean Square	F Value	Pr > F
A	1	0.00000000	0.00000000	0.00	1.0000
B	2	18.04651163	9.02325581	5.16	0.0364
A*B	1	0.00000000	0.00000000	0.00	1.0000

Source	DF	Type IV SS	Mean Square	F Value	Pr > F
A	1*	0.00000000	0.00000000	0.00	1.0000
B	2*	13.24137931	6.62068966	3.78	0.0698
A*B	1	0.00000000	0.00000000	0.00	1.0000

*NOTE: Other Type IV Testable Hypotheses exist which may yield different SS.

Least Squares Means

A	Y LSMEAN	Std Err LSMEAN	Pr > |t| H0:LSMEAN = 0
1	Non-est		
2	5.00000000	0.58333333	0.0001

B	Y LSMEAN	Std Err LSMEAN	Pr > |t| H0:LSMEAN = 0
1	Non-est		
2	5.00000000	0.66143783	0.0001
3	7.00000000	0.73950997	0.0001

方差分析的结果显示,这个模型只有4个自由度。如果不存在空格,便会有5个自由度。在转向那个我们已知的,与偏平方和相同的三型平方和(Type Ⅲ sum of squares)时,发看到现在交互项只有一个自由度了。实际上,这是这一例子中有空格存在的唯一的信号,因为A和A*B的平方和都是0,这与有完整的数据一样。然而,这种情况通常是不会发生的。[7]因此,为了确定是否存在潜在的空格问题,最重要的是检查一下自由度是否与预期的一致。

我们现在来看一下四型平方和(TYPE Ⅳ sums of squares)。这些值是用不同的方式计算的,它是由PROC GLM模块的研发者专门为这种情形开发的。就"典型"的情形而言,三型和四型平方和应该是一样的。然而,正如我们在这一例子中可以看到的那样,实际得到的结果是不一样的。迄今,我们尚无任何根据可认为四型平方和比其他的类型的更为"正确",不仅如此,实际上有许多权威人士更倾向于使用三型平方和。PROC GLM模块之所以要计算四型平方和,只是为了证明求估计值方法不止一种,以及没有某一组估计值比其他组的更好。这也正是我们给出"也存在其他的四型可检验假设,它们可能会产生不同的SS"这一脚注的原因,而这一脚注也有助于我们理解,为什么在怀疑有空格存在的时候,需要计算一下四型平方和。

最后,表中列出的最小平方均值也显示我们遇到了问题。记住,所谓可估计函数提供的估计值,是不受用于求解正规方程的特定的约束的影响的。注意,表9.7中涉及空格的最小平方均值的记号是"Non-est",意思是它们是不可估计的。这就是说,对这些估计值而言,不存在"可估计函数"的数学条件。换言之,我们无法计算得到这些均值的唯一的估计值。无论是否需要计算四型平方和,PROC GLM都会打印输出这些陈述来说明情况。■

现在的问题是,在遇到空格的时候该怎么办呢?因为我们已知,这一问题并不存在唯一的正确的答案。从模型中去掉交互项便是一个约束,且在一般情况下,问题将会因此而迎刃而解。但是去掉交互项可能隐含着一个缺乏根据的假定。也有些其他可资利用的约束,但是它们也都是缺乏客观根据的主观选择,且也同样难以证明。还有一种可能的解决方法是,去除或合并涉及空格的因子水平,以对模型的范围加以约束。这些备择方法没有一种是非常理想的,但是问题在于,我们手中没有足够的数据来消除空格,而不消除空格就无法做我们要做的分析,所以也只能退而求其次。

在遇有两个以上的因子时,空格问题会变得更加复杂。例如,在遇有一组双因子交互项的完整数据时,这样的情况就可能发生,而这时,如果我们对较高阶的交互项不感兴趣,那么就可以把它们去除,只使用余下的那些项。当然,我们必须记住,类似这样的做法都会涉及一个主观的约束。

9.5 既有虚拟变量也有连续变量的模型

在这一节,我们来讨论一下某些既有描述因子水平效应的参数,也有其他描述回归

---

7 之所以会得到这样的结果,是因为在这一例子中,A或交互项是没有效应的。

关系的参数的模型。换言之,这些模型既有代表因子水平的虚拟变量,又有与回归分析关联的连续变量。我们在这里只介绍其中最简单的一种。这种模型有着若干代表某一单一因子的参数和一个某一自变量的回归系数。这个模型为

$$y_{ij} = \beta_0 + \alpha_i + \beta_1 x_{ij} + \epsilon_{ij}$$

式中　$y_{ij}, i = 1, 2, \cdots, j = 1, 2, \cdots, n_i$——第 i 个因子的第 j 个观察的因变量的值;

　　　$x_{ij}, i = 1, 2, \cdots, t, j = 1, 2, \cdots, n_i$——第 i 个因子的第 j 个观察的自变量的值;

　　　$\alpha_i, i = 1, 2, \cdots, t$——因子水平效应参数;

　　　β_0, β_1——回归关系参数;

　　　ϵ_{ij}——随机误差的值。

如果我们将 β_1, x_{ij} 去掉,这个模型则变为

$$y_{ij} = \beta_0 + \alpha_i + \epsilon_{ij}$$

它描述了一个单因的方差分析模型(用 μ 替代 β_0)。另一方面,如果我们将 α_i 这一项去掉,模型则变为

$$y_{ij} = \beta_0 + \beta_1 x_{ij} + \epsilon_{ij}$$

这是一个简单的线性(单变量)回归模型。因此,整个模型描述了一组由变量 x 和 y 成对的值组成的,沿某单一因子结构排列,或完全随机化设计的一组数据。若能对参数重新加以定义,可能会有助于对这一模型的解释:

$$\beta_{0i} = \beta_0 + \alpha_i, i = 1, 2, \cdots, t$$

它将产生模型

$$y_{ij} = \beta_{0i} + \beta_1 x_{ij} + \epsilon_{ij}$$

这一模型描述一组 t 条平行的回归线,每一条对应一个因子水平。每条回归线都有相同的斜率(β_1),但却有着不同的截距(β_{0i})。图 9.1 给出了一典型数据集的数据点和三因子水平(1,2 和 3)的估计的响应线。图中的数据点等同于因子水平(1,2 和 3),而 3 条响应线则是 3 条平行的回归线。

我们对这一模型的兴趣在于:

1. 回归系数

2. 因子水平造成的差别

回归系数的解释与普通的回归一般无异。因子水平造成的差别,则体现了回归线之间的分离度(the degree of separation)。因为它们是平行的,所以对于任何的自变量值,它们都是相等的。为了方便起见,因子水平效应通常都由所谓的修正或最小平方均值给出。这些都被定义为在估计的自变量的总均值,即 $\bar{x}$ 的回归线($\hat{\mu}_{y|x}$)上的点。因此,最小平方均值可以表示为($\hat{\mu}_{y|\bar{x}}$)。在例 9.1 中,$\bar{x} = 5$ 是由一条垂线表示,而最小平方均值(由计算机输出,此处不再赘述)是 8.8,10.5 和 12.6。

对这一模型的统计分析从虚拟变量模型开始,即

$$y_{ij} = \mu z_0 + \alpha_1 z_1 + \alpha_2 z_2 + \cdots + \alpha_t z_t + \beta_1 x + \epsilon_{ij}$$

这会生成一个含若干个因子水平的虚拟变量列和一个自变量列的矩阵 X。矩阵 $X'X$ 是一个奇异矩阵,而为了求解这一正规的方程,我们必须使用标准的约束。不过奇异性对回归系数的估计没有影响。

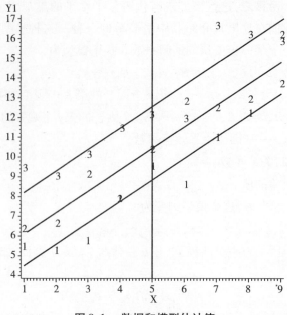

图 9.1　数据和模型估计值

　　与只有虚拟变量的模型一样,那些带有定量和定性的自变量的模型,实际上可以取任何的形式,包括用虚拟变量来表示设计使用的因子(如街区)和用线性和多项式来表示一个或多个定距自变量。正如将要看到的那样,我们可以有因子效应之间的交互项和定距的自变量。当然,多重共线性和影响值问题也会因为定距自变量的使用而产生,且变得更加难以觉察和补救,因为总模型变得更加复杂了。不仅如此,用于这样的模型的计算机程序并没有提供可供我们使用的、可对某些诸如这样的数据问题进行深度诊断的工具。因此,深入了解自己使用的计算机程序,进而彻底弄清某一种程序究竟能做什么和不能做什么这一问题,就变得极为重要。

例 9.5　计数蛆的数目

　　蛆是甲虫的幼虫阶段,且经常会对作物造成伤害。在一个有关公园中蛆的分布研究中,研究人员在一个已知受到了蛆的侵扰的城市公园内,在两个月的时间内,随机抽取了24个采样点。每个采样点都挖了4个分离的、深度以3 in 递增的小洞,并计数每个洞中两种甲虫的幼虫(蛆)。与此同时,每次都要测量每个样本的土壤的温度和水分含量。研究人员希望把幼虫数与时间段和土壤条件联系起来。数据文件 REG09X05 收录了这些数据。我们建立的模型为

$$y_{ij} = \mu + \delta_i + \lambda_j + (\delta\lambda)_{ij} + \beta_1(\text{DEPTH}) + \beta_2(\text{TEMP}) + \beta_3(\text{MOIST}) + \epsilon_{ij}$$

式中　y_{ij}——第j种($\text{COUNT}, j = 1, 2.$),在第i个时间($i = 1, 2, \cdots, 12$)的响应;

　　　μ——均值(或截距);

　　　δ_i——第i个时间的效应;

　　　λ_j——第j种的效应[8];

---

[8]　若不用种作为一个因子,我们可以为这两个种分别设定一个单独的分析。可把它作为一个习题,由读者自行求解。

$(\delta\lambda)_{ij}$——时间和种的交互项[9]。

β_1,β_2,β_3—— DEPTH, TEMP 和 MOIST 的回归系数(注意,DEPTH 并非一个严格的定距变量,尽管它被当做了一个定距变量,它的测量相对比较粗糙);

ϵ_{ij}——随机误差,服从正态分布,有均值零和方差 σ^2。

注意,μ,δ_i 和 λ_j 是描述因子水平的参数,而 β_i 则是回归系数。

我们将用 PROC GLM 来分析这个模型。不过必须注意,这个模型存在着某些不确定性:

- 因变量是一个频数或计数变量,它可能有着某种独特的非正态分布。
- 正如我们所知,深度并非一个严格的定距变量。

基于这些原因,我们先来看一下图 9.2 中前面那个模型的残差图。由图可知,因变量的分布确实是非正态的,且似乎有证据表明,可能存在着某种曲线效应。在 PCOUNT 值较低的左端,根本没有残差,这是因为事实上不可能有任何负的计数,而这就使这一区域的残差受到了限制。

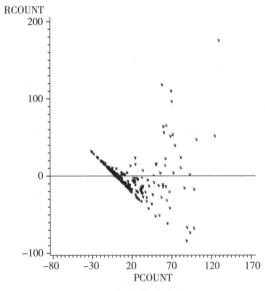

图 9.2   初始模型残差图

我们已经知道,计数的数据是服从泊松分布(Poisson distribution)的,而对于这种分布,平方根转换是很有用的。因此,我们对因变量做了一下这种转换,转后的变量用 SQCOUNT 表示,同时再增加一个 DEPTH 的二次项,用 DEPTH*DEPTH 来表示。这一分析的结果如表 9.8 所示。

---

9 对那些熟悉实验设计的人来讲,时间也许被看作一种地块效应,而交互项对种类效应检验而言,则是一种误差。鉴于有些学生对这种区别并不是很了解,所以我们在对结果进行讨论时,将略过这一问题。

表9.8　甲虫幼虫数据分析

Dependent Variable：SQCOUNT					
Source	DF	Sum of Squares	Mean Square	F Value	Pr > F
Model	51	1974. 955210	38. 724612	13. 97	0. 0001
Error	140	388. 139445	2. 772425		
Corrected Total	191	2363. 094655			
Source	DF	Type Ⅲ SS	Mean Square	F Value	Pr > F
TIME	23	70. 9201718	3. 0834857	1. 11	0. 3397
SPEC	1	3. 8211817	3. 8211817	1. 38	0. 2424
TIME * SPEC	23	174. 5548913	7. 5893431	2. 74	0. 0002
DEPTH	1	254. 2976701	254. 2976701	91. 72	0. 0001
DEPTH * DEPTH	1	149. 0124852	149. 0124852	53. 75	0. 0001
TEMP	1	6. 0954685	6. 0954685	2. 20	0. 1404
MOIST	1	3. 9673560	3. 9673560	1. 43	0. 2336

Parameter	Estimate	T for $H0$： Parameter = 0	Pr > | t |	Std Error of Estimate
DEPTH	− 7. 52190840	− 9. 58	0. 0001	0. 78539245
DEPTH * DEPTH	1. 04155075	7. 33	0. 0001	0. 14206889
TEMP	− 0. 21253537	− 1. 48	0. 1404	0. 14333675
MOIST	0. 09796414	1. 20	0. 2336	0. 08189293

　　模型显然是显著的。时间和虫种似乎都是有效应的,但模型中有一个时间和虫种的交互项。在各个回归系数中,深度(depth) 和深度的平方(depth * depth) 是显著的。时间 - 虫种交互项的图形未显示出任何可以识别的模式,所以我们未在这里给大家绘制。

　　DEPTH 和 DEPTH * DEPTH 的系数还表明,有一条斜率为负的下凹的曲线。图 9.3 显示的便是这一条二次曲线。然而,大家注意,它的纵坐标,即垂直的尺度是 COUNT 的平方根。此外,二次曲线的在终端似乎显示出某种向上的趋势,而这种现象似乎是不应该出现的。

　　另外一种绘制对深度的响应的统计图型的方法是,把 DEPTH 看作一个因子,进而去

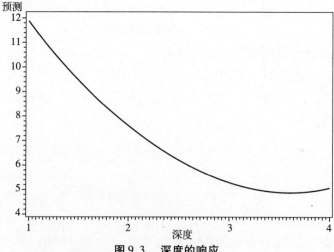

图9.3　深度的响应

求最小平方均值,然后再绘制其图形。我们可以用缺拟检验来看一下二次曲线是否适当。这个检验可以作为一个习题,由读者自行完成。■

9.6 一种特殊的用法:协方差分析

我们在数据收集时做出的种种努力,其目的无非是为了尽可能地缩小误差的方差,因为这将会为我们提供更有效的假设检验和更窄的置信区间。通常这需要我们确定误差的来源,并对已知的误差源的产生原因做出解释。例如,在实验设计中,分块法通常都被用来得到更具同质性的实验单位,而一般同质性的实验单位的方差也比较小。

有时因变量有可能受那些与实验因子不相干的测量变量的影响。例如,在一个减重方法的实验中,实验对象最终的质量不仅会受到他们初始质量的影响,同时也会受到减重方法的影响。如果这样,那么一个只基于实验对象初始质量的分析,其误差的方差就可能包含着初始质量的效应。另一方面,如果我们能对初始质量做某些"修正",那么随之而得到的误差的方差,将只测量了质量*减少*的方差。

要达到这一目的的简单方法是,只分析质量的减少,而要做到这一点的确需要有恰当的方法。然而这种简单的减法,只有在两个变量都用同一尺度来测量时才行得通。例如,如果我们想就外界温度的变差问题,对某一化学实验的结果进行修正,这时就不可能采用简单的减法。换言之,我们需要一种能对那些并非实验因子的一部分的因子引起的变差做出解释的分析方法。

协方差分析便是一种诸如这样的方法。协方差分析模型正是我们刚才在讨论的那种模型,即单因子实验和单变量的那样一种模型。那种模型中的单因单变量模型为

$$y_{ij} = \beta_0 + \alpha_i + \beta_1 x_{ij} + \epsilon_{ij}$$

式中的参数和变量如前所述。然而在协方差分析中,自(回归)变量被看作是*协变量*(covariate)。不仅如此,在协方差分析中,推论主要关注的是修正的因子*均值*的最小平方,而协变量效应的性质的重要性则退居次席。

这一模型的两个假设,对确保推论是否恰当至关重要:

1. 协变量不受实验因子影响。如果事实北非如此,那么因子效应的推论便会受到影响,因为协变量的值也必须在推论考虑之列。正因为如此,协变量经常是一种先于实验存在的条件的量度。

2. β_1 测量的回归关系,在所有的因子水平都必须相同。如果这一假设未能满足,那么最小平方的均值将取决于协变量的值。换言之,任何有关由该因子而引起的差别的推论,只适用于一个特定的 x 值。这样的推论不是一个有用的推论。下一节我们将给大家介绍不等斜率检验(A test for the existence of unequal slopes)。

例9.6 教学方法

本例使用的数据来自确定3种历史教学法效果的实验。第一种教学法采用标准的教学形式,第二种在课程开始阶段使用3段短的电影剪辑,而第三种则在课程结束时,采用

简短的计算机互动式教学。3 个实验班的 20 个学生都是随机分配的。[10]因变量是学生统一的期末考试的成绩。

当然,不言而喻的是,所有的学生都就读于同一年级。有些学生的成绩可能比其他学生好一些,但这与教学方法无关。某种智力测验得分,如标准的 IQ 测验分,也许可用来做学习能力高低的预测指标。而这些学生在实验开始前,都已经做了这种 IQ 测验,因而 IQ 分数可以用来做理想的协变量。表9.9 列出了有关的数据。

表 9.9　教学方法数据

教学法 1		教学法 2		教学法 3	
智力测验分数	考试成绩	智力测验分数	考试成绩	智力测验分数	考试成绩
91	76	102	75	103	91
90	75	91	78	110	89
102	75	90	79	91	89
102	73	80	72	96	94
98	77	94	78	114	91
94	71	104	76	100	94
105	73	107	81	112	95
102	77	96	79	94	90
89	69	109	82	92	85
88	71	100	76	93	90
96	78	105	84	93	92
89	71	112	86	100	94
122	86	94	81	114	95
101	73	97	79	107	92
123	88	97	76	89	87
109	74	80	71	112	100
103	80	101	73	111	95
92	67	97	78	89	85
86	71	101	84	82	82
102	74	94	76	98	90

该模型是

$$y_{ij} = \beta_0 + \alpha_i + \beta_1 x_{ij} + \epsilon_{ij}$$

式中　$y_{ij}, i = 1,2,3, j = 1,2,\cdots,20$——期末考试的成绩;

$x_{ij}, i = 1,2,3, j = 1,2,\cdots,20$——IQ 测验的分数;

$\alpha_i, i^* = 1,2,3$——因子教学法参数;

β_0, β_1——回归关系参数;

ϵ_{ij}——随机误差的值。

来自 SAS 系统的 PROC GLM 模块的输出结果如表 9.10 所示。

10　一种比较好的研究设计是,每种教学法至少能有两个部分,因为对于这样的实验而言,班级而非学生才是合适的试验单位。

*　原书误为"i,"。——编者注

表 9.10　协方差分析

Source	DF	Sum of Squares	Mean Square	F Value	Pr > F
Model	3	3512.745262	1170.915087	125.27	0.0001
Error	56	523.438072	9.347108		
Corrected Total	59	4036.183333			

Source	DF	Type III SS	Mean Square	F Value	Pr > F
METHOD	2	2695.816947	1347.908474	144.21	0.0001
IQ	1	632.711928	632.711928	67.69	0.0001

Parameter	Estimate	T for H0: Parameter = 0	Pr > | t |	Std Error of Estimate
IQ	0.34975784	8.23	0.0001	0.04251117

	Least Squares Means		
ETHOD	SCORE LSMEAN	Std Err LSMEAN	Pr > | t | H0:LSMEAN = 0
1	74.8509019	0.6837401	0.0001
2	78.6780024	0.6860983	0.0001
3	90.6210957	0.6851835	0.0001

　　模型显然是显著的。我们先来看一下协变量的效应,因为如果它是不显著的,那么不仅只要做一下方差分析就足够了,而且分析的结果也更加容易解释。归因于 IQ 的平方和是显著的,且系数表明期末考试成绩每提高 0.35 个单位,与之关联的 IQ 便会增长一个单位。方法同样也是显著的,其 3 个平方和分别为 74.85,78.68 和 90.62,标准差同为 0.68,显然两两相比都存在差别。当然,我们也可以做成对差别检验(tests for paired differences),但这样的检验却无法对实验性误差做出修正。我们也可以计算差别,但是这时即使我们把它们构建成正交的,它们之间或多或少还是会有些相关的。成对的比较法(如邓肯或图基比较法)是比较难以做到的,因为那些估计的均值是相关的,且有着不同的标准误差。读者务必要仔细了解使用的程序的性质,以确定程序的具体规定和操作步骤。

　　数据和回归线均如图 9.4 所示。图中的符号表示的是教学方法。最小平方均值出现在垂线与 x 的交点上,且与打印的结果是一致的。

　　我们来看没有协变量的分析结果,这也许颇为有趣。主要的差别是误差的标准差为 4.58,而协方差分析的是 3.06。换言之,在使用了协变量之后,均值的置信区间的宽度减少了 1/3。因为不同的教学方法的均值差别相当大,所以对显著性的影响是微不足道的。均值和最小平方均值是

	均值	最小平方均值
教学法 1	74.95	74.85
教学法 2	78.20	78.68
教学法 3	91.00	90.62

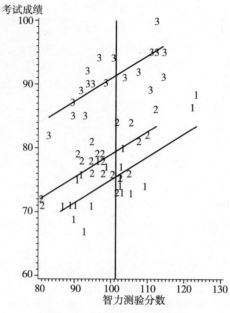

图 9.4   数据和响应估计值

我们不难看出差别不是很大。这是因为 3 个班级之间协变量的均值差别很小。如果因子水平之间的协变量的均值存在着差别,那么最小平方均值将不同于普通的均值。■

协方差分析并不限于全随机化设计或单个协变量。对于复杂的设计,如分块设计,在选择适当的误差项时,我们必须倍加小心。而在遇有多个协变量时,则必须对多重共线性问题加以关注,尽管实际上我们通常对系数本身并不感兴趣,故而会因此而使这一问题的难度有所减少。

9.7 协方差分析中的异构斜率(heterogeneous slope)问题

迄今为止,已经介绍过的所有的协方差分析模型中,所有的因子水平的回归系数都是共同的。这个条件对协方差分析的可靠性是不可或缺的。因此,如果我们要使用协方差模型,那么就必须做一个检验,以确定这一条件是否得到了满足。当然,其他那些回归系数随因子水平变化而变化的模型,也有可能会有共同的回归系数,因而为了能对诸如这样的模型做分析,做一下这样的检验也是有用处的。

实际上,因子水平之间的回归系数存在的变异性,是因子和某个或若干个回归变量之间的交互作用(interaction)所致。那就是说,一个因子的效应,如回归系数,跨其他因子的因子水平是不同的。

单因子和单回归变量的虚拟变量模型为

$$y_{ij} = \mu z_0 + \alpha_1 z_1 + \alpha_2 z_2 + \cdots + \alpha_t z_t + \beta_m x + \epsilon_{ij}$$

式中,z_i 与前面定义的一样,是虚拟变量。我们加了一个下标"m",用来描述回归系数,以区分于那些我们需要描述的单个因子水平系数。记住,在因子水平 i,如 $z_i = 1$ 和所有其他的 z_i 为 0,将导致如下的模型

$$y_{ij} = \mu + \alpha_i + \beta_m x + \epsilon_{ij}$$

现在,交互项便可以构建为主效因变量的乘积。这样,包含交互项的模型则为

$$y_{ij} = \mu z_0 + \alpha_1 z_1 + \alpha_2 z_2 + \cdots + \alpha_t z_t + \beta_m x + \beta_1 z_1 x + \beta_2 z_2 x + \cdots + \beta_t z_t x + \epsilon_{ij}$$

引用虚拟变量的定义,模型则变为

$$y_{ij} = \mu + \alpha_i + \beta_m x + \beta_i x + \epsilon_{ij}$$
$$= \mu + \alpha_i + (\beta_m + \beta_i) x + \epsilon_{ij}$$

它定义了一个每个因子水平的截距 α_i 和斜率,$(\beta_m + \beta_i)$ 不同的模型。注意,与虚拟变量中的情形类似,我们也要用 t 个因子水平来估计 $(t+1)$ 个回归系数。而这必然会将另一个奇异性引进模型;但我们仍可用与虚拟变量相同的求解方法来求解。

这样,等回归系数检验的零假设则变为

$$H_0 : \beta_i = 0, \text{对所有的 } i$$

它是对交互项系数的检验。

有些计算机程序,如 SAS 系统的 PROC GLM,可以做这种检验,下面我们就会用它来做示范。而在没有这样的程序时,我们可以马上做一约束/无约束模型那样的检验。无约束模型只是分别估计每一因子水平的回归,而误差平方和就是所有的模型的误差平方和的和。约束模型就是约束至只有一个回归系数的协方差分析。消减的误差平方和和自由度,与第 1 章介绍的检验规定的相同。

例 9.7　家畜价格

我们从一个比较大的数据集中,抽取了一些有关小母牛在拍卖市场的销售情况的数据。因变量是以美元计的每百质量价格(PRICE)。因子则是

GRADE(等级):编码为甲等(PRIME)、乙等(CHOICE)和丙等(GOOD)
WGT(体重):以百英镑计的质量

表 9.11　小母牛市价数据

OBS	等级	体重	价格
1	甲等	2.55	58.00
2	甲等	2.55	57.75
3	甲等	2.70	42.00
4	甲等	2.90	42.25
5	甲等	2.65	60.00
6	甲等	2.90	48.75
7	甲等	2.50	63.00
8	甲等	2.50	62.25
9	甲等	2.50	56.50
10	乙等	2.55	48.00
11	乙等	3.05	38.25
12	乙等	2.60	40.50
13	乙等	3.35	40.75
14	乙等	4.23	32.25
15	乙等	3.10	37.75
16	乙等	3.75	36.75
17	乙等	3.60	37.00
18	乙等	2.70	44.25

续表

OBS	等级	体重	价格
19	乙等	2.70	40.50
20	乙等	3.05	39.75
21	乙等	3.65	34.50
22	丙等	2.50	39.00
23	丙等	2.55	44.00
24	丙等	2.60	45.00
25	丙等	2.55	44.00
26	丙等	2.90	41.25
27	丙等	3.40	34.25
28	丙等	2.02	33.25
29	丙等	3.95	33.00

因为体重的效应对所有等级(GRADE)并不是相同的,所以我们建议使用有一个允许体重(WGT)的系数可以在等级之间有变化的模型。在这个模型中,包含了一个体重和等级的交互项,并用SAS系统的PROC GLM模块来分析这个模型。其结果如表9.12所示。

表 9.12   小母牛市价数据分析

Source	DF	Sum of Squares	Mean Square	F Value	Pr > F
Model	5	1963.156520	392.631304	22.91	0.0001
Error	23	394.140894	17.136561		
Corrected Total	28	2357.297414			
	R-Square	Coeff Var	Root MSE	PRICE Mean	
	0.832800	9.419329	4.139633	43.94828	
Source	DF	Type Ⅲ SS	Mean Square	F Value	Pr > F
GRADE	2	343.8817604	171.9408802	10.03	0.0007
WGT	1	464.9348084	464.9348084	27.13	0.0001
WGT * GRADE	2	263.1206149	131.5603074	7.68	0.0028

Parameter	Estimate	T for $H0$: Parameter = 0	$Pr > \mid t \mid$	Std Error of Estimate
wgt/choice	−6.7215787	−2.85	0.0090	2.35667471
wgt/good	−3.4263512	−1.32	0.1988	2.58965521
wgt/prime	−39.9155844	−4.46	0.0002	8.95092088

该模型有5个自由度:GRADE 两个,WGT 一个,而允许有不同的斜率的交互项则有两个。交互项是显著的($p = 0.0028$)。体重的系数的估计值,标签为 WGT/[grade] 列在了表的底部。非常特出的一点是,对于甲等(PRIME) 小牛的市价:体重的增加的负效应大大高于其他两个等级。因此,与任何因子结构一样,我们可能对等级和体重的主效应做不出什么有用的解释。图9.5是一个数据点标以等级编码的第一个字母的图例。它清楚地显示这些斜率是不同的,结果再一次证明,主效应的意义并不是十分明确的。

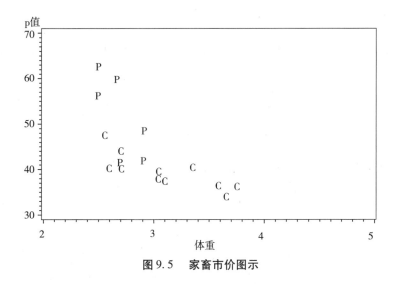

图 9.5 家畜市价图示

例 9.8 再解例 9.6

在例 9.6 中,对所有 3 种教学方法的考试分数,智商的分数不仅几乎有着相同的效应,而且实际上不等斜率检验(结果未予显示)也未被否定。我们对数据做一些调整,使 IQ 的分数能从教学法 1 到教学 2 有所增加,再使它从教学法 2 到教学法 3 也能有所增加。如果教学法 2 和教学法 3 对天资较高的学生更有吸引力,那么结果便会如此。我们在这里未列出数据,但读者可在文件 REG09X08 中得到这些数据。

我们用 PROC GLM 模块对模型做了分析,并将 METHOD 和 IQ 的交互项也包括在了模型中。我们未将最小平方均值打印出来,因为它们没有什么用处,但我们将 3 种教学法的系数估计值(beta1,beta2 和 beta3)打印了出来。打印结果如表 9.13 所示。现在模型共有 5 个参数(加上截距):两个是因子,一个是总回归,还有两个则是额外增加的回归。同样,我们也首先来看一下交互项,它是显著的($p = 0.0074$),因此我们有理由认为,协变量的效应对于 3 种教学方法是不同的。故而协方差分析是不合适的。这时,已经不需要再去做任何其他的检验,因为我们已经知道参数是没有意义的。

表 9.13 不等斜率分析

Source	DF	Sum of Squares	Mean Square	F Value	Pr > F
Model	5	3581.530397	716.306079	75.42	0.0001
Error	54	512.869603	9.497585		
Corrected Total	59	4094.4000000			

Source	DF	Type Ⅲ SS	Mean Square	F Value	Pr > F
METHOD	2	26.6406241	13.3203121	1.40	0.2548
IQ	1	574.5357250	574.5357250	60.49	0.0001
IQ*METHOD	2	102.2348437	51.1174219	5.38	0.0074

Parameter	Estimate	T for H0: Parameter = 0	Pr > | t |	Std Error of Estimate
beta1	0.18618499	2.71	0.0090	0.06865110
beta2	0.31719119	3.76	0.0004	0.08441112
beta3	0.51206140	7.10	0.0001	0.07215961

也就是说,如果回归(系数)是不等的,那么总或"平均"系数就没有意义,因而因变量均值之间的差异取决于特定的值,或协变量(IQ 分数)。输出结果中的最后一部分列出了估计的系数值和它们的标准误差。我们看到它的确是 $\beta_1 < \beta_2 < \beta_3$。数据和估计的回归线如图 9.6 所示。

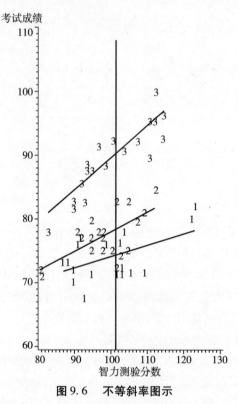

图 9.6　不等斜率图示

记住,在因子实验中,若存在交互效应,那么我们就不可做出主效应有用的推论。目前这一例子便确实如此:教学方法的效应取决于学生的智商的分数。正如我们在图 9.6 中看到的那样,教学法 3 确实优于其他两种方法,尽管它对于高智商的学生的差别最为显著,但仍可应用于所有的学生。对于智商较低的学生,教学法 2 显然不如教学法 1。■

正如前述,其他的数据结构和／或若干个协变量的斜率也可能会有差别。当然解释也会因此而变得更加复杂。例如,如果我们有一个析因实验,跨任何一个因子水平,或多个主效应的,甚至跨所有因子组合的回归系数都可能不同。在遇有这样的情形时,我们必须使用一种序贯分析法(sequential analysis procedure),从最复杂的(无约束)模型开始分析,在发现模型不显著时缩小范围(加上约束)。因而一个双因子的析因实验,模型最初将从所有单元格的不同的系数考察开始,如果发现它们是有差别的,那么我们就必须循序渐进,一步一步地做下去,无任何捷径可走。然而,我们发现这些都是不显著的,那么我们在转而继续对在因子 B 的不同水平间进行检验,如此这般,一步一步做下去。

那些有几个自变量的模型都会有每一变量的交互项的平方和,因而可能要对变量进行选择。然而,那些用于带虚拟变量和定距变量的模型的程序,一般都不能做变量选择。因此,在去除了任何变量之后,诸如这样的程序都必须再重新运行一次。

9.8 小 结

在这一节我们介绍了如何用"虚拟"变量使用回归原理来做方差分析的方法。这个方法比通常的方差分析法烦琐一些，但是在分析不等格频数的析因数据时，我们必须使用它。然而在数据中有空格时，即使使用虚拟变量法也于事无补。

包含虚拟和定距两种类型变量的模型，是只含虚拟变量模型的简单扩展。协方差分析是一种特殊的应用。在进行协方差分析时，我们主要的目的是分析因子水平的效应，定距的自变量，即所谓的协变量必须保持不变。然而，如果所有因子水平的协变量效应不尽相同，那么协方差分析可能未必合适。

9.9 习 题

1. 某心理学专业的学生得到了一套有关幼儿园孩子的攻击性行为的数据，该数据列在了表 9.14 中。它的分析使用了表中的格和边缘均值。该分析的 p 值是使用标准的方差分析法（ANOVA）计算的。变量 STATUS（状况）、GENDER（性别）和交互项的 p 值分别是 $p = 0.0225, 0.0001$ 和 0.0450。它们使用的是错误的双因分析。请用正确的方法进行分析，并看一下结构是否有所不同。数据请见文件 REG09P01。

表 9.14 分性别和社交状况的攻击性行为数

	Sociable	Shy	Means
Female	0,1,2,1,0,1,2,4,0,0,1	0,1,2,1,0,0,1	0.9444
Male	3,7,8,6,6,7,2,0	2,1,3,1,2	3.692
Means	2.6842	1.1667	2.097

2. 确定一种称为 TG 的基因是否存在的问题也很有兴趣。这种基因会对断了奶的老鼠的体重产生影响。我们收集了一个含两种老鼠（A 和 B），总共 97 个老鼠的样本，并把它们随机地分到 5 个笼子中。因变量记录了断奶时老鼠的体重（WGT，以克为单位）。变量 TG 记录了 TG 是否存在（编码为 Y 或 N），而性别变量 SEX 的编码则是 M 或 F。因为断奶的年龄这一变量也会对体重有影响，所以我们也用一个变量来记录它（AGE，以天为单位）。该数据可以在文件 REG09P02 找到。做一个分析，以确定 TG 是否对断奶时的体重有影响。展开讨论，如果可能，也对违反假设问题作一下分析。

3. 篮球运动员的薪酬显然与他们在球场上的表现有关，但它也可能是他们在场上打球位置函数。我们收集了 1984 到 1985 年赛季的篮球运动员薪酬（SAL，以千美元为单位）球场上的表现（AVG，每一场得分）的数据。样本球员是从以下位置（POS）① 得分前锋，② 大前锋，③ 中锋，④ 控球后卫，⑤ 得分后卫随机地选出来的。数据收在了文件 REG09P03 中。对数据进行分析，以确定球员的位置对薪酬的是否有影响，如果有影响，是否超过得分的影响。绘制数据的统计图也许对分析会有所帮助。

4. 我们希望用一个并不十分精确的尺度来估计 5 个物项的质量。显然，这样我们必须随机地进行重复称重,但这样做未必太耗费时间。于是我们代之以称其中 3 个物项的 10 种组合的质量。具体的结果已列在了表 9.15 中。构建一套数据,并建模估计单个物件的质量(提示:使用没有截距的模型)。

表 9.15 质量

组合	质量
123	5
124	7
125	8
134	9
135	9
145	12
234	8
235	8
245	11
345	13

5. 我们有一套 1955—1968 年在饲养场育肥的肥牛数(PLACE)的季度数据。我们想把这一数目作为牧场牛价(PRANGE)的函数来估计。所谓牧场牛,就是进牧场育肥的牛;而屠宰牛价(PSLTR)则是育肥过程的产品;至于玉米价(PCORN),则是育肥过程中喂养的主要营养成分的价格。大家知道,育肥过程中饲料器置放位置,既可以是季节性的,也可以是长期的。数据请见文件 REG09P05。

做一个估计饲料器置放位置的分析(提示:在构建模型的过程中,我们可能会遇到若干种问题)。

6. 第 3 章习题 6(数据在文件 REG03P06 中)是一个有关 3 种橙子和它们的销售情况与价格之间的关系的问题。因为在每周的不同的日子里,销售方式可能会有所不同,所以我们引进了变量 DAY,记录销售的日子(星期日未包括在内)。重新对数据进行分析,以了解星期几是否会对销售有影响。检查一下假定。

7. 我们从 1995 年的《美国统计摘要》(statistical Abstract of the United States)中,得到了1975 年到 1993 年的,分性别的注册入学的大学生的数据。该数据已收在文件REG09P07。该数据可以识别性别和注册的年份。用回归分析来估计一下男女生的注册入学的趋势,并做一个检验,看一下两者的趋势是否有什么差别。

8. 表 7.3 列出了 5 年中每一年 12 个月的气候的数据。数据收在文件 REG07X02 中。用一个月份做自变量和 CDD 做因变量的多项式与例 7.2 的数据拟合。用年份作为阻断变量(blocking variable),月份作为处理变量(treatment variable),而 CDD 则是因变量。找到适当的月的多项式拟合数据,并把得到的结果与例 7.2 给出的结果作比较。用HDD 作因变量,再做一次这个习题。

$\boldsymbol{10}$ 定类因变量

10.1 导 论

到目前为止,本书主要还一直在介绍连续因变量的建模问题。我们已经了解如何用连续、定类或因子自变量,或两种自变量的组合来给这种因变量建模。显然,有时我们也会遇到希望给分类因变量建立统计模型这样的情况。基础的统计方法教程一般都不介绍,它涉及分类变量分析方法的理论和方法。凡涉及两种分类变量之间的关系的分析,一般都使用列联表,并用卡方来进行独立性检验。这种分析几乎不涉及什么模型的构建问题。在这一章,我们将介绍怎样用回归方式来分析分类因变量的问题。我们首先介绍含有二值因变量(binary response variable)和连续自变量模型,然后再介绍更为广义的含有任何个数的值的因变量的建模问题。最后,我们将给读者介绍分类因变量与任意多个分类自变量之间的建模问题。

10.2 二值因变量(binary response variables)

在各种各样的实际应用中,我们也许会遇到一种只有两个可能的结果的因变量。与二分自变量一样,我们可以用虚拟变量来表示这样一种变量。在这样的情况中,我们常把这样的变量称为**量子**(quantal)或**二值**(binary)因变量。在把这样的变量与一个或多个自变量或因子变量相关联时,对它的性状进行研究常常是很有很多用处的。换言之,我们可能希望对自变量是一个虚拟变量,而自变量或变量可能是定距变量的回归方程进行回归分析。

例如:

- 经济学家也许会调查储蓄和贷款银行的呆坏账与银行储蓄量的关系。自变量是第一个营业年末平均储蓄量,而因变量的编码则可以是

  $y = 1$,如果以后连续 5 年没有坏账

  $y = 0$,如果银行在 5 年内有坏账

- 一个生物学家正在调查污染对某种生物体生存的影响。自变量是调查测得的这

一特定物种的栖息地的污染水平(程度),而因变量则是

$y = 1$,如果物种个体长到了成年期

$y = 0$,如果物种个体在进入成年期之前死亡

- 一个确定杀虫剂对虫类的效应的研究,将会将杀虫剂浓度作为自变量,而因变量则是

$y = 1$,如果沾上了杀虫剂的昆虫死掉了

$y = 0$,如果沾上了杀虫剂的昆虫没有死

因为诸如这样的模型的很多应用都涉及药物反应问题,故自变量常被称为"剂量",而因变量则被称为"反应"。实际上,这种建模方式为统计学的一个称为**生物测定**的分支提供了基础。在本节后面的部分,我们将给某些用于生物鉴定的方法做一些简要的讨论。有关这方面更为完整的讨论,请参见芬尼的有关著作(Finney,1971)。

统计学家开发了若干统计方法来分析那些含有二分因变量的模型。我们将比较详细地介绍其中的两种。

1. 标准的线性回归模型

$$y = \beta_0 + \beta_1 x + \epsilon$$

2. 概率比对数回归(logistic regression)

$$y = \frac{\exp(\beta_0 + \beta_1 x)}{1 + \exp(\beta_0 + \beta_1 x)} + \epsilon$$

第一种模型是一种数据的直线拟合,而第二种则提供了一种特殊的曲线,两者不仅皆有实际的应用,且适用于各种各样的场合。不仅如此,这两种模型也可以使用多个自变量。

在开始讨论用样本数据估计两种模型的回归系数的方法之前,我们先来考察一下使用虚拟因变量的效应问题。

二分因变量线性模型

我们将用下面这个例子来阐述变量值为 0 和 1 的二分因变量线性模型。某医学研究人员对破腹产后使用的抗生素剂量导致产妇感染的可能性有无影响这一问题感兴趣。该研究人员建议使用一种简单的线性回归模型

$$y = \beta_0 + \beta_1 x + \epsilon$$

式中 $y = 1$——如果在两周之内发生感染;

$y = 0$——如果没有发生感染;

x——抗生素剂量,mL/h;

ϵ——随机误差,一个均值为 0 和方差为 σ^2 的随机变量。

该研究者将对一患者的样本,在各种设定的水平中控制 x 的值。

在这个模型中,因变量的期望值有着特定的意义。因为误差项的均值为 0,所以因变量的期望值是

$$\mu_{y|x} = \beta_0 + \beta_1 x$$

因变量具有二项随机变量的性质,它有如下的离散的概率分布:

y	$p(y)$
0	$1 - p$
1	p

其中,p 是 y 取值为 1 的概率。这样的分布说明,回归模型实际上为我们提供的是一种估计 $y = 1$,即产妇在破腹产后感染这一事件发生的概率途径。换言之,该研究者是在建立一个术后感染是如何受不同的抗生素剂量影响的模型。

遗憾的是,在因变量是一个二分变量时,在回归过程中会出现一些特别的问题。我们一定记得,回归模型中假定误差项假设服从正态分布,其方差对所有的观察都是恒定不变的。在因变量是虚拟变量的模型中,误差项既不是正态的,也没有恒定不变的方差。

根据因变量的定义,误差的值为

$$\epsilon = 1 - \beta_0 - \beta_1 x,\text{当 } y = 1 \text{ 时}$$

和

$$\epsilon = -\beta_0 - \beta_1 x,\text{当 } y = 0 \text{ 时}$$

显然,这一模型并未满足正态性这一假定。此外,因为 y 是一个二项变量,故 y 的方差是

$$\sigma^2 = p(1 - p)$$

但是 $p = \mu_{y|x} = \beta_0 + \beta_1 x$,故

$$\sigma^2 = (\beta_0 + \beta_1 x)(1 - \beta_0 - \beta_1 x)$$

问题很清楚,方差的大小取决于 x,而这无疑违反了等方差假定。

最后,因为 $\mu_{y|x}$ 确实是一个概率,所以它的值在 0 与 1 之间。而这就形成了对于回归模型的一个约束,限制了我们对回归参数的估计。实际上,普通的最小平方的预测的因变量的值,有可能是负或大于 1 的,即使自变量值在样本数据的范围之内,情况也同样如此。

虽然这些违反假定的情况会带来一些困难,但是我们还是可以找到一些解决的办法:

- 回想一下中央极限定理,便可使非正态性问题有所缓解。中央极限定理指出,对大多数分布而言,在样本相当大时,均值的分布都接近正态。不仅如此,即使是小样本,回归系数的估计值都是无偏的。因此,因变量的估计值也都是无偏的。
- 使用 4.3 节介绍的**加权最小平方**,可使不等方差问题迎刃而解。
- 在线性模型预测的 $\mu_{y|x}$ 值位于区间之外时,我们可选择一种可避免发生这样的情况的曲线模型。概率比对数回归(logistic regression)便是可供我们选择的模型之一。

10.3 加权最小平方

在 4.3 节,我们已经注意到,在遇有不等方差时,可考虑将一适当的权数分配给第 i 个观察,该权数为

$$w_i = 1/\sigma_i^2$$

式中,σ_i^2 为第 i 个观察的方差。这一做法将较小的权数分配给了方差较大的观察;相反,它将较大的权数给了方差较小的观察。换言之,观察越"可靠",提供的信息就越多;反之,则越少。在加权之后,所有其他的估计和推论仍按通常的方式进行,不过实际的平方和的值及均方反映的都是权的数值。

在有二分因变量的模型中,σ_i^2 等于 $p_i(1-p_i)$,其中的 p_i 是第 i 个观察等于1的概率。虽然我们并不知道这个概率,但它取决于我们的模型

$$p_i = \beta_0 + \beta_1 x_i$$

因此,求得回归系数的估计值且合乎逻辑的加权最小平方的步骤如下:

1. 使用理想的模型,并做普通的最小平方回归,计算所有 x_i 的 y 的预测值。我们把这些预测值称为 $\hat{\mu}_i$。

2. 估计权数,估计的公式为

$$\hat{w}_i = \frac{1}{\hat{\mu}_i(1 - \hat{\mu}_i)}$$

3. 将这些权数用于加权平方,并求得回归系数的估计值。

4. 这一步骤可能是迭代的,须反复进行,直至系数的估计值趋于稳定为止。这就是说,在一次迭代到另一次迭代估计值的变化非常小时,便可考虑不再继续进行迭代。

在一般情况下,用这种方式得到的估计值很快就会趋于稳定,因此不需再进行第4步。实际上,在很多时候,第一次加权最小平方得到的估计值与普通最小平方得到的差别非常小。正因为如此,普通最小平方会在许多时候确实带给我们令人满意的结果。

诚如我们在4.3节已经了解的那样,系数的估计值由加权而引起的变化通常都是很小的,但是因变量预测区间的置信度却反映了相应的方差相对精确度。这就是说,有着比较小的方差的观察的区间比那些有着比较大的方差的观察的区间更小。即使这样,因加权而引起的差异可能仍然不是很大。

例 10.1

一项在最近在佛罗里达50个城市进行的城市规划研究中,有24个城市使用了税收增量融资(TIF),而另外26个却没有。该研究的目的之一是调查TIF的动用与否与城市家庭收入中位数之间的关系。该项研究的数据如表10.1所示。

其线性模型为

$$y = \beta_0 + \beta_1 x + \epsilon$$

式中　$y = 0$——如果城市未使用TIF;

　　　$y = 1$——如果城市使用了TIF;

　　　x——城市收入中位数;

　　　ϵ——随机误差。

表 10.1   城市规划研究数据

y	收入	y	收入
0	9.2	0	12.9
0	9.2	1	9.6
0	9.3	1	10.1
0	9.4	1	10.3
0	9.5	1	10.9
0	9.5	1	10.9
0	9.5	1	11.1
0	9.6	1	11.1
0	9.7	1	11.1
0	9.7	1	11.5
0	9.8	1	11.8
0	9.8	1	11.9
0	9.9	1	12.1
0	10.5	1	12.2
0	10.5	1	12.5
0	10.9	1	12.6
0	11.0	1	12.6
0	11.2	1	12.6
0	11.2	1	12.9
0	11.5	1	12.9
0	11.7	1	12.9
0	11.8	1	12.9
0	12.1	1	13.1
0	12.3	1	13.2
0	12.5	1	13.5

　　求回归系数理想估计值的第一步是做一个普通的最小平方回归。表 10.2 给出了回归的结果。估计的系数值将用于求一系列估计值 $\hat{\mu}_i$，即每一个 x 的 y。这些值随后将用来计算加权最小平方估计使用的权数。**注意**：线性模型产生的 $\hat{\mu}_i$ 值可能小于 0 或大于 1。如果这样的情况发生了，那么权数便未曾被定义，故而必须考虑使用某种备择模型，如概率比对数模型（将在这一章的后面部分介绍）。表 10.3 给出了求得的预测值和权数。

表 10.2   收入对 TIF 的回归

Analysis of Variance					
Source	DF	Sum of Squares	Mean Square	F Value	$Pr > F$
Model	1	3.53957	3.53957	19.003	0.0001
Error	48	8.94043	0.18626		
Corrected Total	49	12.48000			

Parameter Estimates					
Variable	DF	Parameter Estimate	Standard Error	T for H0: Parameter = 0	$Pr > \lvert t \rvert$
INTERCEPT	1	−1.818872	0.53086972	−3.426	0.0013
INCOME	1	0.205073	0.04704277	4.359	0.0001

表10.3　估计权数

y	Income	Predicted Value	Weight	y	Income	Predicted Value	Weight
0	9.2	0.068	15.821	0	12.9	0.827	6.976
0	9.2	0.068	15.821	1	9.6	0.150	7.850
0	9.3	0.088	12.421	1	10.1	0.252	5.300
0	9.4	0.109	10.312	1	10.3	0.293	4.824
0	9.5	0.129	8.881	1	10.9	0.416	4.115
0	9.5	0.129	8.881	1	10.9	0.416	4.115
0	9.5	0.129	8.881	1	11.1	0.457	4.029
0	9.6	0.150	7.850	1	11.1	0.457	4.029
0	9.7	0.170	7.076	1	11.1	0.457	4.029
0	9.7	0.170	7.076	1	11.5	0.539	4.025
0	9.8	0.191	6.476	1	11.8	0.601	4.170
0	9.8	0.191	6.476	1	11.9	0.622	4.251
0	9.9	0.211	5.999	1	12.1	0.663	4.472
0	10.5	0.334	4.493	1	12.2	0.683	4.619
0	10.5	0.334	4.493	1	12.5	0.745	5.258
0	10.9	0.416	4.115	1	12.6	0.765	5.563
0	11.0	0.437	4.065	1	12.6	0.765	5.563
0	11.2	0.478	4.008	1	12.6	0.765	5.563
0	11.2	0.478	4.008	1	12.9	0.827	6.976
0	11.5	0.539	4.025	1	12.9	0.827	6.976
0	11.7	0.580	4.106	1	12.9	0.827	6.976
0	11.8	0.601	4.170	1	12.9	0.827	6.976
0	12.1	0.663	4.472	1	13.1	0.868	8.705
0	12.3	0.704	4.794	1	13.2	0.888	10.062
0	12.5	0.745	5.258	1	13.5	0.950	20.901

　　表10.4列出了计算机输出的加权最小平方回归的结果。注意,这些估计值与表10.2列出的普通最小平方的结果略有不同。在对表10.2计算机输出的参数估计值做了四舍五入之后,我们得到理想的回归方程:

$$\hat{\mu}_{y|x} = -1.980 + 0.21913(\text{INCOME})$$

　　数据和估计的回归线如图10.1所示。该图显示拟合非常差,R方的值仅为0.45,但p值为0.0001说明收入中位数与是否参加TIF有一定关系。因此,一个收入中位数为10000美元城市,使用TIF的概率的估计值是 $-1.98D + 0.21913(10) = 0.2113$。这就是说,一个收入中位数为10000美元的城市,有21%左右的可能参加了税收增量融资。

表 10.4 加权回归

Analysis of Variance					
Source	DF	Sum of Squares	Mean Square	F Value	Pr > F
Model	1	36. 49604	36. 49604	38. 651	0. 0001
Error	48	45. 32389	0. 94425		
Corrected Total	49	81. 81993			
Parameter Estimates					
Variable	DF	Parameter Estimate	Standard Error	T for H0: Parameter = 0	Pr > | t |
INTERCEPT	1	− 1. 979665	0. 39479503	− 5. 014	0. 0001
INCOME	1	0. 219126	0. 03524632	6. 217	0. 0001

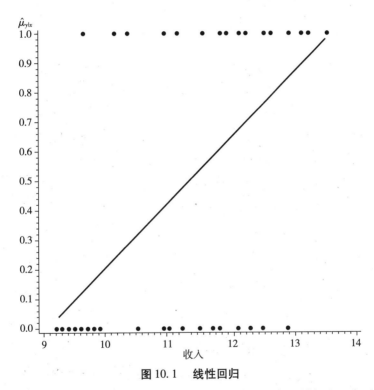

图 10.1 线性回归

为了说明加权最小平方估计值趋稳是极为迅速的,我们再做了两次迭代。其结果如下:

$$迭代 2:\hat{\mu}_{y|x} = - 1. 992 + 0. 2200(\text{INCOME})$$

和

$$迭代 3:\hat{\mu}_{y|x} = - 2. 015 + 0. 2218(\text{INCOME})$$

额外的迭代不仅给回归估计值带来的变化很小,而且对估计值的标准误差也没有什么好处。

注意,只要在数据范围之内考虑收入中位数,回归方程的预测值便不会为负或大于1。因此,该方程满足前面讨论的约束。此外,样本容量为50,也已经大到足以克服残差分布的非正态性。■

10.4 简单概率比对数回归

如果使用加权最小平方有违对简单线性回归方程模型的约束,或模型与数据的拟合不很理想,我们也许便需要使用曲线模型。在这些模型中,一种有着广泛应用性的模型便是概率比对数模型:

$$\mu_{y|x} = \frac{\exp(\beta_0 + \beta_1 x)}{1 + \exp(\beta_0 + \beta_1 x)}$$

由概率比对数模型描述的曲线,有以下几个性质:

- 如果 $\beta_1 > 0$,随着 x 逐渐变大,$\mu_{y|x}$ 接近1,而如果 $\beta_1 < 0$,随着 x 逐渐变大,则 $\mu_{y|x}$ 趋向于0。同样的,如果 $\beta_1 > 0$,随着 x 逐渐变小,$\mu_{y|x}$ 接近0,而如果 $\beta_1 < 0$,随着 x 逐渐变小,则 $\mu_{y|x}$ 接近1。
- 在 $x = -(\beta_0/\beta_1)$ 时,$\mu_{y|x} = 1/2$。
- 曲线描述的 $\mu_{y|x}$ 是单调的,即不论在何处,它要么总是趋于增加,要么总是趋于减少。

一个典型的,$\beta_1 > 0$ 的简单概率比对数回归函数参可见图10.2。注意该图形是反曲或S形的。在遇有含有因变量值的概率接近0或1的观察时,这一性质使得函数的用处更大,因为曲线永远也不会在 0 下面或 1 上面,而在严格的线性模型中情况则不是这样。

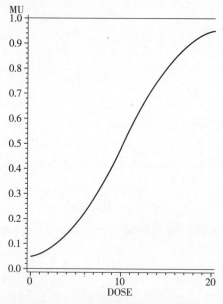

图10.2 典型的概率比对数曲线

虽然函数本身并非线性的,且看起来很复杂,但实际上它是比较容易使用的。该函数有两个未知的参数 β_0 和 β_1。这两个参数的符号与简单线性回归模型的相同,这并非巧合。用样本数据来估计这两个参数是简单易行的。我们首先做一个**概率比对数**(logit)形式变换:

$$\mu_p = \log\left[\frac{\mu_{y|x}}{1 - \mu_{y|x}}\right]$$

式中,log 是自然对数。我们用这一变换来替代概率比对数模型中的 $\mu_{y|x}$,可得到如下形式的模型:

$$\mu_p = \beta_0 + \beta_1 x + \epsilon$$

这一模型是一个简单线性模型。当然,μ_p 的值通常都是未知的,因此,我们必须使用预先估计的值。如果每个 x 存在多个观察,那么 $\mu_{y|x}$ 的预估值就是样本比例。如果不存在诸如这样的多个观察,我们则推荐用最大似然法作为备择的估计法。我们将在本节后面的部分讨论这种方法。

概率比对数变化使模型线性化,但是并没有解决不等方差的问题。因此,在这一简单线性回归模型中,回归系数应该用加权最小平方估计。我们将用一个每一个 x 值的多个观察作为 μ_p 的预估值的例子,来对这一方法加以阐述。

例 10.2

某毒理学家对有毒物质引起实验室动物的癌症问题很感兴趣。它对一个暴露在各种浓度有毒物质的动物样本的癌症发生情况进行了考察。因变量是每个动物是否有癌症。如果有癌症,因变量的值为 1,否则为 0。自变量是有毒物质的浓度(CONC)。表 10.5 中也列出了每一种浓度的动物数(N)和值为 1 的动物的个数,即表 10.5 中有癌的动物个数(NUMBER)。这两个数目构成了分析的结果。

表 10.5   有毒物质的数据

CONC	N	NUMBER
0.0	50	2
2.1	54	5
5.4	46	5
8.0	51	10
15.0	50	40
19.5	52	42

第一步是用概率比对数转换将模型"线性化"。第二步是用加权最小平方求未知的参数值的估计值。因为实验只在 6 个不同的自变量值(即有毒物质的 6 种不同浓度)下进行的,所以整个实验并不是很难。

我们计算 $\hat{p}$,即每一 CONC 下 1 的比例。这些数字在表 10.6 中的 PHAT 列给出。然后我们再对计算得到的值进行概率比对数转换:

$$\hat{\mu}_p = \ln[\hat{p}/(1 - \hat{p})]$$

这些数字列入表 10.6 中的 LOG 列。

表 10.6   计算概率比对数回归所需的值

CONC	N	NUMBER	PHAT	LOG	W
0.0	50	2	0.04000	− 3.17805	1.92000
2.1	54	5	0.09259	− 2.28238	4.53704
5.4	46	5	0.10870	− 2.10413	4.45652
8.0	51	10	0.19608	− 1.41099	8.03922
15.0	50	40	0.80000	1.38629	8.00000
19.5	52	42	0.80769	1.43508	8.07692

因为方差仍然不是恒定的,所以我们必须使用加权回归。权数的计算公式为

$$\hat{w}_i = n_i \hat{p}_i (1 - \hat{p}_i)$$

式中　n_i——在浓度 x_i 下的动物总数;

　　　$\hat{p}_i$——在浓度 x_i 下,样本中有癌症的动物的比例。

这些数值已列入表 10.6 中的 W 列。我们现在用 LOG 模块来做加权最小平方回归,使用的自变量是有毒物质的浓度。

表 10.7 是加权最小平方回归的结果。无疑,其模型是显著的,有 p 值 0.0017 和相当高的决定系数 0.93。残差的变差则比较难以解释,因为我们使用了对数尺度。

表 10.7　概率比对数回归估计

Analysis of Variance					
Source	DF	Sum of Squares	Mean Square	F Value	$Pr > F$
Model	1	97.79495	97.79495	56.063	0.0017
Error	4	6.97750	1.74437		
Corrected Total	5	104.77245			
Parameter Estimates					
Variable	DF	Parameter Estimate	Standard Error	T for H0: Parameter = 0	$Pr > \|t\|$
INTERCEPT	1	-3.138831	0.42690670	-7.352	0.0018
CONC	1	0.254274	0.03395972	7.488	0.0017

将简单线性回归的系数四舍五入后,可得:

$$\hat{\text{LOG}} = -3.139 + 0.254(\text{CONC})$$

上式求得的数值,可用下面的变换返回原来使用的单位(ESTPROP),即

$$\text{ESTPROP} = \exp(\hat{\text{LOG}}) / \{1 + \exp(\hat{\text{LOG}})\}$$

当 CONC = 10 时,上式的值为 0.355。这就是说,一般来说,将实验时的动物置于 10 个单位的有毒物质的环境下,动物得癌的可能性为 35.5%。

本例因变量曲线如图 10.3 所示。该图也同时显示了原值。由该图可知,10 个单位浓度的有毒物质的发癌的概率约为 0.335。■

简单概率比对数回归函数的另一个特点是对系数 β_1 的解释。我们回想一下,μ_p 被定义为

$$\mu_p = \log \left[\frac{\mu_{y|x}}{1 - \mu_{y|x}} \right]$$

数量 $\{\mu_{y|x} / (1 - \mu_{y|x})\}$ 称为事件发生的可能性,在这里事件发生就是患癌症。而 μ_p,即在 x 上的可能性的对数,则用 log｛在 x 上的可能性｝表示。假设我们在 $x + 1$ 上考虑同一个值,则

$$\mu_p = \log \left[\frac{\mu_{y|x+1}}{1 - \mu_{y|(x+1)}} \right]$$

即为 log｛在｛$x + 1$｝上的可能性｝。根据线性模型的定义,便有 log｛在 x 上的可能性｝= $\beta_0 + \beta_1 x$ 和 log｛在 $x + 1$ 上的可能性｝= $\beta_0 + \beta_1(x + 1)$。于是两者之间的可能性的差即为

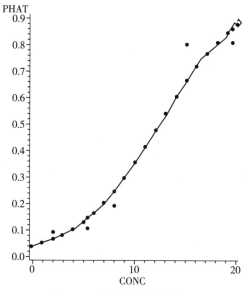

图 10.3　概率比对数曲线图

$$\log\{\text{在 } x+1 \text{ 上的可能性}\} - \log\{\text{在 } x \text{ 上的可能性}\} = \beta_1$$

它等价于

$$\log\{(\text{在 } x+1 \text{ 上的可能性})/(\text{在 } x \text{ 上的可能性})\} = \beta_1$$

取等号两边的指数,则关系式变为

$$\frac{\text{在 } x+1 \text{ 上的可能性}}{\text{在 } x \text{ 上的可能性}} = e^{\beta_1}$$

这一数量的估计值称为**可能性比**(odds ratio),即事件(癌症)发生概率比之比。它可理解为(事件发生的)可能性增量,或自变量每增加一个单位,因变量比例增加的比例。在本例中,因为 $\hat{\beta}_1 = 0.25$,所以可能性比的估计值是 $e^{0.25} = 1.28$。这就是说,有毒物质的浓度每增加一个单位,患癌症的可能性就会增加 28%。

概率比对数模型也可用于求自变量的临界或关键值。在例 10.2 中,假设毒理学家想要估计有毒物质的浓度是多大时,75% 的置身其中的动物便会得癌症。换言之,我们想要求因变量值给定时的自变量的值。我们可以用图 10.3 来求这一近似值。其方法是在图上确定对应于 PHAT 值为 75% 处的 CONC 值。从该图可知,这一值约为 17。也可以用估计的概率比对数回归来求这个值。

我们先假设 $\mu_{y|x} = 0.75$,则求得

$$\mu_p = \log\left[\frac{\mu_{y|x}}{1-\mu_{y|x}}\right] = \log\left[\frac{0.75}{1-0.75}\right] = 1.099$$

再用表 10.7 的系数估计值,我们便会得到方程

$$1.099 = -3.139 + 0.254x$$

最后,求解这一方程,得到的估计值为 16.69,它与用图求得的值基本一样。

这里介绍的方法不适用于离散的 x 值中有 1 个或多个值的 $\hat{p}_i$ 为 0 或 1 的数据,因为我们无法定义这样一些值的概率比对数。这一问题的补救方法是对这些极端值进行修正。有一种修正方法是,在样本比例为 0 时,将 $\hat{p}_i$ 定义为 $1/2n$,而在样本比例为 1 时,数将 $\hat{p}_i$ 定义为 $(1 - 1/[2n_i])$,式中的 n_i 为每一因子水平的观察数。

这种计算回归系数估计值的方法不仅可能是十分繁复的,而且实际上当并非所有的自变量值都有多个观察时,它是无法使用的。因此,大多数概率比对数回归都用一种称为**最大似然估计**(maximum likelihood estimation)的方法,来估计回归系数实现的。这种方法使用概率比对数函数(logistic function)和假设的 y 的分布来求与样本数据最为一致的系数估计值。有关最大似然估计问题的介绍请参见附录 C。这一方法比较复杂,且一般都要涉及一些数值搜索法(numerical search method),因此,概率比对数回归的最大似然估计一般都由计算机来完成。大多数统计软件都包含这一程序。表 10.8 收录了用 SAS 系统的 PROC CATMOD 对例 10.2 的数据进行最大似然估计后得到的结果。注意,这些估计值与表 10.7 所给出的十分相似。

表 10.8 最大似然估计

EFFECT	PARAMETER	ESTIMATE	STANDARD ERROR
INTERCEPT	1	− 3. 20423	0. 33125
X	2	0. 262767	0. 0273256

我们回到例 10.1,看一个没有多个观察的实例。我们记得在这一例子中,如果城市未使用税收增益融资,因变量的值为 0,反之则为 1,而自变量则是家庭收入的中位数。因为不存在多个观察,所以将要使用最大似然估计。表 10.9 列出了 SAS[1] 系统 PROC LOGISTIC 模块输出的部分结果。注意,表中列出了参数估计和它们的沃尔德卡方(the Wald chi-square)检验的值。这一检验的作用与标准回归模型的回归系数的 t 检验类似。

表 10.9 例 10.1 的概率比对数回归

Variable	DF	Parameter Estimate	Standard Error	Wald Chi-Square	$Pr >$ Chi-Square	Odds Ratio
INTERCEPT	1	− 11. 3487	3. 3513	11. 4673	0. 0007	0. 000
INCOME	1	1. 0019	0. 2954	11. 5027	0. 0007	2. 723

估计值的标准误差(Standard errors)以及与显著性检验关联的 p 值也列在了表中。注意,两个系数都是高度显著的。可能性比(odds ratio)为 2.723。我们回想一下,自变量 x 每增加 1 个单位,可能性将增长可能性比值的 1 个倍数。换言之,收入中位数每增加 1000 美元,可能性将会增加 2.723 的 1 个倍数。这意味着,中位数每增加 1000 美元,参加 TIF 的可能就会增加 172%。不仅如此,使用概率比对数模型的系数估计值,我们确定一个收入中位为 10000 美元(INCOME = 10)的城市,概率的估计值约为 0.22。与例 10.1 中使用加权回归得到的 21% 的估计值相比,这一数字更为精确。

图 10.4 是估计的概率比对数模型的图形。我们可把它与图 10.1 的图形做一个比较。■

---

1 因为如果我们感兴趣的特征存在的话,那么 SAS 系统的 PROC LOGISIC 模块便会使用 y = 1,否则就使用 y = 2,为了确保系数的符号与问题相适合,数据必须在程序运行前重新编码。正如我们一贯告诫读者的那样,大家务必在进行分析之前,阅读那些将要使用的计算机程序的有关文献。

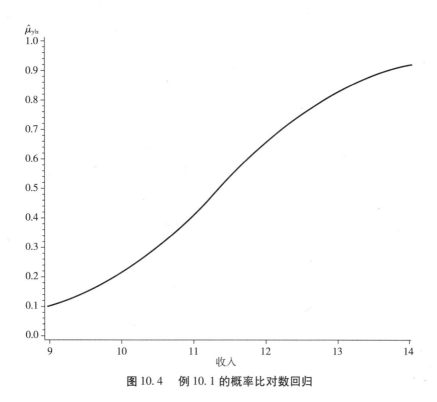

图 10.4 例 10.1 的概率比对数回归

10.5 多元概率比对数回归

简单的概率比对数回归模型很容易就能被扩展为有两个或更多个自变量。当然,变量越多,也就越难在所有变量的所有水平上得到多个观察。因此,大多数有一个以上变量的概率比对数回归都用最大似然法来进行。从单个自变量扩展到 3 个自变量,无非就是用 $\beta_0 + \beta_1 x_1 + \beta_2 x_2 + \cdots + \beta_m x_m$ 来取代 10.4 节给出的简单概率比回归方程中的 $\beta_0 + \beta_1 x$。这样,相应的概率比对数回归方程则变为

$$\mu_{y|x} = \frac{\exp(\beta_0 + \beta_1 x_1 + \beta_2 x_2 + \cdots + \beta_m x_m)}{1 + \exp(\beta_0 + \beta_1 x_1 + \beta_2 x_2 + \cdots + \beta_m x_m)}$$

进行与以前相同的概率比对数转换,即

$$\mu_p = \log\left[\frac{\mu_{y|x}}{1 - \mu_{y|x}}\right]$$

我们便可得到线性回归模型:

$$\mu_p = \beta_0 + \beta_1 x_1 + \beta_2 x_2 + \cdots + \beta_m x_m$$

然后我们再用那些与简单概率比对数回归问题中使用的方法相似的最大似然法来估计模型的系数。

例 10.3

在阐述多变量概率比对数回归模型时,我们假设例 10.2 有关有毒物质研究涉及两种类型的有毒物质。这样,当将概率比对数模型用于分析有毒物质的浓度的影响时,便会涉及第二个自变量,有毒物质的类型。表 10.10 列出了分析的结果。此外,如果癌症发生

了,那么因变量的值都为 1,否则都为 0。有毒物质的浓度仍然是 CONC,而物质类型则是 TYPE,其值为 1 或 2。每种浓度和类型组合的动物数是 N,患癌症的动物数则是 NUMBER。

表 10.10　　有毒物质研究数据

OBS	CONC	TYPE	N	NUMBER
1	0.0	1	25	2
2	0.0	2	25	0
3	2.1	1	27	4
4	2.1	2	27	1
5	5.4	1	23	3
6	5.4	2	23	2
7	8.0	1	26	6
8	8.0	2	25	4
9	15.0	1	25	25
10	15.0	2	25	15
11	19.5	1	27	25
12	19.5	2	25	17

为了分析这一组数据,我们将使用有两个自变量 CONC 和 TYPE 的多变量概率比对数回归模型。虽然在自变量的每一水平的组合上都有多个观察,但是我们仍然使用最大似然法来进行分析。用 SAS 系统中的 PROC LOGISTIC 模块,我们得到了表 10.10 列出的那些结果。当然,表中列出的结果只是计算机输出的结果的一部分。

表 10.11　　最大似然估计

Variable	DF	Parameter Estimate	Standard Error	Wald Chi-Square	$Pr >$ Chi-Square	Standardized Estimate	Odds Ratio
INTERCEPT	1	− 1.3856	0.5346	6.7176	0.0095		0.250
CONC	1	0.2853	0.0305	87.2364	0.0001	1.096480	1.330
TYPE	1	− 1.3974	0.3697	14.2823	0.0002	− 0.385820	0.247

这些结果与使用最小平方的线性回归分析得到的结果类似。两者的差别仅在于用于评价显著性的检验统计量。最大似然估计使用的是沃尔德卡方统计量而不是 t 分布。但输出结果中,同样也给出了标准化的估计值和可能性比。

多变量概率比对数模型的回归系数的解释,除了它们都是偏系数这一点之外,其余都与简单概率比对数模型并无二致(请参见 3.4 节)。由表 10.11 可知,两个自变量都是显著的,因此,在类型固定不变时,有毒物质对癌症的发生是有影响的。在对某一自变量的可能性比的估计值作解释的时候,假设所有其他自变量都是恒定不变的。从表 10.11 我们可知,浓度的可能性比是 1.33。因此我们可以说,在类型固定为某一种时,浓度每增加一个单位,患癌症的可能性便会增加 33%。这就是说,只要有毒物质的类型不变,危险性就会上升 33%。不仅如此,我们还可以从这张表中看到,类型(TYPE)可能性比的估计值是 0.247。由此可见,第一种类型的患癌的危险性仅为第二种类型的 1/4 或 25%。■

与所有的回归分析一样,多变量概率比对数回归模型也需要对那些涉及模型的必要

的假设予以证明。而对于多变量概率比对数回归模型而言,则需要确保估计的因变量函数$\mu_{y|x}$,其图形是单调和反曲的。这一点一般都可以通过绘制估计的因变量函数的图形来确定。而对于二值因变量而言,异常值和影响值的探察,确定概率比对数模型究竟是否合适等问题则更为困难。一些可用于这一问题的方法可参见卡特讷等人的著作(Kutner et al,2004)。

还有几种其他曲线模型也可用于二值因变量。朗给我们介绍了4种诸如这样的模型(Long,1997)。其中一种称为**概率单位模型**(probit model)。概率单位模型的图形几乎与概率比对数一样。它是用累计正态分布来对$\mu_{y|x}$进行变换而得到的。与概率比对数模型相比,概率单位转换的灵活性比较差,因为它不可以立即扩展到多个预测变量。不仅如此,用概率单位回归也更难以进行正式的统计推论。在很多情况下,除了终点附近的图像,在其余地方,这两个模型的图形都是十分接近的,即将概率单位和概率比对数这两个模型,统称为二值因变量模型(binary response model)(Long,1997)。

为了给读者阐明概率单位模型的使用方法,我们用SAS系统的PROC PROBIT来分析表10.5的数据。其分析结果,以及与表10.8的概率比对数回归的结果的比较,一并在表10.12中列出。注意,两者的预测值的差别是非常小的。

表 10.12　例 10.2 概率比对数和概率单位模型的观察比较

OBS	CONC	PHAT	PROBIT	LOGISTIC
1	0.0	0.04000	0.03333	0.03901
2	2.1	0.09259	0.06451	0.06584
3	5.4	0.10870	0.15351	0.14365
4	8.0	0.19608	0.26423	0.24935
5	15.0	0.80000	0.66377	0.67640
6	19.5	0.80769	0.86429	0.87211

有时我们可能会遇到一个有两个以上水平的因变量。例如,在前面提到的有毒物质研究中,可能有未患癌症、癌症前兆和患癌症3种动物。这样我们就会有一个含3种类别的自变量。借助一种称为**多类概率比对数回归模型**(polytomous logistic regression model),我们仍可用概率比对数回归来分析这种类型的数据。

多类概率比对数模型无非是二类概率比对数回归模型的扩展而已。虽然这种扩展可能会产生各种复杂的问题,但所使用的基本概念仍然相同。豪斯麦和雷梅哈(Hosmer and Lemeshow,2000)给我们详细地介绍了多类概率比对数回归分析法。

一种处理概率比对数回归的因变量类别在三类或三类以上的多类似近似法是,分别对若干单个二类概率比对数回归模型进行分析。例如,如果有毒物质研究有3种结果,那么我们就可以分别构建3个二类概率比对数回归模型。第一个模型可以使用两种类型,未患癌症和癌症前兆;第二个模型可以用未患癌症和患癌症;而第三个模型则可用癌症前兆和患癌症。这样的分析不仅比多类概率比模型更容易,而且损失的效率一般也都相当有限。贝格和格雷对这两种方法都有所研究(Begg and Gray,1984)

10.6　对数线性模型

当因变量和自变量都是定类变量时,概率比对数模型会变得非常难以使用。这时我们通常都会使用一种称为**对数线性模型**[2],而不是概率比对数模型来处理这样的数据。这种模型是专门被设计用来进行定类数据分析的。有关这种方法的全面的讨论和广泛应用,可参见阿戈雷斯蒂的有关著作(Agresti,2002)。本书则将给读者介绍如何用对数线性模型来描述一个定类因变量和一个或多个定类自变量之间的关系。

一种比较简单易行的,用以表述同时收集的两个或两个以上定类变量的信息方法是列联表。如果数据用两个变量(即一个自变量和一个因变量)量度,这时的列联表就是一个双向频数表。如果一个研究涉及一个以上的自变量,那么列联表的形式就是某种多向频数表。不仅如此,因为定类变量的水平可能是没有任何次序的(相对值),因而它的水平顺序通常都是主观确定的,因此,列联表的形式一般都不是唯一的。

分析列联表的一般策略都涉及若干个模型,包括那些表示变量间的各种关系或交互作用的模型的检验。每个模型都会产生一个期望的,将要与观察的频数进行比较格频数。其中那个与观察数据拟合最好的模型将被我们选中。这种方法不仅使有待分析的问题能有两个或两个以上变量,而且能确定这些变量之间的简单或复杂的关系。

一种诸如这样的分析列联表的方法称为对数线性建模法。在对数线性建模路数中,期望的频数都是在某一特定的模型适合于解释变量间关系的假设下计算的。这种模型的复杂性通常会导致期望频数的计算过程有这样那样的问题。而这些问题只有通过迭代法才能解决。正因为如此,大多数用这一路数进行的分析都使用计算机进行的。

我们用下面这一例子来阐述对数线性模型。

例 10.4

我们从某一选举主管所管理的卷宗中,抽取了一个有 102 个登记选民的随机样本。每一个选民都被问及如下两个问题:

1. 您属于哪一党派?
2. 您同意增加军费吗?

表 10.13 分党派的不同观点频数分布

观　点	党派			
	民主党	共和党	无党派	合　计
同　意	16	21	11	48
不同意	24	17	13	54
合　计	40	38	24	102

两个变量分别是"党派(PARTY)"和"观点(OPINION)",其中观点的类别有两个,即同意(FAVOR)和不同意(NOFAVOR);而党派则有 3 类,民主党(DEM),共和党(REP)和无党派(NON)。我们将 ij 格的概率定为 p_{ij},而将 i 行和 j 列的边际概率分别定为 p_i 和 p_j。如果这两变量在统计上独立,那么

$$p_{ij} = p_i p_j$$

2　注意,我们用*对数线性模型*(loglinear)这一术语来描述这种方法。以区别于第 8 章介绍的在"对数中线性(linear in log)"的模型相区别。

在这一条件下,期望的频数为

$$E_{ij} = np_{ij} = np_i p_j$$

取式子两边的自然对数,得关系式为

$$\log(E_{ij}) = \log(n) + \log(p_i) + \log(p_j)$$

这样,如果两个变量是独立的,那么期望的频数的对数便是边缘概率的线性函数。我们也可以换一个角度来考虑这一问题,即考虑做一个独立性检验——检验期望的频数的对数是否的确是边缘概率的一个线性函数。

我们定义 $\mu_{ij} = \log(E_{ij})$,$\log(n) = \mu$,$\log(p_i) = \lambda_i^A$,再定义 $\log(p_j) = \lambda_j^B$。于是模型[3]便可被写为

$$\mu_{ij} = \mu + \lambda_i^A + \lambda_j^B$$

这一模型与一个有两个定类自变量的线性模型十分相像。有两个定类自变量的线性模型是一个双因素方差分析模型(ANOVA)。实际上,这种分析也与双因方差模型的分析十分相像。λ^A 这一项表示变量 A 的效应被指定为"行"(OPINION,观点),而 λ^B 这一项则表示变量 B,或"列"(PARTY,党派)的效应。

注意,模型是在列联表的行和列是独立的假设下构建的。如果它们不是独立的,那么这一模型还需有一个额外的项,它可被看作是一个"关联"或交互因子。使用同样的记号,我们可把这一项记作 λ_{ij}^{AB}。这一项类似于 ANOVA 模型中交互项,且可对它做类似的解释。于是独立性检验现在就变成了一种决策——一种决定模型中究竟是否应该有关联项的决策。这一决策借助一种称为"缺乏拟合"检验来进行的。这样的检验一般都要使用最大似然比这一统计量。

这一检验遵循的模式,也与析因方差分析模型(factorial ANOVA model)中的交互作用检验(test for interaction)的相同。为了对模型中的参数的有关假设进行检验,我们不使用平方和与 F 分布,而是使用最大似然比统计量和卡方分布。之所以要使用最大似然比统计量,是因为它可以被模型中与之对应的各个项细分。

我们先来用对数线性模型做一个独立性检验。如果用与前面相同的设定来设定这一模型,那么独立性假设则变为

$$H_0 : \lambda_{ij}^{AB} = 0,对所有的 i 和 j$$

$$H_1 : \lambda_{ij}^{AB} \neq 0,对某些 i 和 j$$

使用 SAS 系统的 PROC CATMOD 模块进行分析,其结果如表 10.14 所示。

表 10.14 例 10.4 的对数线性分析

SOURCE	DF	CHI-SQUARE	PROB
PARTY	2	4.38	0.1117
OPINION	1	0.35	0.5527
LIKELIHOOD RATIO	2	1.85	0.3972

与析因实验的分析一样,我们首先来考察交互作用,在这里称为关联。输出结果中的最后一项(PROB)是拟合优度的似然比检验,它的值为 1.85,而 p 值则为 0.3972。因

---

[3] A 和 B 不是指数,而是标识符,用于一个上标模型,以避免使用复杂的下标。

此,我们不能拒绝 H_0,所以我们认为独立模型与数据拟合。

输出结果中其他的几项是有关"主效应"检验的数据。这可以说是使用这样一种分析所具有的特点吧。有趣的是,我们注意到无论是观点还是党派的似然比统计值都是不显著的。虽然实际用于检验的假设是按期望频数的对数的均值方式表述的,但我们可对之进行一般意义上的解释:无论是观点还是党派,它们的边际值也不存在差别。从表10.13 的数据我们可以看到,在总计(Total)中同意的频数是48,不同意的是54。不仅如此,表中边际数字中的民主党人、共和党人和无党派人士人数的比例也是十分接近的,由此可见,我们没有从这张表看出任何显著的差别[4]。■

例 10.5

艾尔沃德等人(Aylward et al,1984)的一项研究和格林(Green,1988)的一份报告对神经系统的状态和怀孕年龄之间的关系进行了考察。研究者关注的问题是,掌握有关婴儿孕龄的信息,是否有助于更多地了解(婴儿)神经系统的情况。这一研究共涉及用两个变量做了交叉分类的505名新生儿。这两个变量是整个神经系统的状态和怀孕年龄。神经系统的状态用普雷科特尔法(Prechtl examination)测定。有关数据已列入表10.5中。注意,婴儿的年龄的记录是定距的,因此,这一变量可视为一个定类变量。

表 10.15　婴儿数目

普雷科特尔法状态	孕龄(以周计)				
	31 周及不足 31 周	32~33 周	34~36 周	37 周及 37 周以上	全部婴儿
正常	46	111	169	103	429
疑似异常	11	15	19	11	56
异常	8	5	4	3	20
全部婴儿	65	131	192	117	505

我们将建立一个对数线性模型来分析这些数据。也就是说,我们将建立一组等级模型,即从我们不太感兴趣的最简单的开始模型开始,逐渐发展到最为复杂的模型,并对这一过程中的每一个模型的拟合优度进行检验。其中,拟合得最好的模型将最终得到应用。在这一过程中,尽管我们可能会用手算来进行某些计算,其目的只是为了便于阐述,但最终的统计结果都是计算机输出的。

我们从最简单的,即一种只包括总均值的模型开始,这个模型的形式为

$$\log(E_{ij}) = \mu_{ij} = \mu$$

表10.16 给出了这一模型的期望频数。

表 10.16　期望频数,无效应

普雷科特尔法状态	年龄组				
	1	2	3	4	总　计
正常	42	42	42	42	168
疑似异常	42	42	42	42	168
异常	42	42	42	42	168

---

[4]　在有些研究中,我们可能对主效应并不感兴趣。

注意,所有的期望频数都相等,之所以等于 42,是因为模型假定所有的格都有相同的值,μ。期望频数等于总数除以格数,或 $505/12 = 42$(四舍五入后取整)。这一模型的缺乏拟合检验的似然比统计值,系用 SAS 系统的 PROC CATMOD 求得。它的值非常大,为 252.7,大大超过了 χ^2 分布中与 0.05 对应的有着 11 个自由度 19.657。因此,我们将放弃这一模型,继续建立下一个模型。

下一个模型除了均值之外只多了一项。可选一个只有总均值和行效应的模型,当然也可选择一个只有总均值和列效应的模型。但是针对本例,选择了一个有总均值和行效应的模型。这个模型为

$$\log(E_{ij}) = \mu_{ij} = \mu + \lambda_i^A$$

式中,λ_i^A 这一项表示普雷科特尔法分数测得的效应。注意,模型中不包括年龄组的效应。表 10.17 列出了期望频数。这些数字是用行总数除以 4(即列的数目)而得到的。

表 10.17 含行效应的期望频数

普雷科特尔法状态	年龄组				总 计
	1	2	3	4	
正常	107	107	107	107	429
疑似异常	14	14	14	14	56
异常	5	5	5	5	20

例如,第一行的期望频数便是用 429 除 4 得到的(四舍五入后取整)。缺乏拟合的似然比检验的值是 80.85,仍然大于 $\chi_{0.05}^2(9) = 16.919$,说明这一模型还是拟合得不好,因此,我们还要继续建立下一个模型。下一个模型包含年龄和普雷科特尔法分数两个因子。这个模型为

$$\log(E_{ij}) = \mu_{ij} = \mu + \lambda_i^P + \lambda_i^A$$

我们将要对拟合优度进行检验,而实际上,将要检验的是独立性。这是因为这是等级设计框架下的缺乏拟合检验,所以它要使用"饱和"模型,或一个含有上面模型中的各项,以及"交互"项 λ_{ij}^{AB} 的模型。

表 10.18 列出了四舍五入之后的期望频数。这些值是行总数乘以列总数后,再除以总数得到的。检验拟合优度检验的似然比检验统计值为 14.30,超出了 $\chi_{0.05}^2(6) = 12.592$,因此模型与数据也不拟合。这就是说,新生儿的孕龄和神经系统之间有着显著的关系。表 10.15 显示,40% 的异常婴儿,他们的孕龄少于 31 周,而随着孕龄的上升,异常婴儿的百分比逐渐下降。

表 10.18 期望频数,行与列效应

普雷科特尔法状态	年龄组				总 计
	1	2	3	4	
正常	55	111	163	99	428
疑似异常	7	15	21	13	56
异常	3	5	8	5	21

将对数线性模型扩展到两个以上的定类变量是比较简单的,且大多数计算机软件都为用户提供了这一选项。将这样的分析扩展到 3 个定类变量的方法步骤,无非就是按照前面提供的模式,依样画葫芦而已。我们用下面的例子来给读者介绍它的方法步骤。

例 10.6

某校的一位心理教师致力于社会经济地位、种族和能力这 3 个因素与六年级学生标准化阅读考试成绩之间的关系的研究。表 10.19 的数据来自一个六年级班级的学生的调查。变量种族(Race)有两个水平,白人(White)和非白人(Nonwhite)。校餐(School Lunch)这一变量用来测量社会经济地位,也有两个水平,是(Yes)和否(No)。变量是否通过了考试(Passed Test)表明学生是否通过了标准化考试,通过(Yes),没有通过(No)。下表列出了 3 个变量的组合发生的频数。总样本量是 471 位学生。

表 10.19　学生数据

Race	School Lunch	Passed Test NO	Passed Test Yes
White	NO	25	150
	Yes	43	143
Nonwhite	NO	23	29
	Yes	36	22

我们希望得到与这组数据拟合得最好的模型,进而对这 3 个变量之间的关系做一番考察。为了达到这些目的,将使用等级法来构建对数线性模型。

我们从不带交互项的模型开始,即

$$\mu_{ijk} = \mu + \lambda_i^R + \lambda_j^L + \lambda_k^P$$

我们用 SAS 系统的 PROC CATMOD 模块来做这个分析,得到的结果可参见表 10.20。注意,缺乏拟合的似然比检验是显著的,这说明不带交互项的模型不足以解释 3 个变量之间的关系。接下来试一下只带双因交互项的模型,即将要拟合的模型为

$$\mu_{ijk} = \mu + \lambda_i^R + \lambda_j^L + \lambda_k^P + + \lambda_{ij}^{RL} + \lambda_{jk}^{RP} + \lambda_{jk}^{LP}$$

表 10.20　不带交互项的模型

MAXIMUM-LIKELIHOOD ANALYSIS-OF-VARIANCE TABLE			
Source	DF	Chi-Square	Prob
RACE	1	119.07	0.0000
LUNCH	1	0.61	0.4335
PASS	1	92.10	0.0000
LIKELIHOOD RATIO	4	56.07	0.0000

注:MAXIMUM-LIKELIHOOD ANALYSIS-OF-VARIANCE TABLE:方差表最大似然分析这个模型仍用 PROC CATMOD 模块来拟合,拟合的结果则列入表 10.21 中。

表 10.21　带交互项的分析

MAXIMUM-LIKELIHOOD ANALYSIS-OF-VARLANCE TABLE			
Source	DF	Chi-Square	Prob
RACE	1	63.94	0.0000
LUNCH	1	2.31	0.1283
RACE * LUNCH	1	0.55	0.4596
PASS	1	33.07	0.0000
RACE * PASS	1	47.35	0.0000
LUNCH * PASS	1	7.90	0.0049
LIKELIHOOD RATIO	1	0.08	0.7787

　　现在缺乏拟合的似然比检验不再显著,这说明模型与数据所拟合。模型中不存在三因交互项。注意,种族和校餐的双因交互项并不显著,所以我们可以考虑试一下没有这一项的模型。尽管"主效应"校餐是不显著的,但是它和考试是否通过(Pass)的交互项却是显著的,所以我们将仍然使用主效应有显著性这一约定,把交互项仍然留在模型中。于是我们再对不含 Race 和 Lunch 的交互项的模型进行检验,得到的结果如表 10.22所示。

表 10.22　不含 Race 和 Lunch 的交互项的分析

MAXIMUM-LIKELIHOOD ANALYSIS-OF-VARIANCE TABLE			
Source	DF	Chi-Square	Prob
RACE	1	65.35	0.0000
LUNCH	1	3.85	0.0498
PASS	1	33.34	0.0000
LUNCH * PASS	1	7.44	0.0064
RACE * PASS	1	47.20	0.0000
LIKELIHOOD RATIO	2	0.63	0.7308

　　这个模型拟合得非常好。拟合优度的似然比检验模型和数据拟合精确。每一单项在 0.05 水平上都是显著的。

　　为了能对结果做出解释,表 10.23 分别列出了另外两个变量的两个类别中,每个种族学生的比例。例如,18% 的白人学生没有通过考试,但是黑人学生的这一比例却高达54%。

表 10.23　比例

Race	School Lunch	Passed Test	
		No	Yes
White	Yes	0.07	0.42
	No	0.11	0.40
		0.18	0.82
Nonwhite	Yes	0.21	0.26
	No	0.33	0.20
		0.54	0.46

10.7　小　结

在这一章我们扼要地介绍了定类变量的建模问题。二值因变量的使用导致了另一种非线性模型,即概率比对数模型的使用。我们对类别在两个以上的因变量,但自变量是连续变量的两种处理策略进行了考察。然后,我们又对如何用对数线性模型来为带有定类自变量的定类因变量建模的问题进行了讨论。

用于定类数据分析建模方法可谓种类繁多。在各种文献和著作,如毕晓普等人(Bishop et al,1995)和厄普顿(Upton,1978)的著作中都有讨论。阿戈雷斯蒂的著作(Agresti,1984)则对带有定序类别的定类数据分析处理方法做过专门讨论。格雷斯尔等人(Grizzle et al,1969)提出的理论和方法则对自变量和因变量做了明确的区分。这些理论和方法通常被称为线性模型法,强调的是模型参数的估计和假设检验。因而它们比较容易用于检验概率之间的差别,但却不太容易用于假设检验。相反,对数线性模型则比较容易用来做独立性检验,但却不太容易用来检验概率间的差别。大多数计算机软件都给用户提供了在这些方法之间进行选择的可能。因为所有这些理论和方法的计算都在很大程度上需要依靠计算机,所以作为用户,大家都需要仔细阅读自己使用的程序的操作文献,以确认程序进行的分析的确是我们想要的。

10.8　习　题

1. 在一个旨在确定一种新的杀虫剂对普通蟑螂的效应的研究中,我们采集了一个 100 个蟑螂的样本,将它们置于 5 种不同水平的杀虫剂中。20 min 之后计数死去的蟑螂数。表 10.24 列出了具体结果。

表 10.24　习题 1 数据

水平(% 浓度)	蟑螂数	死去的蟑螂数
5	100	15
10	100	27
15	100	35
20	100	50
30	100	69

a. 计算绘制概率比对数回归的因变量估计值曲线。

b. 求浓度为 17% 的死亡概率的估计值。

c. 求可能性比。

d. 估计 50% 蟑螂可能死亡的浓度。

2. 用习题 1 的结果,绘制估计的概率比对数曲线和观察值。回归与数据是否拟合?

3. 近来进行的一项心脏病研究,考察了血压对心脏发病的影响。在研究进行的 6 年间,研究者测取了一个成年男性样本的平均血压。在研究结束时,样本个体按是否有冠心病做了分类。其具体结果如表 10.25 所示。

表 10.25 习题 3 数据

平均血压	测压人数	患心脏病人数
117	156	3
126	252	17
136	285	13
146	271	16
156	140	13
166	85	8
176	100	17
186	43	8

a. 计算并绘制概率比对数回归的因变量的值和曲线。

b. 一个平均血压为 150 的成年男子,患心脏病的概率是多少?

c. 患心脏病可能为 75% 的平均血压的值是多少?

4. 里温和米勒(Reaven and Miller,1979)在非肥胖型的成年糖尿病患者中考察了化学的临床症状不明显的和临床症状明显的非酮症糖尿病之间的关系。使用的 3 个主要变量是糖耐受量(GLUCOS)、口服葡萄糖的胰岛素反应(RESP)和胰岛素抵抗(RESIST)。患者被分为"正常(Nirmal(N))""化学糖尿病(chemical diabetic(C))"和"显性糖尿病(overt diabetic(0))"3 类。表 10.26 和数据文件 REG 10P04 给出了该研究 50 个患者的数据。

表 10.26 习题 4 数据

SUBJ	GLUCOS	RESP	RESIST	CLASS
1	56	24	55	N
2	289	117	76	N
3	319	143	105	N
4	356	199	108	N
5	323	240	143	N
6	381	157	165	N
7	350	221	119	N
8	301	186	105	N
9	379	142	98	N
10	296	131	94	N
11	353	221	53	N
12	306	178	66	N
13	290	136	142	N
14	371	200	93	N
15	312	208	68	N
16	393	202	102	N
17	425	143	204	C
18	465	237	111	C
19	558	748	122	C
20	503	320	253	C
21	540	188	211	C
22	469	607	271	C
23	486	297	220	C
24	568	232	276	C

续表

SUBJ	GLUCOS	RESP	RESIST	CLASS
25	527	480	233	C
26	537	622	264	C
27	466	287	231	C
28	599	266	268	C
29	477	124	60	C
30	472	297	272	C
31	456	326	235	C
32	517	564	206	C
33	503	408	300	C
34	522	325	286	C
35	1468	28	455	O
36	1487	23	327	O
37	714	232	279	O
38	1470	54	382	O
39	1113	81	378	O
40	972	87	374	O
41	854	76	260	O
42	1364	42	346	O
43	832	102	319	O
44	967	138	351	O
45	920	160	357	O
46	613	131	248	O
47	857	145	324	O
48	1373	45	300	O
49	1133	118	300	O
50	849	159	310	O

用患者分类作为因变量,其他3个变量作为自变量,分别做3个二值概率比对数回归,并对回归的结果做出解释。

5. 用表 10.26 或文件 REG 10P04 的数据进行下面的分析:

a. 用患者分类作为因变量,GLUCOS 作为自变量,分别做3个二值概率比对数回归。

b. 用患者分类作为因变量,RESP 作为自变量,分别做3个二值概率比对数回归。

c. 用患者分类作为因量,RESIST 作为自变量,分别做3个二值概率比对数回归。

d. 将从 a 到 c 得到的结果与用习题 4 得到的结果进行比较。

6. 某大型百货公司的市场研究部进行了一项使用信用卡的顾客的研究,以确定他们是否认为用信用卡购物是否比用现金迅捷。这些顾客来自3个大都市地区。表 10.27 列出了得到的结果。请用等级法建立对数线性模型,确定哪一个模型与数据拟合得最好,并对结果做出解释。

表 10.27 习题 6 的数据

Rating	City 1	City 2	City 3
Easier	62	51	45
Same	28	30	35
Harder	10	19	20

7. 表 10.28 给出了佛罗里达州登记的选民的投票结果。它表明了党派、种族和是否支持征收用于修复南佛罗里达大沼泽地的食糖税之间的关系。用等级法构建对数线性模型,确定哪个模型与数据拟合得最好,并对结果做出解释。

表 10.28　习题 7 的数据

Race	Political Party	Support the Sugar Tax	
		Yes	No
White	Republican	15	125
	Democrat	75	40
	Independent	44	26
Nonwhite	Republican	21	32
	Democrat	66	28
	Independent	36	22

8. 米勒和哈尔佩恩(Miller and Halpern,1982)报告中的数据,来自始于 1987 年的斯坦福心脏移植项目。表 10.29 给出了数据的一个样本。如果病人在研究结束时死亡,变量 STATUS 的编码为 1,否则为 0。变量 AGE 是移植时的年龄。做一个概率比对数回归,确定年龄和存活状态之间的关系。计算可能性比,并对之加以解释。如果有可资利用的合适的计算机程序,试着拟合一个概率单位模型,并对这两种模型加以比较。

表 10.29　习题 8 的数据

Status	Age	Status	Age
1	54	1	40
1	42	1	51
1	52	1	44
0	50	1	32
1	46	1	41
1	18	1	42
0	46	1	38
0	41	0	41
1	31	1	33
0	50	1	19
0	52	0	34
0	47	1	36
0	24	1	53
0	14	0	18
0	39	1	39
1	34	0	43
0	30	0	46
1	49	1	45
1	48	0	48
0	49	0	19
0	20	0	43
0	41	0	20
1	51	1	51
0	24	0	38
0	27	1	50

11 广义线性模型

11.1 导 论

从第 8 章开首,我们对在常方差正态因变量假设不恰当时,变换的使用问题进行了讨论。不言而喻,在这样的情况下,使用变换可能会有一定的效果,但也可能会因此而产生一些问题。首先,大多数普遍使用的变换法的目的都是稳定方差,但却忽视了因变量分布中的偏斜问题。其次,它会使结果的解释变得困难,因为变换改变了输出结果的测量尺度。例 9.5 分析了在某市公园里发现的蛆的数目。因为因变量是一种计数的数据,我们有理由认为,它有可能服从泊松分布,因而对因变量做了平方根转换。虽然我们可以对结果取平方,而使均值"未转换",但这却会使给出的平均数和差数的值变得很大,进而给置信区间和假设检验的效度带来问题(无论是 x^2 的均值还是标准差,它们都不是 x 平方的均值或标准差)。

实际上,迄今为止我们已经考虑过的所有模型都假设,随机误差的分布是正态和有常方差的。不过我们也介绍了几种特别的,可不予考虑这些假设的情况。例如,在4.3 节中,在对方差的量做了特殊的变换之后使用的加权回归法;在 8.2 节,在标准差与均值成比例时使用的乘法(或对数)模型;在10.4 节介绍的,在遇有因变量是二值的,且误差项服从二项分布时使用的分析方法就是这样。

在这一章,我们将以一类称为广义线性模型的模型为依据,给读者介绍一些备择的变换方法(参见 Nelder and Wadderburn,1972)。在介绍这些方法时,我们假定大家对前面各章未要求的若干非正态分布已经有所了解。读者可能要复习一下基础概率问题和统计学知识(如霍格和坦尼斯著作的第 2 章和第 3 章(Chapters 2 and 3 of Hogg and Tanis,2006))。广义线性模型允许用线性模型法来分析非正态数据,它允许数据服从指数分布族中的任何分布。指数族包括正态(Normal)、二项(Binomial)、泊松(Poisson),多项(Multinomial)、伽马(Gamma)、负二项(Negative Binomial) 和其他各种有用的分布(参见霍格和坦尼斯著作的6.3-1(Definition 6.3-1 in Hogg and Tanis,2006))。用于广义线性模型的统计推论法,既不要求因变量的正态性,也不要求方差的同质性。因此,在因变量不服从正态分布和方差不是常数时,我们可以使用广义线性模型。

广义线性模型类可分为以下几种细类:

1. 因变量 y 服从的概率分布属于指数族中某一种。

2. 利用了某种涉及若干自变量,$x_1, \cdots, x_m$ 和未知参数 β_i 的线性关系,尤其是具有下面这样形式的线性关系:

$$\beta_0 + \beta_1 x_1 + \cdots + \beta_m x_m$$

3. (通常)一个连接函数(link function)设定了 $E(Y) = \mu_{y|x}$ 和(一个或一个以上)自变量之间的关系。在下式中,我们将连接函数设定为 $g(\mu_{y|x})$,将自变量的分布概率与线性关系相连接:

$$g(\mu_{y|x}) = \beta_0 + \beta_1 x_1 + \cdots + \beta_m x_m$$

因此广义线性模型的主要特点是连接函数和因变量的概率分布。

4. 除了正态分布以外,因变量的方差也与均值有关。

在广义线性模型中,参数 $\beta_0, \beta_1, \cdots, \beta_m$ 的最大似然估计是用迭代反复加权的最小平方法求取的。沃尔德统计量(参见林德赛的有关著作(Lindsey, 1997))被用来对各个参数进行显著性检验和构建置信区间。均值 $\mu_{y|x}$ 和线性关系可以用连接函数的反函数来求取。

11.2 连接函数

连接函数如上述第 3 点强调的那样,将模型的随机或统计部分与它的确定部分连接了起来。标准的回归模型被书写为如下的形式:

$$E(y) = \mu_{y|x} = \beta_0 + \beta_1 x_1 + \cdots + \beta_m x_m$$

式中,因变量 y 服从正态分布,方差为一常数。

对这一模型而言,这种连解函数称为**恒等**(identity)或一致(unity)连接。恒等连接设定因变量的期望均值恒等于线性预报值(predictor),而不是线性预报值的某一非线性函数。换言之:

$$g(\mu_{y|x}) = \mu_{y|x}$$

概率比对数回归连接(Logistic Regression Link)

我们来考虑一下 10.4 节讨论的简单概率比对数模型,在该模型中,我们做了一个概率比对数变换(logit transformation):

$$\log\left[\frac{\mu_{y|x}}{1 - \mu_{y|x}}\right] = \beta_0 + \beta_1 x$$

于是概率比对数模型便有了连接函数:

$$g(\mu_{y|x}) = \log\left[\frac{\mu_{y|x}}{1 - \mu_{y|x}}\right]$$

泊松回归连接(Poisson Regression Link)

计数数据从来都被置于某一种假设可用泊松分布来建模的框架之下。例如,假如某一位工程师希望能把次品数与装配线的某些物理性能联系起来,他就可能会使用泊松分布。这种分布的形式是:

$$p(y) = \frac{e^{-\mu}\mu^y}{y!}, y = 0, 1, \cdots$$

而我们可以证明,它的均值和方差都等于 μ,这样就会有连接函数:

$$g(\mu_{y|x}) = \log_e(\mu_{y|x})$$

大多数自然而然地服从特定的概率分布的连接都可被称为**典型连接**(canonical links)。各种概率分布的典型连接如下表所列:

Probability Distribution	Canonical Link Function
Normal	Identity $= \mu$
Binomial	Logit $= \log\left(\dfrac{\mu}{1-\mu}\right)$
Poisson	Log $= \log(\mu)$
Gamma	Reciprocal $= \dfrac{1}{\mu}$

显然,连接函数可以是典型函数之外的其他函数,而大多数计算机软件都为概率分布和连接函数的组合提供了各种选项。例如,在 10.4 节,我们也给大家介绍的概率单位模型,常被用于分析生物检定的数据。这时,连接函数就是反正态函数。我们将用例 10.2 和 SAS 的 GENMOD 模块来给大家介绍这两种连接的使用。而假如我们误设了估计因变量均值的连接函数,便有可能产生很大的影响。因此,在选择连接函数时,我们必须倍加小心。这与拟合模型和数据时使用了不适当的变换就可能会产生各种问题一样。

11.3 概率比对数模型

在 10.4 和 10.5 节,我们讨论了一种因变量是二值且服从二项分布的模型。对这种模型,有意义的变换是概率比对数变换。二项分布是指数分布的一种,而正如 10.4 节所指出的那样,它的因变量的方差是随自变量变化而变化的,而非恒定不变的。正因为如此,我们可以用广义线性模型法来构建一个概率比对数线性模型。下面的例子,原来用 10.2 节的概率比对数转换做了转换,而现在我们再用广义线性模型法来做一些修改。

例 11.1

我们来看一下 10.1 节中有关弗罗里达的城市规划的例子。在那一例子中,我们用一个概率比对数模型来分析数据。这个例子是一个广义线性模型的例子,其连接函数是概率比对数(logit),概率分布则服从二项(binomial)分布。数据用 SAS 系统的 GENMOD 模块(该模块是 SAS 系统专门用来做广义线性模型分析的模块)来分析。连接函数被设定为概率比对数,而概率分布则被设定为二项分布。如果我们未在 SAS 的 GENMOD 模块中设定连接函数,那么 SAS 系统将自动为二项分布使用典型连接函数,即概率比对数。输出结果与表 10.9 中列出的,用 PROC LOGISTIC 模块的略有不同。沃尔德统计量大致上服从卡方分布。表 11.1 列出了 PROC GENMOD 模块给出的输出结果的一部分。

表 11.1　例 10.1 的概率比对数回归

使用 PROC GENMOD

Parameter	DF	Estimate	Standard Error	Wald 95% Confidence Limits		Chi-Square	Pr > ChiSq
Intercept	1	− 11.3487	3.3513	− 17.9171	− 4.7802	11.47	0.0007
INCOME	1	1.0019	0.2954	0.4229	1.5809	11.50	0.0007

注意,与统计值一样,参数值也与表 10.9 相同。参数估计值的置信区间为 95%。

此外,PROC GENMOD 也输出了几个统计值,对于判断模型与数据的拟合优度很有用处。其中一个这样的统计值称为**偏差**(Deviance),它可与自由度为 48 的 χ^2 作比较。PROC GENMOD 输出的这一统计值是 53.6660。从附录 A 中的 A.3 我们可知,0.05 水平的值约为 65.17(用插值法估算)。可见偏差值并未超出相应的卡方值,因此,我们认为模型与数据拟合的拟合优度还是不错的。■

例 11.2

在例 10.2 中,我们讨论了有毒物质引起实验室中动物患癌症的问题。本例则是一个有关生物检定或剂量效应的问题。尽管概率比对数模型完全适用于这种类型的问题,但是在研究这类问题时,通常使用的都是**概率单位**模型,而非概率比对数模型。这两种模型的差别在于概率单位模型使用的是反正态连接函数(参见节 10.5 末尾的有关内容)。我们用表 10.5 的数据来给大家这种方法的使用。该数据收于文件 REG10X02。表 11.2 给出了由 SAS 系统的 PROC GENMOD 给出的部分输出结果。该表统计值的置信区间的水平,与表 12 中的浓度的水平相同。

表 11.2　例 10.12 的概率单位回归

使用 PROC GENMOD

Analysis of Parameter Estimates							
Parameter	DF	Estimate	Standard Error	Wald 95% Confidence Limits		Chi-Square	Pr > ChiSq
Intercept	1	− 1.8339	0.1679	− 2.1630	− 1.5048	119.29	< 0.0001
CONG	1	0.1504	0.0140	0.1229	0.1780	114.85	< 0.0001
		Label		phat	prb_lcl	prb_ucl	
		probit at 0 conc		0.03333	0.01527	0.06618	
		probit at 2.1 conc		0.06451	0.03591	0.10828	
		probit at 5.4 conc		0.15351	0.10731	0.21126	
		probit at 8 conc		0.26423	0.20688	0.32873	
		probit at 15 conc		0.66377	0.57872	0.74116	
		probit at 19.5 conc		0.86429	0.78370	0.92144	

注意,该表下部的估计值与表 10.12 相同。我们再一次使用偏差统计量来评估拟合的拟合优度。它的 4 个自由度的值为 8.9545,在 0.05 水平是不显著的。这说明模型拟合的拟合优度还是可以的。■

11.4 其他模型

在这一节,我们还将给大家介绍一些因变量并非正态或二项分布的广义线性模型的例子。第一个例子测量抵达车库的汽车的间隔时间。诸如抵达时间间隔这样的过程,大多数都服从某种指数分布,它是伽马分布的一个特例(参见瓦克来等人的著作(Wackerly et al,2002))。然后,我们再给大家介绍一个因变量是计数变量的例子。我们先用泊松分布,结果拟合的拟合优度并不理想,于是我们改而使用负二项分布。

为了给汽车抵达的时间间隔建模,我们假设间隔时间是服从指数分布的:

$$f(y) = \frac{1}{\theta} e^{-\frac{y}{\theta}}, \theta \text{ 为正}, \text{且 } y \geq 0$$

这一分布的特点是:①y 的均值是 θ,方差是 θ^2;②分布是偏右的。

例 11.3

为了更好地解决校园内汽车抵库的拥堵问题,大学的警察在学期中间的某一平常的日子,做了一个有关汽车入库时间间隔的调查。调查记录了3个时段,早上(morning)、下午(afternoon)和晚上(evening)的汽车抵库的时间间隔。表 11.3 列出了来自该调查的有关数据。

表 11.3 汽车车库抵达时间间隔

Time of Day(Time)	Car Number	Time Between Arrivals(Timebet)
	1	2.00
	2	34.00
	3	22.00
	4	24.00
	5	27.00
	6	33.00
	7	8.00
	8	33.00
Morning	9	94.00
	10	14.00
	11	12.00
	12	18.00
	13	20.00
	14	22.00
	15	30.00
	16	22.00
	1	1.00
	2	1.00
Afternoon	3	8.00
	4	18.00
	5	110.00

Time of Day(Time)	Car Number	Time Between Arrivals(Timebet)
	6	3.00
	7	57.00
	8	108.00
Afternoon	9	9.00
	10	97.00
	11	3.00
	1	8.00
	2	4.00
	3	10.00
	4	25.00
	5	21.00
	6	20.00
	7	7.00
	8	19.00
	9	21.00
	10	3.00
	11	43.00
	12	22.00
	13	47.00
Evening	14	11.00
	15	5.00
	16	5.00
	17	9.00
	18	6.00
	19	9.00
	20	12.00
	21	6.00
	22	30.00
	23	49.00
	24	5.00
	25	10.00
	26	8.00

　　我们可以从该数据中观察到几个有趣的事实。首先,下午抵库的车为数很少,大多数抵库的车都在晚上。这反映了学生群体和课程时间设置的特性。那些下午听课的学生一般都居住在校园内,而晚上来听课的学生,多是有工作的学生,且居住在校园之外。其次,我们可以从图 11.1 的箱型图(box plots)看出,每一时段的时间间隔都是偏斜的。

　　我们感兴趣的因变量是抵库时间间隔,变量的标签是 Timebet。自变量是当天的时间,标签是 time,有 3 个水平。我们的目的是确定 3 个时段的抵达时间间隔是否存在差别。除了因变量并非正态分布这一点之外,这个问题与单因方差分析颇为相似。为了进

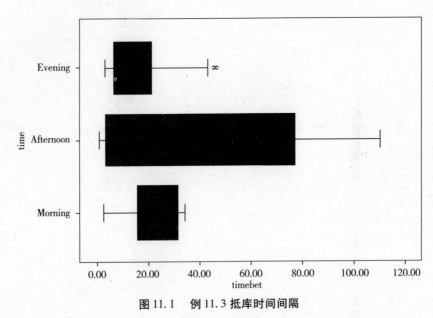

图 11.1　例 11.3 抵库时间间隔

行这一分析,我们可以使用广义线性模型法中伽马概率分布和互逆连接函数(reciprocal link function)。

表 11.4 列出了 SAS 系统的 PROC GENMOD 给出的输出结果的一部分。

表 11.4　例 11.3 部分分析结果

使用 PROC GENMOD

Source	DF	Chi-Square	Pr > ChiSq
time	2	7.48	0.0237

Least Squares Means

Effect	time	Estimate	Standard Error	DF	Chi-Square	Pr > ChiSq
time	afternoon	0.0265	0.0072	1	13.40	0.0003
time	evening	0.0627	0.0111	1	31.68	< 0.0001
time	morning	0.0386	0.0087	1	19.50	< 0.0001

Contrast Results

Contrast	DF	Chi-Square	Pr > ChiSq	Type
0 vs 1	1	7.22	0.0072	LR
0 vs 2	1	1.13	0.2888	LR
1 vs 2	1	2.87	0.0905	LR

注意,检验时间段间隔相等的卡方检验的 p 值是 0.0237,说明 3 个时间段之间存在一定的差别。研究者预期可能存在某种差别,并希望确切地了解这些差别的性质,于是就设计定义了 3 种对比来检验成对的差别(参见弗洛恩德和威尔逊的著作(Freund and Wilson,2003))。分析的结果已列在了表 11.4 的底部。

显然,是晚上和下午,既不是早上和晚上,也不是下午和晚上之间,存在着显著的差别。为了确定有关差别的数量,我们计算了最小平方均值,而为了得到原量度,即以秒为单位的实际均值,我们使用了连接函数的反函数。为了得到 3 个时段的平均间隔时间的估计值,我们只是简单地取了表 11.4 给出的最小平方均值的倒数。这 3 个数的倒数分别是 37.7,15.9 和 25.9。因此我们说,抵库平均间隔时间最短的是晚上,其次是早上,最长的是下午。

最后,为了检查拟合的拟合优度,我们再一次使用 PROC GENMOD 给出的偏差值。本例偏差值为 49.1287,自由度为 50。由附录 A 的表 A.3 插值法给出的值可知,在水平为 0.05 时,这是不显著的,说明模型的拟合优度尚可。■

例 11.4

在例 9.5 中,我们分析了某市公园内发现的蛆虫数。因为因变量是一种计数数据,所以我们认为它可能服从泊松分布,故而做了一个变换。该分析使用的自变量为 TIME,SPECIES,DEPTH,TEMP 和 MOIST 这 5 个。我们拟合了一个含一个二次项的模型。我们可以用带泊松分布和对数连接的广义线性模型做一个等价的分析。表 11.5 给出了用 SAS 的 PROC GENMOD 做的这种分析得到的部分结果。

表 11.5　例 11.4 分析的部分结果
使用泊松分布和 PROC GENMOD

Source	DF	Chi-Square	Pr > ChiSq
TIME	23	565.48	< 0.0001
SPEC	1	73.18	< 0.0001
TIME * SPEC	23	1166.60	< 0.0001
DEPTH	1	207.14	< 0.0001
DEPTH * DEPTH	1	29.95	< 0.0001
TEMP	1	0.19	0.6612
MOIST	1	9.53	0.0020

在将这一分析得到的结果,与表 9.8 中那些转换后的计数变量的结果做比较之后,我们发现两者有若干不同之处。例如,在表 11.5 中,只有 TEMP 变量是不显著的,而在表 9.8 中,TIME 和 SPEC 两个变量都是不显著的,TEMP 和 MOIST 也是不显著的。不仅如此,我们看到使用泊松分布和对数连接函数的广义线性模型的拟合优度的偏差值,Deviance = 478.1960,自由度为 140。在 α 为 0.05 时,它是高度显著的,这说明拟合优度并非我们所愿。

我们也许可用若干可能的原因对模型缺乏拟合做出解释。第一,这种模型也许不适合用于解释计数变量。这一点我们可用与预测值比照的残插图来验证。第二,连接函数或概率分布的选择也许不正确。这一点则可以通过比照估计连接函数的预测值图形来验证。第三,泊松模型假设均值和方差几乎相等。在生物学的计数过程中,方差一般都大大大于均值。而实际上,在例 11.4 中,均值为 22 左右,而方差却高达 1800。不过在许多生物学场合,数据更倾向于围绕为数不多的若干个值堆积,并非泊松概率分布所能预测。这样的分布导致方差大大大于均值,进而导致所谓的**过散**(overdispersion)。

另一种分析路数是使用的是负二项分布,有一种遵循这种路数的,肇端于农业或生态实验的拟合计数数据的分析法。我们将用负二项分布和对数连接函数而不是泊松分布来分析这一套数据。表11.6便是这种分析得到的结果。

表11.6　例11.4分析的部分结果
使用负二项分布和 PROC GENMOD

Source	DF	Chi-Square	$Pr > \text{ChiSq}$
TIME	23	70.44	< 0.0001
SPEC	1	39.80	< 0.0001
TIME * SPEC	23	125.03	< 0.0001
DEPTH	1	80.49	< 0.0001
DEPTH * DEPTH	1	21.38	< 0.0001
TEMP	1	0.06	0.8080
MOIST	1	5.16	0.0231

这些结果与用泊松分布的基本上一样。只是变量TEMP是不显著的。两者的差别在于这一模型的偏差值是206.626,自由度为140。这也同样说明模型和数据缺乏拟合。■

11.5　小　结

在这一章,我们扼要介绍了在因变量的分布不是正态的和/或方差并非恒定时,用广义线性模型做回归分析的方法。这种方法使我们能借助某一连接函数的使用,将标准的回归路数用于隶属于某一大类的概率分布的因变量。

我们没有在这一章末给出习题,主要原因是本章介绍的内容是导论性的,并未涉及如何去确定因变量的潜在分布。用概率对数模型实践广义线性模型的使用,可借助再一次做第10章习题2至习题4来实现。更多的概率比对数和泊松模型的习题,可参阅蒙哥马利等人著作(Montgomery et al,2001)的第13章。

附录 A 统计表

A.1 标准正态分布 —— 表 A.1(正态分布表) 和表 A.1a(统计方法中的 p 值和 z 值)

A.2 T 分布 —— 表 A.2 统计方法中的 T 值

A.3 χ^2 分布 —— 表 A.3 统计方法中的 χ^2 值

A.4 F 分布 —— 表 A.3 统计方法中的 F 值

A.5 杜宾-瓦特森检验 (Durbin-Watson test) 临界值

表 A.1   正态分布 —— 超出 Z 的概率

Z	PROB > Z	Z	PROB > Z	Z	PROB > Z	Z	PROB > Z
− 3.99	1.0000	− 3.49	0.9998	− 2.99	0.9986	− 2.49	0.9936
− 3.98	1.0000	− 3.48	0.9997	− 2.98	0.9986	− 2.48	0.9934
− 3.97	1.0000	− 3.47	0.9997	− 2.97	0.9985	− 2.47	0.9932
− 3.96	1.0000	− 3.46	0.9997	− 2.96	0.9985	− 2.46	0.9931
− 3.95	1.0000	− 3.45	0.9997	− 2.95	0.9984	− 2.45	0.9929
− 3.94	1.0000	− 3.44	0.9997	− 2.94	0.9984	− 2.44	0.9927
− 3.93	1.0000	− 3.43	0.9997	− 2.93	0.9983	− 2.43	0.9925
− 3.92	1.0000	− 3.42	0.9997	− 2.92	0.9982	− 2.42	0.9922
− 3.91	1.0000	− 3.41	0.9997	− 2.91	0.9982	− 2.41	0.9920
− 3.90	1.0000	− 3.40	0.9997	− 2.90	0.9981	− 2.40	0.9918
− 3.89	0.9999	− 3.39	0.9997	− 2.89	0.9981	− 2.39	0.9916
− 3.88	0.9999	− 3.38	0.9996	− 2.88	0.9980	− 2.38	0.9913
− 3.87	0.9999	− 3.37	0.9996	− 2.87	0.9979	− 2.37	0.9911
− 3.86	0.9999	− 3.36	0.9996	− 2.86	0.9979	− 2.36	0.9909
− 3.85	0.9999	− 3.35	0.9996	− 2.85	0.9978	− 2.35	0.9906
− 3.84	0.9999	− 3.34	0.9996	− 2.84	0.9977	− 2.34	0.9904
− 3.83	0.9999	− 3.33	0.9996	− 2.83	0.9977	− 2.33	0.9901
− 3.82	0.9999	− 3.32	0.9995	− 2.82	0.9976	− 2.32	0.9898
− 3.81	0.9999	− 3.31	0.9995	− 2.81	0.9975	− 2.31	0.9896
− 3.80	0.9999	− 3.30	0.9995	− 2.80	0.9974	− 2.30	0.9893
− 3.79	0.9999	− 3.29	0.9995	− 2.79	0.9974	− 2.29	0.9890
− 3.78	0.9999	− 3.28	0.9995	− 2.78	0.9973	− 2.28	0.9887
− 3.77	0.9999	− 3.27	0.9995	− 2.77	0.9972	− 2.27	0.9884
− 3.76	0.9999	− 3.26	0.9994	− 2.76	0.9971	− 2.26	0.9881
− 3.75	0.9999	− 3.25	0.9994	− 2.75	0.9970	− 2.25	0.9878
− 3.74	0.9999	− 3.24	0.9994	− 2.74	0.9969	− 2.24	0.9875
− 3.73	0.9999	− 3.23	0.9994	− 2.73	0.9968	− 2.23	0.9871
− 3.72	0.9999	− 3.22	0.9994	− 2.72	0.9967	− 2.22	0.9868
− 3.71	0.9999	− 3.21	0.9993	− 2.71	0.9966	− 2.21	0.9864
− 3.70	0.9999	− 3.20	0.9993	− 2.70	0.9965	− 2.20	0.9861
− 3.69	0.9999	− 3.19	0.9993	− 2.69	0.9964	− 2.19	0.9857
− 3.68	0.9999	− 3.18	0.9993	− 2.68	0.9963	− 2.18	0.9854
− 3.67	0.9999	− 3.17	0.9992	− 2.67	0.9962	− 2.17	0.9850
− 3.66	0.9999	− 3.16	0.9992	− 2.66	0.9961	− 2.16	0.9846
− 3.65	0.9999	− 3.15	0.9992	− 2.65	0.9960	− 2.15	0.9842
− 3.64	0.9999	− 3.14	0.9992	− 2.64	0.9959	− 2.14	0.9838
− 3.63	0.9999	− 3.13	0.9991	− 2.63	0.9957	− 2.13	0.9834
− 3.62	0.9999	− 3.12	0.9991	− 2.62	0.9956	− 2.12	0.9830
− 3.61	0.9998	− 3.11	0.9991	− 2.61	0.9955	− 2.11	0.9826
− 3.60	0.9998	− 3.10	0.9990	− 2.60	0.9953	− 2.10	0.9821
− 3.59	0.9998	− 3.09	0.9990	− 2.59	0.9952	− 2.09	0.9817
− 3.58	0.9998	− 3.08	0.9990	− 2.58	0.9951	− 2.08	0.9812
− 3.57	0.9998	− 3.07	0.9989	− 2.57	0.9949	− 2.07	0.9808
− 3.56	0.9998	− 3.06	0.9989	− 2.56	0.9948	− 2.06	0.9803
− 3.55	0.9998	− 3.05	0.9989	− 2.65	0.9946	− 2.05	0.9798
− 3.54	0.9998	− 3.04	0.9988	− 2.54	0.9945	− 2.04	0.9793
− 3.53	0.9998	− 3.03	0.9988	− 2.53	0.9943	− 2.03	0.9788
− 3.52	0.9998	− 3.02	0.9987	− 2.52	0.9941	− 2.02	0.9783
− 3.51	0.9998	− 3.01	0.9987	− 2.51	0.9940	− 2.01	0.9778
− 3.50	0.9998	− 3.00	0.9987	− 2.50	0.9938	− 2.00	0.9772

Z	PROB $> Z$	Z	PROB $> Z$	Z	PROB $> Z$	Z	PROB $> Z$
-1.99	0.9767	-1.49	0.9319	-0.99	0.8389	-0.49	0.6879
-1.98	0.9761	-1.48	0.9306	-0.98	0.8365	-0.48	0.6844
-1.97	0.9756	-1.47	0.9292	-0.97	0.8340	-0.47	0.6808
-1.96	0.9750	-1.46	0.9279	-0.96	0.8315	-0.46	0.6772
-1.95	0.9744	-1.45	0.9265	-0.95	0.8289	-0.45	0.6736
-1.94	0.9738	-1.44	0.9251	-0.94	0.8264	-0.44	0.6700
-1.93	0.9732	-1.43	0.9236	-0.93	0.8238	-0.43	0.6664
-1.92	0.9726	-1.42	0.9222	-0.92	0.8212	-0.42	0.6628
-1.91	0.9719	-1.41	0.9207	-0.91	0.8186	-0.41	0.6591
-1.90	0.9713	-1.40	0.9192	-0.90	0.8159	-0.40	0.6554
-1.89	0.9706	-1.39	0.9177	-0.89	0.8133	-0.39	0.6517
-1.88	0.9699	-1.38	0.9162	-0.88	0.8106	-0.38	0.6480
-1.87	0.9693	-1.37	0.9147	-0.87	0.8078	-0.37	0.6443
-1.86	0.9686	-1.36	0.9131	-0.86	0.8051	-0.36	0.6406
-1.85	0.9678	-1.35	0.9115	-0.85	0.8023	-0.35	0.6368
-1.84	0.9671	-1.34	0.9099	-0.84	0.7995	-0.34	0.6331
-1.83	0.9664	-1.33	0.9082	-0.83	0.7967	-0.33	0.6293
-1.82	0.9656	-1.32	0.9066	-0.82	0.7939	-0.32	0.6255
-1.81	0.9649	-1.31	0.9049	-0.81	0.7910	-0.31	0.6217
-1.80	0.9641	-1.30	0.9032	-0.80	0.7881	-0.30	0.6179
-1.79	0.9633	-1.29	0.9015	-0.79	0.7852	-0.29	0.6141
-1.78	0.9625	-1.28	0.8997	-0.78	0.7823	-0.28	0.6103
-1.77	0.9616	-1.27	0.8980	-0.77	0.7794	-0.27	0.6064
-1.76	0.9608	-1.26	0.8962	-0.76	0.7764	-0.26	0.6026
-1.75	0.9599	-1.25	0.8944	-0.75	0.7734	-0.25	0.5987
-1.74	0.9591	-1.24	0.8925	-0.74	0.7704	-0.24	0.5948
-1.73	0.9582	-1.23	0.8907	-0.73	0.7673	-0.23	0.5910
-1.72	0.9573	-1.22	0.8888	-0.72	0.7642	-0.22	0.5871
-1.71	0.9564	-1.21	0.8869	-0.71	0.7611	-0.21	0.5832
-1.70	0.9554	-1.20	0.8849	-0.70	0.7580	-0.20	0.5793
-1.69	0.9545	-1.19	0.8830	-0.69	0.7549	-0.19	0.5753
-1.68	0.9535	-1.18	0.8810	-0.68	0.7517	-0.18	0.5714
-1.67	0.9525	-1.17	0.8790	-0.67	0.7486	-0.17	0.5675
-1.66	0.9515	-1.16	0.8770	-0.66	0.7454	-0.16	0.5636
-1.65	0.9505	-1.15	0.8749	-0.65	0.7422	-0.15	0.5596
-1.64	0.9495	-1.14	0.8729	-0.64	0.7389	-0.14	0.5557
-1.63	0.9484	-1.13	0.8708	-0.63	0.7357	-0.13	0.5517
-1.62	0.9474	-1.12	0.8686	-0.62	0.7324	-0.12	0.5478
-1.61	0.9463	-1.11	0.8665	-0.61	0.7291	-0.11	0.5438
-1.60	0.9452	-1.10	0.8643	-0.60	0.7257	-0.10	0.5398
-1.59	0.9441	-1.09	0.8621	-0.59	0.7224	-0.09	0.5359
-1.58	0.9429	-1.08	0.8599	-0.58	0.7190	-0.08	0.5319
-1.57	0.9418	-1.07	0.8577	-0.57	0.7157	-0.07	0.5279
-1.56	0.9406	-1.06	0.8554	-0.56	0.7123	-0.06	0.5239
-1.55	0.9394	-1.05	0.8531	-0.55	0.7088	-0.05	0.5199
-1.54	0.9382	-1.04	0.8508	-0.54	0.7054	-0.04	0.5160
-1.53	0.9370	-1.03	0.8485	-0.53	0.7019	-0.03	0.5120
-1.52	0.9357	-1.02	0.8461	-0.52	0.6985	-0.02	0.5080
-1.51	0.9345	-1.01	0.8438	-0.51	0.6950	-0.01	0.5040
-1.50	0.9332	-1.00	0.8413	-0.50	0.6915	0.00	0.5000

续表

Z	PROB > Z	Z	PROB > Z	Z	PROB > Z	Z	PROB > Z
0.01	0.4960	0.51	0.3050	1.01	0.1562	1.51	0.0655
0.02	0.4920	0.52	0.3015	1.02	0.1539	1.52	0.0643
0.03	0.4880	0.53	0.2981	1.03	0.1515	1.53	0.0630
0.04	0.4840	0.54	0.2946	1.04	0.1492	1.54	0.0618
0.05	0.4801	0.55	0.2912	1.05	0.1469	1.55	0.0606
0.06	0.4761	0.56	0.2877	1.06	0.1446	1.56	0.0594
0.07	0.4721	0.57	0.2843	1.07	0.1423	1.57	0.0582
0.08	0.4681	0.58	0.2810	1.08	0.1401	1.58	0.0571
0.09	0.4641	0.59	0.2776	1.09	0.1379	1.59	0.0559
0.10	0.4602	0.60	0.2743	1.10	0.1357	1.60	0.0548
0.11	0.4562	0.61	0.2709	1.11	0.1335	1.61	0.0537
0.12	0.4522	0.62	0.2676	1.12	0.1314	1.62	0.0526
0.13	0.4483	0.63	0.2643	1.13	0.1292	1.63	0.0516
0.14	0.4443	0.64	0.2611	1.14	0.1271	1.64	0.0505
0.15	0.4404	0.65	0.2578	1.15	0.1251	1.65	0.0495
0.16	0.4364	0.66	0.2546	1.16	0.1230	1.66	0.0485
0.17	0.4325	0.67	0.2514	1.17	0.1210	1.67	0.0475
0.18	0.4286	0.68	0.2483	1.18	0.1190	1.68	0.0465
0.19	0.4247	0.69	0.2451	1.19	0.1170	1.69	0.0455
0.20	0.4207	0.70	0.2420	1.20	0.1151	1.70	0.0446
0.21	0.4168	0.71	0.2389	1.21	0.1131	1.71	0.0436
0.22	0.4129	0.72	0.2358	1.22	0.1112	1.72	0.0427
0.23	0.4090	0.73	0.2327	1.23	0.1093	1.73	0.0418
0.24	0.4052	0.74	0.2296	1.24	0.1075	1.74	0.0409
0.25	0.4013	0.75	0.2266	1.25	0.1056	1.75	0.0401
0.26	0.3974	0.76	0.2236	1.26	0.1038	1.76	0.0392
0.27	0.3936	0.77	0.2206	1.27	0.1020	1.77	0.0384
0.28	0.3897	0.78	0.2177	1.28	0.1003	1.78	0.0375
0.29	0.3859	0.79	0.2148	1.29	0.0985	1.79	0.0367
0.30	0.3821	0.80	0.2119	1.30	0.0968	1.80	0.0359
0.31	0.3783	0.81	0.2090	1.31	0.0951	1.81	0.0351
0.32	0.3745	0.82	0.2061	1.32	0.0934	1.82	0.0344
0.33	0.3707	0.83	0.2033	1.33	0.0918	1.83	0.0336
0.34	0.3669	0.84	0.2005	1.34	0.0901	1.84	0.0329
0.35	0.3632	0.85	0.1977	1.35	0.0885	1.85	0.0322
0.36	0.3594	0.86	0.1949	1.36	0.0869	1.86	0.0314
0.37	0.3557	0.87	0.1922	1.37	0.0853	1.87	0.0307
0.38	0.3520	0.88	0.1894	1.38	0.0838	1.88	0.0301
0.39	0.3483	0.89	0.1867	1.39	0.0823	1.89	0.0294
0.40	0.3446	0.90	0.1841	1.40	0.0808	1.90	0.0287
0.41	0.3409	0.91	0.1814	1.41	0.0793	1.91	0.0281
0.42	0.3372	0.92	0.1788	1.42	0.0778	1.92	0.0274
0.43	0.3336	0.93	0.1762	1.43	0.0764	1.93	0.0268
0.44	0.3300	0.94	0.1736	1.44	0.0749	1.94	0.0262
0.45	0.3264	0.95	0.1711	1.45	0.0735	1.95	0.0256
0.46	0.3228	0.96	0.1685	1.46	0.0721	1.96	0.0250
0.47	0.3192	0.97	0.1660	1.47	0.0708	1.97	0.0244
0.48	0.3156	0.98	0.1635	1.48	0.0694	1.98	0.0239
0.49	0.3121	0.99	0.1611	1.49	0.0681	1.99	0.0233
0.50	0.3085	1.00	0.1587	1.50	0.0668	2.00	0.0228

Z	PROB > Z	Z	PROB > Z	Z	PROB > Z	Z	PROB > Z
2.01	0.0222	2.51	0.0060	3.01	0.0013	3.51	0.0002
2.02	0.0217	2.52	0.0059	3.02	0.0013	3.52	0.0002
2.03	0.0212	2.53	0.0057	3.03	0.0012	3.53	0.0002
2.04	0.0207	2.54	0.0055	3.04	0.0012	3.54	0.0002
2.05	0.0202	2.55	0.0054	3.05	0.0011	3.55	0.0002
2.06	0.0197	2.56	0.0052	3.06	0.0011	3.56	0.0002
2.07	0.0192	2.57	0.0051	3.07	0.0011	3.57	0.0002
2.08	0.0188	2.58	0.0049	3.08	0.0010	3.58	0.0002
2.09	0.0183	2.59	0.0048	3.09	0.0010	3.59	0.0002
2.10	0.0179	2.60	0.0047	3.10	0.0010	3.60	0.0002
2.11	0.0174	2.61	0.0045	3.11	0.0009	3.61	0.0002
2.12	0.0170	2.62	0.0044	3.12	0.0009	3.62	0.0001
2.13	0.0166	2.63	0.0043	3.13	0.0009	3.63	0.0001
2.14	0.0162	2.64	0.0041	3.14	0.0008	3.64	0.0001
2.15	0.0158	2.65	0.0040	3.15	0.0008	3.65	0.0001
2.16	0.0154	2.66	0.0039	3.16	0.0008	3.66	0.0001
2.17	0.0150	2.67	0.0038	3.17	0.0008	3.67	0.0001
2.18	0.0146	2.68	0.0037	3.18	0.0007	3.68	0.0001
2.19	0.0143	2.69	0.0036	3.19	0.0007	3.69	0.0001
2.20	0.0139	2.70	0.0035	3.20	0.0007	3.70	0.0001
2.21	0.0136	2.71	0.0034	3.21	0.0007	3.71	0.0001
2.22	0.0132	2.72	0.0033	3.22	0.0006	3.72	0.0001
2.23	0.0129	2.73	0.0032	3.23	0.0006	3.73	0.0001
2.24	0.0125	2.74	0.0031	3.24	0.0006	3.74	0.0001
2.25	0.0122	2.75	0.0030	3.25	0.0006	3.75	0.0001
2.26	0.0119	2.76	0.0029	3.26	0.0006	3.76	0.0001
2.27	0.0116	2.77	0.0028	3.27	0.0005	3.77	0.0001
2.28	0.0113	2.78	0.0027	3.28	0.0005	3.78	0.0001
2.29	0.0110	2.79	0.0026	3.29	0.0005	3.79	0.0001
2.30	0.0107	2.80	0.0026	3.30	0.0005	3.80	0.0001
2.31	0.0104	2.81	0.0025	3.31	0.0005	3.81	0.0001
2.32	0.0102	2.82	0.0024	3.32	0.0005	3.82	0.0001
2.33	0.0099	2.83	0.0023	3.33	0.0004	3.83	0.0001
2.34	0.0096	2.84	0.0023	3.34	0.0004	3.84	0.0001
2.35	0.0094	2.85	0.0022	3.35	0.0004	3.85	0.0001
2.36	0.0091	2.86	0.0021	3.36	0.0004	3.86	0.0001
2.37	0.0089	2.87	0.0021	3.37	0.0004	3.87	0.0001
2.38	0.0087	2.88	0.0020	3.38	0.0004	3.88	0.0001
2.39	0.0084	2.89	0.0019	3.39	0.0003	3.89	0.0001
2.40	0.0082	2.90	0.0019	3.40	0.0003	3.90	0.0000
2.41	0.0080	2.91	0.0018	3.41	0.0003	3.91	0.0000
2.42	0.0078	2.92	0.0018	3.42	0.0003	3.92	0.0000
2.43	0.0075	2.93	0.0017	3.43	0.0003	3.93	0.0000
2.44	0.0073	2.94	0.0016	3.44	0.0003	3.94	0.0000
2.45	0.0071	2.95	0.0016	3.45	0.0003	3.95	0.0000
2.46	0.0069	2.96	0.0015	3.46	0.0003	3.96	0.0000
2.47	0.0068	2.97	0.0015	3.47	0.0003	3.97	0.0000
2.48	0.0066	2.98	0.0014	3.48	0.0003	3.98	0.0000
2.49	0.0064	2.99	0.0014	3.49	0.0002	3.99	0.0000
2.50	0.0062	3.00	0.0013	3.50	0.0002	4.00	0.0000

表 A.1a   精选 Z 值超出给定概率的正态分布值的概率值

PROB	Z
0.5000	0.00000
0.4000	0.25335
0.3000	0.52440
0.2000	0.84162
0.1000	1.28155
0.0500	1.64485
0.0250	1.95996
0.0100	2.32635
0.0050	2.57583
0.0020	2.87816
0.0010	3.09023
0.0005	3.29053
0.0001	3.71902

表 A.2 T 分布 —— 超出给定概率值的 T 值

df	$P = 0.25$	$P = 0.10$	$P = 0.05$	$P = 0.025$	$P = 0.01$	$P = 0.005$	$P = 0.001$	$P = 0.0005$	df
1	1.0000	3.0777	6.3138	12.706	31.821	63.657	318.31	636.62	1
2	0.8165	1.8856	2.9200	4.3027	6.9646	9.9248	22.327	31.599	2
3	0.7649	1.6377	2.3534	3.1824	4.5407	5.8409	10.215	12.924	3
4	0.7407	1.5332	2.1318	2.7764	3.7469	4.6041	7.1732	8.6103	4
5	0.7267	1.4759	2.0150	2.5706	3.3649	4.0321	5.8934	6.8688	5
6	0.7176	1.4398	1.9432	2.4469	3.1427	3.7074	5.2076	5.9588	6
7	0.7111	1.4149	1.8946	2.3646	2.9980	3.4995	4.7853	5.4079	7
8	0.7064	1.3968	1.8595	2.3060	2.8965	3.3554	4.5008	5.0413	8
9	0.7027	1.3830	1.8331	2.2622	2.8214	3.2498	4.2968	4.7809	9
10	0.6998	1.3722	1.8125	2.2281	2.7638	3.1693	4.1437	4.5869	10
11	0.6974	1.3634	1.7959	2.2010	2.7181	3.1058	4.0247	4.4370	11
12	0.6955	1.3562	1.7823	2.1788	2.6810	3.0545	3.9296	4.3178	12
13	0.6938	1.3502	1.7709	2.1604	2.6503	3.0123	3.8520	4.2208	13
14	0.6924	1.3450	1.7613	2.1448	2.6245	2.9768	3.7874	4.1405	14
15	0.6912	1.3406	1.7531	2.1314	2.6025	2.9467	3.7329	4.0728	15
16	0.6901	1.3368	1.7459	2.1199	2.5835	2.9208	3.6862	4.0150	16
17	0.6892	1.3334	1.7396	2.1098	2.5669	2.8982	3.6458	3.9652	17
18	0.6884	1.3304	1.7341	2.1009	2.5524	2.8784	3.6105	3.9217	18
19	0.6876	1.3277	1.7291	2.0930	2.5395	2.8609	3.5794	3.8834	19
20	0.6870	1.3253	1.7247	2.0860	2.5280	2.8453	3.5518	3.8495	20
21	0.6864	1.3232	1.7207	2.0796	2.5176	2.8314	3.5272	3.8193	21
22	0.6858	1.3212	1.7171	2.0739	2.5083	2.8188	3.5050	3.7922	22
23	0.6853	1.3195	1.7139	2.0687	2.4999	2.8073	3.4850	3.7677	23
24	0.6848	1.3178	1.7109	2.0639	2.4922	2.7969	3.4668	3.7454	24
25	0.6844	1.3163	1.7081	2.0595	2.4851	2.7874	3.4502	3.7252	25
26	0.6840	1.3150	1.7056	2.0555	2.4786	2.7787	3.4350	3.7066	26
27	0.6837	1.3137	1.7033	2.0518	2.4727	2.7707	3.4210	3.6896	27
28	0.6834	1.3125	1.7011	2.0484	2.4671	2.7633	3.4082	3.6739	28
29	0.6830	1.3114	1.6991	2.0452	2.4620	2.7564	3.3963	3.6594	29
30	0.6828	1.3104	1.6973	2.0423	2.4573	2.7500	3.3852	3.6460	30
35	0.6816	1.3062	1.6896	2.0301	2.4377	2.7238	3.3401	3.5912	35
40	0.6807	1.3031	1.6839	2.0211	2.4233	2.7045	3.3069	3.5510	40
45	0.6800	1.3006	1.6794	2.0141	2.4121	2.6896	3.2815	3.5203	45
50	0.6794	1.2987	1.6759	2.0086	2.4033	2.6778	3.2614	3.4960	50
55	0.6790	1.2971	1.6730	2.0040	2.3961	2.6682	3.2452	3.4764	55
60	0.6786	1.2958	1.6706	2.0003	2.3901	2.6603	3.2317	3.4602	60
65	0.6783	1.2947	1.6686	1.9971	2.3851	2.6536	3.2204	3.4466	65
70	0.6780	1.2938	1.6669	1.9944	2.3808	2.6479	3.2108	3.4350	70
75	0.6778	1.2929	1.6654	1.9921	2.3771	2.6430	3.2025	3.4250	75
90	0.6772	1.2910	1.6620	1.9867	2.3685	2.6316	3.1833	3.4019	90
105	0.6768	1.2897	1.6595	1.9828	2.3624	2.6235	3.1697	3.3856	105
120	0.6765	1.2886	1.6577	1.9799	2.3578	2.6174	3.1595	3.3735	120
INF	0.6745	1.2816	1.6449	1.9600	2.3263	2.5758	3.0902	3.2905	INF

表 A.3 χ^2 分布 —— 超出给定概率值的 χ^2 值

df	0.995	0.99	0.975	0.95	0.90	0.75	0.50	0.25	0.10	0.05	0.025	0.01	0.005
1	0.000	0.000	0.001	0.004	0.016	0.102	0.455	1.323	2.706	3.841	5.024	6.635	7.879
2	0.010	0.020	0.051	0.103	0.211	0.575	1.386	2.773	4.605	5.991	7.378	9.210	10.579
3	0.072	0.115	0.216	0.352	0.584	1.213	2.366	4.108	6.251	7.815	9.348	11.345	12.838
4	0.207	0.297	0.484	0.711	1.064	1.923	3.357	5.385	7.779	9.488	11.143	13.277	14.860
5	0.412	0.554	0.831	1.145	1.610	2.675	4.351	6.626	9.236	11.070	12.833	15.086	16.750
6	0.676	0.872	1.237	1.635	2.204	3.455	5.348	7.841	10.645	12.592	14.449	16.812	18.548
7	0.989	1.239	1.690	2.167	2.833	4.255	6.346	9.037	12.017	14.067	16.013	18.475	20.278
8	1.344	1.646	2.180	2.733	3.490	5.071	7.344	10.219	13.362	15.507	17.535	20.090	21.955
9	1.735	2.088	2.700	3.325	4.168	5.899	8.343	11.389	14.684	16.919	19.023	21.666	23.589
10	2.156	2.558	3.247	3.940	4.865	6.737	9.342	12.549	15.987	18.307	20.483	23.209	25.188
11	2.603	3.053	3.816	4.575	5.578	7.584	10.341	13.701	17.275	19.675	21.920	24.725	26.757
12	3.074	3.571	4.404	5.226	6.304	8.438	11.340	14.845	18.549	21.026	23.337	26.217	28.300
13	3.565	4.107	5.009	5.892	7.042	9.299	12.340	15.984	19.812	22.362	24.736	27.688	29.819
14	4.075	4.660	5.629	6.571	7.790	10.165	13.339	17.117	21.064	23.685	26.119	29.141	31.319
15	4.601	5.229	6.262	7.261	8.547	11.037	14.339	18.245	22.307	24.996	27.488	30.578	32.801
16	5.142	5.812	6.908	7.962	9.312	11.912	15.338	19.369	23.542	26.296	28.845	32.000	34.267
17	5.697	6.408	7.564	8.672	10.085	12.792	16.338	20.489	24.769	27.587	30.191	33.409	35.718
18	6.265	7.015	8.231	9.390	10.865	13.675	17.338	21.605	25.989	28.869	31.526	34.805	37.156
19	6.844	7.633	8.907	10.117	11.651	14.562	18.338	22.718	27.204	30.144	32.852	36.191	38.582
20	7.434	8.260	9.591	10.851	12.443	15.452	19.337	23.828	28.412	31.410	34.170	37.566	39.997
21	8.034	8.897	10.283	11.591	13.240	16.344	20.337	24.935	29.615	32.671	35.479	38.932	41.401
22	8.643	9.542	10.982	12.338	14.041	17.240	21.337	26.039	30.813	33.924	36.781	40.289	42.796
23	9.260	10.196	11.689	13.091	14.848	18.137	22.337	27.141	32.007	35.172	38.076	41.638	44.181
24	9.886	10.856	12.401	13.848	15.659	19.037	23.337	28.241	33.196	36.415	39.364	42.980	45.559
25	10.520	11.524	13.120	14.611	16.473	19.939	24.337	29.339	34.382	37.652	40.646	44.314	46.928
26	11.160	12.198	13.844	15.379	17.292	20.843	25.336	30.435	35.563	38.885	41.923	45.642	48.290
27	11.808	12.879	14.573	16.151	18.114	21.749	26.336	31.528	36.741	40.113	43.195	46.963	49.645
28	12.461	13.565	15.308	16.928	18.939	22.657	27.336	32.620	37.916	41.337	44.461	48.278	50.993
29	13.121	14.256	16.047	17.708	19.768	23.567	28.336	33.711	39.087	42.557	45.722	49.588	52.336
30	13.787	14.953	16.791	18.493	20.599	24.478	29.336	34.800	40.256	43.773	46.979	50.892	53.672
35	17.192	18.509	20.569	22.465	24.797	29.054	34.336	40.223	46.059	49.802	53.203	57.342	60.275
40	20.707	22.164	24.433	26.509	29.051	33.660	39.335	45.616	51.805	55.758	59.342	63.691	66.766
45	24.311	25.901	28.366	30.612	33.350	38.291	44.335	50.985	57.505	61.656	65.410	69.957	73.166
50	27.991	29.707	32.357	34.764	37.689	42.942	49.335	56.334	63.167	67.505	71.420	76.154	79.490
55	31.735	33.570	36.398	38.958	42.060	47.610	54.335	61.665	68.796	73.311	77.380	82.292	85.749
60	35.534	37.485	40.482	43.188	46.459	52.294	59.335	66.981	74.397	79.082	83.298	88.379	91.952
65	39.383	41.444	44.603	47.450	50.883	56.990	64.335	72.285	79.973	84.821	89.177	94.422	98.105
70	43.275	45.442	48.758	51.739	55.329	61.698	69.334	77.577	85.527	90.531	95.023	100.425	104.215
75	47.206	49.475	52.942	56.054	59.795	66.417	74.334	82.858	91.061	96.217	100.839	106.393	110.286
80	51.172	53.540	57.153	60.391	64.278	71.145	79.334	88.130	96.578	101.879	106.629	112.329	116.321
85	55.170	57.634	61.389	64.749	68.777	75.881	84.334	93.394	102.079	107.522	112.393	118.236	122.325
90	59.196	61.754	65.647	69.126	73.291	80.625	89.334	98.650	107.565	113.145	118.136	124.116	128.299
95	63.250	65.898	69.925	73.520	77.818	85.376	94.334	103.899	113.038	118.752	123.858	129.973	134.247
100	67.328	70.065	74.222	77.929	82.358	90.133	99.334	109.141	118.498	124.342	129.561	135.807	140.169

表 A.4 F 分布 $p = 0.1$

Denominator df	Numerator df																					
	1	2	3	4	5	6	7	8	9	10	11	12	13	14	15	16	20	24	30	45	60	120
1	39.9	49.5	53.6	55.8	57.2	58.2	58.9	59.4	59.9	60.2	60.5	60.7	60.9	61.1	61.2	61.3	61.7	62	62.3	62.6	62.8	63.1
2	8.53	9.00	9.16	9.24	9.29	9.33	9.35	9.37	9.38	9.39	9.40	9.41	9.41	9.42	9.42	9.43	9.44	9.44	9.46	9.47	9.47	9.48
3	5.54	5.46	5.39	5.34	5.31	5.28	5.27	5.25	5.24	5.23	5.22	5.22	5.21	5.20	5.20	5.20	5.18	5.18	5.17	5.16	5.15	5.14
4	4.54	4.32	4.19	4.11	4.05	4.01	3.98	3.95	3.94	3.92	3.91	3.90	3.89	3.88	3.87	3.86	3.84	3.84	3.82	3.80	3.79	3.78
5	4.06	3.78	3.62	3.52	3.45	3.40	3.37	3.34	3.32	3.30	3.28	3.27	3.26	3.25	3.24	3.23	3.21	3.21	3.19	3.15	3.14	3.12
6	3.78	3.46	3.29	3.18	3.11	3.05	3.01	2.98	2.96	2.94	2.92	2.90	2.89	2.88	2.87	2.86	2.84	2.84	2.82	2.77	2.76	2.74
7	3.59	3.26	3.07	2.96	2.88	2.83	2.78	2.75	2.72	2.70	2.68	2.67	2.65	2.64	2.63	2.62	2.59	2.58	2.56	2.53	2.51	2.49
8	3.46	3.11	2.92	2.81	2.73	2.67	2.62	2.59	2.56	2.54	2.52	2.50	2.49	2.48	2.46	2.45	2.42	2.40	2.38	2.35	2.34	2.32
9	3.36	3.01	2.81	2.69	2.61	2.55	2.51	2.47	2.44	2.42	2.40	2.38	2.36	2.35	2.34	2.33	2.30	2.28	2.25	2.22	2.21	2.18
10	3.29	2.92	2.73	2.61	2.52	2.46	2.41	2.38	2.35	2.32	2.30	2.28	2.27	2.26	2.24	2.23	2.20	2.18	2.16	2.12	2.11	2.08
11	3.23	2.86	2.66	2.54	2.45	2.39	2.34	2.30	2.27	2.25	2.23	2.21	2.19	2.18	2.17	2.16	2.12	2.10	2.08	2.04	2.03	2.00
12	3.18	2.81	2.61	2.48	2.39	2.33	2.28	2.24	2.21	2.19	2.17	2.15	2.13	2.12	2.10	2.09	2.06	2.04	2.01	1.98	1.96	1.93
13	3.14	2.76	2.56	2.43	2.35	2.28	2.23	2.20	2.16	2.14	2.12	2.10	2.08	2.07	2.05	2.04	2.01	1.98	1.96	1.92	1.90	1.88
14	3.10	2.73	2.52	2.39	2.31	2.24	2.19	2.15	2.12	2.10	2.07	2.05	2.04	2.02	2.01	2.00	1.96	1.94	1.91	1.88	1.86	1.83
15	3.07	2.70	2.49	2.36	2.27	2.21	2.16	2.12	2.09	2.06	2.04	2.02	2.00	1.99	1.97	1.96	1.92	1.90	1.87	1.84	1.82	1.79
16	3.05	2.67	2.46	2.33	2.24	2.18	2.13	2.09	2.06	2.03	2.01	1.99	1.97	1.95	1.94	1.93	1.89	1.87	1.84	1.80	1.78	1.75
17	3.03	2.64	2.44	2.31	2.22	2.15	2.10	2.06	2.03	2.00	1.98	1.96	1.94	1.93	1.91	1.90	1.86	1.84	1.81	1.77	1.75	1.72
18	3.01	2.62	2.42	2.29	2.20	2.13	2.08	2.04	2.00	1.98	1.95	1.93	1.92	1.90	1.89	1.87	1.84	1.81	1.78	1.74	1.72	1.69
19	2.99	2.61	2.40	2.27	2.18	2.11	2.06	2.02	1.98	1.96	1.93	1.91	1.89	1.88	1.86	1.85	1.81	1.79	1.76	1.72	1.70	1.67
20	2.97	2.59	2.38	2.25	2.16	2.09	2.04	2.00	1.96	1.94	1.91	1.89	1.87	1.86	1.84	1.83	1.79	1.77	1.74	1.70	1.68	1.64
21	2.96	2.57	2.36	2.23	2.14	2.08	2.02	1.98	1.95	1.92	1.90	1.87	1.86	1.84	1.83	1.81	1.78	1.75	1.72	1.68	1.66	1.62
22	2.95	2.56	2.35	2.22	2.13	2.06	2.01	1.97	1.93	1.90	1.88	1.86	1.84	1.83	1.81	1.80	1.76	1.73	1.70	1.66	1.64	1.60
23	2.94	2.55	2.34	2.21	2.11	2.05	1.99	1.95	1.92	1.89	1.87	1.84	1.83	1.81	1.80	1.78	1.74	1.72	1.69	1.64	1.62	1.59
24	2.93	2.54	2.33	2.19	2.10	2.04	1.98	1.94	1.91	1.88	1.85	1.83	1.81	1.80	1.78	1.77	1.73	1.70	1.67	1.63	1.61	1.57
25	2.92	2.53	2.32	2.18	2.09	2.02	1.97	1.93	1.89	1.87	1.84	1.82	1.80	1.79	1.77	1.76	1.72	1.69	1.66	1.62	1.59	1.56
30	2.88	2.49	2.28	2.14	2.05	1.98	1.93	1.88	1.85	1.82	1.79	1.77	1.75	1.74	1.72	1.71	1.67	1.64	1.61	1.56	1.54	1.50
35	2.85	2.46	2.25	2.11	2.02	1.95	1.90	1.85	1.82	1.79	1.76	1.74	1.72	1.70	1.69	1.67	1.63	1.60	1.57	1.52	1.50	1.46
40	2.84	2.44	2.23	2.09	2.00	1.93	1.87	1.83	1.79	1.76	1.74	1.71	1.70	1.68	1.66	1.65	1.61	1.57	1.54	1.49	1.47	1.42
45	2.82	2.42	2.21	2.07	1.98	1.91	1.85	1.81	1.77	1.74	1.72	1.70	1.68	1.66	1.64	1.63	1.58	1.55	1.52	1.47	1.44	1.40
50	2.81	2.41	2.20	2.06	1.97	1.90	1.84	1.80	1.76	1.73	1.70	1.68	1.66	1.64	1.63	1.61	1.57	1.54	1.50	1.45	1.42	1.38
55	2.80	2.40	2.19	2.05	1.95	1.88	1.83	1.78	1.75	1.72	1.69	1.67	1.64	1.63	1.61	1.60	1.55	1.52	1.49	1.44	1.41	1.36
60	2.79	2.39	2.18	2.04	1.95	1.87	1.82	1.77	1.74	1.71	1.68	1.66	1.64	1.62	1.60	1.59	1.54	1.51	1.48	1.42	1.40	1.35
75	2.77	2.37	2.16	2.02	1.93	1.85	1.80	1.75	1.72	1.69	1.66	1.63	1.61	1.60	1.58	1.57	1.52	1.49	1.45	1.40	1.37	1.32
100	2.76	2.36	2.14	2.00	1.91	1.83	1.78	1.73	1.69	1.66	1.64	1.61	1.59	1.57	1.56	1.54	1.49	1.46	1.42	1.37	1.34	1.28
INF	2.71	2.30	2.08	1.94	1.85	1.77	1.72	1.67	1.63	1.60	1.57	1.55	1.52	1.50	1.49	1.47	1.42	1.38	1.34	1.28	1.24	1.17

表 A.4a F 分布 $p = 0.05$

Denominator df	\ Numerator df 1	2	3	4	5	6	7	8	9	10	11	12	13	14	15	16	20	24	30	45	60	120
1	161	199	216	225	230	234	237	239	241	242	243	244	245	245	246	246	248	249	250	251	252	253
2	18.5	19	19.2	19.2	19.3	19.3	19.4	19.4	19.4	19.4	19.4	19.4	19.4	19.4	19.4	19.4	19.4	19.5	19.5	19.5	19.5	19.5
3	10.1	9.55	9.28	9.12	9.01	8.94	8.89	8.85	8.81	8.79	8.76	8.74	8.73	8.71	8.70	8.69	8.66	8.64	8.62	8.59	8.57	8.55
4	7.71	6.94	6.59	6.39	6.26	6.16	6.09	6.04	6.00	5.96	5.94	5.91	5.89	5.87	5.86	5.84	5.80	5.77	5.75	5.71	5.69	5.66
5	6.61	5.79	5.41	5.19	5.05	4.95	4.88	4.82	4.77	4.74	4.70	4.68	4.66	4.64	4.62	4.60	4.56	4.53	4.50	4.45	4.43	4.40
6	5.99	5.14	4.76	4.53	4.39	4.28	4.21	4.15	4.10	4.06	4.03	4.00	3.98	3.96	3.94	3.92	3.87	3.84	3.81	3.76	3.74	3.70
7	5.59	4.74	4.35	4.12	3.97	3.87	3.79	3.73	3.68	3.64	3.60	3.57	3.55	3.53	3.51	3.49	3.44	3.41	3.38	3.33	3.30	3.27
8	5.32	4.46	4.07	3.84	3.69	3.58	3.50	3.44	3.39	3.35	3.31	3.28	3.26	3.24	3.22	3.20	3.15	3.12	3.08	3.03	3.01	2.97
9	5.12	4.26	3.86	3.63	3.48	3.37	3.29	3.23	3.18	3.14	3.10	3.07	3.05	3.03	3.01	2.99	2.94	2.90	2.86	2.81	2.79	2.75
10	4.96	4.10	3.71	3.48	3.33	3.22	3.14	3.07	3.02	2.98	2.94	2.91	2.89	2.86	2.85	2.83	2.77	2.74	2.70	2.65	2.62	2.58
11	4.84	3.98	3.59	3.36	3.20	3.09	3.01	2.95	2.90	2.85	2.82	2.79	2.76	2.74	2.72	2.70	2.65	2.61	2.57	2.52	2.49	2.45
12	4.75	3.89	3.49	3.26	3.11	3.00	2.91	2.85	2.80	2.75	2.72	2.69	2.66	2.64	2.62	2.60	2.54	2.51	2.47	2.41	2.38	2.34
13	4.67	3.81	3.41	3.18	3.03	2.92	2.83	2.77	2.71	2.67	2.63	2.60	2.58	2.55	2.53	2.51	2.46	2.42	2.38	2.33	2.30	2.25
14	4.60	3.74	3.34	3.11	2.96	2.85	2.76	2.70	2.65	2.60	2.57	2.53	2.51	2.48	2.46	2.44	2.39	2.35	2.31	2.25	2.22	2.18
15	4.54	3.68	3.29	3.06	2.90	2.79	2.71	2.64	2.59	2.54	2.51	2.48	2.45	2.42	2.40	2.38	2.33	2.29	2.25	2.19	2.16	2.11
16	4.49	3.63	3.24	3.01	2.85	2.74	2.66	2.59	2.54	2.49	2.46	2.42	2.40	2.37	2.35	2.33	2.28	2.24	2.19	2.14	2.11	2.06
17	4.45	3.59	3.20	2.96	2.81	2.70	2.61	2.55	2.49	2.45	2.41	2.38	2.35	2.33	2.31	2.29	2.23	2.19	2.15	2.09	2.06	2.01
18	4.41	3.55	3.16	2.93	2.77	2.66	2.58	2.51	2.46	2.41	2.37	2.34	2.31	2.29	2.27	2.25	2.19	2.15	2.11	2.05	2.02	1.97
19	4.38	3.52	3.13	2.90	2.74	2.63	2.54	2.48	2.42	2.38	2.34	2.31	2.28	2.26	2.23	2.21	2.16	2.11	2.07	2.01	1.98	1.93
20	4.35	3.49	3.10	2.87	2.71	2.60	2.51	2.45	2.39	2.35	2.31	2.28	2.25	2.22	2.20	2.18	2.12	2.08	2.04	1.98	1.95	1.90
21	4.32	3.47	3.07	2.84	2.68	2.57	2.49	2.42	2.37	2.32	2.28	2.25	2.22	2.20	2.18	2.16	2.10	2.05	2.01	1.95	1.92	1.87
22	4.30	3.44	3.05	2.82	2.66	2.55	2.46	2.40	2.34	2.30	2.26	2.23	2.20	2.17	2.15	2.13	2.07	2.03	1.98	1.92	1.89	1.84
23	4.28	3.42	3.03	2.80	2.64	2.53	2.44	2.37	2.32	2.27	2.24	2.20	2.18	2.15	2.13	2.11	2.05	2.01	1.96	1.90	1.86	1.81
24	4.26	3.40	3.01	2.78	2.62	2.51	2.42	2.36	2.30	2.25	2.22	2.18	2.15	2.13	2.11	2.09	2.03	1.98	1.94	1.88	1.84	1.79
25	4.24	3.39	2.99	2.76	2.60	2.49	2.40	2.34	2.28	2.24	2.20	2.16	2.14	2.11	2.09	2.07	2.01	1.96	1.92	1.86	1.82	1.77
30	4.17	3.32	2.92	2.69	2.53	2.42	2.33	2.27	2.21	2.16	2.13	2.09	2.06	2.04	2.01	1.99	1.93	1.89	1.84	1.77	1.74	1.68
35	4.12	3.27	2.87	2.64	2.49	2.37	2.29	2.22	2.16	2.11	2.07	2.04	2.01	1.99	1.96	1.94	1.88	1.83	1.79	1.72	1.68	1.62
40	4.08	3.23	2.84	2.61	2.45	2.34	2.25	2.18	2.12	2.08	2.04	2.00	1.97	1.95	1.92	1.90	1.84	1.79	1.74	1.67	1.64	1.58
45	4.06	3.20	2.81	2.58	2.42	2.31	2.22	2.15	2.10	2.05	2.01	1.97	1.94	1.92	1.89	1.87	1.81	1.76	1.71	1.64	1.60	1.54
50	4.03	3.18	2.79	2.56	2.40	2.29	2.20	2.13	2.07	2.03	1.99	1.95	1.92	1.89	1.87	1.85	1.78	1.74	1.69	1.61	1.58	1.51
55	4.02	3.16	2.77	2.54	2.38	2.27	2.18	2.11	2.06	2.01	1.97	1.93	1.90	1.88	1.85	1.83	1.76	1.72	1.67	1.59	1.55	1.49
60	4.00	3.15	2.76	2.53	2.37	2.25	2.17	2.10	2.04	1.99	1.95	1.92	1.89	1.86	1.84	1.82	1.75	1.70	1.65	1.57	1.53	1.47
75	3.97	3.12	2.73	2.49	2.34	2.22	2.13	2.06	2.01	1.96	1.92	1.88	1.85	1.83	1.80	1.78	1.71	1.66	1.61	1.53	1.49	1.42
100	3.94	3.09	2.70	2.46	2.31	2.19	2.10	2.03	1.97	1.93	1.89	1.85	1.82	1.79	1.77	1.75	1.68	1.63	1.57	1.49	1.45	1.38
INF	3.84	3.00	2.60	2.37	2.21	2.10	2.01	1.94	1.88	1.83	1.79	1.75	1.72	1.69	1.67	1.64	1.57	1.52	1.46	1.37	1.32	1.22

表 A.4b F 分布 p = 0.025

Denominator df	Numerator df																					
	1	2	3	4	5	6	7	8	9	10	11	12	13	14	15	16	20	24	30	45	60	120
1	648	800	864	900	922	937	948	957	963	969	973	977	980	983	985	987	993	997	1001	1007	1010	1014
2	38.5	39	39.2	39.2	39.3	39.3	39.4	39.4	39.4	39.4	39.4	39.4	39.4	39.4	39.4	39.4	39.4	39.5	39.5	39.5	39.5	39.5
3	17.4	16	15.4	15.1	14.9	14.7	14.6	14.5	14.5	14.4	14.4	14.3	14.3	14.3	14.3	14.2	14.2	14.1	14.1	14	14	13.9
4	12.2	10.6	9.98	9.60	9.36	9.20	9.07	8.98	8.90	8.84	8.79	8.75	8.71	8.68	8.66	8.63	8.56	8.51	8.46	8.39	8.36	8.31
5	10	8.43	7.76	7.39	7.15	6.98	6.85	6.76	6.68	6.62	6.57	6.52	6.49	6.46	6.43	6.40	6.33	6.28	6.23	6.16	6.12	6.07
6	8.81	7.26	6.60	6.23	5.99	5.82	5.70	5.60	5.52	5.46	5.41	5.37	5.33	5.30	5.27	5.24	5.17	5.12	5.07	4.99	4.96	4.90
7	8.07	6.54	5.89	5.52	5.29	5.12	4.99	4.90	4.82	4.76	4.71	4.67	4.63	4.60	4.57	4.54	4.47	4.41	4.36	4.29	4.25	4.20
8	7.57	6.06	5.42	5.05	4.82	4.65	4.53	4.43	4.36	4.30	4.24	4.20	4.16	4.13	4.10	4.08	4.00	3.95	3.89	3.82	3.78	3.73
9	7.21	5.71	5.08	4.72	4.48	4.32	4.20	4.10	4.03	3.96	3.91	3.87	3.83	3.80	3.77	3.74	3.67	3.61	3.56	3.49	3.45	3.39
10	6.94	5.46	4.83	4.47	4.24	4.07	3.95	3.85	3.78	3.72	3.66	3.62	3.58	3.55	3.52	3.50	3.42	3.37	3.31	3.24	3.20	3.14
11	6.72	5.26	4.63	4.28	4.04	3.88	3.76	3.66	3.59	3.53	3.47	3.43	3.39	3.36	3.33	3.30	3.23	3.17	3.12	3.04	3.00	2.94
12	6.55	5.10	4.47	4.12	3.89	3.73	3.61	3.51	3.44	3.37	3.32	3.28	3.24	3.21	3.18	3.15	3.07	3.02	2.96	2.89	2.85	2.79
13	6.41	4.97	4.35	4.00	3.77	3.60	3.48	3.39	3.31	3.25	3.20	3.15	3.12	3.08	3.05	3.03	2.95	2.89	2.84	2.76	2.72	2.66
14	6.30	4.86	4.24	3.89	3.66	3.50	3.38	3.29	3.21	3.15	3.09	3.05	3.01	2.98	2.95	2.92	2.84	2.79	2.73	2.65	2.61	2.55
15	6.20	4.77	4.15	3.80	3.58	3.41	3.29	3.20	3.12	3.06	3.01	2.96	2.92	2.89	2.86	2.84	2.76	2.70	2.64	2.56	2.52	2.46
16	6.12	4.69	4.08	3.73	3.50	3.34	3.22	3.12	3.05	2.99	2.93	2.89	2.85	2.82	2.79	2.76	2.68	2.63	2.57	2.49	2.45	2.38
17	6.04	4.62	4.01	3.66	3.44	3.28	3.16	3.06	2.98	2.92	2.87	2.82	2.79	2.75	2.72	2.70	2.62	2.56	2.50	2.42	2.38	2.32
18	5.98	4.56	3.95	3.61	3.38	3.22	3.10	3.01	2.93	2.87	2.81	2.77	2.73	2.70	2.67	2.64	2.56	2.50	2.44	2.36	2.32	2.26
19	5.92	4.51	3.90	3.56	3.33	3.17	3.05	2.96	2.88	2.82	2.76	2.72	2.68	2.65	2.62	2.59	2.51	2.45	2.39	2.31	2.27	2.20
20	5.87	4.46	3.86	3.51	3.29	3.13	3.01	2.91	2.84	2.77	2.72	2.68	2.64	2.60	2.57	2.55	2.46	2.41	2.35	2.27	2.22	2.16
21	5.83	4.42	3.82	3.48	3.25	3.09	2.97	2.87	2.80	2.73	2.68	2.64	2.60	2.56	2.53	2.51	2.42	2.37	2.31	2.23	2.18	2.11
22	5.79	4.38	3.78	3.44	3.22	3.05	2.93	2.84	2.76	2.70	2.65	2.60	2.56	2.53	2.50	2.47	2.39	2.33	2.27	2.19	2.14	2.08
23	5.75	4.35	3.75	3.41	3.18	3.02	2.90	2.81	2.73	2.67	2.62	2.57	2.53	2.50	2.47	2.44	2.36	2.30	2.24	2.15	2.11	2.04
24	5.72	4.32	3.72	3.38	3.15	2.99	2.87	2.78	2.70	2.64	2.59	2.54	2.50	2.47	2.44	2.41	2.33	2.27	2.21	2.12	2.08	2.01
25	5.69	4.29	3.69	3.35	3.13	2.97	2.85	2.75	2.68	2.61	2.56	2.51	2.48	2.44	2.41	2.38	2.30	2.24	2.18	2.10	2.05	1.98
30	5.57	4.18	3.59	3.25	3.03	2.87	2.75	2.65	2.57	2.51	2.46	2.41	2.37	2.34	2.31	2.28	2.20	2.14	2.07	1.99	1.94	1.87
35	5.48	4.11	3.52	3.18	2.96	2.80	2.68	2.58	2.50	2.44	2.39	2.34	2.30	2.27	2.23	2.21	2.12	2.06	2.00	1.91	1.86	1.79
40	5.42	4.05	3.46	3.13	2.90	2.74	2.62	2.53	2.45	2.39	2.33	2.29	2.25	2.21	2.18	2.15	2.07	2.01	1.94	1.85	1.80	1.72
45	5.38	4.01	3.42	3.09	2.86	2.70	2.58	2.49	2.41	2.35	2.29	2.25	2.21	2.17	2.14	2.11	2.03	1.96	1.90	1.81	1.76	1.68
50	5.34	3.97	3.39	3.05	2.83	2.67	2.55	2.46	2.38	2.32	2.26	2.22	2.18	2.14	2.11	2.08	1.99	1.93	1.87	1.77	1.72	1.64
55	5.31	3.95	3.36	3.03	2.81	2.65	2.53	2.43	2.36	2.29	2.24	2.19	2.15	2.11	2.08	2.05	1.97	1.90	1.84	1.74	1.69	1.61
60	5.29	3.93	3.34	3.01	2.79	2.63	2.51	2.41	2.33	2.27	2.22	2.17	2.13	2.09	2.06	2.03	1.94	1.88	1.82	1.72	1.67	1.58
75	5.23	3.88	3.30	2.96	2.74	2.58	2.46	2.37	2.29	2.22	2.17	2.12	2.08	2.05	2.01	1.99	1.90	1.83	1.76	1.67	1.61	1.52
100	5.18	3.83	3.25	2.92	2.70	2.54	2.42	2.32	2.24	2.18	2.12	2.08	2.04	2.00	1.97	1.94	1.85	1.78	1.71	1.61	1.56	1.46
INF	5.02	3.69	3.12	2.79	2.57	2.41	2.29	2.19	2.11	2.05	1.99	1.94	1.90	1.87	1.83	1.80	1.71	1.64	1.57	1.45	1.39	1.27

表 A.4c F 分布 $p = 0.01$

Denominator df / Numerator df

df	1	2	3	4	5	6	7	8	9	10	11	12	13	14	15	16	20	24	30	45	60	120
1	4052	5000	5403	5625	5764	5859	5928	5981	6022	6056	6083	6106	6126	6143	6157	6170	6209	6235	6261	6296	6313	6339
2	98.5	99	99.2	99.2	99.3	99.3	99.4	99.4	99.4	99.4	99.4	99.4	99.4	99.4	99.4	99.4	99.4	99.5	99.5	99.5	99.5	99.5
3	34.1	30.8	29.5	28.7	28.2	27.9	27.7	27.5	27.3	27.3	27.1	27.1	27	26.9	26.9	26.8	26.7	26.6	26.5	26.4	26.3	26.2
4	21.2	18	16.7	16	15.5	15.2	15	14.8	14.7	14.5	14.5	14.4	14.3	14.2	14.2	14.2	14	13.9	13.8	13.7	13.7	13.6
5	16.3	13.3	12.1	11.4	11	10.7	10.5	10.3	10.1	10.1	9.96	9.89	9.82	9.77	9.72	9.68	9.55	9.47	9.38	9.26	9.20	9.11
6	13.7	10.9	9.78	9.15	8.75	8.47	8.26	8.10	7.98	7.87	7.79	7.72	7.66	7.60	7.56	7.52	7.40	7.31	7.23	7.11	7.06	6.97
7	12.2	9.55	8.45	7.85	7.46	7.19	6.99	6.84	6.72	6.62	6.54	6.47	6.41	6.36	6.31	6.28	6.16	6.07	5.99	5.88	5.82	5.74
8	11.3	8.65	7.59	7.01	6.63	6.37	6.18	6.03	5.91	5.81	5.73	5.67	5.61	5.56	5.52	5.48	5.36	5.28	5.20	5.09	5.03	4.95
9	10.6	8.02	6.99	6.42	6.06	5.80	5.61	5.47	5.35	5.26	5.18	5.11	5.05	5.01	4.96	4.92	4.81	4.73	4.65	4.54	4.48	4.40
10	10	7.56	6.55	5.99	5.64	5.39	5.20	5.06	4.94	4.85	4.77	4.71	4.65	4.60	4.56	4.52	4.41	4.33	4.25	4.14	4.08	4.00
11	9.65	7.21	6.22	5.67	5.32	5.07	4.89	4.74	4.63	4.54	4.46	4.40	4.34	4.29	4.25	4.21	4.10	4.02	3.94	3.83	3.78	3.69
12	9.33	6.93	5.95	5.41	5.06	4.82	4.64	4.50	4.39	4.30	4.22	4.16	4.10	4.05	4.01	3.97	3.86	3.78	3.70	3.59	3.54	3.45
13	9.07	6.70	5.74	5.21	4.86	4.62	4.44	4.30	4.19	4.10	4.02	3.96	3.91	3.86	3.82	3.78	3.66	3.59	3.51	3.40	3.34	3.25
14	8.86	6.51	5.56	5.04	4.69	4.46	4.28	4.14	4.03	3.94	3.86	3.80	3.75	3.70	3.66	3.62	3.51	3.43	3.35	3.24	3.18	3.09
15	8.68	6.36	5.42	4.89	4.56	4.32	4.14	4.00	3.89	3.80	3.73	3.67	3.61	3.56	3.52	3.49	3.37	3.29	3.21	3.10	3.05	2.96
16	8.53	6.23	5.29	4.77	4.44	4.20	4.03	3.89	3.78	3.69	3.62	3.55	3.50	3.45	3.41	3.37	3.26	3.18	3.10	2.99	2.93	2.84
17	8.40	6.11	5.19	4.67	4.34	4.10	3.93	3.79	3.68	3.59	3.52	3.46	3.40	3.35	3.31	3.27	3.16	3.08	3.00	2.89	2.83	2.75
18	8.29	6.01	5.09	4.58	4.25	4.01	3.84	3.71	3.60	3.51	3.43	3.37	3.32	3.27	3.23	3.19	3.08	3.00	2.92	2.81	2.75	2.66
19	8.18	5.93	5.01	4.50	4.17	3.94	3.77	3.63	3.52	3.43	3.36	3.30	3.24	3.19	3.15	3.12	3.00	2.92	2.84	2.73	2.67	2.58
20	8.10	5.85	4.94	4.43	4.10	3.87	3.70	3.56	3.46	3.37	3.29	3.23	3.18	3.13	3.09	3.05	2.94	2.86	2.78	2.67	2.61	2.52
21	8.02	5.78	4.87	4.37	4.04	3.81	3.64	3.51	3.40	3.31	3.24	3.17	3.12	3.07	3.03	2.99	2.88	2.80	2.72	2.61	2.55	2.46
22	7.95	5.72	4.82	4.31	3.99	3.76	3.59	3.45	3.35	3.26	3.18	3.12	3.07	3.02	2.98	2.94	2.83	2.75	2.67	2.55	2.50	2.40
23	7.88	5.66	4.76	4.26	3.94	3.71	3.54	3.41	3.30	3.21	3.14	3.07	3.02	2.97	2.93	2.89	2.78	2.70	2.62	2.51	2.45	2.35
24	7.82	5.61	4.72	4.22	3.90	3.67	3.50	3.36	3.26	3.17	3.09	3.03	2.98	2.93	2.89	2.85	2.74	2.66	2.58	2.46	2.40	2.31
25	7.77	5.57	4.68	4.18	3.85	3.63	3.46	3.32	3.22	3.13	3.06	2.99	2.94	2.89	2.85	2.81	2.70	2.62	2.54	2.42	2.36	2.27
30	7.56	5.39	4.51	4.02	3.70	3.47	3.30	3.17	3.07	2.98	2.91	2.84	2.79	2.74	2.70	2.66	2.55	2.47	2.39	2.27	2.21	2.11
35	7.42	5.27	4.40	3.91	3.59	3.37	3.20	3.07	2.96	2.88	2.80	2.74	2.69	2.64	2.60	2.56	2.44	2.36	2.28	2.16	2.10	2.00
40	7.31	5.18	4.31	3.83	3.51	3.29	3.12	2.99	2.89	2.80	2.73	2.66	2.61	2.56	2.52	2.48	2.37	2.29	2.20	2.08	2.02	1.92
45	7.23	5.11	4.25	3.77	3.45	3.23	3.07	2.94	2.83	2.74	2.67	2.61	2.55	2.51	2.46	2.43	2.31	2.23	2.14	2.02	1.96	1.85
50	7.17	5.06	4.20	3.72	3.41	3.19	3.02	2.89	2.78	2.70	2.63	2.56	2.51	2.46	2.42	2.38	2.27	2.18	2.10	1.97	1.91	1.80
55	7.12	5.01	4.16	3.68	3.37	3.15	2.98	2.85	2.75	2.66	2.59	2.53	2.47	2.42	2.38	2.34	2.23	2.15	2.06	1.94	1.87	1.76
60	7.08	4.98	4.13	3.65	3.34	3.12	2.95	2.82	2.72	2.63	2.56	2.50	2.44	2.39	2.35	2.31	2.20	2.12	2.03	1.90	1.84	1.73
75	6.99	4.90	4.05	3.58	3.27	3.05	2.89	2.76	2.65	2.57	2.49	2.43	2.38	2.33	2.29	2.25	2.13	2.05	1.96	1.83	1.76	1.65
100	6.90	4.82	3.98	3.51	3.21	2.99	2.82	2.69	2.59	2.50	2.43	2.37	2.31	2.27	2.22	2.19	2.07	1.98	1.89	1.76	1.69	1.57
INF	6.63	4.61	3.78	3.32	3.02	2.80	2.64	2.51	2.41	2.32	2.25	2.18	2.13	2.08	2.04	2.00	1.88	1.79	1.70	1.55	1.47	1.32

表 A.4d　F 分布 $p = 0.005$

Denominator df	\ Numerator df: 1	2	3	4	5	6	7	8	9	10	11	12	13	14	15	16	20	24	30	45	60	120
1	16000	20000	22000	22000	23000	23000	24000	24000	24000	24000	24000	24000	25000	25000	25000	25000	25000	25000	25000	25000	25000	25000
2	199	199	199	199	199	199	199	199	199	199	199	199	199	199	199	199	199	199	199	199	199	199
3	55.6	49.8	47.5	46.2	45.4	44.8	44.4	44.1	43.9	43.9	43.7	43.5	43.4	43.3	43.2	43.1	43	42.8	42.6	42.5	42.3	42.1
4	31.3	26.3	24.3	23.2	22.5	22	21.6	21.4	21.1	21	20.8	20.8	20.7	20.6	20.5	20.4	20.2	20	19.9	19.7	19.6	19.5
5	22.8	18.3	16.5	15.6	14.9	14.5	14.2	14	13.8	13.8	13.6	13.5	13.4	13.3	13.2	13.1	12.9	12.8	12.7	12.5	12.4	12.3
6	18.6	14.5	12.9	12	11.5	11.1	10.8	10.6	10.4	10.4	10.3	10.1	10	9.95	9.88	9.81	9.76	9.59	9.47	9.20	9.12	9.00
7	16.2	12.4	10.9	10.1	9.52	9.16	8.89	8.68	8.51	8.38	8.27	8.18	8.10	8.03	7.97	7.91	7.75	7.64	7.53	7.38	7.31	7.19
8	14.7	11	9.60	8.81	8.30	7.95	7.69	7.50	7.34	7.21	7.10	7.01	6.94	6.87	6.81	6.76	6.61	6.50	6.40	6.25	6.18	6.06
9	13.6	10.1	8.72	7.96	7.47	7.13	6.88	6.69	6.54	6.42	6.31	6.23	6.15	6.09	6.03	5.98	5.83	5.73	5.62	5.48	5.41	5.30
10	12.8	9.43	8.08	7.34	6.87	6.54	6.30	6.12	5.97	5.85	5.75	5.66	5.59	5.53	5.47	5.42	5.27	5.17	5.07	4.93	4.86	4.75
11	12.2	8.91	7.60	6.88	6.42	6.10	5.86	5.68	5.54	5.42	5.32	5.24	5.16	5.10	5.05	5.00	4.86	4.76	4.65	4.52	4.45	4.34
12	11.8	8.51	7.23	6.52	6.07	5.76	5.52	5.35	5.20	5.09	4.99	4.91	4.84	4.77	4.72	4.67	4.53	4.43	4.33	4.19	4.12	4.01
13	11.4	8.19	6.93	6.23	5.79	5.48	5.25	5.08	4.94	4.82	4.72	4.64	4.57	4.51	4.46	4.41	4.27	4.17	4.07	3.94	3.87	3.76
14	11.1	7.92	6.68	6.00	5.56	5.26	5.03	4.86	4.72	4.60	4.51	4.43	4.36	4.30	4.25	4.20	4.06	3.96	3.86	3.73	3.66	3.55
15	10.8	7.70	6.48	5.80	5.37	5.07	4.85	4.67	4.54	4.42	4.33	4.25	4.18	4.12	4.07	4.02	3.88	3.79	3.69	3.55	3.48	3.37
16	10.6	7.51	6.30	5.64	5.21	4.91	4.69	4.52	4.39	4.27	4.18	4.10	4.03	3.97	3.92	3.87	3.73	3.64	3.54	3.40	3.33	3.22
17	10.4	7.35	6.16	5.50	5.07	4.78	4.56	4.39	4.25	4.14	4.05	3.97	3.90	3.84	3.79	3.75	3.61	3.51	3.41	3.28	3.21	3.10
18	10.2	7.21	6.03	5.37	4.96	4.66	4.44	4.28	4.14	4.03	3.94	3.86	3.79	3.73	3.68	3.64	3.50	3.40	3.30	3.17	3.10	2.99
19	10.1	7.09	5.92	5.27	4.85	4.56	4.34	4.18	4.04	3.93	3.84	3.76	3.70	3.64	3.59	3.54	3.40	3.31	3.21	3.07	3.00	2.89
20	9.94	6.99	5.82	5.17	4.76	4.47	4.26	4.09	3.96	3.85	3.76	3.68	3.61	3.55	3.50	3.46	3.32	3.22	3.12	2.99	2.92	2.81
21	9.83	6.89	5.73	5.09	4.68	4.39	4.18	4.01	3.88	3.77	3.68	3.60	3.54	3.48	3.43	3.38	3.24	3.15	3.05	2.91	2.84	2.73
22	9.73	6.81	5.65	5.02	4.61	4.32	4.11	3.94	3.81	3.70	3.61	3.54	3.47	3.41	3.36	3.31	3.18	3.08	2.98	2.84	2.77	2.66
23	9.63	6.73	5.58	4.95	4.54	4.26	4.05	3.88	3.75	3.64	3.55	3.47	3.41	3.35	3.30	3.25	3.12	3.02	2.92	2.78	2.71	2.60
24	9.55	6.66	5.52	4.89	4.49	4.20	3.99	3.83	3.69	3.59	3.50	3.42	3.35	3.30	3.25	3.20	3.06	2.97	2.87	2.73	2.66	2.55
25	9.48	6.60	5.46	4.84	4.43	4.15	3.94	3.78	3.64	3.54	3.45	3.37	3.30	3.25	3.20	3.15	3.01	2.92	2.82	2.68	2.61	2.50
30	9.18	6.35	5.24	4.62	4.23	3.95	3.74	3.58	3.45	3.34	3.25	3.18	3.11	3.06	3.01	2.96	2.82	2.73	2.63	2.49	2.42	2.30
35	8.98	6.19	5.09	4.48	4.09	3.81	3.61	3.45	3.32	3.21	3.12	3.05	2.98	2.93	2.88	2.83	2.69	2.60	2.50	2.36	2.28	2.16
40	8.83	6.07	4.98	4.37	3.99	3.71	3.51	3.35	3.22	3.12	3.03	2.95	2.89	2.83	2.78	2.74	2.60	2.50	2.40	2.26	2.18	2.06
45	8.71	5.97	4.89	4.29	3.91	3.64	3.43	3.28	3.15	3.04	2.96	2.88	2.82	2.76	2.71	2.66	2.53	2.43	2.33	2.19	2.11	1.99
50	8.63	5.90	4.83	4.23	3.85	3.58	3.38	3.22	3.09	2.99	2.90	2.82	2.76	2.70	2.65	2.61	2.47	2.37	2.27	2.13	2.05	1.93
55	8.55	5.84	4.77	4.18	3.80	3.53	3.33	3.17	3.05	2.94	2.85	2.78	2.71	2.66	2.62	2.57	2.42	2.33	2.23	2.08	2.00	1.88
60	8.49	5.79	4.73	4.14	3.76	3.49	3.29	3.13	3.01	2.90	2.82	2.74	2.68	2.62	2.57	2.53	2.39	2.29	2.19	2.04	1.96	1.83
75	8.37	5.69	4.63	4.05	3.67	3.41	3.21	3.05	2.93	2.82	2.74	2.66	2.60	2.54	2.49	2.45	2.31	2.21	2.10	1.96	1.88	1.74
100	8.24	5.59	4.54	3.96	3.59	3.33	3.13	2.97	2.85	2.74	2.66	2.58	2.52	2.46	2.41	2.37	2.23	2.13	2.02	1.87	1.79	1.65
INF	7.88	5.30	4.28	3.72	3.35	3.09	2.90	2.74	2.62	2.52	2.43	2.36	2.29	2.24	2.19	2.14	2.00	1.90	1.79	1.63	1.53	1.36

表 A.5 杜宾-瓦特森检验（Durbin-Watson test）临界值

Level of significance $\alpha = 0.05$

n	$m = 1$		$m = 2$		$m = 3$		$m = 4$		$m = 5$	
	D_L	D_U	D_L	D_U	D_L	D_U	D_L	D_U	D_L	D_U
15	1.08	1.36	0.95	1.54	0.82	1.75	0.69	1.97	0.56	2.21
16	1.10	1.37	0.98	1.54	0.86	1.73	0.74	1.93	0.62	2.15
17	1.13	1.38	1.02	1.54	0.90	1.71	0.78	1.90	0.67	2.10
18	1.16	1.39	1.05	1.53	0.93	1.69	0.82	1.87	0.71	2.06
19	1.18	1.40	1.08	1.53	0.97	1.68	0.86	1.85	0.75	2.02
20	1.20	1.41	1.10	1.54	1.00	1.68	0.90	1.83	0.79	1.99
21	1.22	1.42	1.13	1.54	1.03	1.67	0.93	1.81	0.83	1.96
22	1.24	1.43	1.15	1.54	1.05	1.66	0.96	1.80	0.86	1.94
23	1.26	1.44	1.17	1.54	1.08	1.66	0.99	1.79	0.90	1.92
24	1.27	1.45	1.19	1.55	1.10	1.66	1.01	1.78	0.93	1.90
25	1.29	1.45	1.21	1.55	1.12	1.66	1.04	1.77	0.95	1.89
26	1.30	1.46	1.22	1.55	1.14	1.65	1.06	1.76	0.98	1.88
27	1.32	1.47	1.24	1.56	1.16	1.65	1.08	1.76	1.01	1.86
28	1.33	1.48	1.26	1.56	1.18	1.65	1.10	1.75	1.03	1.85
29	1.34	1.48	1.27	1.56	1.20	1.65	1.12	1.74	1.05	1.84
30	1.35	1.49	1.28	1.57	1.21	1.65	1.14	1.74	1.07	1.83
31	1.36	1.50	1.30	1.57	1.23	1.65	1.16	1.74	1.09	1.83
32	1.37	1.50	1.31	1.57	1.24	1.65	1.18	1.73	1.11	1.82
33	1.38	1.51	1.32	1.58	1.26	1.65	1.19	1.73	1.13	1.81
34	1.39	1.51	1.33	1.58	1.27	1.65	1.21	1.73	1.15	1.81
35	1.40	1.52	1.34	1.58	1.28	1.65	1.22	1.73	1.16	1.80
36	1.41	1.52	1.35	1.59	1.29	1.65	1.24	1.73	1.18	1.80
37	1.42	1.53	1.36	1.59	1.31	1.66	1.25	1.72	1.19	1.80
38	1.43	1.54	1.37	1.59	1.32	1.66	1.26	1.72	1.21	1.79
39	1.43	1.54	1.38	1.60	1.33	1.66	1.27	1.72	1.22	1.79
40	1.44	1.54	1.39	1.60	1.34	1.66	1.29	1.72	1.23	1.79
45	1.48	1.57	1.43	1.62	1.38	1.67	1.34	1.72	1.29	1.78
50	1.50	1.59	1.46	1.63	1.42	1.67	1.38	1.72	1.34	1.77
55	1.53	1.60	1.49	1.64	1.45	1.68	1.41	1.72	1.38	1.77
60	1.55	1.62	1.51	1.65	1.48	1.69	1.44	1.73	1.41	1.77
65	1.57	1.63	1.54	1.66	1.50	1.70	1.47	1.73	1.44	1.77
70	1.58	1.64	1.55	1.67	1.52	1.70	1.49	1.74	1.46	1.77
75	1.60	1.65	1.57	1.68	1.54	1.71	1.51	1.74	1.49	1.77
80	1.61	1.66	1.59	1.69	1.56	1.72	1.53	1.74	1.51	1.77
85	1.62	1.67	1.60	1.70	1.57	1.72	1.55	1.75	1.52	1.77
90	1.63	1.68	1.61	1.70	1.59	1.73	1.57	1.75	1.54	1.78
95	1.64	1.69	1.62	1.71	1.60	1.73	1.58	1.75	1.56	1.78
100	1.65	1.69	1.63	1.72	1.61	1.74	1.59	1.76	1.57	1.78

Level of significance $\alpha = 0.01$

n	$m = 1$		$m = 2$		$m = 3$		$m = 4$		$m = 5$	
	D_L	D_U	D_L	D_U	D_L	D_U	D_L	D_U	D_L	D_U
15	0.81	1.07	0.70	1.25	0.59	1.46	0.49	1.70	0.39	1.96
16	0.84	1.09	0.74	1.25	0.63	1.44	0.53	1.66	0.44	1.90
17	0.87	1.10	0.77	1.25	0.67	1.43	0.57	1.63	0.48	1.85
18	0.90	1.12	0.80	1.26	0.71	1.42	0.61	1.60	0.52	1.80
19	0.93	1.13	0.83	1.26	0.74	1.41	0.65	1.58	0.56	1.77
20	0.95	1.15	0.86	1.27	0.77	1.41	0.68	1.57	0.60	1.74
21	0.97	1.16	0.89	1.27	0.80	1.41	0.72	1.55	0.63	1.71
22	1.00	1.17	0.91	1.28	0.83	1.40	0.75	1.54	0.66	1.69
23	1.02	1.19	0.94	1.29	0.86	1.40	0.77	1.53	0.70	1.67
24	1.04	1.20	0.96	1.30	0.88	1.41	0.80	1.53	0.72	1.66
25	1.05	1.21	0.98	1.30	0.90	1.41	0.83	1.52	0.75	1.65
26	1.07	1.22	1.00	1.31	0.93	1.41	0.85	1.52	0.78	1.64
27	1.09	1.23	1.02	1.32	0.95	1.41	0.88	1.51	0.81	1.63
28	1.10	1.24	1.04	1.32	0.97	1.41	0.90	1.51	0.83	1.62
29	1.12	1.25	1.05	1.33	0.99	1.42	0.92	1.51	0.85	1.61
30	1.13	1.26	1.07	1.34	1.01	1.42	0.94	1.51	0.88	1.61
31	1.15	1.27	1.08	1.34	1.02	1.42	0.96	1.51	0.90	1.60
32	1.16	1.28	1.10	1.35	1.04	1.43	0.98	1.51	0.92	1.60
33	1.17	1.29	1.11	1.36	1.05	1.43	1.00	1.51	0.94	1.59
34	1.18	1.30	1.13	1.36	1.07	1.43	1.01	1.51	0.95	1.59
35	1.19	1.31	1.14	1.37	1.08	1.44	1.03	1.51	0.97	1.59
36	1.21	1.32	1.15	1.38	1.10	1.44	1.04	1.51	0.99	1.59
37	1.22	1.32	1.16	1.38	1.11	1.45	1.06	1.51	1.00	1.59
38	1.23	1.33	1.18	1.39	1.12	1.45	1.07	1.52	1.02	1.58
39	1.24	1.34	1.19	1.39	1.14	1.45	1.09	1.52	1.03	1.58
40	1.25	1.34	1.20	1.40	1.15	1.46	1.10	1.52	1.05	1.58
45	1.29	1.38	1.24	1.42	1.20	1.48	1.16	1.53	1.11	1.58
50	1.32	1.40	1.28	1.45	1.24	1.49	1.20	1.54	1.16	1.59
55	1.36	1.43	1.32	1.47	1.28	1.51	1.25	1.55	1.21	1.59
60	1.38	1.45	1.35	1.48	1.32	1.52	1.28	1.56	1.25	1.60
65	1.41	1.47	1.38	1.50	1.35	1.53	1.31	1.57	1.28	1.61
70	1.43	1.49	1.40	1.52	1.37	1.55	1.34	1.58	1.31	1.61
75	1.45	1.50	1.42	1.53	1.39	1.56	1.37	1.59	1.34	1.62
80	1.47	1.52	1.44	1.54	1.42	1.57	1.39	1.60	1.36	1.62
85	1.48	1.53	1.46	1.55	1.43	1.58	1.41	1.60	1.39	1.63
90	1.50	1.54	1.47	1.56	1.45	1.59	1.43	1.61	1.41	1.64
95	1.51	1.55	1.49	1.57	1.47	1.60	1.45	1.62	1.42	1.64
100	1.52	1.56	1.50	1.58	1.48	1.60	1.46	1.63	1.44	1.65

来源:经杜宾和 G. S. 瓦特森同意刊印。摘自《最小平方回归的系列相关检验(Ⅱ)》(Testing for Serial Correlation in Least Squares Regression(Ⅱ)),*Biometrika*(生物统计学)38(1951),pp.159-178。

附录 B 矩阵简介

矩阵代数在数学和统计分析中有着广泛的应用。矩阵这一路数在多元回归中的使用是实际的需要，因为它使我们能用压缩形式来表示超大的方程系统和数据阵列，并对之进行高效的运算。本附录将就矩阵的符号和如何用它来表示和操作线性方程系统给大家做一个简要的介绍。其目的并不是给大家提供如何进行矩阵运算的操作手册，而是在使大家能对矩阵在回归分析中的各种应用及其长处有所了解。

定义

矩阵是一组以行列式排列的元素的矩形阵列。

一个矩阵很像是一张表格，因而可被看作是一个多维数。矩阵代数是由一系列使我们能据之处理各种矩阵的运算或代数法则组成的。在这一节，我们将给大家介绍这些运算法则，它帮助读者能更好地理解多元回归分析的基本架构。那些想要对矩阵有更进一步了解的读者，可参阅一些其他的教科书（如格雷比尔等人的著作（Graybill,1983））。

矩阵的**元素**（element）通常都是由数字或代表数字的符号组成的。每个元素都是由它在矩阵中的位置标示的，而位置则由它的行和列的序号确定的。例如，下面的矩阵 A 共有 3 行、4 列。元素 a_{ij} 表示该元素位于第 i 行和第 j 列。因此，元素 a_{21} 表示它位于第 2 行第 1 列：

$$A = \begin{bmatrix} a_{11} & a_{12} & a_{13} & a_{14} \\ a_{21} & a_{22} & a_{23} & a_{24} \\ a_{31} & a_{32} & a_{33} & a_{34} \end{bmatrix}$$

这一矩阵使用的符号是一般通用的记号：大写的英文字母表示矩阵，矩阵的元素则用小写字母表示，字母的下标的示数则表示元素所在行和列的序号。

下面便是一个有三行、三列的矩阵的实例：

$$B = \begin{bmatrix} 3 & 7 & 9 \\ 1 & 4 & -2 \\ 9 & 15 & 3 \end{bmatrix}$$

在这一矩阵中，$b_{22} = 4$ 和 $b_{23} = -2$。

一个矩阵的特征体现在它的**秩**（order）上。所谓秩，是矩阵所含的行和列的数目。

上例所示的矩阵 B 是一个 3×3 的矩阵,因为该矩阵含有 3 行和 3 列。行和列的数目相等的矩阵称为**方阵**。一个 1×1 的矩阵称为**标量**(scalar)。

在一个矩阵中,那些下标的行和列示数相等的元素称为**对角元素**,这些元素都位于矩阵的**主对角线**上。例如,在矩阵 B 中,主对角线由元素 $b_{11} = 3$,$b_{22} = 4$ 和 $b_{33} = 3$ 组成。

一个只有在主对角线上不含非零元素的矩阵称为**对角矩阵**(diagonal matrix)。对角矩阵的非零元素都为 1 的对角矩阵叫做**单位矩阵**(identity matrix)。它在矩阵的乘法中具有与标量 1 相同的作用。如果将一个矩阵乘以一个单位矩阵,原矩阵仍然保持不变。

B.1　矩阵代数

只有且只有在矩阵 A 中的所有元素和矩阵 B 中的所有元素全部**相等**时,我们才可以说,矩阵 A 和 B 是相等的。

秩为 $r \times c$ 的矩阵 A 的**转置**被定为秩为 $c \times r$ 的矩阵 A',即

$$a'_{ij} = a_{ji}$$

举一个例子,如果

$$A = \begin{bmatrix} 1 & -5 \\ 2 & 2 \\ 4 & 1 \end{bmatrix}, \text{那么 } A' = \begin{bmatrix} 1 & 2 & 4 \\ -5 & 2 & 1 \end{bmatrix}$$

换言之,A 的行就是 A' 的列,反之亦然。这种矩阵运算与标量无关。

一个 $A = A'$ 的矩阵称为**对称矩阵**。显然,一个对称矩阵每一行都必须有与其对应的列有相同的元素。例如,下面这个矩阵就是对称矩阵:

$$C = \begin{bmatrix} 5 & 4 & 2 \\ 4 & 6 & 1 \\ 2 & 1 & 8 \end{bmatrix}$$

如果对所有的 i 和 j,$a_{ii} + b_{ii} = c_{ii}$,那么矩阵的**加法运算**被定义为

$$A + B = C$$

作为一个例子,令

$$A = \begin{bmatrix} 1 & 2 \\ 4 & 9 \\ -5 & 4 \end{bmatrix} \text{和 } B = \begin{bmatrix} 4 & -2 \\ 1 & 2 \\ 5 & -6 \end{bmatrix}$$

那么

$$C = A + B = \begin{bmatrix} 5 & 0 \\ 5 & 11 \\ 0 & -2 \end{bmatrix}$$

为了使两个矩阵相加,即要为整合,则它们必须有相同的秩。相减也必须遵循同样的法则。

矩阵相乘的过程要复杂得多。矩阵相乘的定义为

$$C = A \cdot B$$

但必须

$$c_{ij} = \sum_k a_{ik} b_{kj}$$

而用文字来表述矩阵的乘法运算的话,可能更容易理解一些:

积矩阵 $C(c_{ij})$ 的第 i 行和第 j 列的元素,是相应的 A 的第 i 行和 B 的第 j 列元素的成对的乘积的和。

为了使 A 和 B 相乘, A 的行数必须与 B 的列数相等。乘积矩阵 C 的秩将等于 A 的行数乘以 B 的列数。

作为一个例子,令

$$A = \begin{bmatrix} 2 & 1 & 6 \\ 4 & 2 & 1 \end{bmatrix} \text{和} B = \begin{bmatrix} 4 & 1 & -2 \\ 1 & 5 & 4 \\ 1 & 2 & 6 \end{bmatrix}$$

注意,矩阵 A 有 3 列,而矩阵 B 则有 3 行,因此,这两个矩阵可以相乘。此外,因为 A 有 2 行,而 B 则有 3 列,所以乘积矩阵 C 有 2 行和 3 列。 $C = AB$ 以如下的方法求得:

$$c_{11} = a_{11}b_{11} + a_{12}b_{21} + a_{13}b_{31}$$
$$= (2)(4) + (1)(1) + (6)(1) = 15$$
$$c_{12} = a_{11}b_{12} + a_{12}b_{22} + a_{13}b_{32}$$
$$= (2)(1) + (1)(5) + (6)(2) = 19$$
$$\vdots$$
$$c_{23} = a_{21}b_{13} + a_{22}b_{23} + a_{23}b_{33}$$
$$= (4)(-2) + (2)(4) + (1)(6) = 6$$

整个矩阵 C 则是

$$C = \begin{bmatrix} 15 & 19 & 36 \\ 19 & 16 & 6 \end{bmatrix}$$

注意,即使 A 和 B 可以以 AB 相乘,但却可能无法做 BA 这样的运算。而即使矩阵可以同时做这两种运算,尽管在某些特殊情况下可能会有例外,但一般情况下

$$AB \neq BA$$

矩阵的乘法法则的一个有趣的推论是

$$(AB)' = B'A'$$

即积的转置就是次序相反的单个转置矩阵的积。

我们不可以这样来做均值的除法。如果需要矩阵 A 被矩阵 B "除",我们应先要求 B 的**逆矩阵**(有时也称为成对互倒矩阵)。用字母 C 表示这个矩阵,然后用 A 乘 C,便可得到我们期望的结果。

矩阵 A 的逆矩阵之所以 A^{-1} 表示是由下面这一性质决定的:

$$AA^{-1} = I$$

式中, I 是单位矩阵(identity matrix),前面已经给出了它的定义,它的作用如同数字 "1"。只有平方矩阵才可以定义逆矩阵。不过并非所有的平方矩阵都是可逆的(参见后面的有关讨论)。

遗憾的是,矩阵的逆矩阵的定义并未给出它的计算步骤。实际上,求逆矩阵的计算是非常繁复的。尽管的确存在可供我们选择的、用手算或计算器计算逆矩阵的方法步骤,但是我们并不准备在这里给大家作介绍。相反,在这里给大家介绍的那些逆矩阵,都是已经用计算机算好了的。

我们将用下面的例子来给大家介绍矩阵的逆。假如有两个矩阵 A 和 B，且 $A^{-1} = B$

$$A = \begin{bmatrix} 9 & 27 & 45 \\ 27 & 93 & 143 \\ 45 & 143 & 245 \end{bmatrix}, B = \begin{bmatrix} 1.47475 & -0.113636 & -0.204545 \\ -0.113636 & 0.113636 & -0.045455 \\ -0.204545 & -0.0454545 & 0.068182 \end{bmatrix}$$

B 是 A 的逆这一事实可由这两个矩阵相乘来验证。乘积 AB 的第一个元素 A 的第一行的元素和 B 的第一列的元素的乘积的和：

$$(9)(1.47475) + (27)(-0.113636) + (45)(-0.2054545) = 1.000053$$

这一元素应该是单位 1，可能因为四舍五入的缘故，积与单位 1 会略有差别，这在矩阵计算中是常会出现的。虽然现在大多数计算机做的四舍五入都有足够的精度舍入误差微乎其微。但并不是保证矩阵计算总是有足够的精度。我们鼓励读者自行验证一下前面的逆矩阵的所有其他元素，或至少几个其他几个元素的正确性。

逆矩阵还有其他下面所列的性质：

(1) $AA^{-1} = A^{-1}A$。

(2) 如果 $C = AB$（全平方），那么 $C^{-1} = B^{-1}A^{-1}$。注意，次序相反，就像转置一样。

(3) 如果 $B = A^{-1}$，那么 $B' = (A')^{-1}$。

(4) 如果 A 对称，那么 A^{-1} 也对称。

(5) 如果逆矩阵存在，那么它必定是唯一的。

某些矩阵是没有逆矩阵的，这样的矩阵称为*奇异矩阵*。例如，矩阵

$$A = \begin{bmatrix} 2 & 1 \\ 4 & 2 \end{bmatrix}$$

就是不可逆的。

B.2 解线性方程

我们的兴趣在于用矩阵代数做回归分析，因为用它来描述一组线性方程的解会大大减少手写的工作量。例如，假定我们想要解下面的方程组

$$5x_1 + 10x_2 + 20x_3 = 40$$
$$14x_1 + 24x_2 + 2x_3 = 12$$
$$5x_1 - 10x_2 = 4$$

这组方程可以用矩阵方程来表示

$$A \cdot X = B$$

在这一式子中

$$A = \begin{bmatrix} 5 & 10 & 20 \\ 14 & 24 & 2 \\ 5 & -10 & 0 \end{bmatrix}, X = \begin{bmatrix} x_1 \\ x_2 \\ x_3 \end{bmatrix}, B = \begin{bmatrix} 40 \\ 12 \\ 4 \end{bmatrix}$$

这一方程组的解可以用矩阵运算来表示。用 A^{-1} 像下面那样前乘方程的两边

$$A^{-1} \cdot A \cdot X = A^{-1} \cdot B$$

现在 $A \cdot A^{-1} = I$，这是一个单位矩阵，所以方程可以被写为

$$X = A^{-1} \cdot B$$

这一矩阵方程所表示的正是方程组的解。

现在我们可以来了解一下前面介绍的奇异矩阵的含义了。用那一矩阵作为系数,并把它加到方程的右边便可得到方程为

$$2x_1 + x_2 = 3$$
$$4x_1 + 2x_2 = 6$$

注意,这两个方程确实是等价的,所以无限个 x_1 和 x_2 组合中任何满足第一个方程的组合,同样也是第二个方程的解。另一方面,变化方程的右边将会产生方程

$$2x_1 + x_2 = 3$$
$$4x_1 + 2x_2 = 10$$

使(方程组)不一致,并使方程因此而无解。在回归应用中,一般不可以使有不一致的方程组。

必须注意,本书介绍的矩阵运算仅仅是矩阵这一数学领域的理论和实际应用的一小部分。此外,实际上我们也不会去做许多的矩阵计算。然而,理解和掌握这些知识无疑会有助于大家对本书介绍的知识的理解。

附录 C 估计法

本附录将讨论两种常用的估计法：最小平方法和最大似然法。在很多场合，这两种方法会得到同样的估计值和同样的性质。而在有些场合，这两种方法则会有所差别。本附录不是这些估计法的操作手册，而是帮助大家更好地理解和鉴别这些方法在回归分析中的应用。有关这些估计法的精彩论述和讨论可参考如卡特讷等人（Kutner et al. 2004）、德雷伯和斯密斯（Draper and Smith,1998），以及瓦克来等人（Wackerly et al, 2002）的著作。

C.1 最小平方估计

第 2 章介绍的最小平方估计，作为一种备择的单总体均值估计法，它的使用贯穿本书所有章节。它不仅可用于线性，也可用于非线性回归的参数估计。实际上，最小平方估计法可能是在一般统计模型中使用最多的未知参数估计法。一般统计模型的形式是

$$y = f(x_1, \cdots, x_m, \beta_1, \cdots, \beta_p) + \epsilon$$

式中，x_i 是自变量，而 β_i 则是未知参数。函数 f 构成了模型的确定性部分，而 ϵ 项则被称为随机误差，是模型的随机或统计部分。

我们的目的在于求容量为 $n(m+1)$ 元组（tuple），$(y_i, x_{1i}, \cdots, x_{mi})$ 的样本的未知参数的估计值。这种方法将最小化下面这种平方和（故它才被称为"最小平方"）：

$$\sum \epsilon^2 = \sum \left[(y - f(x_1, \cdots, x_m, \beta_1, \cdots, \beta_p)) \right]^2$$

这一数量被看作是未知参数 β_i 的一个函数，且对于参数而言，函数达到了最小化。因为函数的这一性质，所以我们经常用积分来计算这一数量。

作为一个例子，我们根据 $y_1, \cdots, y_n$ 的随机样本来求单均值 μ 的最小平方估计值。与 1.3 节一样，我们假定模型：

$$y_i = \mu + e_i, i = 1, \cdots, n$$

希望最小化误差的平方和：

$$\sum \epsilon_i^2 = \sum (y_i - \mu)^2 = \sum (y_i^2 - 2\mu y_i + \mu^2)$$

将用微积分来求它的最小值。取 μ 的导数，则

$$\frac{\mathrm{d}(\sum \epsilon_i^2)}{\mathrm{d}\mu} = -2\sum y_i + 2n\mu$$

将等式设为零,可得

$$\sum y_i = n\hat{\mu}$$

注意,按规定,正规方程需要未知量 μ 的值,但在这里它用估计值 $\hat{\mu}$ 来替代。

现在来求这一简单线性回归模型的两个未知参数的最小平方估计值。我们假定回归模型为

$$y_i = \beta_0 + \beta_1 x_i + \epsilon_i, i = 1, \cdots, n$$

平方和为

$$\sum \epsilon_i^2 = \sum (y_i - \beta_0 - \beta_1 x_i)^2$$

为了最小化这一函数,可将要使用偏导数:

$$\frac{\partial(\sum \epsilon_i^2)}{\partial \beta_0} = -2 \sum (y_i - \beta_0 - \beta_1 x_i)$$

$$\frac{\partial(\sum \epsilon_i^2)}{\partial \beta_1} = -2 \sum x_i(y_i - \beta_0 - \beta_1 x_i)$$

令这些偏导数等于零,可得

$$\sum y_i - n\hat{\beta}_0 - \hat{\beta}_1 \sum x_i = 0$$

$$\sum x_i y_i - \hat{\beta}_0 \sum x_i - \hat{\beta}_1 \sum x_i^2 = 0$$

这些方程的解就是 2.3 节给出的最小平方估计值:

$$\hat{\beta}_1 = \frac{\sum xy - \dfrac{(\sum x)(\sum y)}{n}}{\sum x^2 - (\sum x)^2/n}$$

一般回归模型有着两个以上的参数,如果不用矩阵来表示,处理起来十分麻烦。因此,最小平方估计值最好用矩阵算法来求解。考虑到这个问题已经超出本书讲授的范围,所以我们只是简单地给出矩阵运算的结果。以 1.3 节中的形式来书写,一般回归模型可以矩阵方式写为

$$Y = XB + E$$

式中,Y 是 $n \times 1$ 矩阵,X 是自变量的 $n \times (m+1)$ 矩阵,B 是未知参数的 $(m+1) \times 1$ 矩阵,而 E 则是误差项的 $n \times 1$ 矩阵。最小化的平方和的矩阵形式为

$$E'E = (Y - XB)'(Y - XB) = Y'Y - 2B'X'Y + B'X'XB$$

为了使这一函数最小化,可取矩阵 B 的倒数,得

$$\frac{\partial(E'E)}{\partial B} = -2X'Y + 2X'XB$$

令该式等于零,便可得到 1.3 节给出的一般方程的矩阵形式为

$$(X'X)\hat{B} = X'Y$$

这一矩阵方程的解为

$$\hat{B} = (X'X)^{-1}X'Y$$

C.2　最大似然估计

最大似然估计法是若干使用随机变量的潜在概率分布的估计法中的一种。例如,在

前面第 2 章介绍的内容中,我们设想变量 y 服从正态分布,并有均值 μ 和标准差 σ。最大似然法将称为似然函数的函数最大化。假设我们从一个含未知参数 θ 的总体中抽样,将概率分布或那一总体记作 $f(y;\theta)$。如果我们将一个容量为 n 的样本看作随机变量 y 的独立的实现(independent realization),那么样本的似然函数无非就是 $y_1,y_2,\cdots,y_n$ 的联合分布,记为

$$L(\theta) = \prod f(y;\theta)$$

注意,似然函数也可以被表示为 θ 的函数。

根据似然函数后面隐含的逻辑,我们来考虑一下下面的例子。假设我们有一个装着 3 个球的盒子,我们不知道球的颜色,但知道盒中有一个或两个红球。我们想要估计的是盒子中红球的数目。我们从盒子中抽取了一个球,并观察到它的颜色是红的。我们把这个球放回盒子中,然后又抽取了一个球,且观察到这个球的颜色也是红的。

不言而喻,盒子里至少有一个球是红色的。如果另外两个球是其他颜色的,那么在一次试抽时,抽中红球的概率是 1/3。两次都抽中红球的概率是 (1/3)(1/3) = 1/9。如果盒子中有两个红球,另一个是其他颜色,那么试抽一次,抽中红球的概率是 2/3,两次都是红球的概率是 (2/3)(2/3) = 4/9。似乎将这一数字而作为红球数的估计值似乎是比较合理的,因为该估计值最大化了观察样本的概率。当然,盒子中的红球可能的确只有一个,但是观察到的结果使我们有理由相信盒子内有两个红球。

让我们回到第 2 章的例子,设想一个容量为 n 来自一个均值为 μ 和已知标准差为 σ 正态分布的样本。若概率分布的形式是

$$f(y;\mu) = \frac{1}{\sigma\sqrt{2\pi}}e^{-(y-\mu)^2/(2\sigma^2)}$$

那么似然函数则是

$$L(\mu) = \frac{1}{(\sigma\sqrt{2\pi})^n}e^{-\sum(y_i-\mu)^2/(2\sigma^2)}$$

注意,我们把似然函数只表示为未知参数 μ 的函数,因为我们知道 σ 的值。为了最大化似然函数,我们利用这一函数的最优化点,与它的自然对数的最优点相同这一事实,在取了似然函数的对数之后,可得

$$\log(L) = -\frac{n}{2}\log(\sigma^2) - \frac{n}{2}\log(2\pi) - \frac{\sum(y_i-\mu)^2}{2\sigma^2}$$

为了求未知参数的最大似然估计值 μ,我们使用积分法。对 μ 取导数,可得

$$\frac{\mathrm{d}\log(L)}{\mathrm{d}\mu} = \frac{\sum(y_i-\mu)}{\sigma^2}$$

令该式等于零,可得

$$\frac{\sum(y_i-\mu)}{\sigma^2} = 0$$

$$\sum y_i - n\hat{\mu} = 0$$

$$\hat{\mu} = \frac{\sum y_i}{n} = y$$

得到的这一估计值与用最小平方估计法的相同。

我们用相同的方法来求有正态误差项的简单线性回归的 β_0 和 β_1 的估计值。现在似然函数有 3 个未知的参数 β_0,β_1,和 σ^2,它如下式所示:

$$L(\beta_0,\beta_1,\sigma^2) = \frac{1}{(\sigma\sqrt{2\pi})^n} e^{-\sum(y_i-\beta_0-\beta_1 x_i)^2/(2\sigma^2)}$$

我们再一次利用函数和函数的自然对数之间的一致性这一优点,将下面的方程最大化:

$$\log(L) = -\frac{n}{2}\log(\sigma^2) - \frac{n}{2}\log(2\pi) - \frac{\sum(y_i-\beta_0-\beta_1 x_i)^2}{2\sigma^2}$$

对这几个参数取偏导数,可得

$$\frac{\partial\log(L)}{\partial\beta_0} = \frac{1}{\sigma^2}\sum(y_i-\beta_0-\beta_1 x_i)$$

$$\frac{\partial\log(L)}{\partial\beta_1} = \frac{1}{\sigma^2}\sum x_i(y_i-\beta_0-\beta_1 x_i)$$

$$\frac{\partial\log(L)}{\partial\sigma^2} = -\frac{n}{2\sigma^2} + \frac{1}{2\sigma^4}\sum(y_i-\beta_0-\beta_1 x_i)^2$$

令这些式子等于零,再简化,求得

$$\sum y_i - n\hat{\beta}_0 - \hat{\beta}_1\sum x_i = 0$$

$$\sum x_i y_i - \hat{\beta}_0\sum x_i - \hat{\beta}_1\sum x_i^2 = 0$$

$$\hat{\sigma}^2 = \frac{1}{n}\sum(y_i-\hat{\beta}_0-\hat{\beta}_1 x_i)^2$$

注意,β_0 和 β_1 的这些估计值恰好与用最小平方求得的相同。多元回归的结果也恰好相同。只要正态性假定能得到满足,回归模型系数的最大似然估计值和最小平方估计值便一般无异。因此,$\text{MSE} = \frac{n}{n-2}\hat{\sigma}^2$ 的最大似然估计的值,与最小平方的估计值只差一个常数。

参考文献

Agresti, A. (1984). *Analysis of ordinal categorical data.* Wiley, New York.

Agresti, A. (2002). *Categorical data analysis*, 2nd ed. Wiley, New York.

Aylward, G. P., Harcher, R. P., Leavitt., L. A., Rao, V., Bauer, C. R., Brennan, M. J., and Gustafson, N. F. (1984). Factors affecting neo-behavioral responses of preterm infants at term conceptual age. *Child Development* 55, 1155-1165.

Barabba, V. P., ed (1979). *State and metropolitan data book.* U. S. Census Bureau, Department of Commerce, Washington., D. C.

Begg, C. B., and Gray, R. (1984). Calculation of polytomous logistic regression parameters using individualized regressions. *Biometrika* 71, 11-18.

Belsley, D. A., Kuh, E. D., and Welsch, R. E. (1980). *Regression diagnostics.* Wiley, New York.

Bishop, Y. M. M., Feinberg, S. E., and Holland, P. W. (1995). *Discrete multivariate analysis*, 12th repr. ed. MIT Press, Cambridge, Mass.

Box, G. E. P., and Cox, D. R. (1964). An analysis of transformations. *J. Roy. Statist. Soc.* B-26, 211-243, discussion 244-252.

Central Bank of Barbados (1994). *1994 annual statistical digest.* Central Bank of Barbados, Bridgetown, Barbados.

Civil Aeronautics Board (August 1972). *Aircraft operating cost and performance report.* U. S. Government Printing Office, Washington, D. C.

Cleveland, WS. (1979). Robust locally weighted regression and smoothing scatterplots. *Journal of the American Statistical Association* 75, 829-836.

Dickens, J. W., and Mason, D. D. (1962). A peanut sheller for grading samples: An application in statistical design. *Transactions of the ASAE*, Volume 5, Number 1, 25-42.

Draper, N. R., and Smith, H. (1998). *Applied regression analysis*, 3rd ed. Wiley, New York.

Drysdale, C. V., and Calef, W. C. (1977). *Energetics of the United States.* Brookhaven National Laboratory, Upton, N. Y

Finney, D. J. (1971). *Probit analysis*, 3rd ed. Cambridge University Press, Cambridge.

Fogiel, M. (1978). *The statistics problem solver.* Research and Education Association, New York.

Freund, R. J. (1980). The case of the missing cell. *The American Statistician* 34, 94-98.

Freund, R. J., and Littell, R. C. (2000). *The SAS© system for regression*, 3rd ed. Wiley, New York.

Freund, R. J., and Minton, P. D. (1979). *Regression methods.* Marcel Dekker, New York.

Freund, R. J., and Wilson, W. J. (2003). *Statistical methods*, 2nd ed. Academic Press, San Diego.

Fuller, W. A. (1996). *Introduction to statistical time series*, 2nd ed. Wiley, New York.

Gallant, A. R., and Goebel, J. J. (1976). Nonlinear regression with autoregressive errors. *JASA* 71, 961-967.

Graybill, F. A. (1983). *Matrices with applications in statistics*, 2nd ed. Wadsworth, Pacific Grove, Calif.

Green, J. A. (1988). Loglinear analysis of cross-classified ordinal data: Applications in developmental research. *Child Development* 59, 1-25.

Grizzle, J. E., Starmer, C. F., and Koch, G. G. (1969). Analysis of categorical data by linear models. *Biometrics* 25, 489-504.

Hamilton, T. R., and Rubinoff, I. (1963). Species abundance; natural regulations of insular abundance. *Science* 142 (3599), 1575-1577.

Hogg, R. V., and Tanis, E. A. (2006). *Probability and statistical inference*, 7th ed. Prentice Hall, Englewood Cliffs, N. J.

Hosmer, D. W., and Lemeshow, S. (2000). *Applied logistic regression*, 2nd ed. Wiley, New York.

Johnson, R. A., and Wichern, D. W (2002). *Applied multivariate statistical analysis*, 5th ed. Prentice Hall, Englewood Cliffs, N. J.

Kleinbaum, D. G., Kupper, L. L., Muller, K. E., and Nizam, A. (1998). *Applied regression analysis and other multivariable methods*, 3rd ed. Duxbury Press, Pacific Grove, Calif.

Kutner, M. H., Nachtsheim, C. J., Neter, J., and Li, W. (2004). *Applied linear statistical models*, 5th ed. McGraw-Hill/Richard D. Irwin, Homewood, Ill.

Lindsey, J. K. (1997). *Applying generalized linear models*. Springer, New York.

Littell, R. C., Stroup, W. W., and Freund, R. J. (2002). *SAS© for linear models*, 4th ed. Wiley, New York.

Loehlin, John C. (2004). *Latent variable models: An introduction to factor, path, and structural equation analysis*, L. Erlbaum Assoc, Mahwak, N. Y

Long, J. S. (1997). *Regression models for categorical and limited dependent variables*. Sage Publications, Thousand Oaks, Calif.

Mallows, C. L. (1973). Some comments on Cp. *Technometrics* 15, 661-675.

McCullagh, P., and Nelder, J. A. (1999). *Generalized linear models*, 2nd ed. Chapman & Hall/CRC Press, Boca Raton, Fla.

Miller, R. G., and Halpern, J. W (1982). Regression with censored data. *Biometrika* 69, 521-531.

Montgomery, D. C. (2001). *Design and analysis of experiments*, 5th ed. Wiley, New York.

Montgomery, D. C., Peck, E. A., and Vining, G. G. (2001). *Introduction to linear regression analysis*. Wiley, New York.

Myers, R. (1990). *Classical and modern regression with applications*, 2nd ed. PWS-Kent, Boston.

Nelder, J. A., and Wadderburn, R. W. M. (1972). Generalized linear models. *Journal of Royal Statist. Soc. A* 135, 370-384.

Ostle, B., and Malone, L. C. (1988). *Statistics in research*, 4th ed., Iowa State University Press, Ames.

Rawlings, J. (1998). *Applied regression analysis: A research tool*, 2nd ed. Springer, New York.

Reaven, G. M., and Miller, R. G. (1979). An attempt to define the nature of chemical diabetes using a multidimensional analysis. *Diabetologia* 16, 17-24.

Salsburg, David (2001). *The lady tasting tea*. W. H. Freeman, New York.

SAS Institute Inc. (1990). *SAS/GRAPH software: Reference*, Version 6, 1st ed. 2 vols. SAS Institute Inc., Cary, N. C.

SAS Institute Inc. (1990). *SAS/STAT user's guide*. Version 6, 4th ed. 2 vols. SAS Institute Inc., Cary, N. C.

Seber, F, and Lee, A. J. (2003). *Linear regression analysis*, 2nd ed. Wiley, New York.

Smith, P. L. (1979). Splines as a useful and convenient statistical tool. *The American Statistician* 33, 57-62.

Upton, G. J. G. (1978). *The analysis of cross-tabulated data*. Wiley, New York.

U. S. Bureau of the Census (1986). *State and metropolitan area data book: A statistical abstract supplement*. U. S. Department of Commerce, Washington, D. C.

U. S. Bureau of the Census (1988). *Statistical abstract of the United States*. U. S. Department of Commerce, Washington, D. C.

U. S. Bureau of the Census (1995). *Statistical abstract of the United States*. U. S. Department of Commerce, Washington, D. C.

Van der Leeden, R. (1990). *The water encyclopedia*, 2nd ed. Lewis Publications, Chelsea, Mich.

Wackerly, D. D., Mendenhall, W., and Scheaffer, R. L. (2002). *Mathematical statistics with applications*, 6th ed. Duxbury, Belmont, Calif.

The world almanac and book of facts. (1980). Press Pub. Co., New York.

Wright, R. L., and Wilson, S. R. (1979). On the analysis of soil variability, with an example from Spain. *Geoderma* 22, 297-313.

万卷方法总书目

万卷方法是我国第一套系统介绍社会科学研究方法的大型丛书，来自中国社科院、北京大学等研究机构和高校的两百余名学者参与了丛书的写作和翻译工作。至今已出版图书90余个品种，其中绝大多数是2008年以来出版的新书。

万卷方法书友会

为了建设好"万卷方法",更好地服务学界,重庆大学出版社组建了"万卷方法"书友会,凡购买我社万卷方法系列图书的读者,填写以下信息调查表或撰写万卷方法系列图书的书评,并通过 Email 发送到 wjffsyh@foxmail.com 邮箱(重庆大学出版社 万卷方法书友会)即可成为书友会成员。我们将为各位书友提供以下服务:

● 赠送人大经济论坛币 100 个。

● 不定时发送有关学术活动(如研究方法培训班、研讨会)的信息。

● 定期赠阅介绍新书动态、读书感受、方法学习、研究经验交流等主题的电子刊物。

● 每本书前 50 名发来书评,且书评的原创内容(扣除引用原书及他人发言部分)不少于 400 字的读者,还将获得一本万卷方法的赠书。

● 书评将选登于书友会电子刊物上,优秀书评还将推荐发表。

姓名:	学校/单位:
联系电话:	Email:
论坛 ID:	

人大经济论坛
——国内最大的经济、管理、金融、统计类在线教育网站

人大经济论坛(网址:http://bbs.pinggu.org/)依托中国人民大学经济学院,于 2003 年成立,致力于推动经济学科的进步,传播优秀教育资源,目前已经发展成为国内最大的经济、管理、金融、统计类的在线教育和咨询网站,也是国内最活跃和最具影响力的经济类网站。

1. 拥有国内经济类教育网站最多的关注人数,注册用户以百万计,日均数十万经济相关人士访问本站。

2. 是国内最丰富的经管类教育资源共享数据库和发布平台。

3. 论坛给所有会员提供学术交流与讨论的平台,同时也有网络社交 SNS 的空间,经管百科提供了丰富专业的经管类在线词典,数据定制和数据处理分析服务是您做实证研究的好帮手,免费的经济金融数据库使您不再为数据发愁,更有完善的经管统计类培训和教学相关软件,只要您是学习、研究或从事经管类行业,人大经济论坛就能满足您的需要!